ISOMORPHISM

MATHEMATICS IN PROGRAMMING

同构

编程中的数学

刘新宇／编著

图书在版编目（CIP）数据

同构：编程中的数学 / 刘新宇编著．—北京：机械工业出版社，2022.12（2024.2 重印）

ISBN 978-7-111-72564-0

I. ①同…　II. ①刘…　III. ①程序设计－数学基础　IV. ① TP311.1

中国国家版本馆 CIP 数据核字（2023）第 010668 号

机械工业出版社（北京市百万庄大街 22 号　邮政编码：100037）

策划编辑：李永泉　　　　责任编辑：李永泉

责任校对：张亚楠　梁　静　　责任印制：常天培

北京铭成印刷有限公司印刷

2024 年 2 月第 1 版第 3 次印刷

186mm × 240mm · 19.25 印张 · 453 千字

标准书号：ISBN 978-7-111-72564-0

定价：89.00 元

电话服务

客服电话：010-88361066

010-88379833

010-68326294

网络服务

机　工　官　网：www.cmpbook.com

机　工　官　博：weibo.com/cmp1952

金　　书　　网：www.golden-book.com

机工教育服务网：www.cmpedu.com

FOREWORD

推荐序

我是通过一个朋友极力推荐的《算法新解》一书而知道作者刘新宇的。后来有幸和作者进入了同一个微信群，在其中相互有了些交流。之后有一天，刘新宇发消息说他写了一本新书《同构：编程中的数学》，可以发纸质的书稿给感兴趣的人看。于是我就要了一本，同时对照着电子版书稿一起看。

这本书我前后看了几遍，对作者在编程和数学相关部分的渊博知识，他对编程和数学关系的深入思考，以及想把这些东西清晰地呈现给大家的意图，深有感触。作者以一个有趣的故事作为引子，引入了同构的概念，将同构贯穿于书中的各个概念主题。从最简单的数开始，逐渐引入递归、群和对称，再到范畴论，最后到无穷和悖论，作者让我们看到了从古至今数学抽象层次的发展脉络、抽象在数学中的作用，以及数学的抽象思维在编程中的应用。有了同构，我们可以在不同的实体中应用相同的抽象，用同样的方法解决不同的问题，这在编程中是非常有用的。在最后的无穷和悖论中，对于复杂系统的复杂度边界，作者介绍了几位先哲的探索，给我们留下了开放性的思考空间。另外，作者也给出了一个很好的观点：人类的力量是有限的，需要对自然有敬畏之心。

近年来随着人工智能、大规模分布式计算、多核 CPU 和异构计算等的发展，计算机中的各种编程技术在编程语言、软件架构、编译器、硬件体系结构、集成电路设计等方面都有着剧烈的变化。编程语言方面，越来越多的主流语言引入函数式编程的概念。软件架构方面则有了更多并行计算的东西、各种分布式并发的模型，以充分利用多核 CPU。编译器方面则有了更多领域应用方面的发展，比如 MLIR、TVM 等，充分利用异构计算中的硬件加速单元。硬件体系结构方面则随着各种硬件加速单元的兴起，改变了原来以 CPU 为计算中心的格局，计算更多地依赖各种硬件加速单元。集成电路设计方面则为了实现各种硬件加速单元，需要缩短电路设计的周期，以更快速地应对各种频繁变化的需求，近年来有不少公司使用 Bluespec、Chisel、SpinalHDL 等具有函数式特性的语言来设计集成电路。

作为程序员，如何应对这些变化呢？如果每出现一种新的技术都去学习，那将会让我们疲于奔命，会有学不动的感觉——需要学习的东西太多了。但实际上这些新技术的基础变化并不大，有些甚至是在原有基础上的重新组合。所以，我们应该更多地学习基础的技术，提升抽象思维能力，善于发现各种不同技术的本质、不同技术之间的相似关系（更好的是同构关系）。这样我们就能够以不变应万变，对各种技术融会贯通，以较小的代价掌握新的技术。

作者在这本书中非常详细、清晰地阐述了与编程相关的一些基本数学概念和抽象方式，并将这些概念在实际的编程中展示出来，使用函数式编程语言在实际编程中展示良好的抽象是如何做的。读者通过阅读本书，将会得到一个全新的编程思维方式、良好的抽象能力，对编程中的数学概念有更清晰的理解（特别是对近年来关注度越来越高的函数式编程的一些基础概念，比如 lambda 演算、递归、代数数据类型、函子、自然变换等）。本书对后续学习函数式编程语言或者理解主流语言中的函数式特性会非常有帮助。

看完这本书，可以感受到作者是倾尽心力来写这本书的。本书文字生动朴实，内容严谨翔实，论证细腻缜密。用心读之，受益良多。

《Haskell 函数式编程入门》作者　刘长生

FREFACE

前　言

我先来讲一个从马爷爷那里听来的故事。有一年春节，北京地坛公园的庙会热闹非凡，人山人海，小朋友们拿着压岁钱在各种摊位上买自己喜欢的玩具。公园外路边有一个摊位上围了一群人。地上一字排开摆了九个小玩具，每个玩具上依次贴着一元、二元、三元……九元的标签，如下所示：

中国结	风车	不倒翁	孙悟空面具	小猪存钱罐	九连环	汽车	兔爷	走马灯
1	2	3	4	5	6	7	8	9

注：1，2，…，9分别表示一元、二元……九元。

摊主一边向大家吆喝，一边讲解游戏规则："大家快来玩套圈游戏！一次一元钱，你扔一个，我扔一个，一个玩具只能套一个圈。谁能先套中三个加在一起值十五元的玩具算谁赢，你要是赢了，所有套中的玩具都归你。"

有个小男孩掏出一元钱，拿了一个红色的圈，使劲一扔。真准！正好套在了七元钱的玩具汽车上，摊主拿出一个蓝色的圈，一下子套中了八元钱的兔爷，结果如下：

中国结	风车	不倒翁	孙悟空面具	小猪存钱罐	九连环	汽车	兔爷	走马灯
1	2	3	4	5	6	7	8	9
						男孩	摊主	

小男孩又花了一元钱，这次他套中了价值两元的风车，这样只要他下次再套中那个六元钱的九连环就赢了。可这次摊主不慌不忙地套住了那只九连环，结果如下：

中国结	风车	不倒翁	孙悟空面具	小猪存钱罐	九连环	汽车	兔爷	走马灯
1	2	3	4	5	6	7	8	9
	男孩				摊主	男孩	摊主	

这下可糟了，如果接下来摊主再套中那个一元钱的中国结，小男孩就要输了。小男孩涨红了脸，只能抢先去套那个中国结，他试了两次终于套中了，结果如下：

中国结	风车	不倒翁	孙悟空面具	小猪存钱罐	九连环	汽车	兔爷	走马灯
1	2	3	4	5	6	7	8	9
男孩	男孩				摊主	男孩	摊主	

摊主接下来扔了一个圈，套住了四元钱的孙悟空面具，小男孩套住了五元钱的小猪存钱罐，结果如下：

中国结	风车	不倒翁	孙悟空面具	小猪存钱罐	九连环	汽车	兔爷	走马灯
1	2	3	4	5	6	7	8	9
男孩	男孩		摊主	男孩	摊主	男孩	摊主	

但是摊主扔出一个圈，套住了三元钱的不倒翁，结果如下：

中国结	风车	不倒翁	孙悟空面具	小猪存钱罐	九连环	汽车	兔爷	走马灯
1	2	3	4	5	6	7	8	9
男孩	男孩	摊主	摊主	男孩	摊主	男孩	摊主	

由于 3+4+8=15，小男孩输了。

周围的人看着很好玩，也纷纷掏钱套圈玩。马爷爷看了一阵，觉得很奇怪，大多数情况下都是摊主赢，偶尔会平局。马爷爷怀疑摊主一定有什么秘密，他只是为了避免人们怀疑，有时才故意输掉游戏。

马爷爷回到家，电视里正在讲中国古老的“河图洛书”，据说在文字尚未发明之前，伏羲治理天下的时候，在黄河支流，有乌龟背负着神秘的图案爬上岸来。如果把图案中的圆点数目用现代的方法表示出来，就是一个数学上的三阶幻方，如图 0.1 所示。

可别被这个名字吓到，就是方形的九个格子里每行、每列、两条对角线上的三个数字加起来都相等，都等于 15。例如，第一行的数字相加是 4+9+2=15，第三列的数字相加是 2+7+6=15，左上右下的对角线的数字相加是 4+5+6=15。“等一等，”马爷爷想，“我现在知道庙会里套圈游戏背后的秘密了。”如果要套中的三个玩具加起来等于十五元，那么就相当于套中了三阶幻方的一行、一列或一条对角线。如果摊主在柜台里偷偷藏一张三阶幻方的图，那么他实际上相当于在和游人玩俗称“一条龙”的井字棋游戏，如图 0.2 所示。

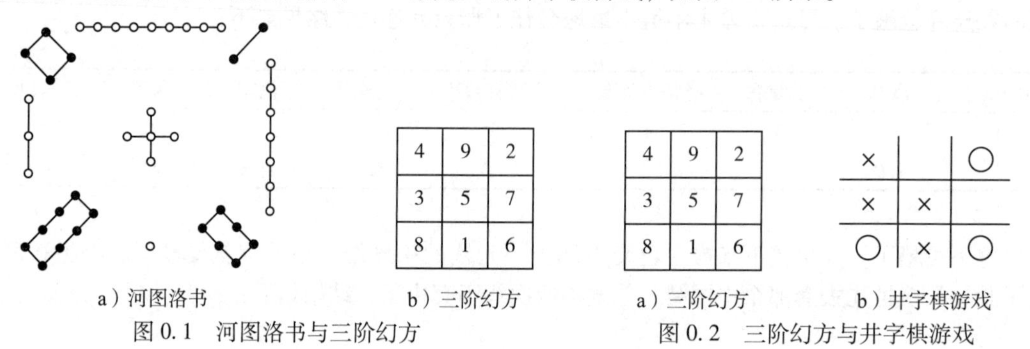

a）河图洛书　b）三阶幻方

图 0.1　河图洛书与三阶幻方

a）三阶幻方　b）井字棋游戏

图 0.2　三阶幻方与井字棋游戏

庙会中那个小男孩和摊主的套圈游戏相当于下面的井字棋对局。摊主在关键的第三步中给小男孩设置了一个陷阱，他在第一列上和一条对角线上同时可能连成直线，如果小男孩套中 3，则摊主套中 5 依然能赢，如图 0.3 所示。如果了解过博弈游戏，或者知道一点编程，你就知道井字棋游戏没有必胜的策略，如果游戏双方都足够小心，结果一定是平局。偷偷拥有三阶幻方图的摊主这样就站在了不败的地位上，而其他游客一无所知。

4	9	2
3	5	7
8	1	6

a）三阶幻方

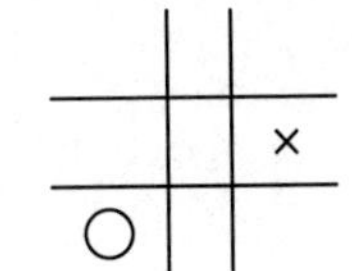

b）第一步，男孩套中7，摊主套中8

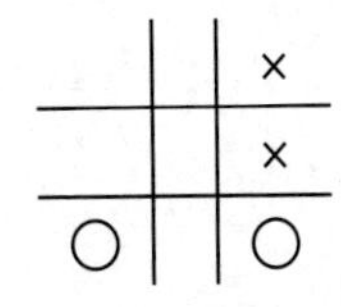

c）第二步，男孩套中2，摊主套中6

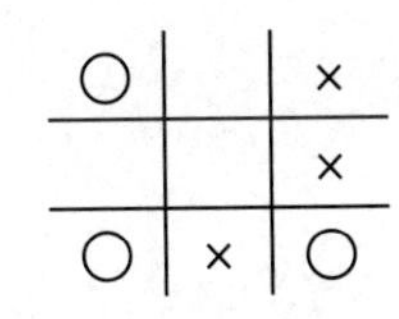

d）第三步，男孩套中1，摊主套中4

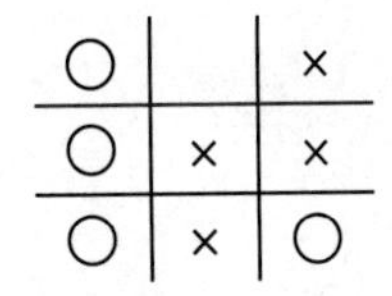

e）第四步，男孩套中5，摊主套中3，摊主胜

图 0.3　对弈过程

这个故事是真的吗？当然不是，马爷爷是个虚构的人物，他在真实世界中名叫马丁·加德纳——举世闻名的美国趣味数学大师。这个故事来自他的《啊哈！灵机一动》。故事不是发生在北京的地坛公园，而是美国的乡村小镇。摊主名叫卡内，而玩游戏的小男孩实际是一位女士。这个游戏也不是中国传统的套圈游戏，而是用硬币盖住一排数字。

这个故事和其中所讲的游戏不断地在说着一个重要的概念——同构。庙会上的套圈游戏和井字棋同构，一行九个数字对应三行三列的格子，相加等于 15 的目标对应九宫格中的行、列、对角线，古老的“河图洛书”对应三阶幻方，马爷爷对应加德纳，中国的春节庙会对应美国乡村游乐……这其实也是本书想传达的概念——编程与数学同构，与艺术同构，与音乐同构。伟大的发现背后有曲折的故事和性格迥异的数学家。

这个故事还有一层隐喻，问题的表象下隐藏着和它同构的理论实质，我们需要了解抽象的本质而不被具体的现象蒙住眼睛。在人工智能和机器学习日新月异的今天，我们能否还靠着一点点聪明和工程实践继续前行？我们是否要打开那些神秘的黑盒子找到那个指引我们前进的地图？

刘新宇

2022 年 5 月于北京

练习 0.1

编程实现一个井字棋游戏是传统人工智能中的经典问题，而计算机可以轻松算出三个数字的和并判断其是否等于 15。请利用这个同构编写一个简化的井字棋程序，并做到不被人类玩家击败。[⊖]

⊖ 本书后附有全部习题的答案，希望读者先自行思考再参考后面的答案。

CONTENTS

目录

CHAPTER1

第1章 数字

数能引导我们走向真理

——柏拉图写给老师苏格拉底的信

1.1 数的诞生

自从人类进化开始，数的概念就伴随着我们。有人认为，数直接催生了人类的语言和文字。我们的祖先在长期的狩猎、采集活动中，逐渐掌握了数的概念。最早可能是简单的数数，如数清果实的数量。随着文明的发展，人们逐渐开始进行物品交易。交易的数量逐渐增长，这就需要采用助记工具来处理更大的数。考古发现在今天的伊朗一带，人们在公元前4000年左右开始使用陶制的小球来辅助计数。比如用两个刻有十字的小球代表两只羊，同时还有代表十只羊、二十只羊的不同小球。为了防止忘记或者篡改数过的数目，人们还把这些小球放在陶罐中用泥土封存起来。图1.1是乌鲁克时期的陶制计数罐和小球[1]。交易过程中，人们可以通过这些工具掌握货物的数量[2]。

图1.1 卢浮宫陈列的乌鲁克时期的计数陶罐和一组计数陶球

然而随着交易次数的增加和数目的增大，这样的陶罐和小球就不够方便了。大约公元前3500年，美索不达米亚的苏美尔人开始在泥板上刻画符号来记录交易。将泥板烤硬后就可以方便保存。人们在这一时期用坚硬的笔在泥板上刻出不同的符号，同时表示交易的物品和数量。比如用一个象形符号表示五头牛，而用另一个象形符号表示十只羊。

数的更大进步发生在公元前3100年左右，从出土的泥板中，我们发现苏美尔人开始将数字从它所代表的物品中抽象出来，如图1.2所示。人们不再使用一个符号同时表示物品和数量，而是用一个符号表示数量，接下来用另一个符号表示物品。例如先用一个符号表示五，然后跟上一个牛的象形符号表示五头牛；而表示五只羊的时候，人们用同样的符号表示五，然后再跟上一个羊的符号。这些泥板上的符号逐渐演变成了古巴比伦的楔形文字。

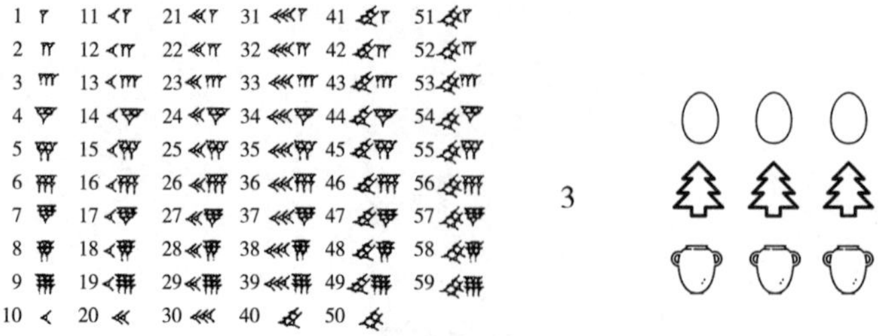

a）古巴比伦楔形文字中的数字[3]　　　　b）抽象的数字三

图 1.2　古文字中的数字

产生抽象的数是智慧生命思维的结果。人们发现三个鸡蛋、三棵树、三个陶罐都可以用数字三来表示。这是一种强大的工具。从此，我们可以对抽象的数字进行操作，然后再把结果应用到各种具体事物上。例如我们可以把抽象的数字三加上一得到四，从而知道捡拾三个鸡蛋后再捡拾到一个鸡蛋会得到四个鸡蛋。同时我们也知道烧制三个陶罐后再烧制一个陶罐会得到四个陶罐。人们逐渐从解决单一问题发展到解决一类问题。

生产劳动中从数数开始，我们的老祖先逐渐发展出了操作抽象数字的方法，包括数字的加法、减法，更为强大的乘法，以及用于分配事物的除法。在丈量分割土地、计算谷物容量时，又逐渐将抽象的数和几何量联系起来。各个文明几乎分别独立地发现了数与形的内在规律。我们发现古埃及、古希腊、古中国都各自发现了毕达哥拉斯定理（勾股定理），古埃及人把它应用于建造金字塔这样的伟大工程。从现代文明追根溯源，我们可以说自然数是数学和自然科学这条长河的源头。德国数学家克罗内克说：“上帝创造了自然数，其余都是人的工作。”⊖

1.2　皮亚诺自然数公理

古希腊的欧几里得在他的伟大著作《几何原本》中开创了公理化方法。他用五条公理和五条公设作为基石，精心构建一条一条定理的证明。每一个结论都仅仅使用公理和此前已经证明的定理。最终构建出了叹为观止的几何大厦。然而对于自然数，长期以来人们却没有建立起它的公理化形式系统。也许人们一直认为自然数的结论是直观和显而易见的。直到1889年，意大利数学家皮亚诺才为自然数建立起严格的公理化系统。这就是著名的皮亚诺公理。也许是巧合，欧几里得几何公理有五条，皮亚诺公理也有五条。

皮亚诺公理 1　0是自然数。即 $0 \in \mathbb{N}$。

皮亚诺公理 2　每个自然数 n 都有它的下一个自然数 n'，称为它的后继。记为 $n' = \text{succ}(n)$。

似乎仅仅有这两条公理，我们已经能够定义出无穷无尽的自然数了，从0开始，下一个是1，再下一个是2，……接下来是某个 n，下一个是 $n+1$，……以至无穷。但是好挑剔的数学

⊖　一说为整数。

家给出了一个反例：考虑只有两个元素 {0，1} 组成的数字系统，定义 1 的后继为 0，0 的后继为 1。这样也满足上面的两条公理，却不是我们想象中的自然数。为此我们还需要第三条皮亚诺公理来排除这种情况。

皮亚诺公理 3　0 不是任何自然数的后继。即 $\forall n \in \mathbb{N}$：$n' \neq 0$。

仅仅有这三条公理就够了吗？我们还可以给出一个反例：考虑有限元素集 {0，1，2} 组成的数字系统，定义 0 的后继是 1，1 的后继是 2，2 的后继还是 2。这样也能满足上述三条公理。为此我们还需要第四条皮亚诺公理。

皮亚诺公理 4　不同的自然数有不同的后继。或者说，如果两个自然数的后继相同，那么它们相等。即任意 n，$m \in \mathbb{N}$ 若 $n' = m'$ 则 $n = m$。

但是，仅仅用这四条公理仍然不够，因为可以存在这样的反例：考虑集合 {0，0.5，1，1.5，2，2.5，…}，定义 0 的后继是 1、1 的后继是 2……0.5 的后继是 1.5、1.5 的后继是 2.5……但 0.5 不是任何元素的后继。为了排除这种“不可达”元素，还需要最后一条皮亚诺公理。

皮亚诺公理 5　如果自然数的某个子集包含 0，并且其中每个元素都有后继元素。那么这个子集就是全体自然数。符号表示为：若 $S \subseteq \mathbb{N}$，$0 \in S$ 且 $\forall n \in S$ 有 $n' \in S$ 则 $S = \mathbb{N}$。

为什么皮亚诺公理 5 可以排除掉上述反例呢？考虑 {0，0.5，1，1.5，2，2.5，…} 的一个子集 {0，1，2，…}。它包含 0，并且每个元素都有后继元素，但是它不等于原集合。因为 1.5、2.5……都不在这个子集中。所以它不满足第五条公理。皮亚诺公理 5 还有另外一个响亮的名字——归纳公理，它可以这样等价地描述：“任意关于自然数的命题，如果证明了它对自然数 0 是对的，又假定它对自然数 n 为真时，可以证明它对 n' 也真，那么命题对所有自然数都真（这条公理保证了数学归纳法的正确性）。”

以上就是完整的五条皮亚诺公理，用它们可以构建出一阶算术系统，也称为皮亚诺算术系统[㊀]。

图 1.3　朱塞佩·皮亚诺 (Giuseppe Peano)

朱塞佩·皮亚诺（见图 1.3）1858 年 8 月 27 日生于意大利库内奥（Cuneo）附近的斯宾尼塔（Spinetta）村。这是位于意大利北部都灵附近的农村。他出生的时候，正值意大利统一。1876 年皮亚诺考入都灵大学学习，1880 年毕业后就留校任教。皮亚诺最开始讲授微积分课程，1887 年他和克罗西奥（Carola Crosio）结婚。1886 年起，皮亚诺还同时担任都灵军事学院的教授。从 19 世纪 80 年代起，皮亚诺开始研究数理逻辑，并致力于数学基础的构建工作。他撰写了《数学公式汇编》这本巨著，力图把所有的数学成果都用形式化的方法汇集起来。这本书可以说为数学的严密化奠定了基础。1900 年在第二届国际数学家大会上，罗素遇到了

㊀　也有人规定自然数从 1 开始，而不是 0 开始。在皮亚诺当年的著作中，五条公理的顺序与此不同，其中第五条归纳公理被写在第三的位置上。

皮亚诺，他在自传（1951）中说[4]：

“这次大会是我精神生活的一个转折点，因为在那里我遇到了皮亚诺。在此之前，我已经听说过他的名字，也知道他的一些工作。我突然明白了，他的符号提供了我多年来一直试图寻找的分析工具，而且从他那里我获得了一直以来想要从事的工作的一种新的有效的技术。”

罗素和怀特海合著的《数学原理》一书，对早期的计算理论起了重要的作用。皮亚诺最初用法语发表研究著作，但他对自然语言固有的歧义感到不满。为了解决这个问题，他于1900年左右发明了一套没有歧义的统一语言，称为“无屈折拉丁语”。这门语言后来被称为“国际语”㊀。皮亚诺努力推广他的新语言，但是事实并不如他所愿，几乎没有人愿意读他用国际语重写的《数学公式汇编》。相反倒是他早期的法语著作使数学家的观点发生了深刻的变化，尤其对法国的布尔巴基学派的纲领，产生了很大影响。后者包含了一大批20世纪世界顶级的数学家，如安德烈·韦伊、亨利·嘉当等。1932年4月20日，皮亚诺因心脏病逝世于都灵。

1.3 自然数和计算机程序

现代计算机系统和在其上构建的程序已经非常复杂宏伟了。人们并非先建立了计算机程序的公理系统，然后演绎出这些成果；而是先取得了应用的巨大成功，然后才逐渐将计算机科学的基石数学化、形式化、严谨化。这种有趣的现象在人类历史上已经不是第一次了。牛顿和莱布尼茨在17世纪发展了微积分，然后被几代数学家应用到了各种领域，包括流体力学、天文学等。但是直到19世纪才由魏尔斯特拉斯、柯西等人将微积分的理论严格化[4]。

我们也模仿一下这样的过程，看看如何根据皮亚诺公理，用计算机程序定义自然数。在一个没有0、1、2、……这些数字的程序系统中，我们可以这样定义自然数㊁：

```
data Nat = zero | succ Nat
```

这一定义说：一个自然数或者为零，或者是另一自然数的后继。符号“|”表示互斥的关系。它自然蕴含了零不是任何自然数后继这一公理。在此基础上，我们可以进一步定义出自然数的加法：

```
a + zero = a
a + (succ b) = succ (a + b)
```

加法定义包含两部分。首先任何自然数和零相加等于它本身；并且某个自然数和另一个数的后继相加，等于这两个数相加的后继。写成数学符号为

$$
\begin{aligned}
a + 0 &= a \\
a + b' &= (a + b)'
\end{aligned}
\tag{1.1}
$$

㊀ 国际语的英文为Interlingua，它和世界语（Esperanto）是两种不同的人造语言。

㊁ 本书使用一种理想的计算机语言，并在每一章节的最后给出真实计算机语言的参考代码。

我们来验证一下2+3。自然数2为succ(succ zero)，而3为succ(succ(succ zero))。根据加法的定义2+3为

```
 succ(succ zero)+succ(succ(succ zero))
=succ(succ(succ zero)+succ(succ zero))
=succ(succ(succ(succ zero)+succ zero))
=succ(succ(succ(succ(succ zero)+zero)))
=succ(succ(succ(succ(succ zero))))
```

最终结果的确是零的五重后继，也就是5。从零开始一次一次地套用后继函数很麻烦。如果要表示100，这种记法要写很多行并且容易出错。为此，我们用下面的简单记法表示自然数n：

$$n = \text{foldn}(\text{zero}, \text{succ}, n) \tag{1.2}$$

它表示从零开始，不断叠加使用succ函数n次。foldn函数可以具体实现如下：

$$\begin{aligned} &\text{foldn}(z, f, 0) = z \\ &\text{foldn}(z, f, n') = f(\text{foldn}(z, f, n)) \end{aligned} \tag{1.3}$$

foldn定义了在自然数上的一种操作，只要令z为zero，令f为succ就可以实现叠加后继若干次，从而获得某个特定的自然数。我们可以用前几个自然数验证一下：

```
foldn(zero, succ, 0)=zero
foldn(zero, succ, 1)=succ(foldn(zero, succ, 0))=succ zero
foldn(zero, succ, 2)=succ(foldn(zero, succ, 1))=succ(succ zero)
...
```

定义好加法之后，我们再来定义自然数的乘法：

```
a·zero=zero
a·(succ b)=a·b+a
```

这里使用了刚定义好的加法。这一定义写成数学符号为

$$\begin{aligned} a \cdot 0 &= 0 \\ a \cdot b' &= a \cdot b + a \end{aligned} \tag{1.4}$$

与通常的观念不同，加法和乘法的交换律、结合律既不是公理，也不是公设。它们都是定理，可以用皮亚诺公理和定义证明。以加法结合律为例，如图1.4所示。结合律是说$(a+b)+c=a+(b+c)$。我们先证明当$c=0$时它是对的。根据加法定义的第一条规则：

$$\begin{aligned} (a+b)+0 &= a+b \\ &= a+(b+0) \end{aligned}$$

然后是递推步骤，假设$(a+b)+c=a+(b+c)$成立，我们要推出$(a+b)+c'=a+(b+c')$。

$$\begin{aligned} (a+b)+c' &= (a+b+c)' && \text{加法定义的规则二,反向} \\ &= (a+(b+c))' && \text{递推假设} \end{aligned}$$

$$
\begin{aligned}
&= a+(b+c)' && \text{加法定义的规则二} \\
&= a+(b+c') && \text{加法定义的规则二,反向}
\end{aligned}
$$

这样就证明了加法的结合律。但加法交换律的证明却并不简单，如图 1.5 所示，本书附录给出了完整的证明。

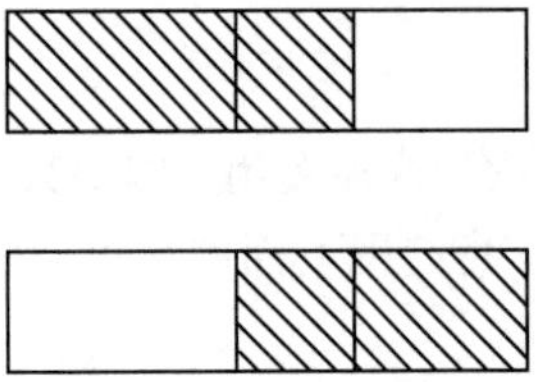

图 1.4　加法结合律：上下面积相等

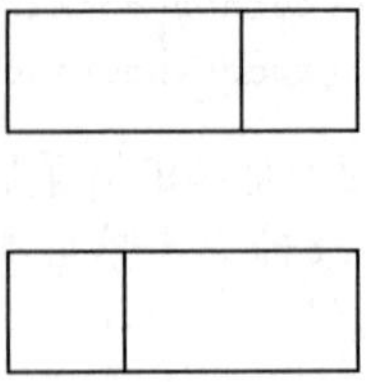

图 1.5　加法交换律：将上方的图形倒过来看，或者在镜中看

练习 1.1

1. 定义 0 的后继为 1，证明对于任何自然数都有 $a \cdot 1=a$。
2. 证明乘法分配律。
3. 证明乘法结合律和交换律。
4. 如何利用皮亚诺公理验证 $3+147=150$?
5. 试给出乘法分配律、乘法结合律和乘法交换律的几何解释。

1.4　自然数的结构

有了加法和乘法，我们就可以定义更复杂的计算。第一个例子是累加：$0+1+2+\cdots$

$$
\begin{aligned}
&\text{sum}(0) = 0 \\
&\text{sum}(n+1)=(n+1)+\text{sum}(n)
\end{aligned}
\tag{1.5}
$$

第二个例子是阶乘 $n!$

$$
\begin{aligned}
&\text{fact}(0) = 1 \\
&\text{fact}(n+1)=(n+1)\cdot\text{fact}(n)
\end{aligned}
\tag{1.6}
$$

这两个例子非常相似。智慧生命和智能机器的一大区别就是能否“跳出系统”，到更高的层次进行抽象。这是我们人类心智中最强大、神秘、复杂、难以捉摸的一部分[5]。

我们发现累加和阶乘都有一个针对自然数零的起始值，累加始自零，阶乘始自一。针对递归情况，它们都将某一操作应用到一个自然数和它的后继上。累加是 $n'+\text{sum}(n)$，阶乘是 $n' \cdot \text{fact}(n)$。如果我们把起始值抽象为 c，把递归中的操作抽象为 h，就可以用一个统一的形式概括累加和阶乘。

$$f(0) = c$$
$$f(n+1) = h(f(n)) \tag{1.7}$$

这是一个在自然数上的递归结构。我们观察一下它在前几个自然数上的表现。

n	$f(n)$
0	c
1	$f(1) = h(f(0)) = h(c)$
2	$f(2) = h(f(1)) = h(h(c))$
3	$f(3) = h(f(2)) = h(h(h(c)))$
…	…
n	$f(n) = h^n(c)$

其中，$h^n(c)$ 表示我们叠加在 c 上重复进行 n 次 h 操作。它是**原始递归**形式的一种[6]。更进一步，如果观察此前我们定义的函数 foldn，就会发现它们之间的关系：

$$f = \text{foldn}(c, h) \tag{1.8}$$

细心的读者会观察到，我们最初定义的 foldn 带有三个参数，为什么这里只有两个了呢？实际上我们可以写成 $f(n) = \text{foldn}(c, h, n)$。当我们仅传递给三元函数 foldn 前两个参数，它实际上就成为接受一个自然数为参数的一元函数了。我们可以这样看待它：$\text{foldn}(c, h)(n)$。

我们称 foldn 为自然数上的叠加（fold）操作。令 c 为 zero，h 为 succ，我们就得到了自然数。如同上面的表格，我们可以得到一个序列：

$$\text{zero}, \text{succ}(\text{zero}), \text{succ}(\text{succ}(\text{zero})), \cdots \text{succ}^n(\text{zero}), \cdots$$

如果 c 不是 zero，h 不是 succ，则 $\text{foldn}(c, h)$ 就描述了和自然数同构㊀的某种事物。我们来看几个例子：

$$(+m) = \text{foldn}(m, \text{succ})$$

这个例子描述了将自然数 n 增加 m 的操作，将它依次作用到自然数上可以产生和自然数同构的序列 m，$m+1$，$m+2$，…，$n+m$，…

$$(\cdot m) = \text{foldn}(0, (+m))$$

这个例子描述了将自然数 n 乘以 m 的操作，将它依次作用到自然数上可以产生和自然数同构的序列 0，m，$2m$，$3m$，…，nm，…

$$m^{()} = \text{foldn}(1, (\cdot m))$$

这个例子描述了对自然数 m 取 n 次幂的操作，将它依次作用到自然数上可以产生和自然

㊀ 同构（isomorphism）的严格定义将在第3章给出，这里泛指结构上的一种对应。

数同构的序列 1，m，m^2，m^3，…，m^n，…

那么，我们思考出的这个抽象工具 foldn 能否描述累加和阶乘呢？我们观察下面的这个表格：

n	0	1	2	3	…	n'
sum(n)	0	1+0=1	2+1=3	3+3=6	…	n'+sum(n)
$n!$	1	1×1=1	2×1=2	3×2=6	…	$n'\cdot(n!)$

这里的关键问题是 h 必须是个二元操作，它能够对 n' 和 $f(n)$ 进行运算。为此，我们将 c 也定义为一个二元数（a，b）[㊀]。然后针对二元数（a，b）定义某种类似“succ”的操作。最终为了获取结果，我们还需要定义从二元数中抽取 a 和 b 的函数：

$$
\begin{aligned}
1\text{st}\ (a,b) &= a \\
2\text{nd}\ (a,b) &= b
\end{aligned}
\tag{1.9}
$$

这样我们就可以定义累加和阶乘了。首先是累加的定义：

$c=(0,0)$　　二元数的起始值

$h(m,n)=(m',m'+n)$　　第一个数取后继，第二个数加第一个数的后继

$\text{sum}=2\text{nd}\cdot\text{foldn}(c,h)$

我们看看，从起始值（0，0）开始，怎样递推出累加的结果。

(a, b)	(a', b') = h (a, b)	b'
(0, 0)	(0+1=1, 1+0=1) = (1, 1)	1
(1, 1)	(1+1=2, 2+1=3) = (2, 3)	3
(2, 3)	(2+1=3, 3+3=6) = (3, 6)	6
…	…	…
(m, sum (m))	(m+1, m+1+sum (m))	sum (m+1)

类似地，我们用 foldn 定义出阶乘。

$c=(0,1)$　　阶乘的起始值

$h(m,n)=(m',m'n)$　　阶乘的递推

$\text{fact}=2\text{nd}\cdot\text{foldn}(c,h)$

在累加和阶乘的定义中，我们使用了符号“·”来连接两个函数 2nd 和 foldn(c，h)。我们称之为函数组合，$f\cdot g$ 表示先将函数 g 应用到变量上，然后再将函数 f 应用到结果上。即 $(f\cdot g)(x)=f(g(x))$。

为了展示这一抽象工具的强大，我们再来看一个例子：斐波那契数列。这一数列是用中世纪数学家斐波那契（见图 1.6）命名的。斐波那契来自拉丁文 filius Bonacci，意思是波那契

㊀ 在计算机程序中，也称为二元组（tuple）或者对（pair）。

之子。斐波那契的父亲当时是商人，在北非以及地中海一带经商，斐波那契逐渐向当地阿拉伯人学习了印度-阿拉伯的数字系统并通过他的著作《算盘书》（*Liber Abaci*）将其介绍到欧洲。中世纪的欧洲一直使用罗马数字系统，我们今天在一些钟表盘上仍然可以看到罗马数字。例如2018年的罗马数字表示为MMXVIII，其中一个M代表1000，两个M代表2000，X代表10，V表示5，三个I表示3。把这些加起来得到2018。斐波那契引入欧洲的是我们今天仍然使用的位值制十进制系统。它使用了印度数学发明的零，不同的数字在不同的位置上含义不同。这一先进的数字系统极大地方便了计算，广泛应用在记账、利息、汇率等方面。《算盘书》更是对欧洲的数学复兴产生了深远的影响。

图1.6 斐波那契（1175—1250）

斐波那契数列来自《算盘书》中的一个问题（见图1.7）：兔子在出生两个月后，就有繁殖能力，一对兔子每个月能生出一对小兔子来。如果所有兔子都不死，那么一年以后可以繁殖多少对兔子？开始时有一对兔子。第一个月小兔尚未具备繁殖能力，所以仍然只有一对兔子。第二个月它们生下一对小兔，共有两对。第三个月大兔子又生下一对小兔，而上月生的小兔还在成长，总共有2+1=3对。第四个月有两对大兔子产下两对小兔，加上原有的三对兔子，总共有3+2=5对。按照这样，我们可以得到一个序列：

1，1，2，3，5，8，13，21，34，55，89，144，…

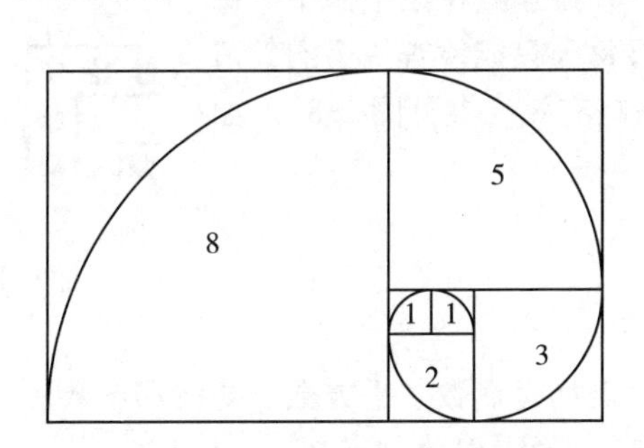

a）正方形的边长组成了斐波那契序列

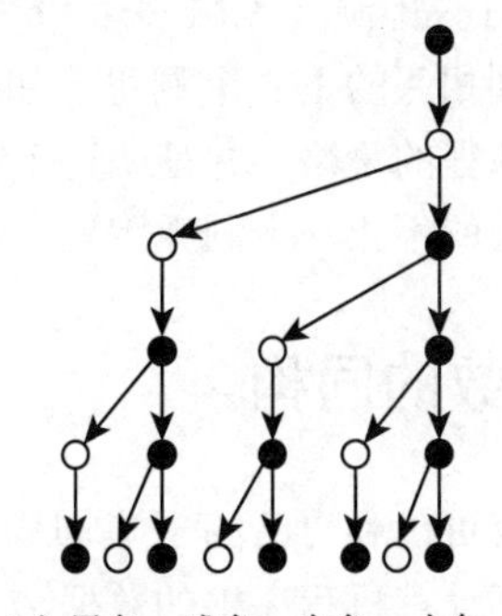

b）黑色：成兔，白色：小兔

图1.7 斐波那契序列展开

这个数列很有规律，从第三项后，任何一项都等于前两项的和。我们可以这样思考它的原理，如果前一个月有m对兔子，这个月有n对兔子，那么增加的一定都是新产下的小兔，共有$n-m$对，而剩下的都是成年兔子，共m对。到下个月时，这$n-m$对小兔刚刚成熟，而m对成兔又产下了m对小兔。所以下个月的兔子总数等于小兔加上成兔为$(n-m)+m+m=n+m$对。根据这一推理，我们可以给出斐波那契数列的递归定义：

$$F_0 = 0$$

$$F_1 = 1$$

$$F_{n+2} = F_n + F_{n+1} \tag{1.10}$$

通常将斐波那契数列的起始值定义为 0 和 1㊀。注意到斐波那契数列的起始值是一对自然数，并且递推关系也是一对值。我们可以利用抽象工具 foldn 给出下面的定义㊁：

$$
\begin{aligned}
F &= 1\mathrm{st} \cdot \mathrm{foldn}((0,1),h) \\
h(m,n) &= (n,m+n)
\end{aligned}
\tag{1.11}
$$

也许读者会好奇，真实的计算机程序能实现这样的定义么？这是不是太理想化了？下面是一段的 Haskell 语言的程序代码㊂，执行 `fib 10` 会输出斐波那契数 55㊃。

```
foldn z_ 0=z
foldn z f n=f (foldn z f (n-1) )

fib=fst o foldn (0, 1) h where
  h (m, n) = (n, m+n)
```

练习 1.2

1. 使用 foldn 定义平方 $(\,)^2$。
2. 使用 foldn 定义 $(\,)^m$，计算给定自然数的 m 次幂。
3. 使用 foldn 定义奇数的和。它会产生怎样的序列？
4. 地面上有一排洞（无限多个），一只狐狸藏在某个洞中。每天狐狸会移动到相邻的下一个洞里。如果每天只能检查一个洞，请给出一个捉到狐狸的策略，并证明这个策略有效（参见图 1.8）。如果狐狸每天移动的不止一个洞呢[7]？

图 1.8 《无需语言的证明》封面局部

1.5 自然数的同构

自然数不仅可以和自己的子集同构，例如奇偶数、平方数、斐波那契数，还可以和其他事物同构，包括计算机程序中的数据结构。下面是列表的定义：

用数据结构的观点来解释，一个类型为 A 的列表或者为空，记为 nil；或者包含两部分：一个含有类型 A 数据的节点和一个包含剩余部分的子列表。函数 cons 把一个类型为 A 的元素和另一个类型为 A 的列表“链接”起来㊄。图 1.9 描述了一个含有 6 个节点的链表。

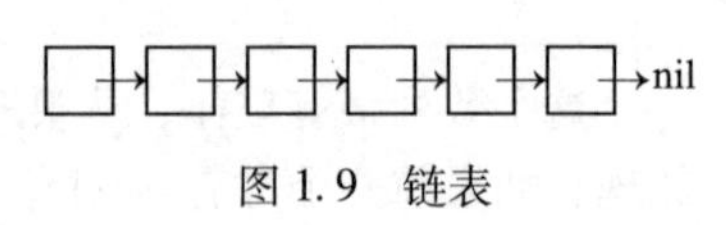

图 1.9 链表

㊀ 如果起始值是 1 和 3，我们就得到了卢卡斯数列 1，3，4，7，11，18，…

㊁ 在介绍康托尔的无穷概念时，我们会给出另一个斐波那契数列的定义。

㊂ 2010 年后，Haskell 中不再允许使用 $n+k$ 形式的模式匹配。

㊃ 一行代码输出前 100 个斐波那契数的例子：`take 100 $ map fst $ iterate (λ (m, n) -> (n, m+n) ) (0, 1)` `data List A=nil | cons (A, List A)`

㊄ 名称 cons 来自 Lisp 的命名传统。

由于这种特点，列表也被称为“链表”。传统的计算机程序中，链表通常定义为一个结构[⊖]，例如：

```
Node of A:
   key: A
   next: Node of A
```

我们也可以用自然数的同构来解释列表。根据皮亚诺公理1，nil相当于零；根据皮亚诺公理2，对于任何列表，我们都可以用cons，在其左侧链接一个类型为A的新元素。因此cons相当于自然数中的succ。这里的变化有两点。其一是列表携带类型A的元素，因而`cons(1, cons(2, cons(3, nil)))`、`cons(2, cons(1, cons(3, nil)))`、`cons(1, cons(4, cons(9, nil)))`以及`cons('a', cons('b', cons('c', nil)))`都是不同的列表。其二是与直觉不同，新元素不是加入列表的右侧末尾，而是加入左侧的头部。增长的方向是向左，而非向右。

用嵌套的cons表示较长的列表很不方便，我们将`cons(1, cons(2, cons(3, nil)))`简记为［1，2，3］，用符号“：”表示cons。因此这一列表也可以写为1：［2，3］或者1：(2：(3：nil))。针对A为字母的特殊情况，我们用带双引号的字符串来表示，例如用“hello”来简记表示为［'h'，'e'，'l'，'l'，'o'］。

同构于自然数的加法，定义列表的连接运算如下：

$$
\begin{aligned}
&\text{nil} \mathbin{+\!\!+} y = y \\
&\text{cons}(a,x) \mathbin{+\!\!+} y = \text{cons}(a, x \mathbin{+\!\!+} y)
\end{aligned}
\tag{1.12}
$$

列表的连接运算包含两条规则。首先空列表和任何列表连接的结果仍然等于该列表本身；并且某个列表的“后继”和另一个列表相连接，等于这两个列表连接结果的后继。和自然数的加法对比，它们呈现出有趣的镜像对称形式。

$$
\begin{array}{r|l}
\text{nil} \mathbin{+\!\!+} y = y & a+0=a \\
\text{cons}(a,x) \mathbin{+\!\!+} y = \text{cons}(a, x \mathbin{+\!\!+} y) & a+\text{succ}(b)=\text{succ}(a+b)
\end{array}
$$

这种同构提示我们，可以利用递推公理证明列表连接的结合律。为了证明 $(x \mathbin{+\!\!+} y) \mathbin{+\!\!+} z = x \mathbin{+\!\!+} (y \mathbin{+\!\!+} z)$，我们首先证明 $x=\text{nil}$ 时的起始情况：

$$
\begin{aligned}
(\text{nil} \mathbin{+\!\!+} y) \mathbin{+\!\!+} z &= y \mathbin{+\!\!+} z && \text{列表连接定义的规则一} \\
&= \text{nil} \mathbin{+\!\!+} (y \mathbin{+\!\!+} z) && \text{列表连接定义的规则一,反向}
\end{aligned}
$$

然后再证明递推情况。假设 $(x \mathbin{+\!\!+} y) \mathbin{+\!\!+} z = x \mathbin{+\!\!+} (y \mathbin{+\!\!+} z)$，我们要证明 $((a:x) \mathbin{+\!\!+} y) \mathbin{+\!\!+} z = (a:x) \mathbin{+\!\!+} (y \mathbin{+\!\!+} z)$。

$$
\begin{aligned}
((a:x) \mathbin{+\!\!+} y) \mathbin{+\!\!+} z &= (a:(x \mathbin{+\!\!+} y)) \mathbin{+\!\!+} z && \text{列表连接定义的规则二} \\
&= a:((x \mathbin{+\!\!+} y) \mathbin{+\!\!+} z) && \text{列表连接定义的规则二}
\end{aligned}
$$

⊖ 很多情况下，列表中保存的数据类型是相同的。但也有异构类型的列表，例如Lisp中的列表。

$$
\begin{aligned}
&= a:(x \mathbin{+\!\!+} (y \mathbin{+\!\!+} z)) && \text{递推假设} \\
&= (a:x) \mathbin{+\!\!+} (y \mathbin{+\!\!+} z) && \text{列表连接定义的规则二,反向}
\end{aligned}
$$

这样我们就证明了列表连接操作的结合律。但是和自然数不同，列表不满足交换律[㊀]。例如 [2, 3, 5]++[7, 11]=[2, 3, 5, 7, 11]，但交换后的结果却是 [7, 11]++[2, 3, 5]=[7, 11, 2, 3, 5]。

考虑和自然数同构，我们也可以定义列表的抽象叠加操作。为此，我们仿照自然数定义一个抽象的起始值 c 和一个抽象的二元运算 h。这样就可以定义列表的递归形式：

$$
\begin{aligned}
&f(\text{nil}) = c \\
&f(\text{cons}(a,x)) = h(a,f(x))
\end{aligned}
\tag{1.13}
$$

进一步，令 f=foldr(c, h)，就可以抽象出列表的叠加操作。我们将其命名为 foldr，以表明这种叠加操作是自右向左进行的。

$$
\begin{aligned}
&\text{foldr}(c,h,\text{nil}) = c \\
&\text{foldr}(c,h,\text{cons}(a,x)) = h(a,\text{foldr}(c,h,x))
\end{aligned}
\tag{1.14}
$$

使用 foldr，我们可以定义各种列表上的操作。例如我们可以把一个列表中的各个元素累加或累乘起来：

$$
\begin{aligned}
&\text{sum} = \text{foldr}(0, +) \\
&\text{product} = \text{foldr}(1, \times)
\end{aligned}
\tag{1.15}
$$

以 sum 为例，首先是空列表：sum(nil)= foldr(0, +, nil)= 0；然后是若干个元素的列表：

$$
\begin{aligned}
\text{sum}([1,3,5,7]) &= \text{foldr}(0, +, 1:[3,5,7]) \\
&= 1 + \text{foldr}(0, +, 3:[5,7]) \\
&= 1 + (3 + \text{foldr}(0, +, 5:[7])) \\
&= 1 + (3 + (5 + \text{foldr}(0, +, \text{cons}(7,\text{nil})))) \\
&= 1 + (3 + (5 + (7 + \text{foldr}(0, +, \text{nil})))) \\
&= 1 + (3 + (5 + (7 + 0))) \\
&= 16
\end{aligned}
$$

我们还可以计算列表的长度。这本质上是把一个列表映射成自然数。

$$
\begin{aligned}
&h(a,n) = n + 1 \\
&\text{length} = \text{foldr}(0,h)
\end{aligned}
\tag{1.16}
$$

这样我们就可以用 $|x|$ =length(x) 来计算列表的长度。我们还可以用 foldr 定义连接操作++：

㊀ 这也是我们避免使用加号“+”来表示列表连接的原因。但是很多编程语言使用了加号，这造成了一些潜在的问题。

$$(\mathbin{+\!\!+} y) = \text{foldr}(y, \text{cons}) \tag{1.17}$$

这相当于自然数的（$+m$）运算。类似自然数乘法，我们可以定义列表“乘法”，将一个“列表的列表”全部连接起来。

$$\text{concat} = \text{foldr}(\text{nil}, \mathbin{+\!\!+}) \tag{1.18}$$

例如：concat([[1, 1], [2, 3, 5], [8]]) 的结果是 [1, 1, 2, 3, 5, 8]。我们接下来再用 foldr 定义两个重要操作：选择和逐一映射[1]。选择也称为过滤，是根据某个条件选择列表中的元素组成一个新的列表。为此，我们需要引入条件表达式的概念[2]。它通常写为 $(p \mapsto f, g)$，也就是给定变量 x，若条件 $p(x)$ 成立，则结果为 $f(x)$，否则为 $g(x)$，我们也会用 if $p(x)$ then $f(x)$ else $g(x)$ 来描述条件表达式。

$$\text{filter}(p) = \text{foldr}(\text{nil}, (p \cdot \text{1st} \mapsto \text{cons}, \text{2nd})) \tag{1.19}$$

为了理解这一定义，我们来看一个例子：从一组自然数中，选择出偶数。

$$\text{filter}(\text{even}, [1, 4, 9, 16, 25])$$

和 sum 的例子类似，首先是一系列的展开过程，$h(1, h(4, h(9, \cdots)))$ 直到列表的最右侧 cons(25, nil)。根据 foldr 的定义，传入 nil 的结果为 c，故而接下来，要计算 h(25, nil)，而其中 h 为条件表达式。为此我们先将函数 even · 1st 应用到一对值（25, nil）上。1st 取得 25，由于它是奇数，故而 even 条件不成立。因此接下来对这对值执行 2nd，得到结果 nil。此后计算进入上一层 h(16, nil)。先用 1st 获得偶数 16，此时 even 成立。这样就映射到 cons(16, nil)，结果为 [16]。然后计算又进入更上一层 h(9, [16])，通过条件表达式映射到 2nd，故而结果仍然为 [16]。这时计算进入 h(4, [16])，条件表达式映射到 cons(4, [16])，其结果为 [4, 16]；最后计算达到顶层 h(1, [4, 16])，由条件表达式映射到 2nd 得到最终结果 [4, 16]。

逐一映射的概念是将列表中的每个元素通过 f 映射成另一个值，从而组成一个新的列表。即 $\text{map}(f, x_1, x_2, \cdots, x_n\} = \{f(x_1), f(x_2), \cdots, f(x_n)\}$。它可以用 foldr 定义如下：

$$\begin{aligned} \text{map}(f) &= \text{foldr}(\text{nil}, h) \\ h(x, c) &= \text{cons}(f(x), c) \end{aligned} \tag{1.20}$$

这种把函数映射到一对值中的第一个之上的操作称为 first，即 $\text{first}(f, (x, y)) = (f(x), y)$，我们在此后讲解范畴的时候还会再仔细讨论它。使用 first，逐一映射可以定义为 $\text{map}(f) = \text{foldr}(\text{nil}, \text{cons} \cdot \text{first}(f))$。

求列表的长度也可以利用逐一映射来实现。首先将列表的所有元素都映射为 1，然后再将这些 1 加起来就等于列表的长度。

---

[1] 和一一映射不同，这里的映射是单向的，例如从一个词语到它的字符长度的映射，其逆映射并不存在。

[2] 也称麦卡锡条件形式，是计算机科学家 Lisp 发明人约翰·麦卡锡于 1960 年引入的。

$$len = sum \cdot map(one)$$
$$one(x) = 1$$

练习 1.3

1. 表达式 foldr(nil，cons) 定义了什么？

2. 读入一串数字（数字字符串），用 foldr 将其转换成十进制数。如果是 16 进制怎么处理？如果含有小数点怎么处理？

3. 乔恩·本特利在《编程珠玑》中给出了一个求最大子序列和的问题。给定整数序列 $\{x_1, x_2, \cdots, x_n\}$，求哪段子序列 i，j，使得和 $x_i+x_{i+1}+\cdots+x_j$ 最大。请用 foldr 解决这道题。

4. 最长无重复字符子串问题。任给一个字符串，求出其中不包含重复字符的最长子串。例如“abcabcbb”的最长无重复字符子串为“abc”。请使用 foldr 求解。

1.6 形式与结构

你也许注意到了在本章第一节中，每个自然段的开头的第一个汉字连起来是“自然数产生”，我希望用这种形式表达同构的美。亚里士多德说美的主要形式就是秩序、匀称和确定性，这些正是数学研究的原则。我们展示了自然数可以和欧几里得几何一样建立在公理之上。我们用自然数和列表的同构同样想表达这种形式上的美。文艺复兴时期的艺术大师拉斐尔在创作不朽的作品《雅典学院》时，也采用了同构，如图 1.10 所示，画中的历史人物和当时的人物对应。画面中心向我们走来的是两位伟大学者柏拉图和亚里士多德。其中柏拉图的原型是文艺复兴时期的艺术大师达·芬奇，亚里士多德的原型是朱利亚诺·达·桑加洛。画中的柏拉图右手向上指，意思是说人类应该思考永恒。而亚里士多德手向前伸，手掌向下，意思是说人类应该研究世界。这两个对立的手势，表达了他们思想上的分歧。中间台阶下方，倚箱沉思的是古希腊杰出的哲学家赫拉克利特，他是西方最早提出朴素辩证法和唯物论的卓越代表。他的原型是文艺复兴时期的另一位大师米开朗基罗。画面左前方以毕达哥拉斯为中心，他正在专注地书写。毕达哥拉斯右侧有一位身穿白色斗篷的金发青年，被认为是弗朗西斯柯·德拉·罗斐尔，他是乌尔宾诺未来的大公。画面右下方中心是手拿圆规的欧几里得，他的周围有手持天球的天文学家托勒密，对面是画家拉斐尔的同乡、建筑家布拉曼特，而最边上那个头戴白帽的人，是画家索多玛，上面露出半个脑袋、头戴深色圆形软帽的青年，就是画家拉斐尔本人。这让人联想起了伟大的音乐家巴赫把自己的名字 B-A-C-H 通过调式写进了《赋格的艺术》的音乐当中。《雅典学院》通过回忆历史上的黄金时代，表达人类对智慧和真理的追求，同时通过文艺复兴时期的人物作为原型，呼应了复兴古希腊艺术和哲学思想的时代主题。这是形式与内容、结构与思想的同构。

练习 1.4

1. 观察斐波那契的叠加定义，它的后继计算 $(m', n') = (n, m+n)$ 相当于一个矩阵乘法：

图1.10 拉斐尔《雅典学院》局部

$$\begin{pmatrix} m' \\ n' \end{pmatrix} = \begin{pmatrix} 0 & 1 \\ 1 & 1 \end{pmatrix} \begin{pmatrix} m \\ n \end{pmatrix}$$

起始值是 $(0,\ 1)^T$。这样斐波那契数列就在矩阵乘方下和自然数同构：

$$\begin{pmatrix} F_n \\ F_{n+1} \end{pmatrix} = \begin{pmatrix} 0 & 1 \\ 1 & 1 \end{pmatrix}^n \begin{pmatrix} 0 \\ 1 \end{pmatrix}$$

设计一个程序，快速计算2阶方阵的幂。求得斐波那契数列的第 n 个元素。

CHAPTER2

第2章

递归

GNU=GNU'S Not Unix

——理查德·斯托曼对开源软件操作系统的命名

人们探索数进而探索自然。在上一章中，我们介绍了自然数的皮亚诺公理系统，并且展示了和自然数“同构”的事物，例如“列表”数据结构。自然数是前进的基石，但是我们的大厦还不稳固。在第1章中，我们不加证明地使用了递归的概念，例如阶乘的定义：

$$
\begin{aligned}
\text{fact}(0) &= 1 \\
\text{fact}(n+1) &= (n+1)\text{fact}(n)
\end{aligned}
$$

递归的原理是什么？为什么它是正确的？递归可以在更基础的层次被表示么？本章我们讨论这些有趣的问题。

2.1 万物皆数

用数探索世间万物的第一人要算是古希腊的数学家和哲学家毕达哥拉斯（见图2.1）。他的名字通过著名的勾股定理（在西方叫毕达哥拉斯定理）而家喻户晓。毕达哥拉斯出生于希腊的萨摩斯（Samos）岛，年轻时他曾去米利都（Miletus）向古希腊哲学的奠基人泰勒斯（Thales）学习。在泰勒斯的建议下，毕达哥拉斯前往东方学习数学。他在埃及学习了13年（一说为22年）。后来波斯帝国征服了埃及，他又随军向东到达了巴比伦，向巴比伦人学习数学和天文知识。或许后来他还到达了更远的印度。不论到了哪里，毕达哥拉斯都不断向有学问的人请教，丰富自己的见解。重要的是，他不仅刻苦学习，而且更善于思考。在经过兼收并蓄、汲取各家之长后，毕达哥拉斯形成并完善了自己的思想[8]。

图2.1 毕达哥拉斯（前580至前570之间—约前500）

经历了漫长的在外游历后，年近半百的毕达哥拉斯返回了故乡并开始讲学。公元前520年左右，为了摆脱当地的暴政，毕达哥拉斯移居到了意大利南部的克罗顿（Croton）发展。在那里他赢得了人们的信任与景仰，并形成了自己的学派。毕达哥拉斯的弟子中还有女性，学派把主要精力都用来研究天文、几何、数论、音乐这四门学科。它们被称为四术（quadrivium），影响了欧洲教育两千多年[9]。四术体现了毕达哥拉斯“万物皆数”的哲学思想：星体的运动与几何对应，而几何又以数为基础，数字还可以衍生出音乐。毕达哥拉斯是首个发现纯八度音（octave）在频率上有数学规律的人。他的弟子说他可以“听见天界的乐音”㊀。

毕达哥拉斯学派深入研究了数与数、数与自然之间的关系。这开启了数学的重要分支——数论。他们对正整数进行了分类，定义了奇数、偶数、素数、合数等。他们发现某些数的所有真因子㊁之和恰好等于这个数本身，于是将其命名为完全数，并成功地找到两个㊂。最小的完全数是6，因为6=1+2+3，下一个是28（等于1+2+4+7+14）。毕达哥拉斯学派还发现了一大类“形数”（figurate number）㊃。

图2.2和图2.3分别是三角形数和长方形数。很容易看出，每个长方形数都对应三角形数的二倍，而三角形数又是前n个正整数之和，这样就得到了正整数累加的求和公式：

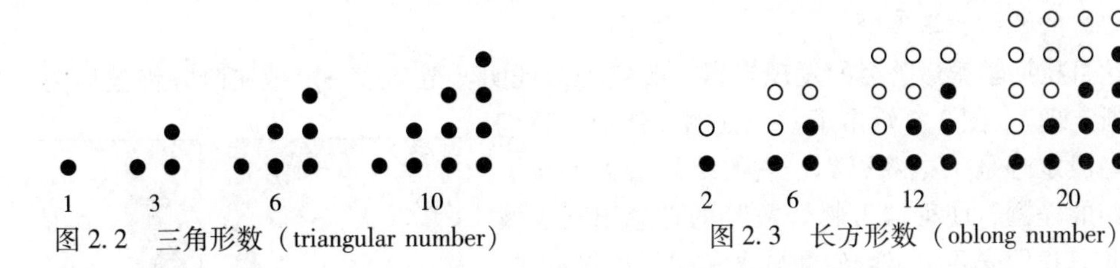

图2.2　三角形数（triangular number）　　图2.3　长方形数（oblong number）

$$1 + 2 + 3 + \cdots + n = \frac{1}{2}n(n + 1)$$

毕达哥拉斯学派还观察到，所有的奇数可以表示成折尺形（gnomon，数学上称为“磬折形”）㊄，如图2.4所示，而前n个折尺形可以拼成一个正方形，如图2.5所示。这样他们就发现了前n个正奇数的求和公式：

㊀ 关于毕达哥拉斯的逝世的说法不一。他领导的学派具有很高的声誉和政治影响，引起了敌对派的嫉恨。后来受到民主运动的冲击，学派在克罗顿的活动场所遭到破坏。有人认为毕达哥拉斯被暴徒杀害，也有人说他逃到梅塔蓬图姆（Metapontum）并度过余生。

㊁ 真因子是小于数本身的因子。

㊂ 一说为完美数。经过欧几里得与欧拉的进一步工作，揭示了偶完全数的特征以及完全数和梅森素数的关系。到2018年，人们借助计算机发现了前50个梅森素数和完全数。

㊃ 毕达哥拉斯学派的门徒通过在地上摆小石子来研究数字，英文的计算 calculus 一词就是从希腊文“石子”衍生出的[8]。当他们把石子按照某种几何方式排列成图形时，就得到了形数。

㊄ gnomon 这个词在巴比伦人的原意可能是指日晷上的直杆，用它的阴影来指示时刻。在毕达哥拉斯时代，gnomon 指木匠用的方尺。它还表示从正方形的一角切掉一个小正方形后剩余的图形。以后欧几里得又把正方形扩展到平行四边形[10]。

$$1+3+5+\cdots+(2n-1)=n^2$$

图 2.4　折尺形数（gnomon number）

图 2.5　正方形数（square number）与折尺形数的关系

就这样，毕达哥拉斯学派发现，很多事物和现象都可以从数的方面进行说明和解释。例如，具有同样张力的两根弦，当它们的长度为简单的整数比时，奏出的乐声就和谐悦耳。由此毕达哥拉斯发展出了最初的音乐理论。音乐与数似乎毫无关系，但它们之间的这种意外联系给毕达哥拉斯很大影响。他从中得到启发并大胆推测：所有的事物都可以用整数或整数的比来解释。毕达哥拉斯学派开始热衷于用数去解释更多的现象，他们相信宇宙的本质就在于"数的和谐"，并且提出"万物皆数"的论断。由此出发，毕达哥拉斯学派试图发展一套以数字为基础的理论，使得几何学可以建立在该理论之上。这种想法实际上就相当于要创建一套基于正整数的统一数学理论。

毕达哥拉斯学派最著名的发现当属勾股定理的证明。至今这一定理在西方仍被称为"毕达哥拉斯定理"。图 2.6 给出了一个证明。然而，我们将看到勾股定理是一把双刃剑，它的结果最终形成了一个递归的怪圈，使得"万物皆数"的理念出现了漏洞。为此，我们先要引出可公度概念和欧几里得算法。为了将几何纳入"万物皆数"的理论，毕达哥拉斯学派提出了一个概念来定义一条线段可以用另一条线段来度量。这个定义说，如果一条线段 A 可以通过有限个另一条线段 V 来表示，称线段 V 可用作线段 A 的量度（measure）。这本质上是说，我们可以通过整数次拼接产生另一条线段。尽管度量两条不同的线段时，可以使用各自的量度，但是如果想用同一量度测量不同的线段，它必须是二者的公度（common measure）。即当且仅当线段 V 可以同时成为线段 A 和线段 B 的量度时，它才能成为二者的公度。毕达哥拉斯学派认为，任何情况下都可以找到公度，这样几何就可以建立在整数之上了。

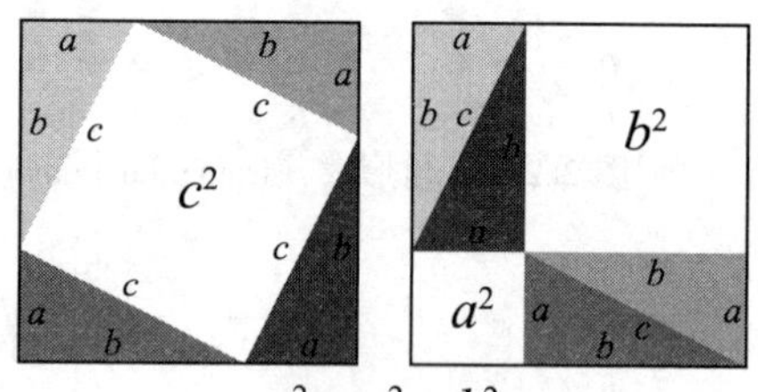

$$c^2=a^2+b^2$$

图 2.6　勾股定理的一种几何证明，两幅图中白色面积相等（来自《周髀算经》，约公元前 200 年）

2.2　欧几里得算法

由于公度可能有多个，为此需要引入最大公度（greatest common measure）的概念。如果线段 V 是线段 A 和线段 B 的公度，并且比其他公度都大，则称 V 是 A 和 B 的最大公度。已知两条线段，怎样才能求得最大公度呢？这就引出了历史上著名的递归算法——欧几里得算法

（又称辗转相除法）。它用古希腊伟大的数学家欧几里得的名字命名㊀。在欧几里得的名著《几何原本》第十卷命题三中[11]，详细阐述了这一算法㊁。

2.2.1 欧几里得和《几何原本》

欧几里得（Euclid）是古希腊数学家（见图2.7），以其所著的《几何原本》闻名于世。对于他的生平，现在知道的很少。柏拉图学派晚期的导师普罗克洛斯（Proclus）在《几何学发展概要》中记述了这样的趣事：当时的埃及国王，亚历山大的托勒密一世有一次问欧几里得，学习几何学有没有什么捷径可走。欧几里得回答道："在几何里，没有专为国王铺设的大道。㊂"，学习没有捷径成为千古传颂的箴言。斯托比亚斯（Stobaeus）记述另一则故事说，一个学生刚开始学习第一个命题，就问欧几里得学习几何后将得到什么。欧几里得说："给他三个钱币，因为他想在学习中获取实利。"由此可知欧几里得主张学习必须循序渐进、刻苦钻研，不赞成投机取巧的作风，也反对狭隘的实用观点[11]。

图2.7 欧几里得，约公元前300年

欧几里得的《几何原本》是一部划时代的著作。其伟大的历史意义在于它是用公理建立起演绎体系的最早典范。过去所积累下来的数学知识是零碎的、片段的，可以比作木石砖瓦。只有借助于逻辑方法，把这些知识组织起来，加以分类比较，解释彼此间的内在联系，整理在一个严密的系统之中，才能建成巍峨的大厦。《几何原本》完成了这一艰巨的任务，它对整个数学的发展产生了深远的影响。

两千多年来，这部著作在几何教学中一直占据统治地位，在20世纪初依然用作数学课的基本教材。现今许多国家仍将其作为中学的必修科目（现在中学的几何课本是按照法国数学家勒让德《几何原本》改写本思路编写的），并作为训练逻辑推理的最有力教育手段[8]。

2.2.2 欧几里得算法概述

命题2.1（《几何原本》，卷十，命题三）：已知两个可公度的量，求它们的最大公度量。

欧几里得给出的方法，只需要使用递归和减法。因此本质上可以用尺规作图的方式求出最大公度。这一算法可以形式化如下㊃：

㊀ 印度和中国分别独立发现了欧几里得算法。5世纪末，印度数学家阿耶波多（Aryabhata）用这一算法解不定方程（丢番图方程）。在《孙子算经》中，欧几里得算法可以作为中国剩余定理的特例。在1247年，南宋数学家秦九韶在《数书九章》中详细给出了欧几里得算法。

㊁ 在《几何原本》卷七的命题一中，有针对整数的欧几里得算法，但针对线段的情形实际上覆盖了整数。

㊂ 也译为"几何无王者之道"。

㊃ 名称gcm是最大公度（greatest common measure）的简称。当a、b是整数时，通常用gcd（greatest common divisor）作为名称。本书按此约定使用这两个名称。

$$\text{gcm}(a,b)=\begin{cases} a & a=b \\ \text{gcm}(a-b,b) & b<a \\ \text{gcm}(a,b-a) & a<b \end{cases} \tag{2.1}$$

设两条线段 a、b 可公度，如果它们相等，则最大公度就是其中的任一条线段，此时算法返回 a 作为结果。如果线段 a 比 b 长，就用圆规不断从 a 中截去 b（通过递归），然后求截短的线段 a' 和 b 的最大公度；如果线段 b 比 a 长，就反过来不断从 b 中截去 a，然后求 a 和截短的线段 b' 的最大公度。图 2.8 描述了这一算法作用于两条线段的计算步骤。我们也可将这一算法应用于整数 42 和 30，并与处理线段的过程进行对比，如表 2.1 所示。

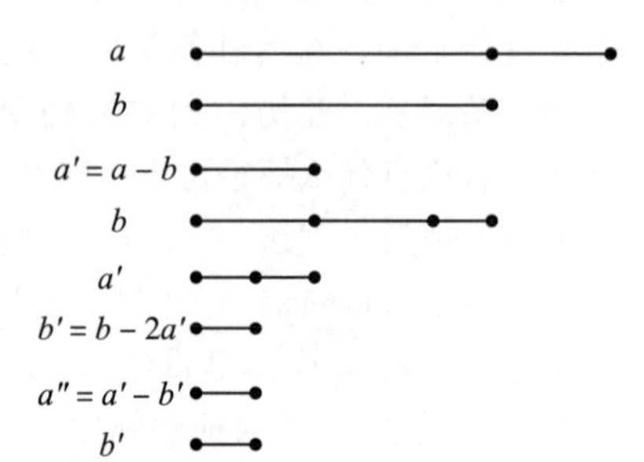

图 2.8　欧几里得算法的线段示意

将一个量 b 反复从另一个量 a 中减去，最后得到 a' 的过程恰好是带余数除法的定义。即 $a'=a-\lfloor a/b \rfloor b$ 或记为 $a'=a \bmod b$。因此我们可以用除法和求余运算代替原始欧几里得算法中的反复相减。此外，当一个量是另一个量的整倍数时，例如 $b \leqslant a$ 且 b 可以整除 a，我们立即知道最大公度为 b。此时求余的结果 $a \bmod b=0$，为此可以定义 gcm（0，b）= gcm（b，0）= b。我们可以先比较 a 和 b 的大小，如果 $a<b$ 就交换两个量。由于我们知道 $a \bmod b$ 一定小于 b，所以下次递归时可以直接交换为 gcm（b，$a \bmod b$）。这样就得到了改进的欧几里得算法：

表 2.1　欧几里得算法的整数示意

gcm(a,b)	a	b	gcm(a,b)	a	b
gcm(42,30)	42	30	gcm(12,6)	12	6
gcm(12,30)	12	30	gcm(6,6)	6	6
gcm(12,18)	12	18			

$$\text{gcm}(a,b)=\begin{cases} a & b=0 \\ \text{gcm}(b,a \bmod b) & \text{其他} \end{cases} \tag{2.2}$$

为什么这个算法可以求出最大公度呢？我们需要分两步来证明它的正确性。第一步我们要证明这一算法可以求出公度。设 $b \leqslant a$，令整数 q_0 为商，r_0 为余数，即 $a=bq_0+r_0$，如果 r_0 为零，算法就找到了公度，为此我们考虑 r_0 不为零的情况。此时可以进一步列出 $b=r_0q_1+r_1$，类似地，只要余数不为零，我们可以一直列出这样的式子。

$$\begin{aligned} a &= bq_0 + r_0 \\ b &= r_0q_1 + r_1 \\ r_0 &= r_1q_2 + r_2 \\ r_1 &= r_2q_3 + r_3 \\ &\vdots \end{aligned}$$

但只要 a、b 是可公度的，这些式子不会无限列下去。理由是每次都用圆规截取整数次，即商是整数。同时每次都保证余数小于除数。即 $b>r_0>r_1>r_2>\cdots>0$，但是余数不可能小于零。由于起始值是有限的，故最终一定在有限步内得到 $r_{n-2}=r_{n-1}q_n$。

接下来我们证明第一步最后得到的 r_{n-1} 可以同时度量 a 和 b。根据度量的定义，显然 r_{n-1} 可以度量 r_{n-2}。然后考虑倒数第二式 $r_{n-3}=r_{n-2}q_{n-1}+r_{n-1}$，由于 r_{n-1} 可以度量 r_{n-2}，所以 r_{n-1} 也可以度量 $r_{n-2}q_{n-1}$，自然它也可以度量 $r_{n-2}q_{n-1}+r_{n-1}$，这个度量恰好等于 r_{n-3}。用同样的方法，我们可以向上逐一证明 r_{n-1} 可以度量每个式子左边，一直到 b、a。这样我们就证明了欧几里得算法，得到的答案 r_{n-1} 是 a、b 的公度。若最大公度为 g，一定有 $r_{n-1}\leqslant g$。

第二步我们要证明，任何 a、b 的公度 c，一定也可以度量 r_{n-1}。由于 c 是公度，因此 a 和 b 可以用它来表示，不妨记 $a=mc, b=nc$，其中 m,n 都是整数。这样第一式 $a=bq_0+r_0$ 就可以写成 $mc=ncq_0+r_0$，我们得知 $r_0=(m-nq_0)c$，因此 c 也可以度量 r_0。类似地，我们可以依次证明 c 可以度量 r_1，r_2，…，r_{n-1}。这样我们就证明了任何公度都可以度量 r_{n-1}，因此最大公度 g 也可以度量 r_{n-1}，即 $g\leqslant r_{n-1}$。

综合第一、二步的结果，即 $r_{n-1}\leqslant g$ 且 $g\leqslant r_{n-1}$，我们得出最大公度 $g=r_{n-1}$，也就是说欧几里得算法能够正确地给出最大公度。进一步，我们知道 g 是每一对量的最大公度，即

$$g=\text{gcm}(a,b)=\text{gcm}(b,r_0)=\cdots=\text{gcm}(r_{n-2},r_{n-1})=r_{n-1} \tag{2.3}$$

图 2.9 给出了欧几里得算法的一个几何解释。

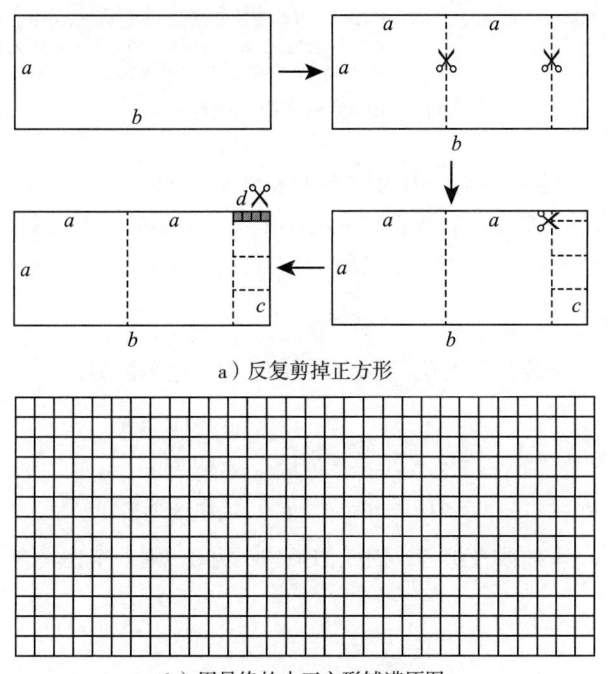

a）反复剪掉正方形

b）用最终的小正方形铺满原图

图 2.9 欧几里得算法的几何解释

2.2.3　扩展欧几里得算法

所谓扩展欧几里得算法，就是除了求得两个量 a、b 的最大公度 g 外，同时找到满足贝祖（见图 2.10）等式 $ax+by=g$ 的两个整数 x 和 y。为什么贝祖等式（Bézout's identity）[⊖]一定成立呢？我们下面给出贝祖等式的一种证明。由 a、b 可以构造一个集合，包含它们所有正的线性组合：

$$S = \{ax + by \mid x, y \in \mathbb{Z} \text{ 且 } ax + by > 0\}$$

a）贝祖（Étienne Bézout，1730—1783）

b）梅齐里亚克（Claude Gaspard Bachet de Méziriac，1581—1638），最早发现并证明了整数上的贝祖等式

图 2.10　贝祖和梅齐里亚克

对于线段来说，S 一定不为空，因为它至少包含 a（此时 $x=1$，$y=0$）和 b（此时 $x=0$，$y=1$）。因为 S 的所有元素都为正，所以它一定存在一个最小的元素，我们将其记为 $g=as+bt$。我们接下来要证明 g 就是 a 和 b 的最大公度。为此我们将 a 表示成 g 的商与余数的形式。

$$a = qg + r \tag{2.4}$$

其中余数 $0 \leqslant r < g$。余数要么为 0，要么在集合 S 中。这是因为

$$\begin{aligned} r &= a - qg && \text{由式(2.4)} \\ &= a - q(as + bt) && g \text{ 的定义} \\ &= a(1 - qs) - bqt && \text{合并整理} \end{aligned}$$

即 r 可以表示为 a、b 的线性组合，因此如果它不为 0，则一定在集合 S 中。但这是不可能

⊖　贝祖等式，或称贝祖定理（也译为裴蜀定理），最早是由法国数学家梅齐里亚克（Claude Gaspard Bachet de Méziriac，1581—1638）发现并证明了其对整数成立，法国数学家贝祖证明这一等式对多项式成立。贝祖等式可以推广到任意的整环和主理想整环（Principle Ideal Domain，PID）上。

的，因为我们之前假设 g 是 S 中的最小正元素，而 r 却比 g 更小，这样就会产生矛盾。因此我们得知 r 一定等于0。根据式（2.4），g 一定可以度量 a。用同样的方法，可以证明 g 也一定可以度量 b。因此 g 是它们的公度。接下来我们证明 g 是最大公度。令 c 为 a 和 b 的任意公度，根据定义，存在整数 m,n 使得 $a = mc, b = nc$。这样 g 就可以表示为

$$
\begin{aligned}
g &= as + bt && \text{由定义} \\
&= mcs + nct && c \text{ 是 } a\text{、}b \text{ 的公度} \\
&= c(ms + nt) && g \text{ 是 } c \text{ 的倍数}
\end{aligned}
$$

这说明 c 可以度量 g，也就是说 $c \leqslant g$。这就证明了 g 是最大公度。综上我们就证明了贝祖等式，即存在整数使得 $ax+by=g$，并且进一步得知最大公度是所有线性组合的正值中最小的。

使用贝祖等式，我们可以推导出扩展欧几里得算法。

$$
\begin{aligned}
ax + by &= \gcd(a,b) && \text{贝祖等式} \\
&= \gcd(b,r_0) && \text{欧几里得算法,式(2.3)} \\
&= bx' + r_0 y' && \text{对 } b \text{ 和 } r_0 \text{ 使用贝祖等式} \\
&= bx' + (a - bq_0)y' && \text{利用 } a = bq_0 + r_0 \\
&= ay' + b(x' - y'q_0) && \text{整理为 } a \text{ 和 } b \text{ 的线性组合} \\
&= ay' + b(x' - y'\lfloor a/b \rfloor) && \text{将 } q_0 \text{ 表示为 } a \text{ 与 } b \text{ 的商}
\end{aligned}
$$

这样就得出了每次递归时的关系：

$$
\begin{cases}
x = y' \\
y = x' - y'\lfloor a/b \rfloor
\end{cases}
$$

递归的边界条件出现在 $b=0$ 的时候，此时 gcm（a，0）$= 1a+0b$。把边界条件和递归关系归纳起来就得到了扩展欧几里得算法。

$$
\mathrm{gcm}_{ex}(a,b) = \begin{cases}
(a,1,0) & b = 0 \\
(g,y',x' - y'\lfloor a/b \rfloor),\text{其中}(g,x',y') = \mathrm{gcm}_{ex}(b,a \bmod b) & \text{其他}
\end{cases}
\tag{2.5}
$$

我们下面给出一个使用扩展欧几里得算法解决的趣题[14]。有两个水瓶，一个的容量是9升，另一个的容量是4升。问如何才能从河中打出6升水？

这道题目有很多变化形式，瓶子的容积和取水的容量可以是其他数值。有一个故事说解决这道题目的主人公是少年时代的法国数学家泊松（Simèon Denis Poisson）。

使用两个瓶子，共有6种操作。记大瓶子为 A，容积为 a；小瓶子为 B，容积为 b：

- 将大瓶子 A 装满水；
- 将小瓶子 B 装满水；
- 将大瓶子 A 中的水倒空；
- 将小瓶子 B 中的水倒空；
- 将大瓶子 A 中的水倒入小瓶子 B；
- 将小瓶子 B 中的水倒入大瓶子 A。

其中最后两种操作中，任意一个瓶子满或者另一个瓶子空时就停止。表 2.2 给出了一系列倒水动作的例子，这里假设容积 $b<a<2b$。

表 2.2　两个瓶子内的水量和倒水操作的对应关系

A	B	操作	A	B	操作
0	0	开始	0	$2b-a$	倒光 A
0	b	倒满 B	$2b-a$	0	将 B 倒入 A
b	0	将 B 倒入 A	$2b-a$	b	倒满 B
b	b	倒满 B	a	$3b-2a$	将 B 倒入 A
a	$2b-a$	将 B 倒入 A	⋮	⋮	⋮

无论进行何种操作，每个瓶子中的水的容量总可以表示为 $ax + by$ 的形式，其中 x、y 是整数。也就是说，我们能获得的水的体积总是 a 与 b 的线性组合。根据贝祖等式的证明，我们知道线性组合的最小正值恰好是 a 和 b 的最大公度 g。因此给定两个瓶子的容量，我们立即能够判断是否可以得到体积为 c 的水——只要 c 能够被 g 度量[㊀]。这里我们假设 c 不超过两个瓶子中较大瓶子的容积。

例如，使用容量为 4 升和 6 升的瓶子，我们永远无法得到 5 升水。这是因为 4 与 6 的最大公约数是 2，但 5 不能被 2 整除（换个思路想这个问题：用两个容积为偶数升的瓶子，永远无法从河里打到奇数升的水）。如果 a 和 b 是互素的整数，即 $\gcd(a, b) = 1$，则可以得到任意自然数 c 升的水。

虽然通过检查 g 是否能度量 c 可以判断是否有解，但是我们并不知道具体的倒水步骤。如果我们可以找到整数 x 和 y，使得 $ax+by=c$，就可以得到一组操作来解决此题。具体思路是这样的：若 $x>0,y<0$，我们需要倒满瓶子 A 共 x 次，倒空瓶子 B 共 y 次；反之若 $x<0,y>0$，则需要倒空瓶子 A 共 x 次，倒满瓶子 B 共 y 次。

例如，若大瓶容积 $a=5$ 升，小瓶容积 $b=3$ 升，要取得 $c=4$ 升水，因为 $4=3\times3-5$，即 $x=-1$、$y=3$，我们可以设计如表 2.3 所示的一系列操作。

表 2.3　取得 4 升水需要进行的操作

A	B	操作	A	B	操作
0	0	开始	0	1	将 A 倒空
0	3	倒满 B	1	0	将 B 倒入 A
3	0	将 B 倒入 A	1	3	倒满 B
3	3	倒满 B	4	0	将 B 倒入 A
5	1	将 B 倒入 A			

在这一系列操作中，倒满 B 共 3 次，倒空 A 共 1 次。因此剩下的问题是如何寻找整数 x 和 y，使得 $ax + by = c$。根据扩展欧几里得算法，我们可以找到满足贝祖等式的一组解 $ax_0 + by_0 =$

㊀　如果容积为整数，当且仅当 c 能够被最大公约数 g 整除。

g。因为 c 是最大公度 g 的 m 倍，我们只要把 x_0 和 y_0 相应加大 m 倍即可得到一组特解：

$$\begin{cases} x_1 = x_0 \dfrac{c}{g} \\ y_1 = y_0 \dfrac{c}{g} \end{cases}$$

根据这组特解，我们可以找到满足不定方程㊀的所有整数解：

$$\begin{cases} x = x_1 - k \dfrac{b}{g} \\ y = y_1 + k \dfrac{a}{g} \end{cases} \tag{2.6}$$

这里 k 为整数。这样我们就找到了倒水问题的所有解。进一步，我们可以找到一个特定的 k，使得 $|x| + |y|$ 的值最小，从而得到最快的倒水步骤㊁。下面是解决这一趣题的 Haskell 例子程序。

```
import Data.List
import Data.Function (on)

-- Extended Euclidean Algorithm
gcmex a 0 = (a, 1, 0)
gcmex a b = (g, y', x' - y' * (a `div` b)) where
  (g, x', y') = gcmex b (a `mod` b)

-- Solve the linear Diophantine equation ax + by = c
solve a b c | c `mod` g /= 0 = (0, 0, 0, 0) -- no solution
            | otherwise = (x1, u, y1, v)
  where
    (g, x0, y0) = gcmex a b
    (x1, y1) = (x0 * c `div` g, y0 * c `div` g)
    (u, v) = (b `div` g, a `div` g)

-- Optimal by minimize |x| + |y|
jars a b c = (x, y) where
  (x1, u, y1, v) = solve a b c
  x = x1 - k * u
  y = y1 + k * v
```

㊀ 又叫作丢番图方程，是用古希腊亚历山大的数学家丢番图（Diophantus，约 200—284）的名字命名的。丢番图在他的著作《算术》中，独创地引入了代数符号系统，被一些数学史家誉为“代数学之父”[12]。

㊁ 例如，可以将表示解的两条直线画出，取绝对值后，将横轴下方的部分对称翻转，进而找到使得 $|x| + |y|$ 最小的 k。

```
    k = minimumBy (compare `on`(λi→abs (x1 - i * u) +
                                abs (y1 + i * v))) [-m..m]
    m = max (abs x1 `div`u) (abs y1 `div`v)
```

求得两个瓶子倒空和倒满的次数 x,y 后，就可以生成一系列倒水的步骤，本章附录提供了完整的例子程序。

2.2.4 欧几里得算法的意义

在“万物皆数”的哲学思想下，虽然欧几里得算法最初是为了寻找两个整数的最大公约数而产生的，但是经过欧几里得之手，算法却应用到了抽象的几何量上。从整数的最大公约数，到可公度量的最大公度，我们看到了几何量和数的分离㊀。几何不仅没有建立在整数之上，反而独立发展，解决了整数之外的问题。以至于后来古希腊数学形成了这样的传统：任何关于数的结论，都需要给出几何的证明。这一传统直到16世纪仍然影响着人们。意大利数学家卡尔丹（Gerolamo Cardano）㊁在关于解三次、四次方程的著作《大术》（Ars Magna，1545年出版）中，仍然使用类似立方体填补法的几何论证[12]。

欧几里得算法是最著名的一个递归算法。德国数学家、解析数论创始人狄利克雷（Dirichlet）在他的著作《数论讲义》中评价道：“整个数论的结构都建立在同一个基础之上，这个基础就是最大公约数算法。”现代密码学的RSA加密算法㊂直接使用了扩展欧几里得算法。我们在上一节通过一道趣题展示了如何使用扩展欧几里得算法给出二元线性不定方程 $ax+by=c$ 的整数解。具体来说，就是先求出最大公度 g，并判断 g 是否整除 c，若不能，则无整数解。否则，将满足贝祖等式的 x_0,y_0，扩大 c/g 倍得到一组特解 x_1,y_1，然后得到一般二元线性不定的通解 $x=x_1-kb/g$ 和 $y=y_1+ka/g$。

欧几里得算法是一把锋利的宝剑，但是它强大的递归原理被反过来指向了“万物皆数”的基石——万物可公度。一切事物和现象都可以归结为整数与整数的比，从而引发了毕达哥拉斯学派哲学思想的危机。约公元前470年，毕达哥拉斯学派的学生希帕索思（见图2.11）试图寻找正方形的对角线和边的公度。经过仔细思考，他发现不管度量单位取得多么小，这两条线段都无法公度。还有的说法是希帕索思从毕达哥拉斯学派的神秘五角星标志上得到了启发。毕达哥拉斯学派成员用五角星作为学派的徽章和联络

图2.11 希帕索思（Hippasus of Metapontum），约公元前5世纪

㊀ 这也是我们使用gcm，而没有使用更常见的gcd作为算法简写的原因。

㊁ 也译作卡尔达诺。

㊂ RSA算法是最早的一种公开密钥加密的非对称加密算法，RSA是1977年由罗纳德·李维斯特（Ron Rivest）、阿迪·萨莫尔（Adi Shamir）和伦纳德·阿德曼（Leonard Adleman）一起提出的。当时他们三人都在麻省理工学院工作。RSA就是他们三人姓氏开头字母拼在一起组成的。

标志。有一则故事说，学派的一个成员流落异乡，贫病交迫，无力酬谢房主的款待，临终前要房主在门上画一个五角星。若干年后，有同派的人看到这个标志，询问事情的经过，厚报房主而去[8]。美国迪士尼在1959年的动画片《唐老鸭漫游数学奇境》中，描绘了唐老鸭遇到了毕达哥拉斯和他的朋友们，在了解音乐、艺术与数的关系后，唐老鸭的手掌上也画上了神秘的五角星。如图2.12a所示，传说希帕索思发现线段AC和AG也是无法公度的。

19世纪的苏格兰数学家乔治·克里斯托重建了希帕索思的证明。使用反证法，假设存在一条单位线段c能够公度正方形的边和对角线。根据度量的定义，可以令边长为nc、对角线长为mc，其中m、n都是正整数。如图2.12b所示，我们以点A为圆心，以边长为半径做圆弧交对角线AC于点E。然后从E出发作垂直于对角线的直线，并交边BC于点F。

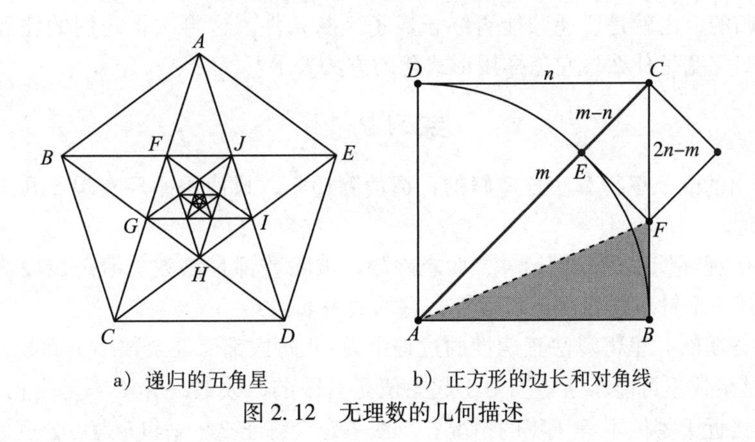

a）递归的五角星　　b）正方形的边长和对角线

图2.12　无理数的几何描述

根据圆的定义，线段AE的长度等于正方形的边长，所以线段EC的长度等于$(m-n)c$。因为EF垂直于AC，而角$\angle ECF$是45°，故三角形ECF是等腰直角三角形。由于等腰三角形两腰相等，故而有$|EC|=|EF|$。接下来我们注意两个直角三角形$\triangle AEF$和$\triangle ABF$，由于$|AE|$等于$|AB|$，同时AF是公共边，因此两个直角三角形全等。这样就得到$|EF|=|FB|$。综合下来，我们有$|EC|=|EF|=|FB|$。这样线段FB的长度也等于$(m-n)c$，所以线段CF的长度等于CB的长度减去FB的长度，等于$nc-(m-n)c=(2n-m)c$。得到的结论如下所示：

$$\begin{cases}|AC|=mc\\|AB|=nc\\\text{大正方形}\end{cases}\quad\Bigg|\quad\begin{cases}|CF|=(2n-m)c\\|CE|=(m-n)c\\\text{小正方形}\end{cases}$$

由于m、n都是正整数，显然c也可以公度小正方形的对角线CF和边CE。仿照上面的方法，我们可以继续作出更小的正方形，并且重复作出无穷无尽的更小的正方形。而c总可以公度每一个小正方形的边和对角线。由于m、n是有限的正整数，这一过程不可能无限做下去，这样就产生了矛盾。于是我们一开始的假设不成立，即正方形的边和对角线不可公度。

这样毕达哥拉斯万物皆数的理论就出现了一个漏洞：存在线段的长度无法用整数比进行度量。据说希帕索思因为这个发现，而遭到谋杀，毕达哥拉斯学派担心这个秘密被泄露出去，而把希帕索思沉入大海。然而历史的车轮不会倒退，古希腊的哲学家和数学家们正视了这个问题，经过欧多克索斯、亚里士多德和欧几里得等人的工作，终于严格定义了不可公度和无理量，并通过几何将它们纳入了古希腊的数学体系。

命题 2.2（《几何原本》，卷十，命题二）：如果从两个不等量的大量中连续减去小量，直到余量小于小量，再从小量中连续减去余量直到小于余量，这样一直做下去，当所余的量总不能量尽它前面的量时，则称两个量不可公度。

这里出现了一个有趣的现象，不可公度是用欧几里得算法能否停止来定义的。由于欧几里得算法是递归的，也就是说递归能否终止成了判断条件。这再次将我们的注意力引入递归的本质上。递归究竟是什么？它怎样用形式化的方法表示？

练习 2.1

1. 我们给出的欧几里得算法是递归的，请消除递归，只使用循环实现欧几里得算法和扩展欧几里得算法。

2. 大多数编程环境中的取模运算，要求除数、被除数都是整数。但是线段的长度不一定是整数，请实现一个针对线段的取模运算。它的效率如何？

3. 我们在证明欧几里得算法正确性的过程中说：“每次都保证余数小于除数，即 $b>r_0>r_1>r_2>\cdots>0$，但是余数不可能小于零。由于起始值是有限的，故最终算法一定终止。”为什么不会出现 r_n 无限接近于零但不等于零的情况？算法一定会终止么？a 和 b 是可公度的这一前提保证了什么？

4. 对于二元线性不定方程 $ax+by=c$，若 x_1, y_1 和 x_2, y_2 为两对整数解。试证明 $|x_1-x_2|$ 的最小值为 $b/\gcm(a, b)$，且 $|y_1-y_2|$ 的最小值为 $a/\gcm(a, b)$。

5. 边长为 1 的正五边形，对角线的长度是多少？试证明图 2.12 的五角星中的线段 AC 和 AG 是不可公度的。使用实数表示，它们的比值是什么？

2.3 λ演算

如果进行计算的是人类这样的智慧生命，也许不用深究递归的原理。我们只需要进行计算，发现递归时就在自己的思维中螺旋进入下一个层次。当递归终止时，就退回上一层。当人们思考如何用机器帮助我们进行计算时，这一问题才变得重要起来。20 世纪 30 年代，当人们研究可计算问题时，分别独立提出了一些计算模型。最著名的包括图灵（见图 2.13）提出的图灵机模型（1935 年），丘奇（1932 到 1941 年）和克莱尼（Stephen Kleene，1935 年）提出的 λ 演算（希腊字母 λ 读作 lambda），埃尔布朗（Jacques Herbrand）和哥德尔（Kurt Gödel）提出的递归函数（1934 年）等。

图灵是英国数学家、逻辑学家，深刻地影响了计算机科学的理论发展，他提出的使用图灵机来形式化算法和计算的概念，是现代通用计算机的模型。图灵因此被称为计算机科学之父和人工智能之父[15]。第二次世界大战期间，图灵加入了盟军位于布莱切利公园的密码破译中心。他设计了很多方法用以快速破解纳粹德国的密码。图灵研制了一台绰号为“炸弹”(Bombe)的电子机器，使用战前波兰发现的方法，可以在1小时内找到德军恩尼格玛(Enigma)密码机的密钥。密码的成功破译是盟国获胜的一个关键因素，许多历史学家认为至少缩短了2年的战争，并且挽救了成千上万的生命。战争结束后，图灵开始从事“自动计算机”(ACE)的逻辑设计和具体研制工作。在图灵的设计思想指导下，1950年制出了ACE样机，1958年制成大型ACE机。人们认为，通用计算机的概念就是图灵提出来的。1950年，图灵开始考虑机器思维的问题并在论文《计算机与智能》中提出了著名的“图灵测试”。这一划时代的作品，使图灵赢得了“人工智能之父”的桂冠。1951年，由于在可计算数学方面所取得的成就，图灵成为英国皇家学会会员，时年39岁。为了纪念他对计算机科学的巨大贡献，美国计算机协会(ACM)于1966年设立一年一度的图灵奖，以表彰在计算机科学中做出突出贡献的人，图灵奖被喻为“计算机界的诺贝尔奖”。

a)艾伦·图灵(Alan Mathison Turing, 1912—1954)

b)阿隆佐·丘奇(Alonzo Church, 1903—1995)

图2.13 图灵和丘奇

对计算本身进行形式化，被称为“元数学”。这一试图重新为计算树立数学地位的尝试产生了一个杰作——λ演算。λ演算名字的由来还有一则有趣的故事。在研究计算本身时，人们意识到应该区分函数和函数的值，例如我们说“如果x是奇数，那么$x \times x$也是奇数”，这时我们指的是函数的值；而如果我们说“$x \times x$是递增的”，那说的就是这个函数本身。为了区别这两个概念，我们会把函数写成$x \mapsto x \times x$而不单是$x \times x$。

“$\mapsto$”符号是在1930年前后，由尼古拉·布尔巴基(Nicolas Bourbaki)[㊀]引入的。20世纪初，

㊀ “布尔巴基”是一群法国数学家共同使用的笔名。布尔巴基的目的是在集合论的基础上，用最具严格性，最一般的方式来重写整个现代高等数学。布尔巴基学派产生了包括安德烈·韦伊、亨利·嘉当、舒瓦兹、塞尔、格罗滕迪克、迪厄多内等一大批著名数学家。

罗素和怀特海在《数学原理》中使用了 $\hat{x}$（$x \times x$）的表示法，1930 年丘奇想使用类似的表示法，但是他的出版商不知道如何在 x 上面印出这个“帽子”符号，于是就改成在 x 的前面加上一个与之相似的大写希腊字母 Λ，它后来又变成了小写字母 λ。于是最终表达式就成了今天我们看到的 $\lambda x\,.\,x \times x$[16]。虽然 $x \mapsto x \times x$ 的表示法已经广为接受，人们还是会在逻辑学和计算机科学中使用丘奇的表示法，而这种语言的名字“λ 演算”也正源于此。

2.3.1　表达式化简

我们先从一些简单的例子开始了解如何用 λ 演算形式化算法与计算过程。首先是加减乘除四则运算，我们把它们也看成某种函数。比如加法 1+2，可以看作用一个名为“+”的函数，作用到 1 和 2 两个变量上。按照把函数名写在前面的习惯，这一表达式可以写成（+1 2）。针对表达式的求值，就可以看作一系列的化简过程，例如：

$$
\begin{aligned}
& (+\ (\times\ 2\ 3)(\times\ 4\ 5)) \\
\to & (+\ 6\ (\times\ 4\ 5)) \\
\to & (+\ 6\ 20) \\
\to & 26
\end{aligned}
$$

这里箭头符号→读作“化简为”。注意到函数 f 应用到变量 x 上，并没有写成 f（x）而是写成了 $f\ x$ 的形式。对于多元函数，如 f（x，y），我们不把它写成（f（x，y）），而是用更加简单一致的方法写成（（$f\ x$）y）。这样为了表达“三加四”这样的加法，需要写成（（+ 3）4）。表达式（+ 3）实际上表示了一个函数，它把任何传入的变量都加 3。这样在整体上这个表达式的含义就是：把加法“+”函数先应用到变量 3 上，这样的结果是一个函数，然后再把这个函数应用到变量 4 上。这样本质上，我们认为所有的函数都只接受一个参数。这一方法最初是由肖芬格尔（Schönfinkel，1889—1942）在 1924 年提出，后来经哈斯克尔·柯里在 1958 年后才被广泛使用的。因此，它被称为函数的“柯里化”（Currying）[17]。

严格按照柯里化的方式写出的表达式含有很多括弧，为了简化描述，我们在不引起歧义的情况下会省略一些括弧，例如将（（f（（+ 3）4））（$g\ x$））简写为（f（+ 3 4）（$g\ x$））。

在进行表达式化简时，需要能够理解一些基本含义并做出计算。对于四则运算，我们已经在第 1 章中利用皮亚诺公理定义了加法和乘法。我们也可以用类似的方式定义其逆运算减法和除法。对于参与运算以及表示结果的常数，我们也有基于零和后继的定义。在这些理论基础上，实现时通常将基本运算和数字内置实现（built-in）以提高性能。通常加以内置实现的还有与/或/非等逻辑运算、布尔常量真（true）和假（false）。条件表达式可以按照第 1 章描述的麦卡锡形式（$p \mapsto f,\ g$）实现，也可以定义为下面的 if 形式。

$$
\begin{aligned}
\textbf{if}\ \texttt{true}\ \textbf{then}\ e_t\ \textbf{else}\ e_f & \mapsto e_t \\
\textbf{if}\ \texttt{false}\ \textbf{then}\ e_t\ \textbf{else}\ e_f & \mapsto e_f
\end{aligned}
$$

其中 e_t 和 e_f 都是表达式。第 1 章中通过 cons 定义的复合数据结构，也可以通过函数来抽取其中的各个部分：

$$\text{head}(\text{cons } a\ b) \mapsto a$$
$$\text{tail}(\text{cons } a\ b) \mapsto b$$

2.3.2　λ 抽象

我们前面简单介绍了 λ 符号的由来，所谓 λ 抽象，实际上是一种构建函数的方法。我们通过一个例子来了解 λ 抽象的各个组成部分。

$$(\lambda x.\ + x\ 1)$$

一个 λ 抽象包含四个组成部分，首先是 λ 符号，表示“接下来要定义一个函数”。紧随其后的是变量，在本例中就是 x，被称为形参（formal parameter）。形参之后是一个点，剩余部分是函数体，它向右延伸到最长，在本例中是 $+\ x\ 1$。有时为了避免对函数体的右边界产生歧义，可以增加括号，对于本例，可以写成：$(+\ x\ 1)$。为了记忆方便，我们可以将 λ 抽象的四个部分按照如下方法对应到自然语言上：

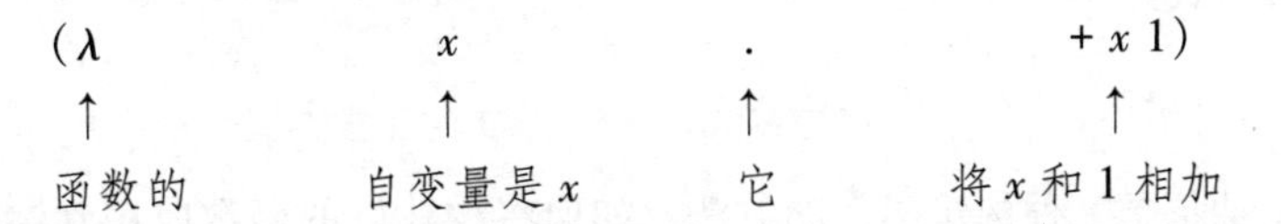

为了方便，在后继的推导中我们也会等价地使用 $x \mapsto x+1$ 形式的记法。这里有一点需要澄清，λ 抽象并不等同于 λ 表达式。λ 抽象只是 λ 表达式四种情况之一，其他三种情况为

<表达式> = <常量>　　　　　　内置的常量、数字、布尔值等
　　　　| <变量>　　　　　　　变量名
　　　　| <表达式> <表达式>　　应用
　　　　| λ <变量> . <表达式>　λ 抽象

2.3.3　λ 变换规则

考虑下面的 λ 表达式，如果对它化简，我们需要知道“全局”变量 y 的值。与之相对，我们不需要事先知道变量 x 的值，因为它以形参出现在函数中。

$$(\lambda x.\ + x\ y)\ 2$$

比较 x 和 y 的不同之处，我们称 x 是被 λx“绑定”的。当将这一 λ 抽象应用到参数 2 时，我们会用 2 替换掉所有的 x。相反，y 没有被 λ 绑定，我们称变量 y 是自由的。总之，表达式的值是由未被绑定的自由变量的值决定的。一个变量要么是被绑定的，要么是自由的。下面是一个稍复杂点的例子：

$$\lambda x.\ + ((\lambda y.\ + y\ z)\ 3)\ x$$

我们可以把它写成箭头记法，这样可以看得更清楚：

$$x \mapsto ((y \mapsto y + z)\ 3) + x$$

这样就可以看出，x 与 y 是被绑定的，而 z 是自由变量。在更加复杂的表达式中，同一变量的名字，有时是被绑定的，有时又以自由变量的形式出现，例如：

$$+\ x((\lambda x.\ +\ x\ 1)\ 2)$$

写成箭头形式为

$$x + ((x \mapsto x + 1)\quad 2)$$

我们看到，第一次出现的 x 是个自由变量，而后面出现的 x 是被绑定的。在复杂的表达式中，这种同一名字代表不同的变量的情况会给表达式化简带来麻烦。为了解决名称冲突的问题，我们引入第一条 λ 变换规则——α-变换。其中 α 是希腊字母阿尔法。这一规则说，我们可以将 λ 表达式中的一个变量，重新命名为另一个变量。例如：

$$\lambda x.\ +\ x\ 1 \quad \overset{\alpha}{\longleftrightarrow} \quad \lambda y.\ +\ y\ 1$$

写成箭头形式为

$$x \mapsto x + 1 \quad \overset{\alpha}{\longleftrightarrow} \quad y \mapsto y + 1$$

我们说 λ 抽象是一种构建函数的方法，如何将构建好的函数应用到参数值上呢？这就需要引入第二条 λ 变换规则—— β-变换。正向使用这条规则时，把 λ 抽象函数体中的所有形参的自由出现替换成形参的值。例如：

$$(x \mapsto x + 1)\ 2$$

根据变换规则，把 λ 抽象 $x \mapsto x + 1$ 应用到自变量 2 上得 $2 + 1$。即 $2 + 1$ 是将函数体 $x + 1$ 中出现的形参 x 替换为 2 的结果。用箭头将这一变换表示为

$$(x \mapsto x + 1)\ 2 \quad \overset{\beta}{\to} \quad 2 + 1$$

我们称这一特定箭头方向的变换为 β-归约（β-reduction）[1]。而反向使用这条规则称为 β-抽象。下面再通过更多的例子了解一下 β-归约。首先是形参多次出现的例子：

$$\begin{aligned}(x \mapsto x \times x)\ 2 \quad &\overset{\beta}{\to} \quad 2 \times 2 \\ &\to \quad 4\end{aligned}$$

然后是形参出现零次的情况：

$$(x \mapsto 1)\ 2 \quad \overset{\beta}{\to} \quad 1$$

这是一个典型的“常量映射”的例子。接下来是一个多重归约的例子：

[1] 也称为 β-消解或 β-化简。

$$
\begin{aligned}
(x \mapsto (y \mapsto y - x))\ 2\ 4 &\xrightarrow{\beta} (y \mapsto y - 2)\ 4 && \text{柯里化} \\
&\xrightarrow{\beta} 4 - 2 && \text{内层归约} \\
&\rightarrow 2 && \text{内置四则运算}
\end{aligned}
$$

可以看到，从外向内逐层归约是一个不断柯里化的过程。有时我们把多重归约简写如下：

$$(\lambda x.(\lambda y.E)) \Rightarrow (\lambda x.\lambda y.E)$$

其中 E 表示函数体。写成箭头形式为

$$(x \mapsto (y \mapsto E)) \Rightarrow (x \mapsto y \mapsto E)$$

使用 β-归约进行函数应用时，参数也可以是另一个函数，例如：

$$
\begin{aligned}
(f \mapsto f\ 5)(x \mapsto x + 1) &\xrightarrow{\beta} (x \mapsto x + 1)5 \\
&\xrightarrow{\beta} 5 + 1 \\
&\rightarrow 6
\end{aligned}
$$

最后一个我们要介绍的变换是 η-变换。它的定义如下：

$$(\lambda x.F\ x) \xleftrightarrow{\eta} F$$

写成箭头形式为

$$x \mapsto F\ x \xleftrightarrow{\eta} F$$

其中 F 是函数，且 x 不是 F 中的自由变量。我们来看一个例子：

$$(\lambda x.\ +1\ x) \xleftrightarrow{\eta} (+1)$$

在这个例子中，η-变换两边的行为表现得完全一样。如果应用到一个参数上，效果都是把这个参数增加1。η-变换之所以要求 x 不能是 F 的自由变量是为了避免错误地将（$\lambda x.\ +x\ x$）变换为（$+\ x$）。我们可以看到，x 是（$+\ x$）中的自由变量。同样，限定 F 必须为函数是为了避免错误地将1变换为（$\lambda x.1\ x$）。在上面的定义中，称从左向右的变换为 η-归约。

至此，我们介绍了 λ 表达式变换的三大规则，我们小结一下：

- α-变换用于改变形参的名字；
- β-归约用于实现函数应用；
- η-归约用于去除多余的 λ 抽象。

此外，我们称内置函数的化简，如加减乘除四则运算、逻辑上的与或非等为 δ-变换。在某些文献上，还会看到另外一种 λ 表达式变换的简记形式，我们这里简单介绍一下。对表达式（$\lambda x.\ E$）M，进行 β-归约时，我们用 M 替换 E 中的 x，将此结果记为 $E\ [M/x]$。这样三大变换就可以简写成如表2.4所示的形式。

表 2.4　三大变换的简写形式

变换	λ 形式	箭头形式
α	$(\lambda x.\ E) \overset{\alpha}{\longleftrightarrow} \lambda y.\ E[y/x]$	$x \mapsto E \overset{\alpha}{\longleftrightarrow} y \mapsto E[y/x]$
β	$(\lambda x.\ E)\ M \overset{\beta}{\longleftrightarrow} E[M/x]$	$(x \mapsto E)M \overset{\beta}{\longleftrightarrow} E[M/x]$
η	$(\lambda x.\ E\ x) \overset{\eta}{\longleftrightarrow} E$	$x \mapsto E\ x \overset{\eta}{\longleftrightarrow} E$

由于这些转换规则都是双向的，在对一个 λ 表达式进行变换时，既可以从左向右进行归约，也可以反过来从右向左进行抽象。这样自然会产生两个问题。第一个问题是：化简过程最终会停止么？第二个问题是：不同的化简方式得到的结果是一致的吗？对于第一个问题，答案是不确定的，化简过程不能保证一定会终止[㊀]。下面就是一个“死循环”的例子：$(D\ D)$，其中 D 定义为 $\lambda x.\ x\ x$，写成箭头形式为 $x \mapsto x\ x$。如果我们试图化简，就会得到这样的结果：

$$
\begin{array}{llll}
(D\ D) & \rightarrow & (x \mapsto x\ x)\ (x \mapsto x\ x) & \text{代入 } D \text{ 的定义} \\
 & \overset{\alpha}{\rightarrow} & (x \mapsto x\ x)\ (y \mapsto y\ y) & \text{对第二个 } \lambda \text{ 抽象用 } \alpha\text{ - 变换} \\
 & \overset{\beta}{\rightarrow} & (y \mapsto y\ y)\ (y \mapsto y\ y) & \text{用第二个表达式替换 } x \\
 & \overset{\alpha}{\rightarrow} & (x \mapsto x\ x)\ (x \mapsto x\ x) & \text{再用 } x \text{ 替换回 } y \\
 & \rightarrow & (x \mapsto x\ x)\ (x \mapsto x\ x) & \text{重复使用上述步骤}
\end{array}
$$

更耐人寻味的是这个例子：$(\lambda x.\ 1)\ (D\ D)$，如果先化简 $(\lambda x.\ 1)$，那么化简过程会终止，答案为 1。反之如果先化简 $(D\ D)$，则根据上面的结论，这一过程就会陷入“死循环”而无法终止。丘奇和他的学生罗瑟[㊁]在 1936 年证明了一对定理，完整地回答了第二个问题。

定理 2.1　（丘奇-罗瑟定理一）：若 $E_1 \leftrightarrow E_2$，则存在 E，使得 $E_1 \rightarrow E$ 且 $E_2 \rightarrow E$。

也就是说，如果化简过程是可终止的，则化简结果是一致的。不同的化简方法会化简到同一结果，如图 2.14 所示。在此基础上，丘奇和罗瑟又证明了第二定理。为此我们先要给出“范式”（normal form）的概念。所谓范式，又称 β 范式，是指不能再进行 β-归约的形式。简单来讲，就是表达式中能够应用的函数都已经应用了。更严格的范式是 β-η 范式，在这样的范式中，既不能进行 β-归约，也不能进行 η-归约。例如 $(x \mapsto x+1)\ y$ 不是范式，因为它可以进行 β-归约变成 $y+1$。下面是范式的递归定义：

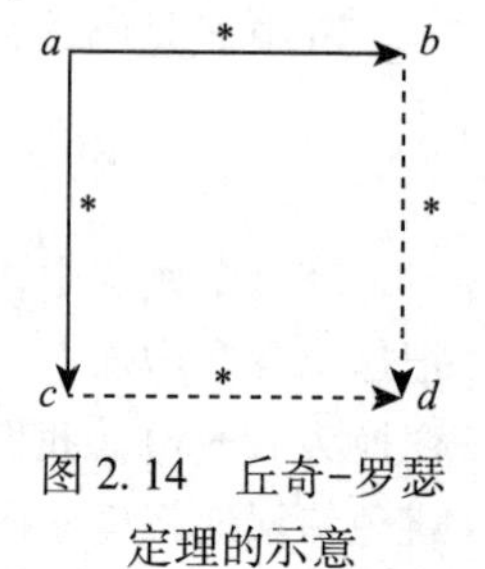

图 2.14　丘奇-罗瑟定理的示意

㊀ 注意答案并不是“否定”，而是不确定。这本质上和图灵停机问题是一致的，即不存在一个可判定过程，确定任意化简是否终止。我们在最后一章会详细讨论这个问题。

㊁ 罗瑟（John Barkley Rosser Sr. 1907—1989）是美国数学家、逻辑学家。除了丘奇-罗瑟定理外，罗瑟还和克莱尼一起提出了克莱尼-罗瑟悖论。在数论领域，他提出了罗瑟筛法，并证明了罗瑟定理，该定理指出，第 n 个素数 $p_n > n \ln n$。罗瑟在 1936 年还给出了一种更强的哥德尔第一不完全定理的形式，他把不可判定命题改进为：“对本命题的任何证明，都存在一个对否命题的更短证明。”

$$
\begin{aligned}
\text{normal}((\lambda x.\,y)\ z) &= \textbf{false} && \text{可进一步}\beta\text{-归约} \\
\text{normal}(\lambda x.\,(f\ x)) &= \textbf{false} && \text{可进一步}\eta\text{-归约} \\
\text{normal}(x\ y) &= \text{normal}(x) \wedge \text{normal}(y) && \text{应用：函数和参数都是范式} \\
\text{normal}(x) &= \textbf{true} && \text{其他情况}
\end{aligned}
$$

定理 2.2（丘奇-罗瑟定理二）：若 $E_1 \to E_2$，且 E_2 为范式，则存在从 E_1 化简到 E_2 的正规顺序。

注意，这一定理要求化简过程也必须是可终止的。所谓正规顺序（normal order）就是从左向右，从外向内的化简顺序。

2.4 递归的定义

利用上一节中介绍的 λ 抽象，我们已经可以定义一些简单函数，但是如何定义递归函数呢？比如阶乘，它可以递归地定义为

$$\text{fact} = n \mapsto \textbf{if}\ n = 0\ \textbf{then}\ 1\ \textbf{else}\ n \times \text{fact}(n-1)$$

但这并不是一个合法的 λ 表达式，问题是由于 λ 抽象只定义了匿名函数，而我们并未定义如何给函数命名。再次观察递归的阶乘定义，它形如：

$$\text{fact} = n \mapsto (\cdots\text{fact}\cdots)$$

我们反向使用 β-归约（即 β-抽象），将其变换为

$$\text{fact} = (f \mapsto (n \mapsto (\cdots f \cdots)))\ \text{fact}$$

进一步可以抽象为

$$\text{fact} = H\ \text{fact} \tag{2.7}$$

其中

$$H = f \mapsto (n \mapsto (\cdots f \cdots))$$

注意到，经过这样的变换，我们得到的 H 不再是递归的，它是一个普通的 λ 表达式。观察式(2.7)，它表示了递归。在形式上它是一个数学方程，让我们联想起“微分方程”的概念。例如解微分方程 $y'=\sin(x)$ 得到 $y=a-\cos(x)$。如果我们能将方程 $F=H\ F$ 解出，就能完整地定义阶乘。进一步观察，我们发现这个方程的含义是将 H 应用到 F 上，得到的结果仍然是 F。这一概念在数学上叫作“不动点”。我们称 F 是 H 的不动点。再举一个不动点的例子：λ 表达式 $x \mapsto x \times x$ 的不动点是 0 和 1，这是因为 $(x \mapsto x \times x)\ 0=0$ 且 $(x \mapsto x \times x)\ 1=1$。

Y 组合子

我们希望找到 H 的不动点，显然 H 的不动点只依赖于 H 本身。为此，我们引入一个函数 Y，它接受一个函数，然后返回这个函数的不动点。Y 的行为表现如下：

$$Y\ H = H\ (Y\ H) \tag{2.8}$$

为此 Y 被称为“不动点组合子”（fixpoint combinator）。使用 Y，我们就得到了方程（2.7）的解：

$$\text{fact} = Y\ H \tag{2.9}$$

这样得到的 fact 是一个无递归的定义。我们可以这样验证这个解：

$$\begin{array}{lll} \text{fact} & = Y\ H & \text{式}(2.9) \\ & = H\ (Y\ H) & \text{式}(2.8) \\ & = H\ \text{fact} & \text{式}(2.9)\ \text{反向} \end{array}$$

Y 的强大之处在于它可以表达所有的递归函数。但是现在的 Y 仍然是个黑盒子，我们需要用 λ 抽象来真正实现它。下面就是 Y 的实现：

$$Y = \lambda h.\ (\lambda x.\ h\ (x\ x))\ (\lambda x.\ h\ (x\ x)) \tag{2.10}$$

写成箭头形式为

$$Y = h \mapsto (x \mapsto h\ (x\ x))\ (x \mapsto h\ (x\ x))$$

我们打开了潘多拉的魔盒，现在来验证一下这个 Y 的 λ 抽象是否表现得符合我们的预期：$Y\ H = H\ (Y\ H)$。

证明：

$$\begin{array}{ll} Y\ H = (h \mapsto (x \mapsto h\ (x\ x))\ (x \mapsto h\ (x\ x)))\ H & Y\ \text{的定义} \\ \overset{\beta}{\leftrightarrow} (x \mapsto H\ (x\ x))\ (x \mapsto H\ (x\ x)) & \beta\text{-归约，用}\ H\ \text{代换}\ h \\ \overset{\alpha}{\leftrightarrow} (y \mapsto H\ (y\ y))\ (x \mapsto H\ (x\ x)) & \text{对前半部分用}\ \alpha\text{-变换} \\ \overset{\beta}{\leftrightarrow} H\ ((x \mapsto H\ (x\ x))\ (x \mapsto H\ (x\ x))) & \beta\text{-归约，}y\ \text{被后半部代换} \\ \overset{\beta}{\leftrightarrow} H\ (h \mapsto (x \mapsto h\ (x\ x))\ (x \mapsto h\ (x\ x))\ H) & \beta\text{-抽象，}H\ \text{抽出为参数} \\ = H\ (Y\ H) & \text{代入}\ Y\ \text{的定义} \end{array}$$

最终，使用 Y，我们实现阶乘的定义如下所示：

$$Y\ (f \mapsto (n \mapsto \textbf{if}\ n = 0\ \textbf{then}\ 1\ \textbf{else}\ n \times f(n-1)))$$

用 λ-抽象来定义 Y 的数学意义远大于其实现的意义。在真实的环境中，通常 Y 被内置实现为函数，可以直接将 $Y\ H$ 转化为 $H\ (Y\ H)$。

2.5　λ 演算的意义

λ 演算的意义在于，它用一组简单的规则对复杂的计算过程进行了定义。将欧几里得算法用 λ 演算表示出来，再利用 β-归约进行计算。这样的实现可能比较复杂，但确实可行。它不仅可以表达欧几里得算法，而且适用于所有的可计算函数。图灵后来证明了 λ 演算与图灵机的等价性。λ 演算的一大优势在于它仅仅使用了传统的数学概念——函数。因而在 19 世纪三十年代，λ 演算被用来对数学进行形式化。然而在 1935 年，克莱尼-罗瑟悖论证明了最初的 λ 形式系统在逻辑上是不一致的。1936 年，丘奇将 λ 演算模型中和纯计算有关的部分分离出来，称为无类型 λ 演算。1940 年，丘奇又提出了一个弱化计算，但是逻辑自洽的形式系统，被称为简单类型 λ 演算。

我们展示了如何用 λ 演算定义基本的四则运算、逻辑运算，定义和应用普通函数以及递归函数。最后，我们给出如何用 λ 演算定义复合数据结构。我们用此前定义的 cons、head、tail 作为例子。以下是它们的 λ 抽象定义：

$$
\begin{aligned}
\text{cons} &= (\lambda a.\ \lambda b.\ \lambda f.\ f\ a\ b) \\
\text{head} &= (\lambda c.\ c\ (\lambda a.\ \lambda b.\ a)) \\
\text{tail} &= (\lambda c.\ c\ (\lambda a.\ \lambda b.\ b))
\end{aligned}
$$

写成箭头形式为

$$
\begin{aligned}
\text{cons} &= a \mapsto b \mapsto f \mapsto f\ a\ b \\
\text{head} &= c \mapsto c\ (a \mapsto b \mapsto a) \\
\text{tail} &= c \mapsto c\ (a \mapsto b \mapsto b)
\end{aligned}
$$

我们来验证一下 head（cons p q）$= p$ 这一关系：

$$
\begin{aligned}
\text{head}(\text{cons}\ p\ q) &= (c \mapsto c\ (a \mapsto b \mapsto a))\ (\text{cons}\ p\ q) \\
&\overset{\beta}{\to} (\text{cons}\ p\ q)\ (a \mapsto b \mapsto a) \\
&= ((a \mapsto b \mapsto f \mapsto f\ a\ b)\ p\ q)\ (a \mapsto b \mapsto a) \\
&\overset{\beta}{\to} ((b \mapsto f \mapsto f\ p\ b)\ q)\ (a \mapsto b \mapsto a) \\
&\overset{\beta}{\to} (f \mapsto f\ p\ q)\ (a \mapsto b \mapsto a) \\
&\overset{\beta}{\to} (a \mapsto b \mapsto a)\ p\ q \\
&\overset{\beta}{\to} (b \mapsto p)\ q \\
&\overset{\beta}{\to} p
\end{aligned}
$$

这说明理论上复合数据结构不必一定要内置实现，而可以用 λ 定义。本章练习中还展示了如何用 λ 演算基于皮亚诺公理系统定义自然数、布尔值及逻辑运算。

练习 2.2

1. 使用 λ 变换规则验证 tail（cons p q）$= q$。
2. 可以仅仅使用 λ 演算来定义自然数。下面是丘奇数的定义：

$$
\begin{aligned}
0 &: \lambda f.\ \lambda x.\ x \\
1 &: \lambda f.\ \lambda x.\ f\ x
\end{aligned}
$$

$$2: \lambda f.\lambda x.f\ (f\ x)$$
$$3: \lambda f.\lambda x.f\ (f\ (f\ x))$$
$$: \cdots$$

请利用第 1 章介绍的内容，定义丘奇数的加法和乘法。

3. 以下是丘奇布尔值的定义，以及逻辑运算的一种实现：

```
 true : λx.λy.x
false : λx.λy.y
  and : λp.λq.p q p
   or : λp .λq.p p q
  not : λp. p false true
```

其中 **false** 的定义和丘奇数 0 的定义本质上是相同的。试用 λ 变换证明：**and true false = false**；你能给出 if … then … else … 语句的 λ 定义吗？

2.6　更多的递归结构

至此，我们已经将递归函数和递归数据结构建立在完整的数学基础上。利用这些工具，我们可以继续定义一些较复杂的数据结构。例如下面的二叉树：

```
data Tree A = nil  | node (Tree A, A, Tree A)
```

这个递归定义说，一棵元素类型为 A 的二叉树或者为空，或者是一个分支节点。节点包含三部分：两棵元素类型为 A 的子树和一个类型为 A 的元素。我们通常称这两棵子树为左子树和右子树。A 是类型参数，例如自然数。node(nil, 0, node(nil, 1, nil)) 表示了一棵元素为自然数的二叉树。下面我们为二叉树定义抽象的叠加操作 foldt。

$$\begin{aligned}&\text{foldt}(f, g, c, \text{nil}) = c \\ &\text{foldt}(f, g, c, \text{node}(l, x, r)) = g(\text{foldt}(f, g, c, l), f(x), \text{foldt}(f, g, c, r))\end{aligned} \tag{2.11}$$

如果函数 f 将类型为 A 的自变量映射为类型为 B 的值，我们将其类型记为 $f: A \to B$。柯里化的函数 foldt (f, g, c) 的类型为 foldt (f, g, c)：Tree $A \to B$，其中 c 的类型为 B，而函数 g 的类型为 g：$(B \times B \times B) \to B$，写成柯里化的形式为 g：$B \to B \to B \to B$。使用抽象的叠加函数 foldt 我们可以定义针对二叉树的逐一映射 mapt：

$$\text{mapt}(f) = \text{foldt}(f, \text{node}, \text{nil}) \tag{2.12}$$

通过叠加操作，还可以定义函数来统计一棵二叉树中的元素个数：

$$\text{sizet} = \text{foldt}(\text{one}, \text{sum}, 0) \tag{2.13}$$

其中 one $(x) = 1$，是一个常数函数，它对任何变量都返回 1。sum 是一个三元的累加函数：sum $(a, b, c) = a+b+c$。

在此基础上，复合使用第1章定义的列表，我们还可以从二叉树扩展到多叉树，下面是一个多叉树的定义：

```
data MTree A = nil | node (A, List (MTree A) )
```

一棵元素类型为 A 的多叉树或者为空，或者为一个复合节点。复合节点包括一个类型为 A 的元素和若干子树。所有子树用一个多叉树的列表来表示。定义多叉树的抽象叠加操作需要相互递归调用列表的叠加操作。

$$
\begin{aligned}
&\text{foldm}(f, g, c, \text{nil}) = c \\
&\text{foldm}(f, g, c, \text{node}(x, ts)) = \text{foldr}(g(f(x), c), h, ts) \\
&h(t, z) = \text{foldm}(f, g, z, t)
\end{aligned} \tag{2.14}
$$

练习 2.3

1. 不用抽象的叠加操作 foldt，通过递归定义二叉树的逐一映射 mapt。
2. 定义一个函数 depth，计算一棵二叉树的最大深度。
3. 有人认为，二叉树的抽象叠加操作 foldt 应该这样定义。

$$
\begin{aligned}
&\text{foldt}(f, g, c, \text{nil}) = c \\
&\text{foldt}(f, g, c, \text{node}(l, x, r)) = \text{foldt}(f, g, g(\text{foldt}(f, g, c, l), f(x)), r)
\end{aligned}
$$

也就是说，$g:(B\times B)\to B$ 是一个类似于加法这样的二元函数。能否利用这个 foldt 定义逐一映射 mapt？

4. 排序二叉树（又称二叉搜索树）是一种特殊的二叉树，如果二叉树的元素类型 A 是可比较的，并且对任何非空节点 node（l, k, r）都满足：左子树 l 中的任何元素都小于 k，右子树 r 中的任何元素都大于 k。定义二叉树的插入函数 insert（x, t）：($A\times$Tree A) → Tree A。

5. 为多叉树定义逐一映射。能否利用多叉树的叠加操作来定义？如果不能，应当怎样修改叠加操作？

2.7 递归的形式与结构

递归不仅存在于古老的欧几里得算法和现代计算机系统中，它迷人的形式和结构还出现在各种人类文明艺术中。在图2.15的平面镶嵌中，可以看到多重不同的递归形式。

图2.15 马拉喀什（摩洛哥的一座城市）的瓷砖图案

我们可以看到瓷砖中的多边形图案中递归地含有更小的多边形嵌套。通过不同颜色的瓷砖，这种递归展现出几何形式的美。这些图案还在更大的范围组成条纹形式，而各个条纹内部都是不同的递归图形。图2.16a展示的是文艺复兴时期艺术大师达·芬奇手稿中的递归图样。在圆周上使用相同的半径，依次可作出六个相互交织的圆，从而构成一个六瓣的花样图案。而在更大的范围上，又递归地构成了同样形式的图案。图 2.16b 是中国民间手工编织的蝈蝈笼子，他们展示了类似的递归图样。笼子的网眼是六边形的，而笼子的整体形状从轴向看去也是六边形的。

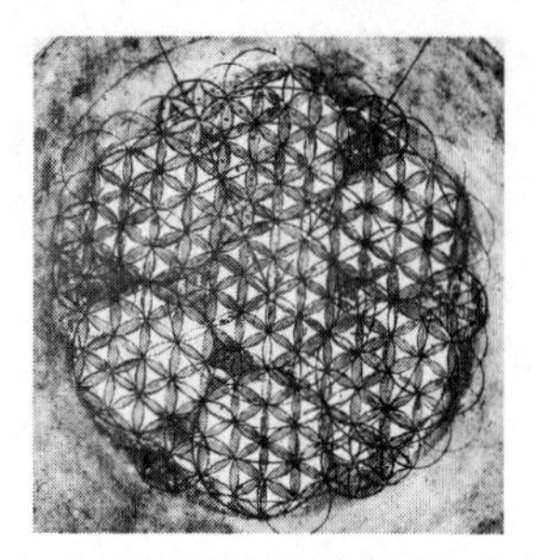

a）达·芬奇绘制的递归图案手稿

b）手工编织的蝈蝈笼子

图 2.16　艺术和生活物品中的递归形式

递归不仅出现在美术作品中，还出现在更加抽象的艺术形式中，例如音乐。复调音乐中的卡农（canon）和赋格（fugue）都是这方面的代表。卡农的所有声部虽然都模仿一个声部，但不同高度的声部依一定间隔进入，造成一种此起彼伏，连绵不断的效果。每一个声部都递归地展示主题但却含有各种变化，比如音调的升高或降低、逆行重叠、速度变快（减值）或变慢（增值）、旋律倒影（见图 2.17）等。

图 2.17　海顿 D 小调弦乐四重奏小步舞曲

赋格通常建立在一个主题上，以不同的声部、不同的调子，偶尔也用不同的速度或上下颠倒或从后往前地进行演奏。然而，赋格的概念远不如卡农那么严格，因而允许有更多的情感或艺术的表现。赋格的识别标志是它的开始方式：单独的一个声部唱出它的主题，唱完后，第二个声部或移高五度或降低四度进入。与此同时，第一个声部继续唱“对应主题”，也叫第二主题，用来在节奏、和声及旋律方面与主题形成对比。每个声部依次唱出主题，常常是另一个声部伴唱对应主题，其他的声部所起的作用随作曲家的想象而定。当所有的声部都“到齐”

了，就不再有什么规则了。当然，还是有一些标准的手法，但它没有严格到只能够按照某个公式去创作赋格。《音乐的奉献》中的两首赋格曲就是杰出例子，它们绝不可能“照公式创造出来”。这两首曲子都具有远比赋格的性质更为深刻的东西[5]。

这些都是有限递归的例子。图2.18是荷兰艺术大师艾舍尔在1948年创作的《画手》，两只手递归地在描绘着对方。《画手》是无穷递归的典型例子。画中上方的手正在用一支笔描绘着下方的手，而下方的手也在递归地描绘着上方的手。这组相互递归的嵌套一层一层，无穷无尽。

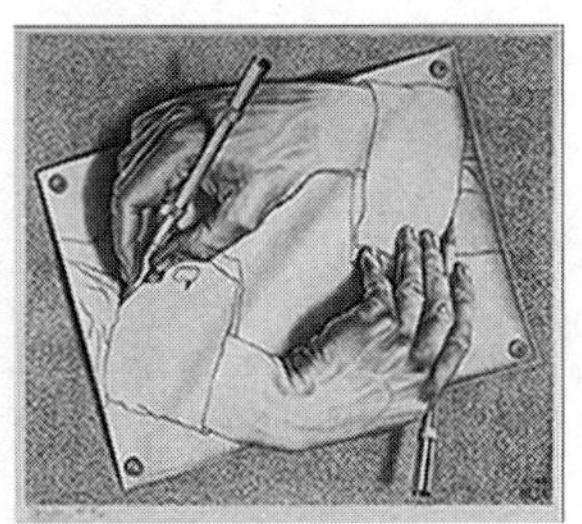

图2.18　艾舍尔的作品《画手》

无穷递归的一个数学与艺术完美结合的例子是“分形”（fractal）。例如著名的分形图案“科克雪花”（Kock snowflake）曲线可以通过这样的无穷递归规则来产生：对图形中的每个线段，均分为三段，以第二段为底向上方作出一个等边三角形，然后再把这个底擦掉。图2.19a展示了三重递归后从一个正三角形得到的科克雪花。另一个著名的递归分形图案是谢尔平斯基三角形（Sierpinski），它的生成规则是对图形中的每个三角形，分别取三边的中点，连成一个内部的小三角形，然后“挖掉这个内部的小三角形”。图2.19b展示了递归四次后的谢尔平斯基三角形。

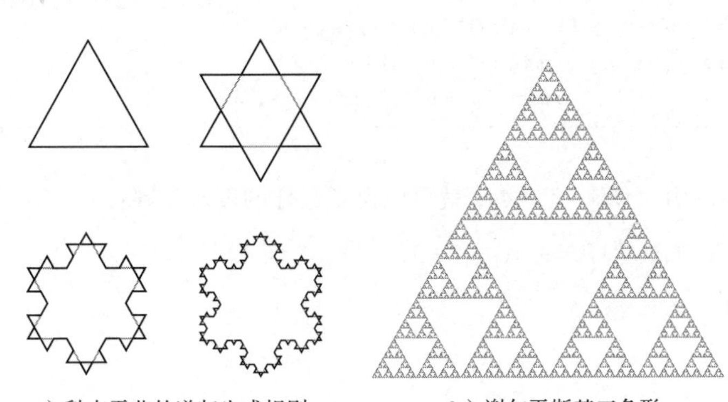

a）科克雪花的递归生成规则　　b）谢尔平斯基三角形

图2.19　递归产生的分形图案

最后让我们以两张分形图案来结束本章，如图2.20所示。其中一张是人类思维产生的分形——茱莉亚集（Julia），另一张是自然界产生的分形。

a）茱莉亚集分形　　b）西兰花中的分形

图2.20　人类思维和自然界产生的分形

2.8 附录：倒水趣题完整程序

求得两个瓶子倒水的次数后，就可以生成一系列倒水的步骤，将这些步骤像表 2.3 一样输出。

```
-- Populate the steps
water a b c = if x > 0 then pour a x b y
      else map swap $ pour b y a x
where
  (x, y) = jars a b c

-- Pour from a to b, fill a for x times, and empty b for y times.
pour a x b y = steps x y [(0, 0)]
where
  steps 0 0 ps = reverse ps
  steps x y ps@((a', b'):_)
    | a' == 0 = steps (x - 1) y ((a, b'):ps) -- fill a
    | b' == b = steps x (y + 1) ((a', 0):ps) -- empty b
    | otherwise = steps x y ((max (a' + b' - b) 0,
                             min (a' + b') b):ps) -- a to b
```

运行这一程序，输入 `water 9 4 6` 就可以得到最佳的倒水步骤：

```
[(0,0),(9,0),(5,4),(5,0),(1,4),(1,0),(0,1),(9,1),(6,4),(6,0)]
```

CHAPTER3

第 3 章

对称

你只要能把自己提出的那些“点、线、面”都说得跟“桌子、椅子、啤酒杯子”一样自然连贯就行。

——大卫·希尔伯特

我们的生活中充满了对称。对称常常让人联想起和谐、秩序、规律和美。我们自身就是对称的：左手与右手，人体沿着中线是双侧对称的。达·芬奇创作的《维特鲁威人》常常用来表达完美的人体对称，以及由此延展出的宇宙间的对称。大自然中翩翩起舞的蝴蝶、自由自在的游鱼、展翅飞翔的小鸟都惊人地体现着对称。我们自觉或不自觉地在文明和艺术中使用对称，圆润的古代陶罐体现着旋转对称，精美的中国窗格、富于变化的阿拉伯装饰图案体现着平移对称，雄伟的建筑如泰姬陵、故宫体现着双侧对称。人们惊讶于雪花的对称，丰富多彩的千万片雪花从不重复，却都遵循着相同的六角形对称规律。当我们走进春天的花园，那些漂亮的花朵，各式各样、万紫千红。我们能观察到优美的对称。当我们踏入秋天的森林、那些成熟的果实、色彩斑斓的叶片、沉甸甸的谷穗，无疑在用对称的语言向我们展示一幅美丽的画卷。

大到宇宙中的天体，银河系那巨大的旋臂对称地转动；小到肉眼看不到的微观世界，晶体折射出对称的光线悄悄告诉我们它的秘密。一首回文小诗，起承转合、精致典雅。一曲回旋变奏，琴键跳跃、乐思深沉。理性思维是对称的，内涵之于外延、抽象之于具体；数学是对称的，几何之于代数、方程之于曲线。编程也是对称的，堆栈的出入、计算的调度。

3.1 什么是对称

对称究竟是什么？我们怎样精确地描述，甚至度量对称？让我们从最简单的左右双侧对称开始，理解什么是对称。观察《维特鲁威人》的上半部分（见图 3.1），如果沿着中线为轴翻转，我们会得到同样的图形。将左右双侧对称的平面图形放到笛卡儿坐标平面上，让对称轴落在纵轴上，对称图形上的任何一点，如果将横坐标翻转 $x \mapsto -x$，则变化得到的图形和之前的叠合。而不对称的图形翻转后不会叠合。概括起来就是：

$$f(x)=f(-x)$$

进一步，如果把左右对称的图形抽象成一个线段，其端点为1、2，则交换端点为2、1图形仍然叠合，如图3.2所示。我们把这样的变换（1，2）$\mapsto$（2，1）称为一个置换。

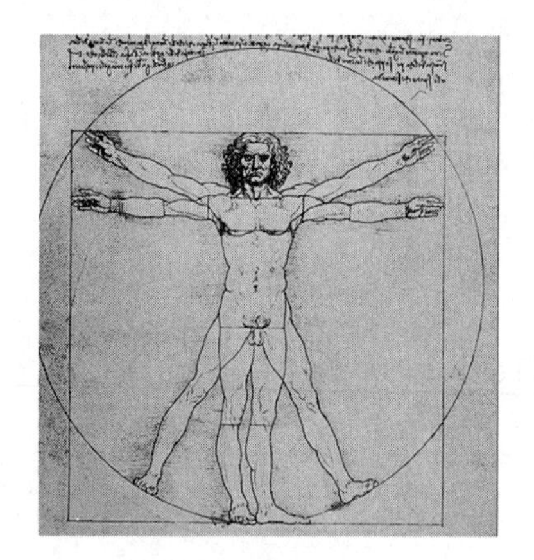

图3.1 《维特鲁威人》

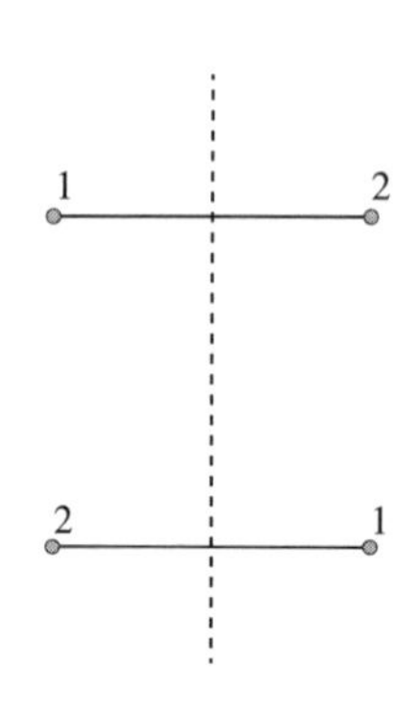

图3.2 左右双侧对称

对于两个元素的集合 $\{a, b\}$，集合元素可以是任何东西：线段的两个端点、两对坐标、两个人、两段计算机程序等。记第一个元素为1，第二个元素为2。存在两种置换：（1，2）$\mapsto$（2，1）和（1，2）$\mapsto$（1，2）。称第一种置换为"交换"，记为 s，第二种置换为"恒等"，记为 e。数学上常常采用下面的记法来表示置换：

$$s=\begin{pmatrix}1 & 2\\2 & 1\end{pmatrix},e=\begin{pmatrix}1 & 2\\1 & 2\end{pmatrix}$$

以置换 s 为例，它表示把第一行中的两个元素1 2，重新排列成第二行中的两个元素2 1。置换可以组合起来进行多次。$s \cdot s$ 表示连续交换两次：$(1,2)\xrightarrow{s}(2,1)\xrightarrow{s}(1,2)$。这样做的效果等于复原，或者说等同于恒等置换，即 $s \cdot s=e$。我们也可以说 s 相当于自己的"逆"置换：$s^{-1}=s$。我们把先执行一种置换，再执行另一种置换称为"组合"，用符号"·"表示。对于 s、e 这两种置换，共存在4种组合：(1) $s \cdot e=s$；(2) $e \cdot s=s$；(3) $s \cdot s=e$；(4) $e \cdot e=e$。可以用下面的"乘法表"形式加以总结：

·	s	e
s	e	s
e	s	e

这样的表格称为"凯莱"表，是英国数学家亚瑟·凯莱提出的。点号可以省略，这样两个置换 τ、μ 的组合可以简记为 $\tau\mu$。我们将上述置换的集合 $\{s, e\}$ 及其元素之间的组合关系统称为 S_2。它完整地描述了左右双侧对称。对于任何双侧对称的事物 a，我们有 $s(a)=a$。比

如平面直角坐标$A=(-1,0)$，$B=(1,0)$，$C=(2,0)$，因为$s(AB)=AB$，所以线段AB是左右对称的。而$s(AC)\neq AC$，所以线段AC不是左右对称的。

把具有两个端点的线段扩展到三个端点的三角形，会有什么样的对称呢？记三个端点为1、2、3，我们发现一共存在6种置换，分别把端点置换为：(2，1，3)、(3，2，1)、(1，3，2)、(2，3，1)、(3，1，2)、(1，2，3)。其中最后一种是恒等置换，记为e。以图3.3b的三角形为例，第一种交换1、2而固定3不变，相当于以中线做镜像翻转，记为s。第四种置换相当于把三角形顺时针旋转，记为r，而第五种相当于逆时针旋转，记为r^{-1}。我们将这6种置换及其间的组合关系称作S_3。显然图中的三个三角形的对称性是不同的。最左边的三角形只在恒等置换e下不变。它的对称性最低；中间的等腰三角形在置换s和e下不变，对称性比左边的高；右边的正三角形在6种置换下都不变，具有最高的对称性（三条镜像对称轴、绕中心旋转$\pm\frac{2\pi}{3}$）。我们看到S_3可以度量三角形的对称性。

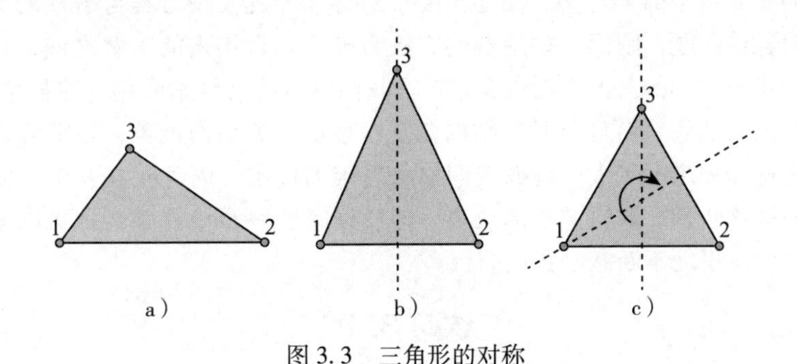

图3.3　三角形的对称

这6种置换是可以相互组合的。例如先逆时针旋转r^{-1}，再镜像翻转s，就得到了第二种置换，即(2，1，3)(3，1，2)=(3，2，1)。而逆时针旋转可以通过两次顺时针旋转得到，即$r^{-1}=rr$。这6种置换，可以只用s、r、e表示。S_6的凯莱表如表3.1所示。

表3.1　S_6的凯莱表

	s	sr^{-1}	sr	r	r^{-1}	e
s	e	r^{-1}	r	sr	sr^{-1}	s
sr^{-1}	r	e	r^{-1}	s	sr	sr^{-1}
sr	r^{-1}	r	e	sr^{-1}	s	sr
r	sr	s	sr^{-1}	r^{-1}	e	r
r^{-1}	sr^{-1}	sr	s	e	r	r^{-1}
e	s	sr^{-1}	sr	r	r^{-1}	e

S_2、S_3不仅可以反映线段、三角形的空间对称性，还可以刻画抽象事物的对称性。我们考虑方程$x^2+px+q=0$的两个解x_1，x_2，根据初中数学中的韦达定理，我们有：

$$\begin{cases} x_1 + x_2 = -p \\ x_1 x_2 = q \end{cases} \tag{3.1}$$

把 S_2 应用上去，我们发现用 s 交换两个根，方程和韦达定理都仍然成立。加上恒等变换 e，我们发现 S_2 可以描述一元二次方程的对称性。韦达进一步发现，对于三元方程 $x^3+rx^2+px+q=0$ 也有类似的定理：

$$\begin{cases} x_1 + x_2 + x_3 = -r \\ x_1 x_2 + x_2 x_3 + x_3 x_1 = p \\ x_1 x_2 x_3 = -q \end{cases} \tag{3.2}$$

其中 x_1、x_2、x_3 是方程的三个根。不难发现在 S_3 中的 6 种置换下，方程和韦达定理也都成立。S_3 描述了一元三次方程的对称性。在历史上，正是这种发现孕育出了一个全新的数学分支。数学家们发展出了群来定义、描述、度量对称。并且发现方程可解性的问题，究其本质是方程根的对称性问题，因而一举用群的方法突破了几百年来的未解之谜，并且回答了早在古希腊时就困扰着人们的三大作图难题。本章我们以对称为线索介绍一些抽象的代数结构，它们不仅仅是对数的抽象，而且是对事物的概念、性质、关系的抽象，是很多伟大的思想和心智的结晶。有些部分难度较大，挑战我们抽象思维的极限。因此我在其中穿插介绍了前辈数学家们是如何披荆斩棘，取得突破的故事。即使读完这一章没能领会抽象的知识，我也希望这些令人感慨的故事能不断激励我们前行。

练习 3.1

1. 编程判断一棵二叉树是否左右对称。

3.2　群

提到群论（group theory），就不得不提人类解方程的历史。方程是人类发展出的一个强大工具。人们从古埃及的纸草书和古巴比伦的泥板书中发现，这些古代文明已经掌握了一元一次和二次方程的解法。但是一般三次方程的解法却一直没有进展。到了 16 世纪，经过意大利数学家们的努力，终于得到了一般三次方程和四次方程的根式解。最终卡尔丹（见图 3.4）在他的著作《大术》中总结人类历史上这千余年的结果。这些进展并不仅仅是未知数次数的提升，我们对数还有了全新的认识。早期二次方程的负根都被舍弃了，人们认为负数没有意义。不仅如此，人们认为方程的系数也必须是正数，在我们今天看来普通的方程 $x^2-7x+8=0$，必须用 $x^2+8=7x$ 的形式来处理。在《大术》中，卡尔丹列出了 20 种不同类型的四次方程，他说还有 67 种其他类型的四次方程没有给出，原因仅仅是因为四次方程各项的系数可以为负数和零[18]。直到法国数学家韦达才将方程的形式统一。在解方程时，负数的根式一直被认为是无意义的。但是卡尔丹在解三次方程（例如 $x^3=15x+4$）时，他的公式给出了 $\sqrt[3]{2+\sqrt{-121}}+\sqrt[3]{2-\sqrt{-121}}$ 这样的中间结果。而我们知道这一方程有三个实根 4，$-2\pm\sqrt{3}$。这些问题拓展了我们对虚数的认识，并最终在高斯（见图3.5）的手中，建立了代数基本定理㊀。

图3.4 卡尔丹（Gerolamo Cardano，1501—1576）

图3.5 十马克上的高斯（1777—1855）像

然而接下来在寻找五次及以上方程的根式解时，人们遇到了前所未有的困难。经历了近300年的苦苦寻找，终于在19世纪迎来了出乎意料的结果。1799年，意大利数学家鲁菲尼转而试图证明一般五次方程没有根式解。遗憾的是他的方法存在漏洞，在当时没有得到足够重视。1824年，挪威的青年数学家阿贝尔终于独立给出了完整的证明。这一结论现在称为“阿贝尔-鲁菲尼定理”。然而，这一定理只是说一般五次方程没有根式解，我们知道 $x^5-1=0$ 是有根式解的。什么情况下一个多项式方程有根式解呢？法国的天才少年伽罗瓦（见图3.6）用他独创的想法，彻底解决了这个问题[16]。

伽罗瓦短短的20年人生上演了一幕悲剧，然而他身后却开辟了抽象代数这一数学分支。1811年10月25日，伽罗瓦出生于巴黎。他的母亲精通拉丁文和古典文学。在12岁前他一直由母亲进行启蒙教育。1823年，伽罗瓦进入巴黎的“路易大帝”中学读书。到了14岁，他开始如饥似渴地学习起数学来。他找来一本勒让德改编的《几何原本》，像读小说一样迅速地掌握了。15岁时，他已经四处寻找拉格朗日的原著来读了。拉格朗日在1770年写的一篇关于方程的预解式的文章可能对伽罗瓦日后的工作产生了重要的影响。他的水平迅速超出了老师的能力范围。但是这位天才少年除了数学对其他学科都不感兴趣。

图3.6 伽罗瓦（1811—1832）

㊀ 高斯一生多次证明了代数基本定理。1799年，22岁的高斯在其博士论文中证明了实系数一元 n 次方程至少有一个复数根。由此推出 n 次方程有且仅有 n 个复根（重根按重数计算）。高斯又在1815年和1816年给出了另外两个证明。1849年，在庆祝取得博士学位50周年的纪念会上，高斯又发表了第四个证明，并把系数也推广到了复数。

1828 年 6 月，伽罗瓦参加了法国最负盛名的巴黎综合工科学校的入学考试。这所大学是法国大革命的产物，拿破仑对它倍加支持和保护。在数学口试中，他认为某些结论很显然，于是不进行解释，结果伽罗瓦落榜了。1829 年 4 月，伽罗瓦发表了第一篇关于连分数的论文。在这一时期，伽罗瓦在多项式方程上取得了重大的发现。他向法国科学院提交了两篇论文。但由于种种原因，论文没有通过㊀。打击接踵而至，1829 年 7 月 28 日，伽罗瓦的镇长父亲因屈服于政敌的恶意攻击自杀身亡㊁。8 月 3 日，伽罗瓦在服丧期间第二次也是最后一次参加他渴望的巴黎综合工科学校的入学考试。在口试阶段，主考官问他一个对数级数的结果是怎样得来的。伽罗瓦跳过了中间步骤说结果很显然，这令考官很恼火，结果他又没有通过。据说伽罗瓦愤怒地把黑板擦投到了主考官的脸上。最后他不得不参加高等师范学校的考试。当时的数学主考官写道："该生在表达自己的想法时有时很晦涩，但他很聪明，表现出非凡的研究精神。"

1830 年，在柯西的建议下，伽罗瓦把论文提交给了科学院秘书傅里叶以角逐法兰西科学院的数学大奖。傅里叶把论文带回家中，但未及审阅就去世了。结果伽罗瓦的论文丢失，科学院于 1830 年 6 月把大奖授予了阿贝尔㊂和雅可比[12]。

伽罗瓦生活在政治动荡时期。1830 年法国爆发了七月革命。因为激进的革命立场，伽罗瓦被学校开除了。他参加了国民自卫军，一边革命一边进行数学研究。1830 年 12 月，国民自卫军被解散，伽罗瓦曾一度被捕，但于 1831 年 6 月 15 日被判无罪释放。1831 年 7 月 14 日法国国庆，伽罗瓦穿上了被解散的国民自卫军军装，拿着上膛的长短枪支上街游行。他因此再次被判入狱 6 个月。在此之前的 1831 年 1 月 17 日，在数学家泊松的建议下，伽罗瓦又一次将他的方程理论提交给法国科学院。结果泊松也没能理解伽罗瓦的全新思想。7 月 4 日，负责论文审阅的泊松声称："论证既不够清晰，又不够详尽，使我们无法判断其严格性㊃。"由于伽罗瓦在 7 月 14 日被捕，直到 10 月份他在狱中才收到论文拒绝发表的消息。心高气傲的伽罗瓦反应强烈，他放弃了正规学术途径，转而求助于他的朋友奥古斯特 · 谢瓦利耶（Auguste Chevalier）私人发表论文。伽罗瓦注意到了泊松的建议，他在狱中开始整理数学手稿，并不断完善他的思想，直到 1832 年 4 月 29 日出狱。

出狱后不久，伽罗瓦因为爱情卷入了一场无谓的决斗。5 月 29 日决斗前夕，深信自己将在决斗中死去的伽罗瓦写了三封信（见图 3.7）。最长的第三封信是写给朋友谢瓦利耶的，短

㊀ 有说法认为由于审稿人柯西的疏忽，这些论文丢失了。柯西实际上推荐了伽罗瓦的论文，但认为不够清晰，不能发表。人们普遍认为柯西认识到了伽罗瓦工作的重要性，他只是建议将这两篇论文合并成一个，以便能够角逐科学院的数学大奖。柯西是当时著名的数学家，虽然与伽罗瓦的政治观点不同，但仍认为伽罗瓦能够赢得大奖[20]。

㊁ 他与村里的牧师发生了激烈的政治争执后自杀[20]。

㊂ 年轻的阿贝尔已于 1829 年 4 月 6 日在贫病交加中去世了，年仅 26 岁。他是椭圆函数领域的开拓者，阿贝尔函数的发现者。第一个证明了五次方程无根式解。他还研究了更广的一类代数方程，后人发现这是具有交换的伽罗瓦群的方程。为了纪念他，后人称交换群为阿贝尔群。

㊃ 但是，泊松在论文审阅的报告结尾处鼓励道："我们建议作者应公布他的全部工作，以便形成一个明确的意见。"

短7页中包含了一份数学思想纲要和三份手稿。这份纲要十分简洁，但内容却极为丰富。只有在后人把它展开的时候，其重要性才渐渐为人所理解。而且预见了很久以后的发现，证明了伽罗瓦深刻的洞察力。数学家赫尔曼·外尔认为："从创新程度与思想深度来看，这封信有可能是有史以来分量最重的一篇文字。"信中还有一些后人读来无比惋惜的文字："这些题目并非我已研究的全部……我没有时间，在我有兴趣的领域里，我已宣布但尚未证明，从而使人怀疑的定理确实是太多了。"其中最令人难忘的，也是最悲伤的话语是："我没有时间了。"在信的末尾，他要求他的朋友"请求雅可比或者高斯就这些定理的重要性（而不是正确与否）公开发表他们的看法。我希望将来有人能意识到它们是有益的。"

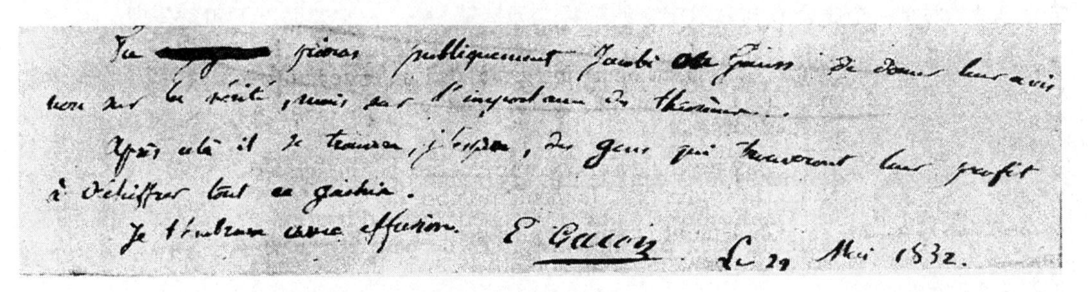
Tu prieras publiquement Jacobi ou Gauss de donner leur avis non sur la vérité, mais sur l'importance des théorèmes.
Après cela il se trouvera, j'espère, des gens qui trouveront leur profit à déchiffrer tout ce gâchis.
Je t'embrasse avec effusion. E Galois. Le 29 Mai 1832.

图3.7 伽罗瓦在决斗前夜最后一封信上的签名"E. Galois，le 29 mai 1832"

1832年5月30日早晨，伽罗瓦在决斗受了重伤，一个路过的农民发现了他。9点半，他被送到医院。他拒绝了牧师的祈祷，对赶来的弟弟说："阿尔弗莱德，不要哭。在20岁就死去，需要我全部的勇气。"次日上午10时，伽罗瓦停止了呼吸。关于决斗的原因，有各种不同的说法。人们不知道这是一个悲惨的爱情事件还是政治谋杀。无论是哪一种，一位世界上最杰出的数学家在他20岁时被杀死了，他研究数学只有5年，而其全部数学成果仅有67页。

谢瓦利耶和伽罗瓦的弟弟按照他的遗愿将其工作发表在《百科评论》上，但没有对当时的数学发展产生影响。也许是因为它太晦涩简略了[㊀]。直到14年后的1846年，法国数学家刘维尔领悟到伽罗瓦思想的价值，将这些论文编辑发表在极有影响的《纯粹与应用数学》杂志上。在对论文的介绍中，刘维尔对伽罗瓦的悲剧进行了反思："过分地追求简洁是导致这一缺憾的原因。人们处理像纯粹代数这样抽象和神秘的事物时，应该首先尽力避免这样做。事实上，当你试图引导读者远离习以为常的思路进入较为困惑的领域时，清晰性是必须的……但是现在一切都改变了，伽罗瓦再也回不来了！我们不要再过分地做无用的批评，让我们把缺憾抛开，找一找有价值的东西……我的热心得到了好报，在填补了一些细小的缺陷后，我看出伽罗瓦用来证明这个定理的方法是美妙和完全正确的，在那个瞬间，我体验到了一种强烈的愉悦。"1870年法国数学家约当根据伽罗瓦的思想，撰写了《置换与代数方

㊀ 同样的教训也发生在阿贝尔身上，1824年他自费印刷发表关于一元五次方程没有根式解的论文。为了省钱，他拼命把论文压缩到6页纸内。结果由于太过简略晦涩，在阿贝尔生前，几乎没有人注意到这一成果。

程》一书㊀，伽罗瓦最主要的成就是提出了“群”的概念，并用群论彻底解决了根式求解代数方程的问题，而由此发展出了一整套关于群和域的理论。为了纪念他，人们称之为伽罗瓦理论。正是这套理论创立了抽象代数学，标志着数学发展现代阶段的开始。有人评论道：“伽罗瓦一心想要参加的是政治革命，然而实际上所引发的却是数学革命。[9]”

3.2.1 群的定义

我们前面提到可以描述双侧对称性的 S_2 和三角形对称性的 S_3，其实是群这个大家族中的两个成员。总结它们的共同点，我们可以得到群的定义。

定义 3.1 群是一个集合 G 与其上定义的某种二元运算“·”。它遵循以下四条公理。

- **封闭性公理**：对任何 a，$b \in G$，运算结果 $a \cdot b \in G$。
- **结合性公理**：对任何 a，b，c，有 $(a \cdot b) \cdot c = a \cdot (b \cdot c)$。
- **单位元公理**：G 中存在一个元素 e，使得对任何 $a \cdot e = e \cdot a = a$。
- **消去公理**：对任何 $a \in G$，都存在一个逆元 a^{-1} 使得 $a \cdot a^{-1} = a^{-1} \cdot a = e$。

方便起见，我们有时称二元运算为“乘法”，并且省略掉点，将 $a \cdot b$ 写成 ab。我们称 e 为单位元。一个群的元素个数可以有限也可以无限，分别称为有限群和无限群。元素的个数叫作这个群的阶。

群的“乘法”运算并不一定像数的乘法运算那样满足交换律。例如所有元素为实数的可逆矩阵与矩阵乘法组成一个群。但矩阵乘法的顺序是不可交换。如果群中的二元运算满足交换律，则称为交换群。为了纪念挪威数学家阿贝尔，人们称交换群为阿贝尔群。为了帮助理解这一抽象定义，我们来看一些具体的群的例子。

- **整数加法群**：群元素是全体整数，二元运算是加法，简称为整数加群。
- **所有整数除以 5 的余数构成的集合**，也就是 $\{0, 1, 2, 3, 4\}$。二元运算是相加后再除以 5 取余数。例如 $3+4=7 \bmod 5=2$。这样构成的群称为整数模 5 加法群，记为 Z_5。通过取余数对整数进行分类叫作模 n 剩余类㊁。
- **转动魔方所形成的群**（见图 3.8）：群元素是各种魔方转动的方式㊂，二元运算是先进行某种转动后再进行另一种转动，这种运算常被称作转动的合成。

  魔方的初始状态是 6 个面都是均一颜色。我们可以让一个小孩子通过一系列的随意转动打乱魔方。所谓还原魔方，是要求玩魔方的人，开动脑筋，通过一系列的转动恢复成 6 个面均一颜色的状态。如果我们把打乱过程的转动记录下来：$\{t_0, t_1, \cdots, t_m\}$，

㊀ 伽罗瓦理论无疑是相当艰深，并且超越于他的时代的。刘维尔在 1846 年发表整理伽罗瓦的论文时，在注释中完全忽略了群的核心思想。塞雷参加了刘维尔的讲座后，在他的书中开始介绍伽罗瓦理论。约当是塞雷的学生。伽罗瓦理论在非法语国家被接受得更晚。英国要到一个世纪后，而德国直到哥廷根时代，才由戴德金在课上讲授。

㊁ 现代记法为 $Z/5Z$。

㊂ 魔方的旋转方式共有 18 种。可以沿着正面、反面、顶面、底面、左面、右面旋转，分别用字母 F、B、T、D、L、R 代表，每面可以旋转 90 度、180 度、-90 度。例如左面旋转 90 度、180 度、-90 度分别可以记为：L、L^2、L'[21]。再加上恒等变换，一共 19 个元素。

把还原的过程也记录下来：$\{r_0, r_1, \cdots, r_n\}$。打乱再还原的过程相当于：

$$(r_n \cdot r_{n-1} \cdots \cdot r_0) \cdot (t_m \cdot t_{m-1} \cdots \cdot t_0) = e$$

显然，一种还原方法是把打乱过程中的每一步都反向转动，即 $r_i = t_{m-i}^{-1}$，也就是 $r_i \cdot t_{m-i} = e$。这样上式一定成立。但实际中，魔方高手往往通过一定的方法，也就是所谓魔方公式进行还原。这样尽管上式成立，但并不是每个 r_i 都是某个 t_{m-i} 的逆元，甚至打乱和还原的步数也通常不相同。

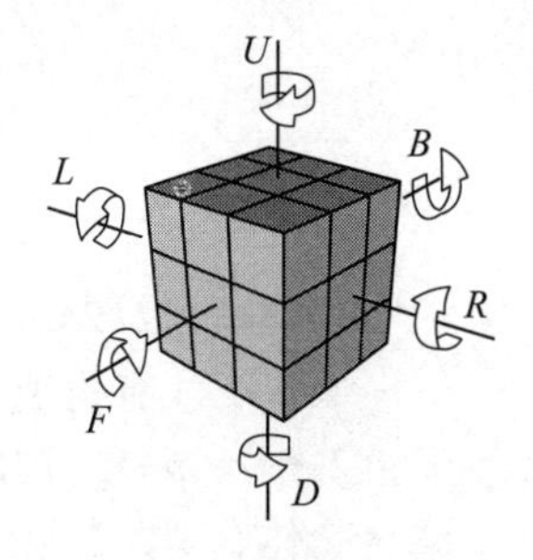

图3.8 魔方六个面共有18种转动方式，再加上恒等变换，这些转动方式在合成下构成一个群

- 平面绕某点的所有旋转构成一个群。群元素是所有的旋转角度，二元运算是先旋转某一角度，然后再旋转另一角度。单位元是零度。

所谓平面图形的“旋转对称”是指图形上的所有点旋转一定角度后，和原来的图形重合。例如雪花绕中心旋转60°、120°、180°、240°、300°、360°后仍然和自己重合。当然。例子中的旋转群无法描述雪花的对称。这个群揭示了这样的事实。如果两个角度的变换 $r_\alpha \cdot r_\beta = e$，那么这两个角度要么相反 $\alpha = -\beta$，它们相加是360°的整数倍。在这个旋转群下，唯一对称的一种图形是同心圆。我们将在后面小节给出雪花的对称群。

而下面这些不是群：

- 所有不等于零的整数和乘法不构成群，我们不能规定单位元为1，因为3没有逆元（1/3不是整数）。
- 同理，模5的余数集合 $\{0, 1, 2, 3, 4\}$ 和模5的乘法不构成一个群，但如果把5的整倍数去掉，则集合 $\{1, 2, 3, 4\}$ 和模5的乘法构成一个群。可以从下面的凯莱“乘法表”看出来：

	1	2	3	4
1	**1**	2	3	4
2	2	4	**1**	3
3	3	**1**	4	2
4	4	3	2	**1**

因此，单位元是1，它的逆元是其本身；2和3互为逆元，4的逆元还是4。

- 虽然模5的非零余数在模乘法下构成一个群，但是模4的非零余数在模乘下却不构成群。观察模4的凯莱乘法表：

·	1	2	3
1	1	2	3
2	2	**0**	2
3	3	2	1

注意到 $(2\times2) \bmod 4=0$，不在集合 $\{1, 2, 3\}$ 中。只有和 n 互素的余数集合，在模 n 乘法下才能构成群，这种群称为整数模 n 乘法群。自然，如果 p 是素数，则 $\{1, 2, \cdots, p-1\}$ 构成模 p 乘法群。

- 全体有理数在乘法下不构成一个群。尽管任何形如 p/q 的有理数（p，q 都不为 0）都有逆元 q/p，但是 0 没有逆元。所有非零有理数在乘法下才构成一个群。

练习 3.2

1. 全体偶数在加法下是否构成一个群？
2. 能否找到一个整数的子集，使得它在整数乘法下构成一个群？
3. 所有正实数在乘法下是否构成一个群？
4. 整数在减法下是否构成一个群？
5. 举一个只有两个元素的群的例子。
6. 魔方群的单位元是什么？F 的逆元是什么？

3.2.2　幺半群与半群

群的限制条件比较严格，从上一节的反例中，我们看到有一些常用的代数结构无法满足群的全部条件。有时我们并不需要一定能够取逆元，如果放宽条件，就可以得到幺半群（monoid）这种结构。

定义 3.2　**幺半群**是一个集合 S 和其上定义的二元运算 $\cdot$，它们遵循两条公理：

- **结合性公理**：S 中和任何三个元素满足 $(a \cdot b) \cdot c = a \cdot (b \cdot c)$。
- **单位元公理**：S 中存在一个元素 e，使得对任何 $a \cdot e = e \cdot a = a$。

可以看到幺半群与群的定义类似，只是去掉了取逆运算的消去公理。上一节群的反例中有不少是幺半群，例如整数乘法构成幺半群，单位元是 1。幺半群在编程中很常见。我们在下一章范畴论中还会再仔细介绍它。下面是一些幺半群的例子：

- 给定字符集后，长度有限的字符串在拼接操作下构成幺半群。幺半群的元素是字符串，二元运算是拼接操作。单位元是空串。
- 由字符串推广到列表（元素类型为 A 的列表记为：List A），在连接操作下构成幺半群。幺半群的元素是列表，二元运算是连接操作（$+\!\!+$）。单位元是空列表 nil。

为此，我们可以写出以下的程序，用幺半群来定义字符串和列表的代数结构。

```
instance Monoid (List A) where
    e=nil
    (*)=(++)
```

这样针对字符串和列表的“叠加”操作，完全可以将抽象程度提升到幺半群上来[㊀]。例如下面的“合并”操作定义对任何幺半群都有效：

$$\text{concat} = \text{foldr}\ e(\ *\ )$$

这样就可以用 concat 合并列表，如

concat [[1], [2], [3], [1, 2], [1, 3], [2, 3], [1, 2, 3], [1, 3, 2]] 的结果是 [1, 2, 3, 1, 2, 1, 3, 2, 3, 1, 2, 3, 1, 3, 2]。

- 堆（heap）是编程中一种常见的数据结构，堆顶元素总是最小的堆称为最小堆（或小顶堆、小根堆）。有一种“斜堆”（skew heap）可以用上一章定义的二叉树来实现[14]：

```
data SHeap A=nil | node(SHeap A, A, SHeap A)
```

可以看出，除了名称，斜堆的定义和二叉树完全一样。非空堆的最小元素在树的根节点中。定义斜堆的“归并”（merge）运算如下：

$$\text{merge}(\text{nil}, h) = h$$

$$\text{merge}(h, \text{nil}) = h$$

$$\text{merge}(h_1, h_2) = \begin{cases} \text{node}(\text{merge}(r_1, h_2), k_1, l_1) & k_1 < k_2 \\ \text{node}(\text{merge}(h_1, r_2), k_2, l_2) & \text{其他} \end{cases}$$

如果其中任一堆为空，则归并结果为另一个堆。非空情况下，h_1 和 h_2 分别可以表示为 $\text{node}(l_1, k_1, r_1)$ 和 $\text{node}(l_2, k_2, r_2)$。我们比较根节点，选择较小的作为新的根。然后把含有较大元素的树合并到某一子树上。最后再把左右子树交换。若 $k_1<k_2$，选择 k_1 作为新的根。我们既可以将 h_2 和 l_1 合并，也可以将 h_2 和 r_1 合并。不失一般性，我们合并到 r_1 上。然后交换左右子树，最后的结果为（$\text{merge}(r_1, h_2)$, k_1, l_1）。注意这个归并的二元运算是递归的。这样所有斜堆组成的集合，在这一归并运算下构成一个幺半群。单位元是空堆 nil。

- 堆也可以用上一章介绍的多叉树实现。有一种堆叫作配对堆（pairing heap），它的定义如下[14]：

```
data PHeap A=nil | node(A, List(PHeap A) )
```

除了名称外，这个定义和上一章的多叉树的结构完全相同。这是一个递归定义，一个配对堆要么为空，要么是一棵多叉树，包含一个根节点和一组子树。非空堆的最小元素在多叉树的根节点中。我们可以定义配对堆的归并操作：

$$\text{merge}(\text{nil}, h) = h$$

㊀ 我们将在下一章讲解范畴论时介绍如何实现这样的抽象叠加操作。

$$\text{merge}(h, \text{nil}) = h$$

$$\text{merge}(h_1, h_2) = \begin{cases} \text{node}(k_1, h_2 : ts_1)) & k_1 < k_2 \\ \text{node}(k_2, h_1 : ts_2)) & 其他 \end{cases}$$

如果任一堆为空，则归并结果为另一个堆。非空情况下，两个堆 h_1 和 h_2 分别可以表示为 node(k_1, ts_1) 和 node(k_2, ts_2)。我们比较两个堆的根节点元素，令根节点较大的一个作为另一个的新子树。这样所有的配对堆组成的集合，在归并操作下构成一个幺半群，单位元是空堆 nil。

如果再进一步把单位元的限制也去掉，我们就得到了半群（semigroup）这种代数结构。

定义 3.3　半群是一个集合和定义在其上的可结合的二元运算。

半群的二元运算是可结合的，所以满足结合律：半群中的任何三个元素 a、b、c 满足 $(ab)c=a(bc)$。半群的条件更为宽松，下面是一些半群的例子：

- 全体正整数构成的加法半群、乘法半群。
- 全体偶数构成的加法半群、乘法半群。

如前所述，人们常将定义在群、幺半群、半群上的二元运算叫作“乘法”，因此我们可以用“乘方”来表示连续的二元运算。如 $x \cdot x \cdot x=x^3$。一般地，群和幺半群的“幂”可以递归地定义如下：

$$x^n = \begin{cases} e & n = 0 \\ x \cdot x^{n-1} & 其他 \end{cases}$$

但是半群没有单位元，所以 n 必须是非零正整数：

$$x^n = \begin{cases} x & n = 1 \\ x \cdot x^{n-1} & 其他 \end{cases}$$

练习 3.3

1. 布尔值构成的集合｛True，False｝，在“逻辑或”运算 $\vee$ 下构成一个幺半群。称为任意（Any）逻辑幺半群。它的单位元是什么？

2. 布尔值构成的集合｛True，False｝，在“逻辑与”运算 $\wedge$ 下构成一个幺半群。称为全部（All）逻辑幺半群。它的单位元是什么？

3. 对可比类型的元素进行比较，会有四种结果，我们把它们抽象为｛<，=，>,?｝，前三种关系是确定的[㊀]，最后的? 表示不确定。针对这个集合，定义一个二元运算使得它们构成一个幺半群。这个幺半群的单位元是什么？

4. 证明群、幺半群、半群的幂满足交换律：$x^m x^n = x^n x^m$

㊀　一些编程语言，如 C、C++、Java 用负数、零、正数表示这三种关系。Haskell 中用 GT，EQ，LE 表示。

3.2.3 群的性质

抽象代数最强大的思想在于我们可以不关心抽象概念所代表的实际物体，而研究抽象结构间内在的规律。这些规律对所有被抽象的物体都适用。如果我们了解了一般群的内在规律，而群元素代表几何的点、线、面，则我们就获得了几何的规律；如果群元素是魔方的旋转，我们就获得了魔方变换的规律；如果群元素是编程中的某种数据结构，我们就得到了这种数据结构上的算法。这一节介绍一些群上的性质。

定理 3.1 群的单位元是唯一的。

证明：假设存在另一单位元 e'，使得对任意元素 a 满足 $e'a=ae'=a$。我们有 $e=ee'=e'$。这样就证明了单位元的唯一性。 □

不仅群的单位元是唯一存在的，而且每个元素的逆也是唯一存在的。我们有下面的定理。

定理 3.2 逆元唯一存在。对群中的任意元素 a，都存在且仅存在一个 a^{-1} 使得 $aa^{-1}=a^{-1}a=e$。我们称 a^{-1} 为 a 的逆元。

证明：根据群的消去公理，我们知道逆元存在。所以我们只需要证明逆元唯一。假设存在另一元素 b，也满足 $ab=ba=e$，我们在等式右侧“乘以” a^{-1} 得：

$$
\begin{aligned}
&aba^{-1} = baa^{-1} = ea^{-1} \\
&\Rightarrow be = a^{-1} \qquad \text{对第二项用结合律} \\
&\Rightarrow b = a^{-1} \qquad \text{逆元唯一}
\end{aligned}
$$

□

我们在前面定义了群的阶，群的元素也可以定义阶。对群中的一个元 a，能够满足 $a^m=e$ 的最小正整数 m 叫作 a 的阶。如果这样的 m 不存在，我们说 a 的阶是无限的。例如前面例子中魔方旋转群中（见图 3.9），F 旋转 4 次就回到了原位，所以 F 的阶是 4，而 F'旋转两次回到原位，所以它的阶是 2。再比如整数模 5 的乘法群，除了 1 以外，其他元素的 4 次幂都模 5 余 1，所以他们的阶都是 4。我们有如下有趣的定理。

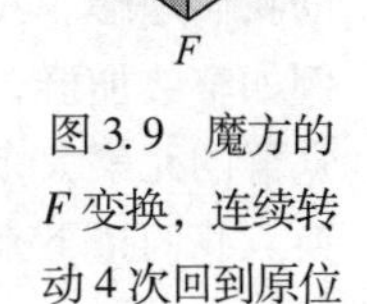

图 3.9 魔方的 F 变换，连续转动 4 次回到原位

定理 3.3 有限群的每个元素都有有限的阶。

证明：如果有限群 G 的阶是 n，对任意元素 a，构造集合 $\{a, a^2, \cdots, a^{n+1}\}$。这个集合有 $n+1$ 个元，但是群的阶是 n，所以根据鸽笼原理，一定有两个元素是相等的，不妨记这两个元素为 a^i 和 a^j，其中 $0<i<j\leqslant n+1$。我们有：

$$
\begin{aligned}
&a^j a^{-i} = a^i a^{-i} \qquad \text{由 } a^i = a^j \\
&a^j a^{-i} = e \qquad a^i \text{ 和 } a^{-i} \text{ 互为逆元} \\
&a^{j-i} = e \qquad a \text{ 的阶为 } j-i
\end{aligned}
$$

所以 a 的阶为 $j-i$ 是有限的。 □

在第 1 章，我们比较随意地使用了“同构”一词来形容具有相同内在结构的事物。现在我们可以给出同态和同构的概念了。假设存在从某个集合 A 到另一个集合 B 的映射 f。a 和 b 是 A 中的两个元，$f(a)$ 和 $f(b)$ 是它们在 B 中的像。我们考虑 A 上的二元封闭运算产生的元 $a\cdot b$，在映射下为 B 中的像 $f(a\cdot b)$。如果对 B 上的二元封闭运算总有

$$f(a)\cdot f(b)=f(a\cdot b)$$

我们就说 f 是从 A 到 B 的**同态映射**（homomorphism）。如果 f 是满射（surjection，即 B 中所有元素都在 A 中有原像），则称为同态满射。举一个例子，考虑一个奇偶判定函数 odd：$Z \to \text{Bool}$，它接受一个整数，如果是奇数就返回真值 True，否则返回假 False。整数在加法下构成一个群。而布尔集合 {True，False} 在逻辑异或运算下也构成一个群。我们可以很容易验证：

- a 和 b 都是奇数，$\text{odd}(a)$ 和 $\text{odd}(b)$ 都为真。它们的和是偶数，$\text{odd}(a+b)$ 为假。满足 $\text{odd}(a)\oplus\text{odd}(b)=\text{odd}(a+b)$。
- a 和 b 都是偶数，$\text{odd}(a)$ 和 $\text{odd}(b)$ 都为假。它们的和也是偶数，$\text{odd}(a+b)$ 也为假。满足 $\text{odd}(a)\oplus\text{odd}(b)=\text{odd}(a+b)$。
- a 和 b 一奇一偶，$\text{odd}(a)$ 和 $\text{odd}(b)$ 一真一假。它们的和为奇数，$\text{odd}(a+b)$ 为真。满足 $\text{odd}(a)\oplus\text{odd}(b)=\text{odd}(a+b)$。

如果 f 不仅是满射，还是单射（injection）。那么它就是一一映射。这种情况下，我们称 f 是从 A 到 B 的同构映射，简称**同构**（isomorphism）。记为 $A\cong B$。同构是一种非常强大的关系，不仅两个群可以同构，半群、幺半群以及其他代数结构也可以同构，如图 3.10 所示。如果 A 和 B 同构，那么抽象地来看，它们没有什么区别，只有命名上的不同。如果 A 上有一个代数性质，那么在 B 上也有一个完全类似的性质[22]。另外，A 与 A 之间的同构映射称为 A 的**自同构**（automorphism）。例如整数加群在取相反数下成为自同构。

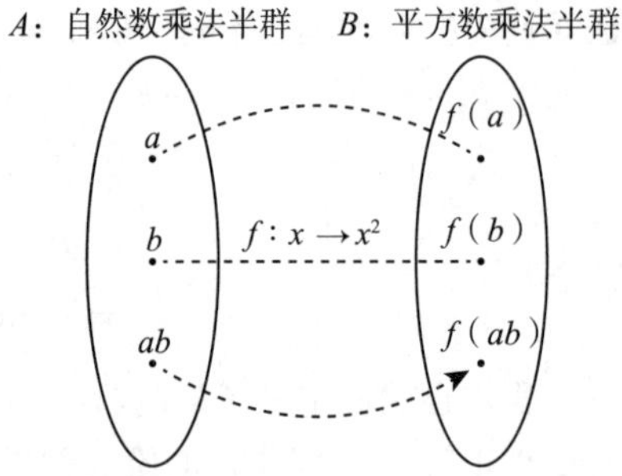

图 3.10　同构

面对群这种抽象的代数结构时，具体的例子可以帮助我们理解。我们会不自觉地选出一个自己熟悉的代表，例如整数加群，然后看看各种概念、性质在其上是怎样的。但有时这容易形成一种错觉。感觉群的元素大多是一些实体，例如各种数；并且二元运算大多像普通加法、乘法那样可以交换。我们接下来介绍的“变换群”是一个例外，一方面，它不是阿贝尔群，运算不可交换；另一方面群元素不是数，而是变换。

所谓变换，就是一个集合 A 到 A 自身的映射。记为 τ：$A\to A$。它把集合 A 的元素 a 映射为 $\tau(a)$，即 $a\to\tau(a)$。一个集合可以有多个不同的变换，例如下面是布尔集合的全部变换，我们记真为 T、假为 F。

$$\tau_1: T\to T,\ F\to T$$
$$\tau_2: T\to F,\ F\to F$$
$$\tau_3: T\to T,\ F\to F$$
$$\tau_4: T\to F,\ F\to T$$

其中变换 τ_3 和 τ_4 是一一变换。针对一个集合 A，我们将它的全体变换放到一起构成一个新的集合：

$$S=\{\tau,\lambda,\mu,\cdots\}$$

现在我们要规定一个 S 的二元代数运算，把它叫作乘法。为了方便起见，我们将 $\tau(a)$ 用另一个符号表达：

$$\tau:a\rightarrow a^{\tau}=\tau(a)$$

这里 a^{τ} 不是 a 的 τ 次方的意思，它只是一个符号记法，表示变换的意思。我们观察 S 的两个元 τ 和 λ：

$$\tau:a\rightarrow a^{\tau},\lambda:a\rightarrow a^{\lambda}$$

那么 $a\rightarrow(a^{\tau})^{\lambda}=\lambda(\tau(a))$ 显然也是 A 的一个变换，现在我们规定把这个变换叫作 τ 和 λ 的乘积：

$$\tau\lambda:a\rightarrow(a^{\tau})^{\lambda}=a^{\tau\lambda}$$

读者不妨从前面布尔变换的集合里取几个变换来计算它们的乘积，不难验证这一乘法适合结合律，因为：

$$\tau(\lambda\mu):a\rightarrow(a^{\tau})^{\lambda\mu}=((a^{\tau})^{\lambda})^{\mu}$$
$$(\tau\lambda)\mu:a\rightarrow(a^{\tau\lambda})^{\mu}=((a^{\tau})^{\lambda})^{\mu}$$

现在不难看出当初我们选择乘方符号来表达变换的好处了。选择一套强大的符号系统是多年来数学发展的传统和法宝。欧拉、莱布尼茨都是选择和使用符号的大师。对这个乘法来说，S 的单位元就是 A 的恒等变换 ϵ：$a\rightarrow a$。不难验证：

$$\epsilon\tau:a\rightarrow(a^{\epsilon})^{\tau}=a^{\tau}$$
$$\tau\epsilon:a\rightarrow(a^{\tau})^{\epsilon}=a^{\tau}$$

所以 $\epsilon\tau=\tau\epsilon=\tau$。这样 S 对这个乘法来说差不多已经构成一个群了。可惜，虽然说是差不多，到底还是差一点。因为任意变换 τ 不一定有逆元。例如布尔变换集合中的 τ_1，它把任何布尔值都变换成真，不管用这 4 个变换中的哪一个，都无法把 τ_1 变换回去。所以 τ_1 没有逆元。

虽然 S 无法构成群，但是峰回路转，它的一个子集 G 却有可能构成群。事实上，如果 G 只包含 A 的一一变换，则它在这个乘法下构成群。

我们称一个集合 A 的若干个一一变换对于上述规定的乘法所做成的群叫作 A 的一个**变换群**（transform group）。并且我们有以下重要的定理：

定理 3.4 一个集合 A 的所有一一变换构成一个变换群 G。

变换群一般不是交换群（阿贝尔群），我们可以很容易地找到反例。如图 3.11 所示，考虑 τ_1 是平面上的平移，它把原点（0，0）移动到（1，0），变换 τ_2 是绕原点旋转 $\pi/2$，但是：

$$\tau_1\tau_2:(0,0)\to(0,1)$$
$$\tau_2\tau_1:(0,0)\to(1,0)$$

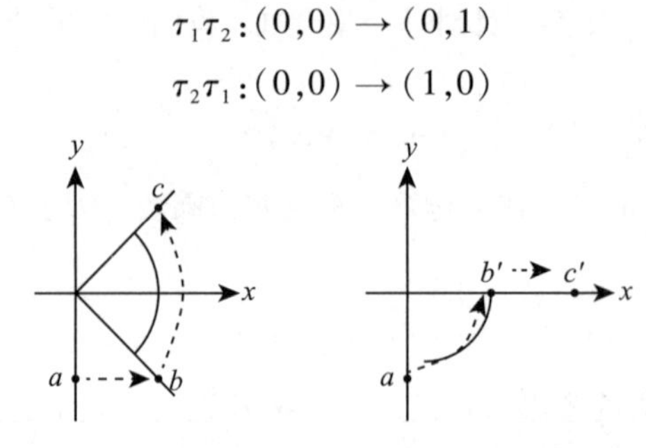

图 3.11　变换顺序不同，结果也不同的例子

因此这一变换群不是阿贝尔群。变换群应用极广，十分重要，我们有一个很强的结论：

定理 3.5　任何一个群都同一个变换群同构。

我们这里省略了证明过程。定理 3.8 告诉我们，任意一个抽象的群都能在变换群里找到一个具体的实例。换一句话说，我们不必害怕，将来会找到一个抽象群，这个群完全是我们脑子里造出来的空中楼阁[22]。

练习 3.4

1. 奇偶判断函数在整数加群（**Z**，+）和布尔逻辑与群（Bool，∧）下是否构成同态？去除 0 元素的整数乘法群呢？
2. 假定两个群 G 和 G'在映射下同态，群 G 中的元 $a\to a'$，那么 a 和 a'的阶是否相同？
3. 证明一个变换群的单位元一定是恒等变换。

3.2.4　置换群

我们现在介绍 S_2、S_3 所在的群家族——置换群。伽罗瓦利用它们思考方程根的对称性，并最早将它们命名为“群”。它们是变换群的一种特例。我们首先定义置换的概念。一个有限集合的一一变换叫作一个**置换**。一个有限集合的若干个置换做成的一个群叫作一个**置换群**（permutation group，它相当于对集合的元素进行重新排列）。进一步，一个包含 n 个元素的集合的全体置换做成的群叫作 n 次**对称群**（symmetric group）。这个群用 S_n 来表示。

由高中的排列组合我们知道，n 个元素的排列一共有 $n!$ 个。所以对称群 S_n 的阶是 $n!$。一个置换把集合的元素 a_i 变换为 a_j，我们可以把每个元素置换前后位置的编号按顺序列出来：$(1, k_1), (2, k_2), \cdots, (n, k_n)$，或者写成两行的形式：

$$\begin{pmatrix} 1 & 2 & \cdots & n \\ k_1 & k_2 & \cdots & k_n \end{pmatrix}$$

例如

$$\begin{pmatrix} 1 & 2 & 3 & 4 & 5 \\ 2 & 5 & 4 & 3 & 1 \end{pmatrix}$$

就表示了一个置换。明显这样第一行总是1，2，…，n的形式，所以可以进一步将置换的记法简化为（2，5，4，3，1）。表示原来第1个元素的位置，置换后变成了2个元素；原来第2的位置上，现在变成了第5个元素等。我们可以按照这种方法列出3个元素集合的全部置换，也就是S_3群的元素：

$$(1,2,3),(1,3,2),(2,1,3),(2,3,1),(3,1,2),(3,2,1)$$

计算乘法，也就是两个置换的复合时，我们可以这样确定每个位置上的元素。针对第i个位置，我们先看在第一个置换上它被映射到几，例如j，然后再到第二个置换中看第j个位置被映射到哪里，例如k，这样乘法的结果中，第i个位置上的元素就是k。我们可以进一步取两个元素相乘，举例看一下S_3是否是可交换的：

$$(1,3,2)(2,1,3)=(2,3,1)$$
$$(2,1,3)(1,3,2)=(3,1,2)$$

所以S_3不是阿贝尔群。它是一个最小的有限非阿贝尔群。一个有限非阿贝尔群至少要有6个元素。我们观察5个元素的一个置换（2，3，1，4，5），发现只有前三个元素变化了，而后两个元素保持不变。而前三个元素的变化很有特点，如图3.12所示，恰好是循环地画了个圈。

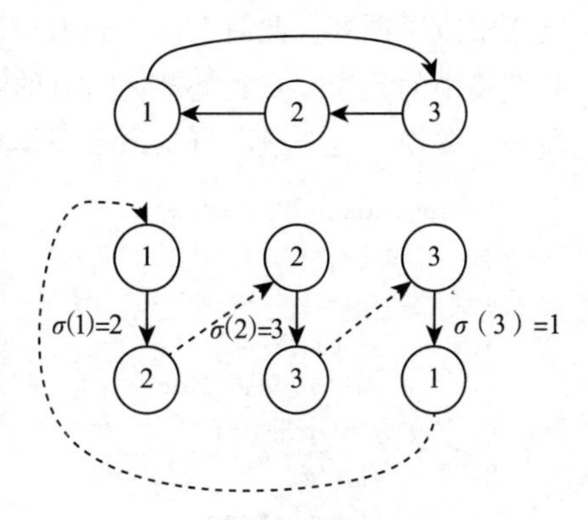

图3.12 3循环置换（1 2 3）

为此我们可以把置换（2，3，1，4，5）进一步简写为（1 2 3）。注意这种写法元素间没有逗号，并且认为（1 2 3）、（2 3 1）、（3 1 2）都表示同一个3循环置换[⊖]。这种记法称为k-循环置换，表示k个元素组成一个循环：$(i_1\ i_2 \cdots\ i_k)$，它将每个元素映射成下一个元素，最后一个元素映射成第一个元素：

$$i_1 \to i_2 \to i_3 \to, \cdots, \to i_{k-1} \to i_k \to i_1$$

一种解释用的是映射的观点，如图3.13下方所示。令置换为σ，按照图中箭头的顺序：$1 \to \sigma(1)=2$，$2 \to \sigma(2)=3$，$3 \to \sigma(3)=1$。另一种解释使用移动的观点，k-循环置换把后一个元素移动到前一个的位置，第一个元素移动到最后，组成循环，如图3.13上方所示。k-循环的元素并不一定相邻，例如（3 9 4），也不一定有固定的顺序，例如（2 4 1 3）。如果循环只有两个元素（$i\ j$）称其为对调（transposition）。有个特殊情况，就是恒等置换，我们把它记为$e=(1)$。并且有：

$$e=(1)=(2)=\cdots=(n)$$

现在我们观察置换（2，1，4，5，3），它有两个循环，一个是2循环置换（1 2），另一

⊖ 如果少于10个元素，也可用不带空格的（123）来表示。超过10个时应加入空格避免歧义，如（12 3）。

个是3循环置换（3 4 5）。为此我们可以将它表示为两个置换的乘法：

$$(2,1,4,5,3)=(1\ 2)(3\ 4\ 5)$$

事实上，每一个 n 元的置换 π 都可以写成若干个互相没有共同数字的循环置换的乘积。采用这种方法的好处是，虽然一般的置换是不可交换的，但是由于 k-循环置换彼此没有共同数字，所以它们是可交换的。例如（1 2）（3 4 5）=（3 4 5）（1 2）。下面是 S_3 的全体循环置换用这种记法的列表，1个恒等，3个对调，2个循环（顺、逆时针）：

$$(1),(1\ 2),(1\ 3),(2\ 3),(1\ 2\ 3),(1\ 3\ 2)$$

任给一个置换（k_1，k_2，…，k_n），如何将其转化为若干个不相连的循环置换乘积呢？我们可以按照这样的规则来操作。首先从左到右依次比较置换的每个元素，如果 k_i 和 i 相等，说明这个元素无须置换；否则先写下左括号，然后将第 k_i 个元素的值 k_j 写到括弧中，接着顺着 k_j 继续寻找，将其和 j 比较，如果不等，就写入括弧。重复这个步骤直到发现某个元素形成了循环，此时 $k_i=i$。这时可以写下右括号，完成一个循环。此后再继续从左向右比较置换中的元素，直到处理完所有的[23]。如果所有的 k_i 都和 i 相等，我们可以写下（1）表示恒等置换。这一过程特别适合用编程的方法实现，下面是相应的算法。

```
1:function K-CYCLES(π)
2:    r←[ ],n←|π|
3:    for i←1 to n do
4:      p←[ ],j←i
5:      while j≠π[j]do
6:        p←p ⧺[j]
7:        j←π[j]
8:      if p≠[ ]then
9:        r←r ⧺[p]
10:   if r≠[ ]then
11:     return r
12:  else
13:     return[[1]]                                  ▷返回恒等变换
```

由上一小节的定理，我们可以得出下面的定理。

定理 3.6 每一个有限群都与一个置换群同构。

这样对于任何有限群，例如方程的根，我们都可以用置换群加以研究。而置换群又是一种比较容易计算的群，这正是伽罗瓦解决方程根式解问题的方法。

练习 3.5

1. 证明，如果置换 σ 将第 i 个元素映射为第 j 个，即 $\sigma(i)=j$，则 k 循环可写成 $(\sigma(i_1)\sigma(\sigma(i_1))\ \cdots\ \sigma^k(i_1))$。
2. 列出 S_4 的全体元素。
3. 编程将 k-循环的乘积转换回置换。

3.2.5 群与对称

为什么包含集合元素的全体置换做成的群叫作“对称群”呢？因为这个群揭示了对称的本质。我们考虑一个正三角形的对称性。记正三角形的三个顶点为1、2、3，我们取 S_3 中的三个元素（1 2）、（1 2 3）和（1 3 2）对正三角形进行变换：

- 图3.13中右侧图形是（1 2）变换的结果，三角形的三个顶点从123变为213，它恰恰是以过点3的对称轴进行翻转变换的结果。由于变换前后的图形重合，这说明正三角形是轴对称的。除了（1 2）外，它还有另外两个轴对称，分别对应群元素（1 3）、（2 3）。相应的对称轴是过点2和点1的高。
- 图3.13中右下图形是（1 2 3）变换的结果。三角形的三个顶点从123变为231。它等价于绕中心顺时针旋转120度。由于变换前后图形重合，这说明正三角形具有120度旋转对称性。
- 图3.13中下方图形是（1 3 2）变换的结果。三角形的三个顶点从123变为312。它等价于绕中心逆时针旋转120度，或者顺时针旋转240度。由于变换后图形重合，这说明正三角形具有240度旋转对称性。

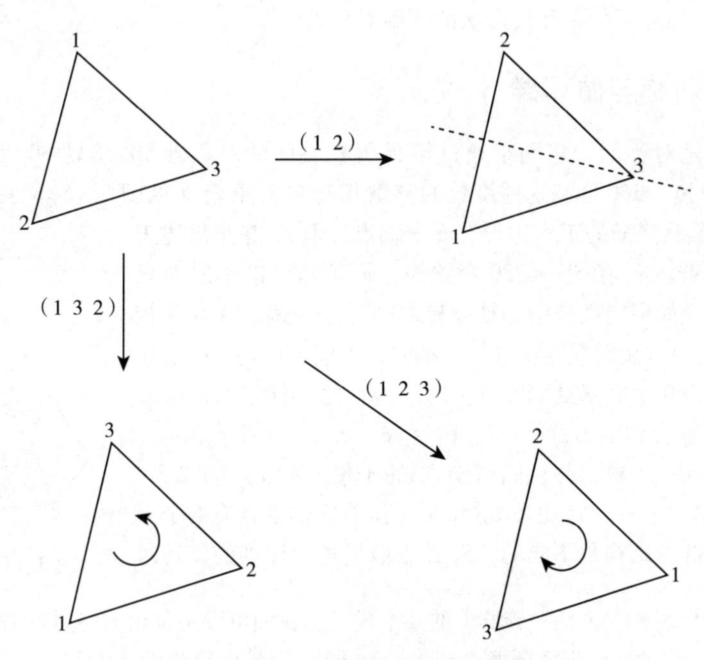

图3.13 正三角形的对称变换

这样正三角形的每种对称性（3个轴对称、加上2个旋转对称性，以及恒等变换）恰好被对称群 S_3 的每个元素唯一精确描述了。这就是群与对称间的美妙关系。

我们把这些不改变物体大小的变换称为叠合。存在着两种叠合，一种是真叠合（proper），另一种是非真叠合（improper）。为什么会有这种差别呢？如图3.14所示的两种海螺，左边的那种多在北半球发现，右边的那种多在南半球发现。尽管它们摆在一起如此对称，我们却发现无论怎样旋转、翻转、移动，都无法让左侧的海螺和右侧的海螺完全相合。左侧的海螺是左螺旋的，而右侧的海螺是右螺旋的。两个互为镜像。

在现实世界中，我们无法通过运动将左螺旋变成镜子中的右螺旋。这就是真与非真叠合的区别：真叠合不改变螺旋的方向，将左螺旋变为左螺旋，右螺旋变为右螺旋；非真叠合改变螺旋的方向，将左螺旋变为右螺旋，右螺旋变为左螺旋。非真叠合又称为反射[35]。它把任一点 P 变成它关于 O 点的对应点 P'：先连接 PO，然后将其延长一倍使得 $|PO| = |OP'|$。对 O 的反射，通常也称为反演。对于海螺图中的 4 点，对称群 S_4 中的变换 (2 4) 就是一个非真叠合。它将左侧的海螺变换成右侧的。因此对称群既可以描述现实世界，也可以描述镜中世界的对称。

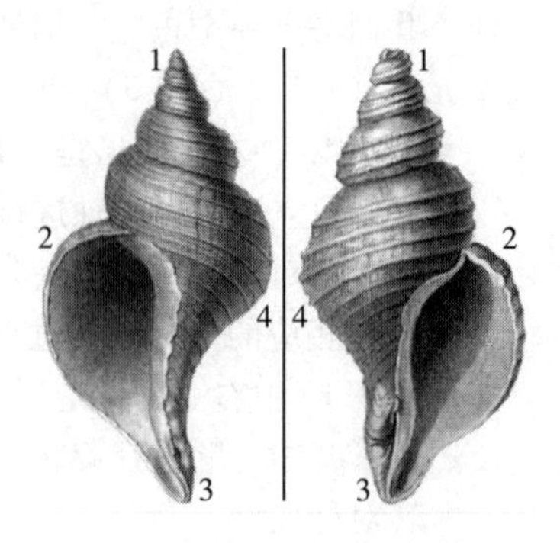

图 3.14 真叠合与非真叠合

练习 3.6

1. 对称群 S_4 描述了什么几何形状的哪些对称性？

3.2.6 旋转对称与循环群

正六棱锥也是对称的，它围绕通过锥顶垂直底面的对称轴 OP 旋转 60 度、120 度、180 度、240 度、300 度、360 度和这些度数的整数倍与自己重合（见图 3.15）。我们称这种对称为旋转对称㊀。虽然底面的正六边形有 6 个端点，但 S_6 并非描述正六棱锥对称性的群。S_6 有 $6! = 720$ 个置换，但正六棱锥本质上只有 6 种旋转对称。如果定义绕中心轴旋转 60 度为 r，旋转 120 度相当于旋转 60 度后再次旋转 60 度，即 $r \cdot r = r^2$，类似地旋转 180 度相当于 r^3……旋转 360 度后恢复原位，所以 $r^6 = e$。这样描述六棱锥旋转对称性的变换集合包含 6 个元素：$C_6 = \{e, r, r^2, r^3, r^4, r^5\}$。不难验证它们构成一个群，并且同构于 S_6 的子集 {(1), (1 2 3 4 5 6), …, (5 6 1 2 3 4)}。比较 C_6 和 S_3，虽然它们都含有 6 个元素，可是这两个群的结构是不同的，S_3 并不能描述六棱锥的旋转对称性。

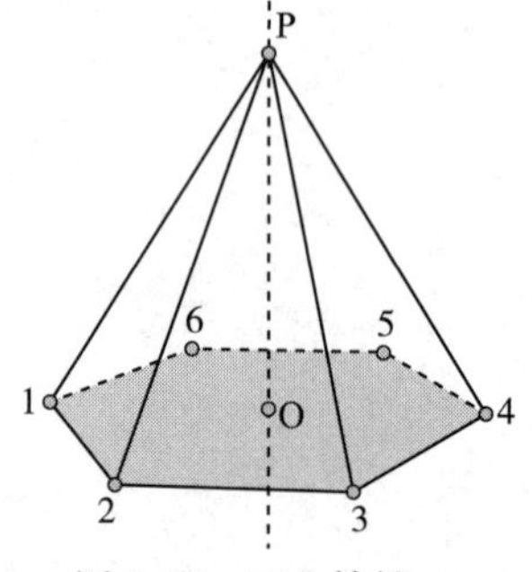

图 3.15 正六棱锥

C_6 只是一个代表，它也是一族群中的某个成员。我们可以想象出 C_n 这样的群以描述正 n 棱锥的旋转对称性。这种群称为循环群（cyclic group），它是最简单的，人们已经完全解决了的一类群。一个群 G 中的所有元素都是某一个固定元素的乘方。例如，我们看去掉 0 元素的模 5 乘法群。它包含 4 个元素 {1, 2, 3, 4}，其中 2 的各个乘方模 5 的结果如下：

㊀ 除旋转对称外，正六棱锥还有镜面对称，过中心轴和任意边中点的 3 个对称平面，过中心轴和底面顶点的 3 个对称平面。

$$2^1 \bmod 5 = 2$$
$$2^2 \bmod 5 = 4$$
$$2^3 \bmod 5 = 3$$
$$2^4 \bmod 5 = 1$$

所以2的乘方生成了这个群中的所有元素。为此我们有如下定义。

定义3.4 若一个群的每个元素都是某个固定元素 a 的乘方，称 G 为**循环群**。我们也说，G 是由元 a 所生成的，并且用符号

$$G = (a)$$

来表示，a 叫作 G 的一个生成元。

我们下面举两个循环群的重要例子。

例3.1 整数加群中的全体整数都是1的“乘方”，这里的二元运算是加法，所以乘方就是不断进行相加。我们看任意正整数 m：

$$\begin{aligned} 1^m &= 1 \cdot 1 \cdot 1 \cdot \cdots \cdot 1 \quad m\text{次} \\ &= 1 + 1 + \cdots + 1 \quad \text{整数加群中乘法为} + \\ &= m \end{aligned}$$

在整数加群中，1的逆元是-1，这是因为1+（-1）=0，而0是单位元。所以对任意负整数-m 有

$$1^{-m} = (-1)^m \quad \text{逆元}$$
$$\begin{aligned} (-1)^m &= (-1) \cdot (-1) \cdot (-1) \cdot \cdots \cdot (-1) \quad m\text{次} \\ &= -1 + (-1) + \cdots + (-1) \quad \text{整数加群中乘法为} + \\ &= -m \end{aligned}$$

最后0是单位元，按照定义有 $0=1^0$。综合上述三种情况，我们有 $Z=(1)$。

这是一个无限循环群的例子，我们再举一个有限循环群的例子。

例3.2 我们看整数模 n 剩余类。我们用符号［a］表示整数 a 所在的剩余类。定义二元运算为模 n 的加法。

$$[a] + [b] = [a + b]$$

例如［3］+［4］在模5时，结果为［2］。我们不难验证它符合结合律，单位元是［0］，并且每个元素都存在逆。我们把这个群叫作整数模 n 的剩余类加群。包含元素［0］，［1］，…，［n-1］。这个群是一个循环群，因为每个元［i］都可以写成 i 个［1］的乘方。

$$[i] = [1] + [1] + \cdots + [1] \quad i\text{个}$$

这两个例子不是随便选的。实际上，由这两个例子，我们已经认识了所有的循环群！因为有如下定理。

定理3.7 若 G 是由元素 a 所生成的循环群，那么 G 的构造完全可以由 a 的阶来决定：

- 如果 a 的阶无限，那么 G 与整数加群同构。
- 如果 a 的阶是整数 n，那么 G 与整数模 n 剩余类加群同构。

证明： 如果 a 的阶无限，当且仅当 $h=k$ 时，我们有 $a^h=a^k$。否则，如果 $h\neq k$，不妨令 $h>k$，我们有 $a^{h-k}=e$，这与 a 的阶无限矛盾。所以我们可以构造一一映射：

$$f: a^k \to k$$

从而建立循环群 $G=(a)$ 到整数加群 Z 之间的同构。即 $a^h a^k \to h+k$。

如果 a 的阶是整数 n，即 $a^n=e$，当且仅当 $h\equiv k \bmod n$ 时 $a^h=a^k$。我们可以构造一一映射：

$$f: a^k \to [k]$$

从而建立循环群 $G=(a)$ 到整数模 n 剩余类加群间的同构。即

$$a^h a^k = a^{h+k} \to [h+k] = [h] + [k]$$

□

正是这个原因，我们有时把循环群 C_n 写成 $\mathbb{Z}/n\mathbb{Z}$。所以，抽象地来看，生成元的阶是无限大的循环群只有一个，生成元的阶是某个正整数的群也只有一个。至于这些循环群的构造，我们也知道得很清楚：

- a 的阶无限大
  - 群元素是：$\cdots$，a^{-2}，a^{-1}，a^0，a^1，a^2，$\cdots$
  - 群乘法是：$a^h a^k = a^{h+k}$
- a 的阶是 n
  - 群元素是：a^0，a^1，a^2，$\cdots$，a^{n-1}
  - 群乘法是：$a^h a^k = a^{(h+k) \bmod n}$

现在我们可以揭示雪花的旋转对称性了。它可以被循环群 C_6 描述。它们表示雪花旋转 60 度、120 度、180 度、240 度、300 度、360 度的整数倍和自己重合，每种旋转恰好是 6 阶循环群中的一个元素。概括地说，n 阶循环群描述了正 n 边形的旋转对称。正 n 棱柱截面上的旋转对称性也可以用循环群来描述。美国摄影家威尔逊·本特利一生拍摄了超过 5000 张雪花晶体照片（见图 3.16）。他把这些艺术与科学的结晶捐赠给了博物馆。从这些照片中，他得出了孩

图 3.16　美国摄影家威尔逊·本特利于 1902 年前后拍摄的雪花晶体

子们熟知的结论:“每一片雪花都是不同的。”

3.2.7 分圆方程

如果把代表雪花旋转对称性的六边形放到复平面上，将大小缩放到内接于单位圆。我们发现六边形的顶点对应于方程 $x^6-1=0$ 的六个根。如图 3.17 所示。显然 $x=\pm1$ 是方程的两个解。剩下的解是什么呢？根据高中数学的棣莫弗公式：

$$e^{in\theta}=\cos n\theta+i\sin n\theta=(\cos\theta+i\sin\theta)^n \tag{3.3}$$

我们可以给出方程的全部 6 个解为：$\zeta_0=1$，$\zeta_1=e^{i\frac{\pi}{3}}$，$\zeta_2=e^{i\frac{2\pi}{3}}$，$\zeta_3=e^{i\pi}$，$\zeta_4=e^{i\frac{4\pi}{3}}$，$\zeta_5=e^{i\frac{5\pi}{3}}$。它们平均地把单位圆分成 6 等分。也正是出于这个原因，我们把形如 $x^n-1=0$ 的方程称为“分圆方程”。n 个解中的每个可以表示为 $\zeta_k=e^{i\frac{2k\pi}{n}}$。可是这样的解并非分圆方程代数解，我们也无从得知是否可以通过尺规作出正 n 边形。我们下面思考 n 等于 2，3，4，6，12 时分圆方程的解。

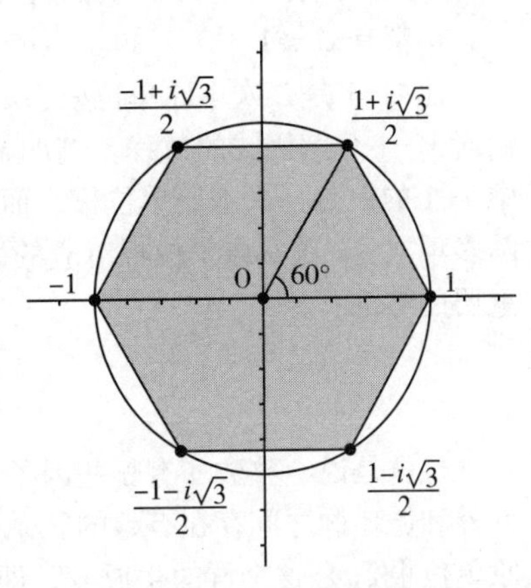

图 3.17 $x^6-1=0$ 的解

$n=2$ 时，因式分解 $x^2-1=(x+1)(x-1)$，所以分圆方程的两个根为±1。

$n=3$ 时，我们知道 $x=1$ 是一个根，所以 x^3-1 一定可以被 $x-1$ 整除，我们用多项式除法得到：$x^3-1=(x-1)(x^2+x+1)$。进一步解一元二次方程 $x^2+x+1=0$ 得到全部的三个解：1，$\frac{-1\pm i\sqrt{3}}{2}$。通常人们命名 $\omega=\frac{-1+i\sqrt{3}}{2}$，这样三次分圆方程的根可以记为：1，$\omega$，$\omega^2$。

$$\begin{array}{r|l}
 & \quad x^2+x+1 \\ \hline
x-1 & x^3 \qquad\qquad -1 \\
 & \underline{-x^3+x^2} \\
 & \qquad x^2 \\
 & \qquad \underline{-x^2+x} \\
 & \qquad\qquad x-1 \\
 & \qquad\qquad \underline{-x+1} \\
 & \qquad\qquad\quad 0
\end{array}$$

$n=4$ 时，因式分解 $x^4-1=(x^2-1)(x^2+1)=(x-1)(x+1)(x-i)(x+i)$。四次分圆方程的四个根分别是±1，±$i$。

$n=6$ 时，因式分解得 $x^6-1=(x^3-1)(x^3+1)$。所以三次分圆方程的解也全部是六次分圆方程的解。容易验证 $x=-1$ 也是一个解，所以 x^3+1 必然含有 $(x+1)$ 这个因式。利用多项式除法，我们得到：$x^3+1=(x+1)(x^2-x+1)$。进一步解一元二次方程 $x^2-x+1=0$，我们得到六次分圆方程的全部六个解：±1，$\frac{\pm1\pm i\sqrt{3}}{2}$，如图 3.17 所示。

六次分圆方程的解包含三次分圆方程的所有解，这种现象并非特殊。四次分圆方程包含二次分圆方程的所有解，并且六次分圆方程也包含二次分圆方程的所有解。这样就引出了两个不同的概念：

- n 次单位根：n 次方等于 1 的数，即 $x^n=1$。
- n 次本原单位根：n 次方后第一次等于 1 的数，即 $x^n=1$，但对于任何 $m=1, 2, \cdots, n-1$，都有 $x^m\neq1$。

比如-1 是二次本原单位根，尽管它也是四次单位根，但它不是四次本原单位根。观察我们对 x^n-1 分解因式的过程，例如 $x^3-1=(x-1)(x^2+x+1)$。这两个因式都不可继续分解了，其中 $x-1$ 的根是一次本原单位根，而 x^2+x+1 的根（两个）是三次本原单位根。我们称它们为分圆多项式。k 次本原单位根对应的分圆多项式记为 $\Phi_k(x)$。分圆方程和分圆多项式之间有一个重要的结论：

$$x^n - 1 = \prod_{d|n} \Phi_d(x) \tag{3.4}$$

也就是说，整数 n 有哪些因子，x^n-1 就可以因式分解为这些因子对应分圆多项式。分圆方程和循环群之间存在有趣的联系：所有 n 次单位根在乘法下构成一个循环群 C_n，而 n 次本原单位根 ζ_k 是这个群的生成元，即 $C_n=(\zeta_k)$。

n	分圆方程	根	本原单位根	分圆多项式 $\Phi_n(x)$	循环群
1	$x-1=0$	1	1	$x-1$	C_1
2	$x^2-1=0$	±1	−1	$x+1$	C_2
3	$x^3-1=0$	$1,\omega,\omega^2$	ω,ω^2	x^2+x+1	C_3
4	$x^4-1=0$	$\pm1,\pm i$	$\pm i$	x^2+1	C_4
6	$x^6-1=0$	$\pm1,\frac{\pm1\pm i\sqrt{3}}{2}$	$\frac{1\pm i\sqrt{3}}{2}$	x^2-x+1	C_6

练习 3.7

1. 证明循环群一定是阿贝尔群。
2. 编程实现多项式长除法。
3. 将 $x^{12}-1$ 分解为分圆多项式。
4. 试求五次分圆方程的代数解。提示：分圆多项式 $x^4+x^3+x^2+x+1=0$ 除以 x^2 后是对称的：$x^2+x+1+x^{-1}+x^{-2}=0$。

3.2.8　子群

我们接下来介绍子群的概念。它可以帮助我们通过一个群的子集来推测整个群的性质。

定义3.5 一个群G的一个子集H叫作G的一个**子群**，如果H对于G的乘法也构成一个群。

对于任何群G，至少有两个子群，一个是G本身，另一个是只包含一个单位元的集合$\{e\}$。这两个子群称为平凡子群。对于整数加群来说，偶数加群构成一个子群，而奇数和加法不构成子群（为什么?）。我们再举一个例子，考虑上一节介绍的置换群S_3的子集$H=\{(1),(1\ 2)\}$，H在置换复合乘法下构成一个子群。我们下面来验证一下：

- 乘法的封闭性。$(1)(1)=(1)$，$(1)(1\ 2)=(1\ 2)$，$(1\ 2)(1)=(1\ 2)$，$(1\ 2)(1\ 2)=(1)$；其中最后一个乘法表示头两个元素对调后再对调会相当于恒等置换。
- 结合律对S_3的所有元素都成立，故对H的元素也成立。
- 单位元$(1)\in H$。
- 每个元素的逆元都存在：$(1)(1)=(1)$、$(1\ 2)(1\ 2)=(1)$。

这样依次验证群的所有性质比较麻烦，我们有一个方便的工具：

定理3.8 一个群G的非空子集H构成子群的充分必要条件是：

- 若任意a，$b\in H$，则$ab\in H$。
- 任意元素$a\in H$，有$a^{-1}\in H$。

我们把这一定理的证明留作练习。这个定理可以直接得到一个推论：如果H是G的子群，那么H的单位元就是G的单位元，H中任意元素a的逆元就是它在G中的逆元。上述定理中的两个条件也可以用一个合并的条件来代替。

定理3.9 一个群G的非空子集H构成子群的充分必要条件是：若任意a，$b\in H$，则$ab^{-1}\in H$。

证明：首先证明充分性，设a，$b\in H$，由定理3.8的条件，有$b^{-1}\in H$，$ab^{-1}\in H$。

现在反过来证明必要性。设$a\in H$，根据单位元公理$aa^{-1}=e\in H$。因为e，$a\in H$，所以$ea^{-1}=a^{-1}\in H$。接下来若a，$b\in H$，由刚刚证明的结果，$b^{-1}\subset H$。所以$a(b^{-1})^{-1}=ab\in H$。

假如子集H是有限集，那么H构成子群的条件要更简单。

定理3.10 一个群G的非空有限子集H构成子群的充分必要条件是：若任意a，$b\in H$，则$ab\in H$。

我们再看一个例子。在n个对象的全部置换所组成的对称群S_n中，一个最重要的子群[㊀]就是**交错群**A_n。交错群是由这样一些置换组成的，当把置换应用于x_1，x_2，…，x_n时，函数

$$\Delta=\prod_{i<k}(x_i-x_k)$$

保持不变。这种置换称为偶置换。它改变Δ的符号偶数次，故而不变。而其余的置换称为奇置换。显然两个偶置换或两个奇置换的积是偶置换，而一奇一偶的积是奇置换。两种置换一样多，都是$n!/2$个。

我们曾经利用一个整数n把全体整数分成模n的剩余类。我们可以把类似的思路扩展抽象到群上。我们把整数加群叫作Z，把所有包含n的倍数的集合叫作H，即$H=\{kn\}$，其中$k=0$，±1，±2，…那么对于H的任意两个元hn和kn来说，$hn+(-k)n=(h-k)n\in H$。而$-kn$恰好是kn在Z中的逆元，并且+是整数加群上的二元运算。所以由上述定理3.9，H是Z的子群。

㊀ 也称为n次交代群。

当我们把整数划分成模 n 剩余类时，所利用的等价关系是这样规定的：

$$a \equiv b \mod n, \text{当且仅当 } n \mid (a-b)$$

利用子群 H，这一等价关系也可以这样定义：

$$a \equiv b \mod n, \text{当且仅当} (a-b) \in H$$

这样，我们就利用子群 H 实现了 Z 的剩余类划分。我们现在将这一情形推广到利用子群 H 对一个群 G 进行分类。为此，我们需要先用子群定义元素的一种等价关系~：

$$a \sim b, \text{当且仅当 } ab^{-1} \in H$$

给了 a 和 b，我们可以唯一确定 ab^{-1} 是不是属于 H。为什么说~是一种等价关系呢？因为它满足等价关系的全部三条性质：

- 因为 $aa^{-1}=e \in H$，所以 $a \sim a$。也就是自反性成立。
- 如果 $ab^{-1} \in H$，则它的逆 $(ab^{-1})^{-1}=ba^{-1} \in H$，所以 $a \sim b \Rightarrow b \sim a$。也就是对称性成立。
- 若 $ab^{-1} \in H$，$bc^{-1} \in H$，我们有 $(ab^{-1})(bc^{-1})=ac^{-1} \in H$，所以 $a \sim b$，$b \sim c \Rightarrow a \sim c$。也就是传递性成立。

定义 3.6 由这一等价关系~所决定的类叫作子群 H 的**右陪集**（right coset），包含元素 a 的右陪集用符号 Ha 表示。

具体来说，用 a 从右边去乘 H 的每个元素，就得到了包含 a 的类。所以 Ha 正好包含所有可以写成 ha，其中 $h \in H$ 形式的 G 中的元素，即

$$Ha = \{ha \mid h \in H\}$$

如图 3.18 所示，令 Z 为整数加群，H 为所有 3 的倍数 0，±3，±6，…，它在加法下构成一个子群。我们用 Z 中的元素 0 从右侧加[⊖] H 中的每个元素得到 $H0$，显然这一结果还等于 H，是所有模 3 余 0 的整数，记为 [0]；用 Z 中的元素 1 从右侧加 H 中的每个元素得到 $H1$，它包含所有模 3 余 1 的整数，记为 [1]；用 Z 中的元素 2 从右侧加 H 中的每个元素得到 $H2$，它包含所有模 3 余 2 的整数，记为 [2]。如果用 3 加所有 H 的元素，结果和 $H0$ 一样。事实上，如果我们用 $H0$ 中的任何元素 a 获得的右陪集 Ha 都等于 $H0$；用 $H1$ 中的任何元素 b 获得的右陪集 Hb 都等于 $H1$，用 $H2$ 中的任何元素 c 获得的右陪集 Hc 都等于 $H2$。$H0$、$H1$、$H2$ 三个右陪集放在一起恰好是全体整数 Z。它们的确是 Z 的一个分类：[0]，[1]，[2]。

我们再看一个有限非阿贝尔群的例子。考虑置换群 S_3：

$$S_3 = \{(1),(1\,2),(1\,3),(2\,3),(1\,2\,3),(1\,3\,2)\}$$

它的子群 $C_{2a}=\{(1),\ (1\,2)\}$ 本质上和二阶循环群同构。我们用单位元恒等置换 (1)，和另外两个置换 (1 3)、(2 3) 右乘 C_{2a} 得到 3 个右陪集：

$$C_{2a}(1) = \{(1),(1\,2)\}$$

⊖ 由于整数加群是阿贝尔群，加法满足交换律，所以左右陪集相同。

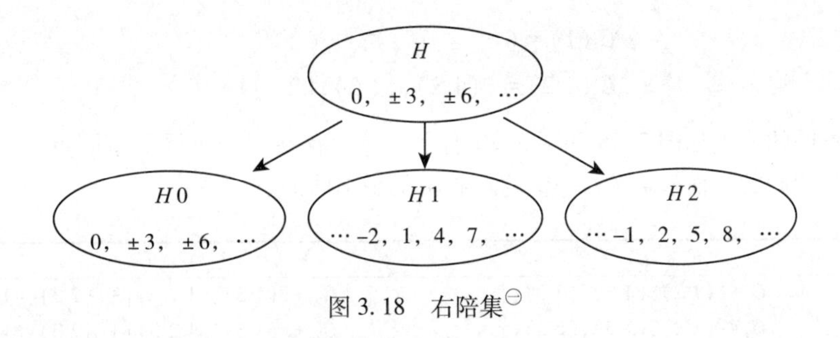

图 3.18　右陪集[㊀]

$$C_{2a}(1\ 3)=\{(1\ 3),(1\ 2\ 3)\}$$
$$C_{2a}(2\ 3)=\{(2\ 3),(1\ 3\ 2)\}$$

我们也可以用另外三个元来作右陪集：$C_{2a}(1\ 2)$、$C_{2a}(1\ 2\ 3)$、$C_{2a}(1\ 3\ 2)$。同样由于 $(1\ 2)\in C_{2a}(1)$、$(1\ 2\ 3)\in C_{2a}(1\ 3)$、$(1\ 3\ 2)\in C_{2a}(2\ 3)$，所以一定有

$$C_{2a}(1)=C_{2a}(1\ 2)$$
$$C_{2a}(1\ 3)=C_{2a}(1\ 2\ 3)$$
$$C_{2a}(2\ 3)=C_{2a}(1\ 3\ 2)$$

这样，子群 C_{2a} 把整个群 $G=S_3$ 分成 $C_{2a}(1)$、$C_{2a}(1\ 3)$、$C_{2a}(2\ 3)$ 三个不同的右陪集，这三个右陪集放在一起正是 G，它们是 G 的一个分类。

与右陪集对称，我们也可以定义左陪集。规定对称的等价关系 $\sim'$：

$$a\sim' b \text{ 当且仅当 } b^{-1}a\in H$$

这样，由等价关系 $\sim'$ 所决定的类叫作子群 H 的左陪集。包含元素 a 的左陪集用符号 aH 来表示。它包含所有形如 ah，$h\in H$ 形式的 G 的元。因为一个群的乘法不一定满足交换律，所以一般来说 $\sim$ 和 $\sim'$ 两个等价关系并不相同，H 的左右陪集也不相同。但是一个子群的左右陪集之间有一个共同点。

定理 3.11　子群 H 的左右陪集个数相等，他们或者都是无限大，或者都有限并相等。

要想证明这一点，我们可以构造一个从 H 的右陪集到左陪集间的映射：f：$Ha\to a^{-1}H$。容易验证，这是一个一一映射。任意 $Ha=Hb$，都有 $ab^{-1}\in H$，所以 $(ab^{-1})^{-1}=ba^{-1}\in H$。因此 $a^{-1}H=b^{-1}H$。既然一一映射存在，自然左右陪集的个数是相等的。

为此，我们可以将子群 H 的陪集个数（左或者右）定义为 H 在 G 中的**指数**。

上述 S_3 的例子中，我们用了子群 $C_{2a}=\{(1),(1\ 2)\}$ 作为等价关系，实现了对 S_3 中元素的分类。S_3 还有另外一个子群 $C_3=\{(1),(1\ 2\ 3),(1\ 3\ 2)\}$，即三阶循环群。我们也可以用它作为等价关系对 S_3 中的置换进行分类。

㊀ 整数加群的子群 H 包含所有 3 的倍数，用 0、1、2 分别加所有 3 的倍数可以得到三个互不相交子集。它们恰好是整数的一个分类。

$$C_3(1) = C_3$$

$$C_3(1\ 2) = \{(1\ 2),(1\ 3),(2\ 3)\}$$

这两种不同的分类如图 3.19 和图 3.20 所示。它们存在一个重要的不同点。子群 C_3 产生的左右陪集是相同的，而子群 C_{2a} 产生的左右陪集是不同的。

子群	C_3	C_{2a}
左陪集	$C_3+\{(1\ 2),(1\ 3),(2\ 3)\}$	$C_{2a}+\{(1\ 3),(1\ 3\ 2)\}+\{(2\ 3),(1\ 2\ 3)\}$
右陪集	$C_3+\{(1\ 2),(1\ 3),(2\ 3)\}$	$C_{2a}+\{(1\ 3),(1\ 2\ 3)\}+\{(2\ 3),(1\ 3\ 2)\}$

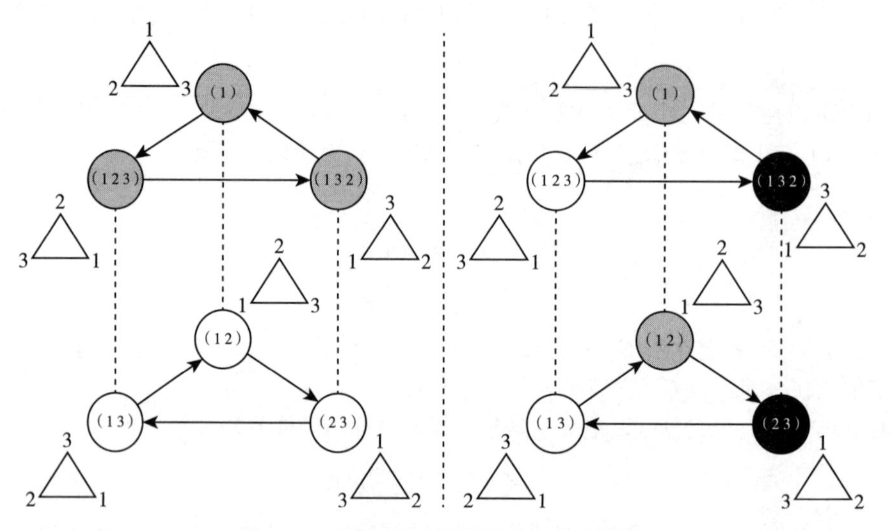

图 3.19　用 S_3 的不同子群产生的右陪集

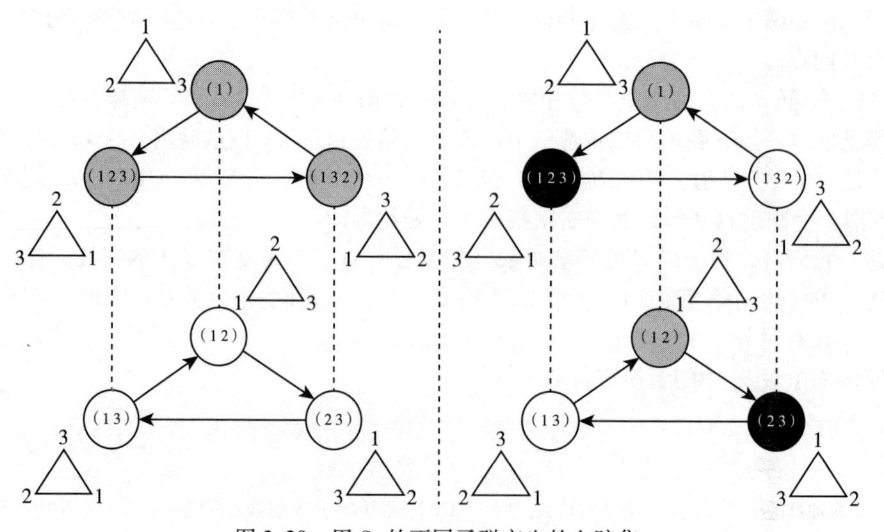

图 3.20　用 S_3 的不同子群产生的左陪集

一般情况下，子群的右陪集 Ha 未必等于左陪集 aH，如果相等，这时的子群叫作正规子群。正是伽罗瓦第一个引入了正规子群来分析方程的可解性。伽罗瓦最初称这样特殊的子群为“不变子群”，因为它使得 G 的两种分解不变：

$$G = Ha_1 + Ha_2 + \cdots = a_1H + a_2H + \cdots$$

定义 3.7 一个群 G 的子群 N 叫作一个**正规子群**（或者不变子群），假如对 G 的每个元 a 都有：

$$Na = aN$$

记作 $N \lhd G$ 或 $G \rhd N$。一个正规子群的左（或右）陪集叫作 N 的**陪集**。

由于其对称性，正规子群也叫作群的中心。判断一个群是否是正规子群，我们有以下两个定理：

定理 3.12 一个群 G 的子群 N 是一个不变子群的充分必要条件是对 G 中的任何一个元 a 都有：

$$aNa^{-1} = N$$

定理 3.13 一个群 G 的子群 N 是一个不变子群的充分必要条件是对 G 中的任何一个元 a，N 中的任何一个元 n 都有：

$$ana^{-1} \in N$$

我们可以把正规子群 N 的所有陪集做成一个集合 $\{aN, bN, cN, \cdots\}$，并且定义这个集合上的乘法为

$$(xN)(yN) = (xy)N$$

可以验证，正规子群的陪集在这个乘法下构成一个群，叫作**商群**，用 G/N 表示。在正规子群、商群和同态映射之间存在着重要的关系。首先一个群 G 同它的每个商群 G/N 同态。要证明这一点，我们可以构造一个映射 $a \to aN$，$a \in G$。这显然是一个从 G 到商群的满射，对于 G 中任意两个元素 a，b，都有 $ab \to abN = (aN)(bN)$。所以它是一个同态满射。这样我们既可以通过正规子群，也可以通过商群推测群 G 的性质。为了做到这一点，我们定义一下“核”的概念。

定义 3.8 若 f 是群 G 到另一个群 G' 的同态满射，G' 的单位元 e' 在映射 f 之下的逆像集合是 G 中的一个子集。这个子集叫作同态满射 f 的**核**。

我们有如下定理，如果 G 和 G' 同态，那么这个同态满射的核 N 是 G 的正规子群。并且其商群 $G/N \cong G'$。这样一个群不仅和它的每一个商群同态，并且抽象地来看，G 只能和它的商群同态。有时候，我们发现群 G 和 G' 同态，但是 G' 的性质我们并不清楚，这时候，我们一定能找到 G 的一个正规子群 N，使得 G' 的性质和商群 G/N 完全一样。从这里我们能看出不变子群和商群的意义。伽罗瓦正是通过这一点，想出并定义了方程的群的可解性。

练习 3.8

1. 证明子群的判定定理 3.8。

3.2.9 拉格朗日定理

拉格朗日定理是特别体现抽象代数特点的一个定理。在完全无须了解群中元素和运算的具体意义的情况下，我们仍可以揭示抽象结构的内在规律。

拉格朗日全名为约瑟夫·路易斯·拉格朗日，是著名数学家、物理学家（见图3.21）。1736年1月25日生于意大利都灵。拉格朗日的祖先是法国军官，到意大利后与罗马家族的人结婚定居。他的父亲曾任都灵的公共事务和防务局会计，但后来由于经商破产，家道中落。据拉格朗日本人回忆，如果幼年时家境富裕，他也就不会做数学研究了，因为父亲一心想把他培养成为一名律师。拉格朗日在都灵大学读书时，并没有对数学产生兴趣，他觉得欧几里得几何很枯燥。

图3.21　拉格朗日纪念邮票

17岁时，拉格朗日碰巧看到了英国天文学家哈雷的一篇介绍牛顿微积分的文章。他一下子被吸引住了。开始全身心投入学习数学。1755年拉格朗日19岁时，在探讨数学难题"等周问题"的过程中，他以欧拉的思路和结果为依据，用纯分析的方法求变分极值。第一篇论文《极大和极小的方法研究》发展了欧拉所开创的变分法，为变分法奠定了理论基础。变分法的创立，使拉格朗日在都灵声名大振，并使他在19岁时就当上了都灵皇家炮兵学校的教授，成为当时欧洲公认的第一流数学家。1756年，受欧拉的举荐，拉格朗日被任命为普鲁士科学院通讯院士。

1766年腓特烈大帝向拉格朗日发出邀请时说，在"欧洲最大的王"的宫廷中应有"欧洲最大的数学家"。于是他应邀前往柏林，任普鲁士科学院数学部主任，居住达20年之久，开始了他一生科学研究的鼎盛时期。在此期间，他完成了《分析力学》一书，这是牛顿之后的一部重要的经典力学著作。书中运用变分原理和分析的方法，建立起完整和谐的力学体系，使力学分析化了。

腓特烈大帝非常欣赏拉格朗日，常常和他谈论规律生活的重要性。在皇帝的影响下，拉格朗日每天晚上都想好明天要完成的具体任务。每当工作取得进展，他都写一段简短的分析看看哪里还能进一步改进。拉格朗日在撰写论文前总是深思熟虑，他通常能一气呵成而不用修改。但拉格朗日不太习惯柏林的气候，他的身体一直不太好。1783年，他的妻子维多利亚因病去世。

1786年一直支持他的腓特烈大帝也去世了。拉格朗日接受了路易十六的邀请来到巴黎。他得到了特别的接待，国王甚至在卢浮宫里为他安排了一处住所。1792年，拉格朗日的朋友——天文学家勒莫尼埃（LeMonnier）的女儿，24岁的蕾妮（Renée Francoise Adelaide）坚持要嫁给孤单一人的拉格朗日。他们结婚后虽未生儿女，但家庭幸福。

这时法国大革命爆发了。1793年9月革命政府决定逮捕所有在敌国出生的人，多亏著名化学家拉瓦锡在身处危险的情况下竭力奔走相助，拉格朗日才被作为特例。1794年5月4日法国雅各宾派开庭审判波旁王朝税务人员，把包括拉瓦锡在内的28名成员全部处以死刑。拉格朗日等人尽力地挽救，请求赦免，但是遭到了革命法庭副长官考费那尔（J. B. Coffinhal）的拒绝，全部予以驳回，并宣称“共和国不需要学者，而只需要为国家而采取的正义行动!”5月8日早晨，拉格朗日痛心地说：“他们可以一眨眼就把拉瓦锡的头砍下来，但他那样的头脑一百年也再长不出一个来了。”[21]

1799年雾月政变后，拿破仑热情地支持法国的科学研究。他提名拉格朗日等著名科学家成为上议院议员及新设的勋级会荣誉军团成员，封为伯爵；还在1813年4月3日授予他帝国大十字勋章。此时拉格朗日已重病在身，终于在4月11日晨逝世。在葬礼上，由议长拉普拉斯代表上议院，院长拉赛佩德（Lacépède）代表法兰西研究院致悼词。意大利各大学都举行了纪念活动。

拉格朗日是18世纪伟大的科学家，在数学、力学和天文学三个学科中都有历史性的重大贡献。拿破仑曾称赞他是“一座高耸在数学界的金字塔”，他最突出的贡献是在把数学分析的基础脱离几何与力学方面起了决定性的作用。使数学的独立性更为清楚，而不仅是其他学科的工具。同时在使天文学力学化、力学分析化上也起了历史性作用，促使力学和天文学（天体力学）更深入发展。

拉格朗日在柏林的前十年，把大量时间花在代数方程和超越方程的解法上。他在代数方程解法中有历史性贡献。他把前人解三、四次代数方程的各种解法，总结为一套标准方法，而且还分析出一般三、四次方程能用代数方法解出的原因。三次方程有一个二次辅助方程，其解为三次方程根的函数，在根的置换下只有两个值；四次方程的辅助方程的解则在根的置换下只有三个不同值，因而辅助方程为三次方程。拉格朗日称辅助方程的解为原方程根的预解函数（是有理函数）。他继续寻找五次方程的预解函数，希望这个函数是低于五次方程的解，但没有成功。尽管如此，拉格朗日的想法已蕴含着置换群概念，而且使预解（有理）函数值不变的置换构成子群，子群的阶是原置换群阶的因子。这正是群论中著名的拉格朗日定理。拉格朗日是群论的先驱。他的思想为后来的阿贝尔和伽罗瓦采用并发展，终于解决了五次以上的一般方程为何不能用代数方法求解的问题。

在介绍拉格朗日定理前，我们首先看一个引理：

引理 3.1 一个子群 H 与其每一个右陪集 Ha 之间都存在一一映射。

由于陪集的左右对称性，这一结论对于左陪集也成立。要想证明它，我们可以构造映射 f：$h \to ha$，它就是一个从子群到右陪集的一一映射，因为：

- H 中的每个元素 h 都有唯一的像 ha。
- Ha 中的每个元素 ha 都是子群 H 中元素 h 的像。
- 任意 $h_1a=h_2a$，都有 $h_1=h_2$。

由于一一映射的存在，我们知道有限群 G 中，陪集中元素的个数一定与子群 H 的阶相等。而且由于陪集的分类特性，我们知道群中的每个元素都可以在某一个陪集中找到。这样我们就可以利用陪集发现子群 H 与有限群 G 之间的一个关系：

定理 3.14 （拉格朗日定理）有限群 G 的阶，能够被其子群 H 的阶整除。

证明：首先，我们知道 G 能够为 H 的陪集全部覆盖；并且由于陪集之上定义的等价关系，我们知道陪集之间是没有交集的。如果存在元素 c 既属于 Ha，也属于 Hb，那么 $c \sim a$，$c \sim b$，所

以 $a \sim b$，所以 $Ha=Hb$。再加上子群 H 与陪集存在一一映射的引理，我们知道每个陪集的大小都等于 H 的阶 $|H|=n$，如果陪集的个数（也就是 H 的指数）等于 m，一定有

$$|G|=mn$$ □

注意，拉格朗日定理的逆定理不一定成立。我们无法将群的阶做任意因子分解，然后对每个因子都找到子群和陪集。例如交错群 A_4 含有 12 个元素，但是却没有阶为 6 的子群。从拉格朗日定理，我们可以得到很多有用的推论。

推论 3.1　一个有限群 G 中的任意元素 a 的阶都能整除 G 的阶。

这是因为 a 生成一个阶为 n 的子群，所以 n 能整除 $|G|$。

推论 3.2　如果 G 的阶是素数，那么 G 是循环群。

这是因为任何不等于单位元的元素 a，它所生成的子群的阶一定等于 G 的阶。所以 a 是 G 的生成元，即 $G=(a)$。

推论 3.3　有限群 G 中的任何元素 a，都有 $a^{|G|}=e$。

这是因为 a 的阶 n 能够整除 G，不妨令 $|G|=nk$。所以

$$a^{|G|}=a^{nk}=(a^n)^k=e^k=e$$

群论中的拉格朗日定理可以用来证明数论中著名的费马小定理和欧拉定理。费马小定理是法国数学家费马于 1636 年发现的。他在 1640 年 10 月 18 日写给友人㊀的信中首次提出了这个定理。1736 年，欧拉给出了费马小定理的一个证明。但从莱布尼茨未发表的手稿中发现他在 1683 年以前已经得到几乎相同的证明。之所以命名为“小定理”是为了区别于举世闻名的费马大定理。

定理 3.15　（费马小定理）若 p 是素数，对任何满足 $0<a<p$ 的整数 a，都有 $a^{p-1}-1$ 能被 p 整除。

证明：考虑整数模 p 乘法群。这个群的元素由所有模 p 的非零余数构成，因为 p 是素数，所以群元素为 1，2，…，$p-1$，单位元 $e=1$，群的阶为 $p-1$。根据拉格朗日定理的推论 3.3，有

$$a^{p-1}=e$$

因为单位元为 1，所以上式可写为

$$a^{p-1} \equiv 1 \mod p$$

故 p 整除 $a^{p-1}-1$。 □

和这一证明对比，初等数论方法的证明要复杂得多[9]。我们再介绍另一种有趣的“项链”证法[25]，供读者参考。

证明：考虑有 a 种不同颜色的珍珠，我们要串一条长为 p 的珍珠串。其中 p 为素数。显然一共有 a^p 种不同的串，这是因为串中每个位置都可以在 a 种颜色的珍珠中选择，共选 p 次。

例如有两种颜色 A 红、B 绿的珍珠，要串长度为 5 的串。即 $a=2$，$p=5$，一共有 $2^5=32$ 种

㊀ 费马的朋友法国数学家贝西（Bernard Frénicle de Bessy）。

不同的串：

AAAAA，AAAAB，AAABA，…，BBBBA，BBBBB.

对应：红红红红红，红红红红绿，红红红绿红，…，绿绿绿绿红，绿绿绿绿绿.

我们要证明，在这 a^p 串珍珠中，如果去掉 a 个颜色完全相同的串（在上述例子中是串AAAAA 和 BBBBB），剩下的 a^p-a 串珍珠可以分成若干组，每个组恰好有 p 串珍珠。也就是说 p 整除 a^p-a。

如果把每串珍珠首尾连接起来做成项链（见图 3.22）。原来有些不同的串会变成相同的项链。如果一个串可以通过旋转变换成另一个，这两个串必然做成相同的项链。例如下面的5串珍珠可以做成相同的项链：

AAAAB，AAABA，AABAA，ABAAA，BAAAA.

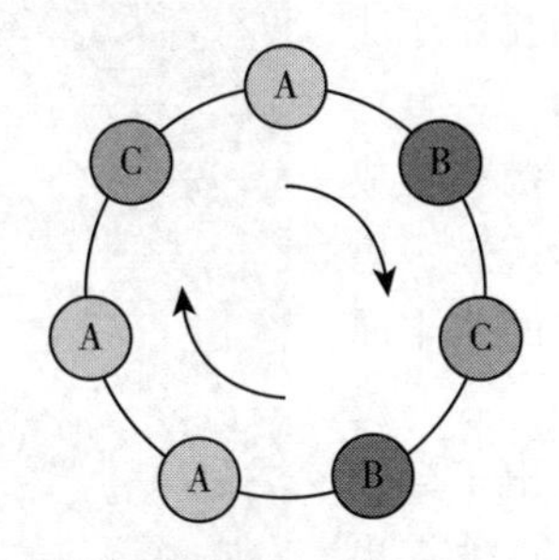

a）一串含3种颜色的项链代表7种不同的串：ABCBAAC，BCBAACA，CBAACAB，BAACABC，AACABCB，ACABCBA，CABCBAA

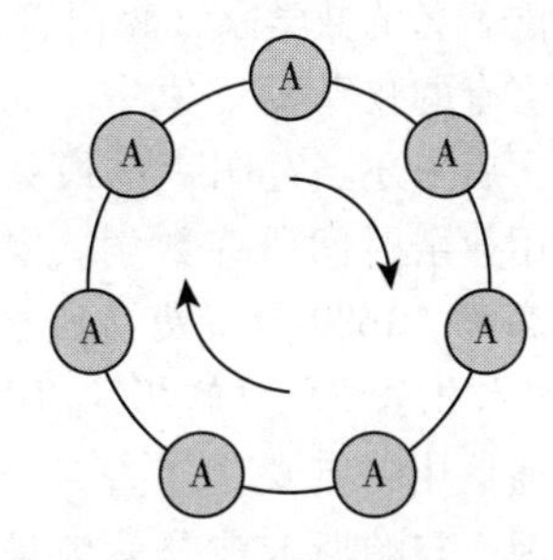

b）相同颜色珍珠串成的项链只代表一种串：AAAAAAA

图 3.22 通过项链对珍珠串进行分类

用这种方法，上面例子中的 32 串珍珠可以分成 5 种不同颜色的项链和 2 种同色的项链：

[AAABB，AABBA，ABBAA，BBAAA，BAAAB]

[AABAB，ABABA，BABAA，ABAAB，BAABA]

[AABBB，ABBBA，BBBAA，BBAAB，BAABB]

[ABABB，BABBA，ABBAB，BBABA，BABAB]

[ABBBB，BBBBA，BBBAB，BBABB，BABBB]

[AAAAA]

[BBBBB]

一串项链可以代表多少种不同的串呢？如果一个串 S 由若干相同的子串 T 复制连接而成，而 T 无法再继续分拆成相同的子串，则由 S 构成的项链可代表 $|T|$ 种不同的串，其中 $|T|$ 表示串 T 的长度。例如串 S=ABBABBABBABB，由相同的子串 T=ABB 复制多次而成，如果我们一次旋转一颗珍珠，一共可以得到 3 串不同的结果：

ABBABBABBABB，BBABBABBABBA，BABBABBABBAB.

除去这 3 种之外，不可能再有其他不同种类的串了。ABB 的长度为 3，再次旋转必然会循环得到相同的结果。这样，所有的 a^p 串珍珠可分成两类。一类是 a 串颜色相同的串；另一类颜色不同，但是由于这些串的长度 p 是素数，它绝不可能由若干子串复制连接出来。所以任何一个这样的串连成的项链，总共代表 p 种不同的串。而这样的串总共有 a^p-a 种，它们可以通过连成项链后分组，每组恰好 p 个串，代表一种不同的项链。因此 $a^p-a=a(a^{p-1}-1)$ 一定可以被 p 整除。由于 a 和 p 互素，所以 p 一定整除 $a^{p-1}-1$。 □

项链证明法可能是费马小定理已知证法中最容易的，它不需要太多的数学知识。核心思想是利用两种不同的方式数数的结果必然是一样的。

费马小定理从提出到欧拉成功证明经过了整整 100 年。这是费马的一贯风格，费马大定理（也称费马的最后定理）难住了无数天才数学家，历经 358 年才由英国数学家安德鲁·怀尔斯在 1995 年成功攻克。而怀尔斯的主要武器包括椭圆曲线、模形式和伽罗瓦表示[12]。可以说费马留下的这些猜想是一笔丰富的数学遗产。

费马是法国著名的数学家（见图 3.23），1601 年 8 月出生于法国图卢兹一个富有的皮革商人家中。他是一位全职律师，一直在司法部门工作，后来还当过图卢兹最高法院的大法官。费马在成年后才开始利用业余时间研究数学。但费马取得的数学成就，堪称那个时代的高峰。1629 年，费马独立得到了解析几何的基本原理㊀，因而与笛卡儿分享创立解析几何的荣誉；他与帕斯卡在一段漫长而有趣的通信中一起奠定了古典概率论的基础，提出了数学期望的概念，因而与帕斯卡被公认为是概率论的创始人；他提出光学中的“费马原理”㊁，给后来变分法的研究以极大的启示；他是创建微积分学的杰出先驱者。而费马本人最感兴趣的领域是数论。

图 3.23　皮埃尔·德·费马（1601—1665）

费马对数论的兴趣是由古希腊数学家丢番图的名著《算术》启发的。1621 年，巴谢（Bachet）校订注释的希腊-拉丁文对照本在法国出版。费马在巴黎买到此书，并被其中的数论问题深深吸引。值得庆幸的是，这一版的每一页都留有宽大的空白页边，于是这书同时成了费马的笔记本。在研究丢番图的问题和解答时，他会受到启发去思考和解决更多、更深入的问题，并草草地在这些空白书边上写下自己的评注。

费马在其生前，几乎没有公开发表过任何他的数学成果。这在“不发表就发霉”的今天是很难被理解的。除了把自己的研究成果写在书籍的页边，费马也常常按照当时流行的风气，以书信的形式向一些学者朋友报告。究其原因，费马是被“发现新的数学奥秘”这类强烈的念头所驱使的。研究数学对于他是一种消遣，纯粹是由于他对数学的爱好。当创造出他从未触及的结果时，费马会获得真正的愉悦与自我满足。因而公开发表和被人们承认对他而言没有多大意义[12]。有趣的是，这位缄默的天才有时喜好捉弄人，他经常在信中向其他数学家发出挑战，要求他们证明自己发现的某些数学结果。

当费马在 1665 年 1 月去世时，他的研究成果散落各处。费马的长子塞缪尔（Samuel）花

㊀ 费马的 8 页论文《平面与立体轨迹引论》在 1630 年完成，但在 1679 年费马死后 14 年才出版。

㊁ 又称最小作用原理，或最短时间作用原理。

了5年时间整理信件收集注记，1670年将他父亲的成果出版为一个特殊版本的《算术》（见图3.24）。在封面图片上方，写着“附有费马的评注”的小字。这一版本包括费马所做的48个评注。1679年，他又整理出版了费马的第二卷著作。费马生前的这些研究成果终于得以流传，极大地丰富了17世纪的数学宝库，推动了后来的数学发展。

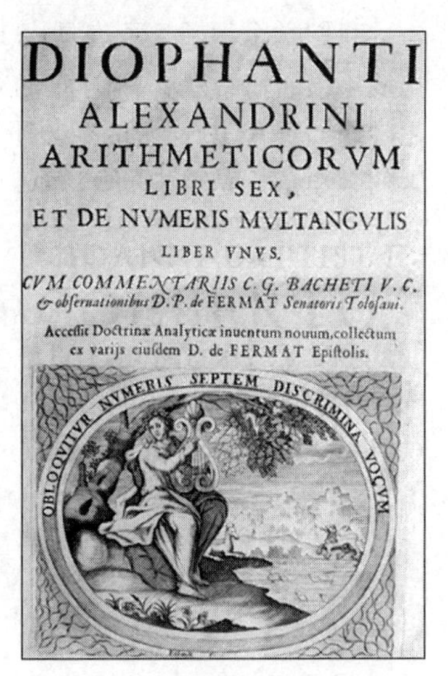
DIOPHANTI
ALEXANDRINI
ARITHMETICORVM
LIBRI SEX,
ET DE NVMERIS MVLTANGVLIS
LIBER VNVS.
CVM COMMENTARIIS C. G. BACHETI V. C.
& obseruationibus D. P. de FERMAT Senatoris Tolosani.
Accessit Doctrinæ Analyticæ inuentum nouum, collectum
ex varijs eiusdem D. de FERMAT Epistolis.

图3.24 丢番图《算术》1670年版，附有费马评注

在费马之前，数论基本上是一些相关问题的汇集。费马振兴了数论的研究，系统地提出了数量众多的数论定理，并引入了一般化的方法和原理，从而把数论引上了近代发展的轨道。可以说，正是费马的系统化工作，数论才真正开始成为一门数学分支。费马也因此奠定近代数论的基础，而被称为“近代数论之父”。在高斯的《算术研究》出版之前，数论的发展始终是跟费马的推动联系在一起的。

然而，费马生前提出的种种结论常常仅含有证明的一些关键部分，有时甚至根本没有证明。有些内容后来发现是错误的㊀。因此在找到严格的数学证明前，这些结论只能称之为“猜想”。这些猜想有很多是被欧拉攻克的，不仅如此，欧拉还在费马的基础上发展了更多的结果。

我们接下来要介绍的数论中的欧拉定理，就是比费马小定理更加普遍的结果。在成功证明了费马小定理后，欧拉并不满足，如果p不是素数会怎样呢？欧拉仔细研究了合数的情况，得出并证明了下面的定理。

定理3.16 （欧拉定理）如果$0<a<n$且a与n互素，那么$a^{\phi(n)}-1$能够被n整除。

其中$\phi(n)$是欧拉函数㊁，它的定义是所有小于n且与n互素的正整数个数。即

$$\phi(n) = |\{i \mid 0 < i < n \text{ 且 } \gcd(i,n) = 1\}|$$

欧拉使用初等数论的方法证明了这一定理。我们展示如何利用群论和拉格朗日定理给出一个简洁的证明。

证明： 考虑整数模n的非零余数。我们把模n乘法之下可以互逆的所有余数挑选出来。它们构成一个模n乘法群。按照欧拉ϕ函数的定义，$\phi(n)$的值是所有小于n且与n互素的正整数的个数。而这些正整数，恰好对应这个乘法群中的元素。所以这个群的阶就是$\phi(n)$。根据拉格朗日定理的推论3.3，有

$$a^{\phi(n)} = e$$

㊀ 例如费马数。费马在1640年宣称$2^{2^n}+1$形式的数都是素数，并且当n为0，1，2，3，4时都是对的。它们分别是3，5，17，257，65537。但欧拉在1732年算出$2^{2^5}+1=641\times6700417$。目前（2017年）人们已经找到243个反例，却没有再发现第6个费马素数。是否还有其他费马素数至今没有人能够解决。

㊁ 也称为欧拉总计函数（Euler totient function）或者欧拉ϕ函数。

故而 $a^{\phi(n)} \equiv 1 \bmod n$，所以 n 一定整除 $a^{\phi(n)}-1$。 □

我们举个例子，下表是模 10 的非零余数的乘法表。我们可以从表中找到单位元 1，用下划线标出。然后从其所对应的行列找到模乘的两个数，加粗标出。这些数都和 10 互素。反之，那些不和 10 互素的余数所在的行列中都有 0 元素，而 0 不是群中的元。可以看到和 10 互素的余数恰好是群中的元素 1，3，7，9。

	1	2	3	4	5	6	7	8	9
1	<u>1</u>	2	3	4	5	6	7	8	9
2	2	4	6	8	0	2	4	6	8
3	3	6	9	2	5	8	<u>1</u>	4	7
4	4	8	2	6	0	4	8	2	6
5	5	0	5	0	5	0	5	0	5
6	6	2	8	4	0	6	2	8	4
7	7	4	<u>1</u>	8	5	2	9	6	3
8	8	6	4	2	0	8	6	4	2
9	9	8	7	6	5	4	3	2	<u>1</u>

任给一个整数 n，如何求出其欧拉函数的值呢？因为任何大于 1 的整数都可以写成素数幂的乘积形式，我们首先来看，对于素数 p 的 m 次幂，$\phi(p^m)$ 如何计算。也就是求出从 1 到 p^m-1 中，有多少个数和 p^m 互素。显然我们只要把 p 的倍数这些数除去即可。这些数分别是：p，$2p$，$3p$，…，p^m-p，我们把它们分别除以 p，就可以得到自然数序列：1，2，3，…，$p^{m-1}-1$。显然共有 $p^{m-1}-1$ 个。于是素数的整数次幂的欧拉函数值为

$$
\begin{aligned}
\phi(p^m) &= (p^m-1)-(p^{m-1}-1)\\
&= p^m - p^{m-1}\\
&= p^m\left(1-\frac{1}{p}\right)
\end{aligned}
$$

接下来我们考虑 $n=p^u q^v$，也就是两个不同素数幂的积。我们首先从 1 到 $n-1$ 中，减去 p 的所有倍数，然后再减去 q 的所有倍数，但是有些整数既是 p 的倍数，也是 q 的倍数，所以最后要把这些 pq 的倍数再加回来（组合中的容斥原理）。这样有：

$$
\begin{aligned}
\phi(p^u q^v) &= (n-1)-\left(\frac{n}{p}-1\right)-\left(\frac{n}{q}-1\right)+\left(\frac{n}{pq}-1\right)\\
&= n\left(1-\frac{1}{p}\right)\left(1-\frac{1}{q}\right)\\
&= p^u\left(1-\frac{1}{p}\right)q^v\left(1-\frac{1}{q}\right)\\
&= \phi(p^u)\phi(q^v)
\end{aligned}
$$

特别地，当指数 u，v 都是 1 的时候，我们有 $\phi(pq)=\phi(p)\phi(q)$。并且我们可以把这个结果推广到多个素数幂的情况，如果 $n=p_1^{k_1}$，$p_2^{k_2}$，…，$p_m^{k_m}$，则其欧拉函数的值为

$$\phi(n) = n\left(1 - \frac{1}{p_1}\right)\left(1 - \frac{1}{p_2}\right)\cdots\left(1 - \frac{1}{p_m}\right)$$
$$= \phi(p_1^{k_1})\phi(p_2^{k_2})\cdots\phi(p_m^{k_m})$$

根据这一结论，我们可以找到快速求欧拉函数的方法，读者可以通过本节的习题实现这一算法。

欧拉是伟大的瑞士数学家和自然科学家（见图 3.25）。人们一般把他与阿基米德、牛顿、高斯并列为数学史上最伟大的四位数学家。1707 年 4 月 15 日欧拉出生于瑞士的巴塞尔。牧师家庭的父亲曾希望他学习神学。欧拉 13 岁考入巴塞尔大学神学院，主修哲学和法律。欧拉很快在数学方面表现出兴趣，每周六下午都和当时欧洲最优秀的数学家约翰·伯努利学习数学。16 岁时，欧拉取得了他的哲学硕士学位。之后，他遵从了父亲的意愿进入了神学系，并准备成为一名牧师。但最终约翰·伯努利说服欧拉的父亲允许欧拉学习数学，并使他相信欧拉注定能成为一位伟大的数学家。

图 3.25 各国发行的欧拉纪念邮票

1727 年，欧拉成为俄罗斯圣彼得堡科学院的成员。他以旺盛的精力投入研究，在俄国的 14 年中，他在分析学、数论和力学方面做了大量出色的工作。1741 年受腓特烈大帝的邀请到柏林科学院工作，达 25 年之久。在柏林期间他的研究内容更加广泛，涉及行星运动、刚体运动、热力学、弹道学、人口学，这些工作和他的数学研究相互推动。欧拉这个时期在微分方程、曲面微分几何以及其他数学领域的研究都是开创性的。1766 年，叶卡捷琳娜二世在位期间，欧拉应邀重新返回圣彼得堡，并在那里直到逝世。

欧拉渊博的知识、无穷无尽的创作精力和空前丰富的著作，都是令人惊叹不已的。他从19岁开始发表论文，直到76岁，半个多世纪写下了浩如烟海的书籍和论文。几乎每一个数学领域都可以看到欧拉的名字。欧拉是科学史上最多产的一位杰出的数学家，一生发表论文共计856篇，专著31部。这还不包括1771年圣彼得堡火灾中失去的一部分。欧拉的记录直到20世纪才由匈牙利数学家保罗·埃尔德什打破。后者发表了论文1525篇，著作32部。[26]

欧拉具有超出常人的坚强意志。1735年，他的右眼开始失明。1771年原本正常的左眼也完全失明了。正如失聪没有阻止贝多芬的音乐创作一样，失明也同样没有阻止欧拉的数学探索[12]。在书记员的帮助下，欧拉在多个领域的研究其实变得更加高产了。在1775年，他平均每周就完成一篇数学论文。欧拉一生中有一半著作都是在双目完全失明后口述完成的。欧拉的多产并不是偶然的，他有着惊人的记忆力。不但能够记住前100个素数，而且还能记住它们的平方、立方甚至更高次方。他还可以进行复杂的心算。法国物理学家阿拉戈（François Arago）说："欧拉计算时就像人在呼吸、鹰在翱翔一样轻松。"欧拉可以在任何不良的环境中工作，他常常抱着孩子在膝上完成论文，也不顾孩子在旁边喧哗。

欧拉的著作中既有难度很高的专著，也有专为普通大众所写的读物。他还特意为青少年写过一本书——《给德国公主的信》。并为非数学专业的读者写了一本初等代数教程，这本书至今仍在印刷。欧拉特别重视表达的清晰易懂。我们今天很多熟知的数学符号，都是欧拉精心选用的，例如π(1736年)、虚数单位i(1777年)、e(1748年)、三角函数sin和cos(1748年)、tg(1753年)、Δx(1755年)、求和$\sum$(1755年)、表示函数的$f(x)$（1734年）等[12]。

1783年9月18日，欧拉与朋友们吃饭。那天天王星刚发现不久，欧拉列出计算天王星轨道的要领。晚餐后，欧拉一边喝着茶，一边和小孙女玩耍，突然之间，烟斗从他手中掉了下来。他说了一声"我的烟斗"，并弯腰去捡，结果再也没有站起来，他喃喃地说了一句"我死了……"，就这样"停止了计算和生命"㊀。

今天，费马小定理已经走进了人们的日常生活中，不管是网络购物还是电子交易。1976年，美国斯坦福大学的教授马丁·赫尔曼（Martin Hellman）和惠特菲尔德·迪菲（Whitfield Diffie）提出了非对称公钥加密算法的思想。1977年美国麻省理工学院的罗纳德·李维斯特(Ron Rivest)、阿迪·萨莫尔（Adi Shamir）和伦纳德·阿德曼（Leonard Adleman）提出了构造单向函数的数论方法，从而产生了以这三个人姓氏首字母命名的RSA算法。

RSA算法的核心思想是人们可以容易地将两个大素数乘在一起得到一个合数，然而在不事先知道这两个素数的情况下，对这个合数做因数分解却非常困难。对于一个200位以上的大数做因式分解，即使用强大的超级计算机，所耗费的时间也要超过宇宙的年龄。因此，如果能够迅速地找到大素数，就可以构造难以破解的密钥。但是素数的存在规律是神秘的，人们没有找到素数的"通项公式"。最原始的办法是挑选一个数n，然后逐一验证从1到$\sqrt{n}$之间的整数能否整除n。但这种方法非常低效，对大数进行素数检测，所需的时间同样会超过宇宙年龄。稍好的方法是埃拉托斯特尼筛法。列出从2开始到n之间的整数，然后从2开始，先筛

㊀ 法国数学家孔多塞语。

除所有2的倍数，然后再筛除3的倍数，这样每次都从没有被筛除的第一个数开始重复这一步骤，直到把不大于$\sqrt{n}$的所有倍数都筛除为止。这样就可以获得n以内的所有素数。但这样方法同样只是对较小的整数n有效，无法达到大素数检测的目的。

费马小定理恰好给出了一种大素数检验的办法。对于一个大整数n，我们可以随机挑选一个小于n的正整数a，将其称为“证人”（witness），然后检查a^{n-1}模n的余数是否等于1，如果不是1，根据费马小定理，n一定不是素数。如果等于1，则n有可能是素数。

根据这一思想构造的“费马素数检测”算法如下：

```
1: function PRIMALITY(n)
2:     随机选择正整数 a<n
3:     if a^{n-1} ≡1 mod n then
4:       return 素数
5:     else
6:       return 合数
```

我们并不需要真的计算a的$n-1$次方然后再求除n的余数，而是通过模乘运算。并且还可以进一步利用中间的计算结果加速，例如当我们得到$b=a^2 \bmod n$时，可以直接计算$b^2 \bmod n$从而得到$a^4 \bmod n$。假设要计算$a^{11} \bmod n$，因为

$$a^{11}=a^{8+2+1}=((a^2)^2)^2 a^2 a \bmod n$$

所以我们真正需要计算的只有$a^2 \bmod n$，$(a^2)^2 \bmod n$，$((a^2)^2)^2 \bmod n$。为此，我们可以把n表示为2进制，然后仅仅迭代计算数字为1所在位上的模乘结果，这是一个复杂度为$O(\lg n)$的算法。因此费马素数检测的速度很快。

但某个数即使通过了费马素数检测，仍然不一定是素数，例如$341=11\times31$，但是$2^{340}\equiv1 \bmod 341$。为了减少费马检验的“假阳性”，人们进行了一系列改进。首先是适当增加证人的数量。人们发现，如果一个数无法通过费马检验，那么至少存在一半小于n的数都无法通过费马检验[28]。

定理3.17 正整数a小于n，且和n互素，如果$a^{n-1}\not\equiv1 \bmod n$，则所有$a<n$的选择中，至少有一半也是这样。

证明：若某个a使得$a^{n-1}\not\equiv1 \bmod n$，对于任何可以通过费马检测的证人$b$（即$b^{n-1}\equiv1 \bmod n$），都可以构造一个费马检测的反例$ab$：

$$(ab)^{n-1}\equiv a^{n-1}b^{n-1}\equiv a^{n-1}1\not\equiv1 \bmod n$$

并且，由于$i\neq j$，有$a\cdot i\neq a\cdot j$，所以这些反例都是彼此不同的。

如图3.26所示，如果存在不通过费马测试的整数，则这样的数至少和通过的一样多。 □

为此，我们可以多次选取不同的证人k次执行费马检验，这样就可以把n不是素数的概率降低到$\frac{1}{2^k}$。但实际上存在这样的合数n，使得任何小于n且和n互素的数a都有$a^{n-1}\equiv1 \bmod n$。也就是说无论选什么样的a，这样的合数都能通过费马检测。卡迈克尔（Carmichael）在1910年发现了第一个这样的数$561=3\times11\times17$，这样的数现在被称为卡迈克尔数，或者费马伪素

数㊀。埃尔德什曾经猜测有无穷多个卡迈克尔数，1994 年人们证明了对足够大的 n，在 1 到 n 之间至少存在 $n^{2/7}$ 个卡迈克尔数。从而说明存在无穷多的卡迈克尔数[27]。

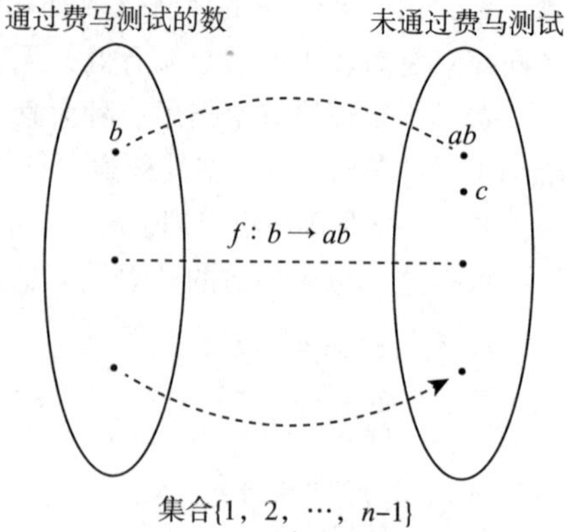

实际的 RSA 算法采用“米勒-拉宾”进行素数测试。它也是一种概率算法㊁。根据上述定理，如果选择超过 100 个证人，错误率会低于 $\frac{1}{2^{100}}$。高德纳说：“该测试的错误率要比计算机因为宇宙辐射而丢失某个二进制位的概率还要低。”

到目前为止，我们介绍过的群、半群、幺半群的关系总结如图 3.27 所示。

图 3.26　从通过费马测试的集合向未通过的集合做映射

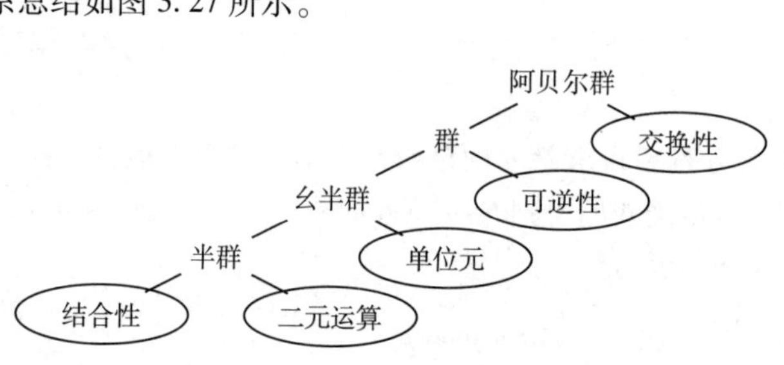

图 3.27　群、半群、幺半群的关系

练习 3.9

1. 今天是星期日，2^{100} 天以后是星期几？
2. 任给两个串（字符串或者列表），如何通过编程判断它们可以连成相同的项链？
3. 编程实现埃拉托斯特尼筛法。
4. 利用埃拉托斯特尼筛法的思想，编程产生 2 到 100 内正整数的欧拉 ϕ 函数表。
5. 根据欧拉定理，n 次本原单位根有多少个？
6. 编程实现模乘的幂运算，并实现费马素数检测。

3.3　环与域

现代抽象数学中环和域的概念是由德国女数学家埃米·诺特（见图 3.28）所发展的。

㊀ 捷克数学家西摩尔卡（Václav Šimerka）在 1885 年发现了前 7 个费马伪素数：$561=3\times7\times11$，$1105=5\times13\times7$，$1729=7\times13\times19$，$2465=5\times17\times29$，$2821=7\times13\times31$，$6601=7\times23\times41$，$8911=7\times19\times67$。但是他的工作不为人知。

㊁ 米勒-拉宾素数检验存在一个确定性算法的版本，但是其正确性依赖于黎曼假设（黎曼猜想）[29]。

1882年3月23日，诺特出生于德国大学城埃尔朗根的一个犹太人家庭。她的父亲是埃尔朗根大学的数学家。诺特本来打算将来教授法文和英文，但在父亲的影响下，她逐渐对数学产生了兴趣。1900年冬天，18岁的诺特考进了埃尔朗根大学。当时，大学里不允许女生注册，女生顶多只有自费旁听的资格。大学的986名学生中只有两名女生，诺特大大方方地坐在教室前排，认真听课，刻苦学习。后来，她勤奋好学的精神感动了主讲教授，破例允许她与男生一样参加考试。1903年7月，诺特顺利通过了毕业考试，男生们都取得了文凭，而她却成了没有文凭的大学毕业生。诺特生活在公开歧视妇女发挥数学才能的制度下。毕业以后她在埃尔朗根数学研究院工作，长达7年却没有任何工资。1907年12月，她以优异的成绩通过了博士考试，成为第一位女数学博士。此后，她在著名的数学家高丹、费叶尔的指引下，在数学的不变式领域进行了深入的研究。1915年，应著名数学家希尔伯特和克莱因的邀请，诺特来到数学圣地哥廷根大学。不久，她就以希尔伯特教授的名义，在哥廷根大学讲授数学课程。希尔伯特十分欣赏诺特的才能，想帮她在哥廷根大学找一份正式的工作。当时的哥廷根大学没有专门的数学系，数学、语言学、历史学都划在哲学系里，聘请必须经过哲学教授会议批准。希尔伯特的努力遭到教授会议中语言学家和历史学家的极力反对，他们出于对妇女的传统偏见，连聘为“私人讲师”这样的请求也断然拒绝。希尔伯特屡次据理力争都没有结果，他在一次教授会上愤愤地说：“我简直无法想象候选人的性别竟成了反对她升任讲师的理由。先生们，别忘了这里是大学而不是洗澡堂！”

图3.28 埃米·诺特（1882—1935）

在希尔伯特等人的影响下，不到两年时间，诺特就发表了两篇重要论文。诺特为爱因斯坦的广义相对论给出了一种纯数学的严格方法，并提出了现代物理学中称为“诺特定理”的观点。就这样，诺特以她出色的科学成就，迫使那些歧视妇女的人也不得不于1919年准许她升任讲师。此后，诺特走上了完全独立的数学道路。1921年，她从不同领域的相似现象出发，把不同的对象加以抽象化、公理化，然后用统一的方法加以处理，完成了《环中的理想论》这篇重要论文。这是一项非常了不起的数学创造，它标志着抽象代数学真正成为一门数学分支，或者说标志着这门数学分支现代化的开端。诺特也因此获得了极大的声誉，被誉为是“现代数学代数化的伟大先行者”“抽象代数之母”。1931年，她的学生荷兰数学家范德瓦尔登系统总结了整个诺特学派的成就，出版了《近世代数》一书，影响了许多当时的青年数学家。1932年，诺特的科学声誉达到了顶点。在这一年于苏黎世举行的第9届国际数学家大会上，诺特做了长达1小时的大会发言，受到广泛的赞扬。

然而，巨大的声誉并未改善诺特的艰难处境。在不合理的制度下，灾难和歧视像影子一样缠住了她。1922年，由于大数学家希尔伯特等人的推荐，诺特终于在清一色的男子世界——哥廷根大学取得教授称号。不过，那只是一种编外教授，没有正式工资。于是，这位历史上最伟大的女数学家，只能从学生的学费中支取一点点薪金，来维持极其简朴的生活。希特勒上台后，德国法西斯对犹太人的迫害愈演愈烈。1929年，诺特被撵出居住的公寓。1933年4月，法西斯当局剥夺了诺特教书的权利，将一批犹太人教授逐出校园，诺特只好辗转逃往美国。尽管她是世界知名的数学家，但由于是女性，诺特没有获得大型研究院校的聘约。最后，她在一家名为布林莫尔（Bryn Mawr）的女校以访问学者的身份任教。1935 年，诺特做了卵巢囊肿摘除手术，4 月 14 日不幸去世，终年 53 岁。

诺特善于通过透彻的洞察建立优雅的抽象概念，再将之漂亮地形式化。被帕维尔·亚历山德罗夫、爱因斯坦、迪厄多内、外尔和维纳形容为数学史上最重要的女性。她彻底改变了环、域和代数的理论。在物理学方面，诺特定理解释了对称性和守恒定律之间的根本联系，她还被称为“现代数学之母”，她允许学者们无条件地使用她的工作成果，也因此被人们尊称为“当代数学文章的合著者”[30]。

3.3.1　环的定义

群是定义了一种运算的系统（集合与乘法运算），而环（ring）是定义了两种运算的系统。给定元素 a，b，…的集合 R，并在之上定义加法 $a+b$ 和乘法 ab，它们的结果也都属于这个集合。其中加法和乘法满足下面的规律。

（1）加法的规律

- 结合律：$a+(b+c)=(a+b)+c$
- 交换律：$a+b=b+a$
- 存在唯一的单位元，任何元素都有唯一逆元。

（2）乘法的规律

- 结合律：$a(bc)=(ab)c$

（3）分配律

- $a(b+c)=ab+ac$
- $(b+c)a=ba+ca$

可以看出加法系统构成一个群，并且由于满足交换律，所以是一个阿贝尔加群。而乘法只是封闭的满足结合律的半群。

显然，全体整数对于普通加法和乘法构成一个环。另外多项式和矩阵对于加法和乘法也构成一个环。在环的定义中，我们只要求加法满足交换律，构成阿贝尔群。而对乘法没有要求。如果乘法也满足交换律，我们称这样的环为**交换环**。在一个交换环里，对于正整数 n 和任何两个元都有

$$a^n b^n = (ab)^n$$

在环的定义中，我们也没有要求环中的乘法一定要有单位元。如果 R 中存在一个元素 e，使得对任何元素都有

$$ea = ae = a$$

则称 e 为环的单位元。一般来说，一个环未必有单位元[1]。习惯上我们常用 1 来代表乘法

[1] 现代学者更多使用包含乘法单位元的环定义，因为这样可以涵盖更为丰富有趣的代数结构。而用符号 rng 来表示不含乘法单位元的环。

单位元（unity），用0代表加法单位元。当然它们只是符号，并不是数字0、1。有了单位元，自然也可以规定逆元。如果 $ab=ba=1$，我们称 b 是 a 的逆元。从群的性质我们可以推知，如果一个环有单位元，这个单位元必然是唯一的。如果一个元素有逆元，这个逆元也必然是唯一的。但是并非任何元素都逆元，例如整数环有单位元，但除了±1外，其他整数都没有逆元。在环中，我们称有逆元的元素为可逆元（unit）。

由于环上有分配律，所以我们有

$$(a-a)a=a(a-a)=aa-aa=0$$

因此

$$0a=a0=0$$

也就是说，环中两个元 a、b 之中，如果有一个是0，则 $ab=0$。但是这一结论的逆命题却不成立。也就是说，由 $ab=0$，并不能推知 a 或 b 中存在一个0。我们来看一个反例。考虑模 n 的剩余类，其中加法是模 n 的加法 $[a]+[b]=[a+b]$，即相加后对 n 取模，其构成一个交换加群。模 n 的乘法定义为 $[a][b]=[ab]$，即相乘后对 n 取模。容易验证这构成一个环，称为模 n 的剩余类环。

如果 n 不是素数，例如10，我们发现两个非0元素 $[5][2]=[5\times2]=[0]$。事实上，把 n 分解成两个因子，其模乘的结果必然是零。

在一个环里，如果 $a\neq0$，$b\neq0$，但却有 $ab=0$，我们说 a 是环的一个**左零因子**，b 是环的一个**右零因子**。如果环是交换环，那么一个左零因子同时也是右零因子。当然，一个环可能没有零因子，例如整数环。只有在没有零因子的环里，我们才能从 $ab=0$ 推知 a 或 b 等于0。并且我们有如下定理。

定理 3.18　一个没有零因子的环里，以下两个消去律都成立：

- 若 $a\neq0$，$ab=ac$，则 $b=c$
- 若 $a\neq0$，$ba=ca$，则 $b=c$

反之，如果一个环里任一个消去律成立，则另一个也必然成立，并且环中没有零因子。

这样，我们认识了一个环的三种附加条件：一是乘法满足交换律；二是单位元存在；三是不存在零因子。同时满足这三个附加条件的环有一个特殊名称叫作**整环**（integral domain）。整数环显然是一个整环。

有些情况下，环的条件太强了。我们并不需要加法一定存在逆元（即加法取反，additive inverse）。如果放宽条件，我们就得到**半环**这种代数结构。

定义 3.9　一个集合 R，以及其上定义的某种加法和乘法称作半环，如果它满足以下条件：

- R 上的加法构成一个交换幺半群，并且存在一个称为0的单位元；
- R 上的乘法构成了一个幺半群，并且存在一个称为1的单位元；
- 满足分配律，任意 a，b，c 都有

$$a(b+c)=ab+ac$$
$$(b+c)a=ba+ca$$

- 0元乘以任何元都得0，即 $a0=0a=0$。

自然数 N 就是半环的典型例子，布尔运算是一个只有两个元素的半环。

练习 3.10

1. 证明本节的定理，在一个没有零因子的环里，两个消去律成立。
2. 证明所有形如 $a+b\sqrt{2}$，其中 a，b 是整数的实数对于普通加法和乘法构成一个整环。

3.3.2　除环和域

我们知道一个环里不一定所有的元素都有逆元。如果某个环中所有的非零元素都有逆元，就构成一种特殊的环。例如全体有理数对于普通加法和乘法来说显然是一个环，这个环中任意不等于零的元 a 都有逆元 $\frac{1}{a}$。

定义 3.10　一个环 R 如果满足以下条件，则叫作**除环**：

- R 至少包含一个不等于零的元；
- R 有一个单位元 1；
- R 的每个不等于零的元都有一个逆元。

定义 3.11　一个交换除环叫作一个**域**。

按照这一定义，全体有理数构成一个域。同样，全体实数或者全体复数的集合对于普通加法和乘法也各自构成一个域[⊖]。除环和域有一些有趣的性质。一个除环没有零因子。这是因为，如果 $a \neq 0$，并且 $ab=0$。我们在两边左乘 a 的逆元：

$$a^{-1}ab = b = 0$$

这样必然有 b 等于零，所以除环不含有零因子。一个除环中的所有非零元，对于乘法构成一个群 $R*$，我们称 $R*$ 叫作除环 R 的乘群。这样一个除环是由两个群：加群与乘群组合而成的；分配率好像是一座桥梁，使得两个群发生联系。到目前为止，我们介绍过的环、半环、整环、除环和域的关系总结如图 3.29 所示。

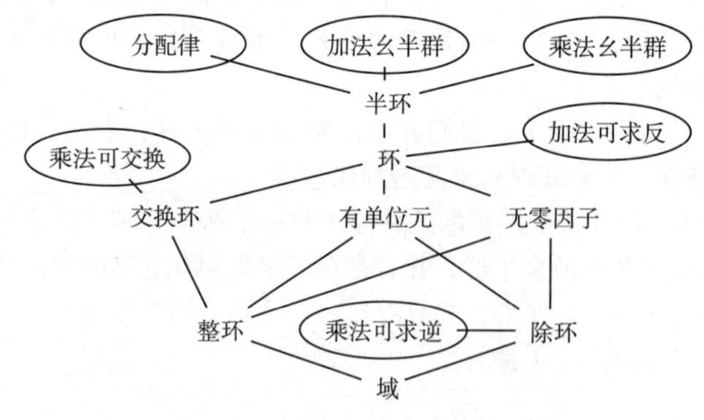

图 3.29　环、半环、整环、除环和域的关系

⊖　我们在第 6 章会看到，有理数域是可数的，而实数、复数域是不可数的。

还有一些重要的概念，如子环、理想、主理想环与欧几里得环限于篇幅我们不在这里介绍了。

3.4　伽罗瓦理论

我们分别介绍了域和群，而伽罗瓦理论像是一座桥梁把它们连接到了一起。域里面有加减乘除四种运算和无穷多个元素，是很复杂的对象。而伽罗瓦理论可以把域中的一些问题化简到只有一种运算的有限群里去，整个伽罗瓦理论的核心思想就是这一点。

伽罗瓦理论无疑是相当艰深难懂的。今天我们读到的伽罗瓦理论经过不下二十位大师的发展和处理，不再模糊费解。其中最主要的贡献当属若当、戴德金和阿廷。若当和戴德金分别在法国和德国最早系统地整理伽罗瓦理论。今天使用的伽罗瓦群的定义是由戴德金给出的。阿廷使得伽罗瓦理论取得了现代的形式[31]。为了在这么短的一个章节介绍伽罗瓦理论，我采用了对初学者比较容易理解的一种解释[36]。对于一般的读者，可能仍然无法一遍就弄懂它。开卷有益，生活不是线性发展的。建议大家不断回过头去重温此前介绍的一些概念，并阅读那些名著。每次也许有不同的体会，让我们一起享受那种一览众山小的感觉。

3.4.1　扩域

根据域的定义，我们知道全体有理数构成一个域，记作 Q。我们现在考虑所有形如 $a+b\sqrt{2}$ 的数组成的集合，其中 a，b 都是有理数[33]。显然有理数是这一集合的子集（只要让 $b=0$ 即可）。容易验证，任何两个这样的数做加、减、乘法都仍然可以写成 $a+b\sqrt{2}$ 的形式。除法稍微难些。观察 $x=\dfrac{1}{a+b\sqrt{2}}$，我们可以将分子分母同时乘以 $a-b\sqrt{2}$，这样就有

$$
\begin{aligned}
x &= \frac{a-b\sqrt{2}}{(a+b\sqrt{2})(a-b\sqrt{2})} \\
&= \frac{a-b\sqrt{2}}{a^2-2b^2}
\end{aligned}
$$

令 $p=a^2-2b^2$，这样 x 就可以表示成 $(a/p)-(b/p)\sqrt{2}$。这样除法也就验证了。的的确确这一集合构成一个域，我们将其记为 $Q[\sqrt{2}]$。同理 $Q[\sqrt{3}]$ 也是一个域，这就引出了扩域的概念。

定义 3.12　如果域 E 包含域 F，我们称 E 是 F 的**扩域**，记作 $F\subseteq E$ 或者 E/F。

例如实数域就是有理数域的扩域，$Q[\sqrt{2}]$ 是有理数域 Q 的扩域。一般来说，如果 F 是一个域，$\alpha\in F$，但是 $\sqrt{\alpha}\notin F$，则 $F_1=F[\sqrt{\alpha}]$ 仍是一个域。这样，我们就可以重复使用这个方法不断扩张。若 $\beta\in F_1$，但 $\sqrt{\beta}\notin F_1$，则

$$
\begin{aligned}
F_2 &= F_1[\sqrt{\beta}] \\
&= F[\sqrt{\alpha}][\sqrt{\beta}] \\
&= F[\sqrt{\alpha},\sqrt{\beta}]
\end{aligned}
$$

即所有形如 $a+b\sqrt{\beta}$ 的数，其中 a，$b \in F_1$ 的数构成了更高层次的扩域。这样我们就可以从有理数域开始，得到一个扩域系列：$Q \subset F_1 \subset F_2 \cdots \subset F_n$。

扩域有何意义呢？举个例子，方程 $x^2-2=0$ 在有理数域上无解，但是它在有理数域的扩域 $Q[\sqrt{2}]$ 上有一对解（$x=\pm\sqrt{2}$）。我们进一步再看一个例子，方程 $x^4-5x^2+6=0$ 在有理数域上无解，在扩域 $Q[\sqrt{2}]$ 上有两个解 $\pm\sqrt{2}$，在扩域 $Q[\sqrt{2}, \sqrt{3}]$ 上有全部四个解 $\pm\sqrt{2}$，$\pm\sqrt{3}$。于是就自然引出了根域的重要概念。

定义 3.13　包含方程 $p(x)=0$ 全部根的最小扩域叫作 $p(x)$ 的**分裂域**，也称为根域。

这样方程 $x^2-2=0$ 的分裂域就是 $Q[\sqrt{2}]$。为什么叫作“分裂”呢？多项式 x^2-2 在有理数域 Q 上是不可约的，但是在扩域 $Q[\sqrt{2}]$ 上可以“分裂”成

$$
(x+\sqrt{2})(x-\sqrt{2})
$$

对于某一多项式方程，如果我们能够从基本域有理数域开始，通过一系列上述的扩域，最终到达分裂域，那么自然这个方程是可以用根式解的。

我们给出了平方根的例子，显然还有更加复杂的情况。例如此前介绍的分圆方程 $x^p-1=0$ 含有 p 个根 1，ζ，ζ^2，…，ζ^{p-1}，它们分布在复平面的单位圆上。为了涵盖这些情况，我们需要更加严格地描述扩域。

如果 α 的整数次方等于域 F 中的某个元素 b，也就是说 $\alpha^m=b \in F$，这样 α 就可以写成 b 的根式形式 $\alpha=\sqrt[m]{b}$。为了简化问题，假设每次根式扩域 $F[\alpha_i]$ 中加入的 α_i 都是素数次方根。例如对 $\sqrt[6]{\alpha}$，我们把它拆成 $\sqrt{\alpha}=\beta$ 和 $\sqrt[3]{\beta}$，然后分两次进行根式扩域。还有一个问题需要解决，考虑方程 $x^3-2=0$，仅仅将 $\sqrt[3]{2}$ 加入域中是不够的。方程的另外两个根 $\omega\sqrt[3]{2}$，$\omega^2\sqrt[3]{2}$ 不在扩域 $Q[\sqrt[3]{2}]$ 中。为此我们需要同时加入 $\sqrt[3]{2}$ 和 $\omega=\dfrac{-1+i\sqrt{3}}{2}$，形成扩域 $Q[\sqrt[3]{2}, \omega]$。这样的扩域包含多项式的**所有**根，我们将这样的扩域称为正规扩域。

我们可以逐一用这样的一组根式进行扩域，从而得到 $F[\alpha_1][\alpha_2]\cdots[\alpha_k]$。如果每次扩张所用的 α_i 都是根式，我们称扩域 $F[\alpha_1, \alpha_2, \cdots, \alpha_k]$ 为 F 的根式扩域（radical extension）。设方程的根是 x_1，x_2，…，x_n（注意，这里我们没有说 x_i 一定是根式），如果其分裂域 $E=Q[x_1, x_2, \cdots, x_n]$ 是根式扩域，我们说方程是根式可解的。

练习 3.11

1. 证明 $Q[a, b]=Q[a][b]$，其中 $Q[a, b]$ 是所有由 a，b 组成的表达式，如 $2ab$，$a+a^2b$ 等。

3.4.2　从牛顿、拉格朗日到伽罗瓦

人类理性和认知的进步是共同努力的结果。伽罗瓦理论这颗智慧的明珠不是凭空出现的。沿着它背后的历史脉络，我们能看到一系列的脚步：从韦达、牛顿、范德蒙德、拉格朗日到高斯，最终在伽罗瓦手中结出了灿烂的成果。回溯历史，能让我们更好地理解伽罗瓦是如何形成他的思路的。

1. 对称多项式与牛顿定理

人们熟悉牛顿（见图3.30）那些最伟大的发现，包括微积分、二项式定理、经典力学。他其实在很多领域都取得了惊人的成果。韦达之后，牛顿深入思考了更多的对称多项式，他的结果发表在1707的著作《普遍算数》中。高斯称之为“牛顿定理”。牛顿的性格很难被今天的人们所理解，他迟迟不肯发表自己的发现。如果不是哈雷的鼓动和催促，他根本不愿意出版《自然哲学的数学原理》。牛顿定理也是如此，人们在他23岁（1665年或1666年）时的笔记中发现了这些结果：

图3.30　牛顿（1642—1726）

令三次方程 $x^3+bx^2+cx+d=0$ 的3个根为 r，s，t，等式

$$x^3+bx^2+cx+d=(x-r)(x-s)(x-t)$$

成立，并且

$$\begin{aligned}
r+s+t &= -b\\
r^2+s^2+t^2 &= b^2-2c\\
r^3+s^3+t^3 &= -b^3+3bc-3d\\
rs+st+rt &= c\\
r^2s+s^2t+t^2r+r^2t+t^2s+s^2r &= -bc+3d\\
\cdots &\quad \cdots\\
r^3s^3t^3 &= -d^3
\end{aligned}$$

牛顿列出了19个对称多项式的结果，他还把方程的次数增加到八次 $x^8+px^7+qx^6+rx^5+sx^4+tx^3+vx^2+yx+z=0$ 进行类似的计算。牛顿发现这些对称多项式中，有一些是基本的。推广到 n 次方程的 n 个根：

$$x^n+b_1x^{n-1}+b_2x^{n-2}+\cdots+b_n=(x-r_1)(x-r_2)\cdots(x-r_n)$$

这些基本对称多项式为

$$\begin{aligned}
\sigma_1 &= r_1+r_2+\cdots+r_n &&= -b_1\\
\sigma_2 &= r_1r_2+r_2r_3+\cdots+r_{n-1}r_n &&= b_2\\
\sigma_3 &= r_1r_2r_3+r_1r_2r_4+\cdots+r_{n-2}r_{n-1}r_n &&= -b_3\\
&\cdots\\
\sigma_n &= r_1r_2\cdots r_n &&= (-1)^nb_n
\end{aligned} \tag{3.5}$$

为什么说它们是基本对称多项式呢？因为牛顿发现任何对称多项式都可以变换基本对称多项式的组合。例如，$(a-b)$ 并不是对称的（交换 a，b 值的正负会改变），平方后 $(a-b)^2$ 是对称多项式，它可以变换为

$$\begin{aligned}(a-b)^2 &= (a+b)^2 - 4ab && \text{变成两个对称多项式相减}\\ &= {\sigma_1}^2 - 4\sigma_2 && \text{二次方程基本对称多项式}\end{aligned}$$

定理 3.19　（牛顿定理）任何关于 r_1，r_2，…，r_n 的对称多项式都可用基本对称多项式 σ_1，σ_2，…，σ_n 来表示。

2. 拉格朗日预解式

我们略去了牛顿定理的证明，沿着牛顿对称多项式的思路继续向前迈进的是法国数学家范德蒙德和拉格朗日。他们两个各自进行独立研究。拉格朗日并不了解范德蒙德的工作，但是他解决三次方程的方法本质上和范德蒙德是一致的。拉格朗日的论文长达 220 页，我们只能简单总结一下他的结果（正是伽罗瓦 15 岁时研读并掌握的那篇《关于方程代数解的思考》[⊖]）。首先一般三次方程 $ay^3+by^2+cy+d=0$，可以进行变量替换，令 $y=x-b/3a$，将其转换为 $x^3+px+q=0$ 的形式。如果它的三个根为 r_1，r_2，r_3，拉格朗日把三次本原单位根 $\omega=\dfrac{-1+i\sqrt{3}}{2}$ 也考虑进来。根据分圆方程的结果，我们有 $\omega^3=1$，$1+\omega+\omega^2=0$。拉格朗日引进了一个关键概念——预解式（resolvent），令

$$t = r_1 + \omega r_2 + \omega^2 r_3 \tag{3.6}$$

拉格朗日对三个根进行置换（重新排列），他发现了一个有趣的现象，尽管总共有 6 种置换，但是预解式 t 的立方却只有两个值。1770 年还没有群的概念，我们今天知道，拉格朗日发现的，本质上是在群 S_3 的 6 个置换下，预解式 t^3 只有 2 个值：

$$\begin{cases} {t_1}^3 = (r_1+\omega r_2+\omega^2 r_3)^3 = L^3 & (1)\\ {t_2}^3 = (\omega r_1+\omega^2 r_2+r_3)^3 = (\omega L)^3 = L^3 & (132)\\ {t_3}^3 = (\omega^2 r_1+r_2+\omega r_3)^3 = (\omega^2 L)^3 = L^3 & (123)\end{cases}$$

其中左边是预解式的值，右边是 S_3 中的置换。因为 $\omega^3=1$，以上面第二行为例：$r_3\omega^3=r_3$。可以看出这一组是同时置换 3 个根，对应着不变子群 C_3 中的置换 {(1)，(132)，(123)}：

$$\begin{cases} {t_4}^3 = (r_1+\omega^2 r_2+\omega r_3)^3 = R^3 & (23)\\ {t_5}^3 = (\omega r_1+r_2+\omega^2 r_3)^3 = (\omega R)^3 = R^3 & (12)\\ {t_6}^3 = (\omega^2 r_1+\omega r_2+r_3)^3 = (\omega^2 R)^3 = R^3 & (13)\end{cases}$$

这一组的特点是固定一个根而交换另外两个根，对应着陪集中的置换 {(23)，(12)，(13)}。拉格朗日接着引入了预解式方程：

⊖ 1770 年的论文 *Réflexions sur la résolution algébrique des équations*。

$$(X-t_1)(X-t_2)(X-t_3)(X-t_4)(X-t_5)(X-t_6)=0 \tag{3.7}$$

这个看似复杂的六次方程实际上可以化为二次方程。前三个因式一组，后三个因式一组。其中 $(X-t_1)(X-t_2)(X-t_3)=(X-L)(X-\omega L)(X-\omega^2 L)=X^3-L^3$，同样后三个因式化简为 X^3-R^3，这样预解式方程就变成了 $(X^3-L)(X^3-R)=0$。进一步展开得：

$$X^6-(L^3+R^3)X^3+L^3R^3=0 \tag{3.8}$$

将 X^3 替换为 Y，就变成了二次方程 $Y^2-(L^3+R^3)Y+L^3R^3=0$。预解式的立方和与积能用原方程的系数表示：

$$\begin{cases} L^3+R^3=-27q \\ L^3R^3=-27p^3 \end{cases} \tag{3.9}$$

代入 p，q，解关于 Y 的二次方程就可以求出 L，R 了。回顾方程 $x^3+px+q=0$，由于二次项为0，所以根据韦达定理。我们有 $r_1+r_2+r_3=0$。这样我们可以联立出3个方程：

$$\begin{cases} r_1+\omega r_2+\omega r_3=L \\ r_1+\omega^2 r_2+\omega r_3=R \\ r_1+r_2+r_3=0 \end{cases} \tag{3.10}$$

解方程组就得到了用拉格朗日预解式表达的3个根：

$$\begin{cases} r_1=\dfrac{\omega^2 L+\omega R}{3} \\ r_2=\dfrac{\omega L+\omega^2 R}{3} \\ r_3=\dfrac{L+R}{3} \end{cases} \tag{3.11}$$

再代入求出的 L，R 就解出了三次方程的根。拉格朗日的方法具有重要的启示。以四次方程为例，结合四次单位根±1，±i，定义预解式：

$$t=r_1+ir_2-r_3-ir_4 \tag{3.12}$$

在四阶对称群 S_4 的 $4!=24$ 个置换下，下面预解式方程是不变的：

$$\Phi(X)=(X-t_1)(X-t_2)\cdots(X-t_{24}) \tag{3.13}$$

根据牛顿定理，它的所有系数已知。拉格朗日成功地把这个24次方程简化为三次方程，然后加以解决。然而拉格朗日被五次方程卡住了。此时预解式 $\Phi(X)=(X-r_1)(X-r_2)\cdots(X-r_{120})$ 达到了 $5!=120$ 次。拉格朗日把它转换成了低次的五次方程，但这相当于转了一圈又回到了5次方程的问题。接下来的关键一步需要等到伽罗瓦迈出。

3. 伽罗瓦的遗稿

我们把时光倒转到1832年5月29日深夜，尝试理解这篇沉重的论文。我们略去了证明，通过一些验证性的例子展示伽罗瓦的主要思路。伽罗瓦首先定义了什么是不可约多项式：多项式$f(x)$的系数域[㊀]为F，如果$f(x)$可以在域F内因式分解，称其为可约的，否则叫作不可约多项式。例如x^2+1在有理数域Q内是不可约的，但是在复数域C内可以因式分解为$(x+i)(x-i)$。再例如x^2-2在有理数域Q内是不可约的，但是在扩域$Q[\sqrt{2}]$内可分解为$(x+\sqrt{2})(x-\sqrt{2})$。域F上以某个值为根，最高次系数为1（简称“首1”），并且次数最低的不可约多项式叫作最小多项式。例如x^2-2就是有理数域上，以$\sqrt{2}$为根的最小多项式。伽罗瓦接着定义什么是已知的数，从有理数域开始，通过向其中添加指定的数，并通过有理式（也就是四则运算）得到的数叫作已知的。我们今天知道，这相当于扩域的概念。

伽罗瓦接下来引入了置换群的概念。这是对若干元素重新排列的群。他第一个给出了法文groupe这个词，并且指出两个置换组合起来的结果也是一个置换。在今天看来，伽罗瓦使用的是置换群S_n及其子群。有了置换群，伽罗瓦就可以对方程根组成的有理式进行置换。例如有理式$x_1x_2+x_3$，使用$\sigma=(123)$进行置换后得到：

$$\sigma(x_1x_2+x_3)=x_2x_3+x_1$$

接下来伽罗瓦给出了不可约多项式的性质：

引理3.2 （不可约多项式的性质）设$f(x)$为域F上的多项式，$p(x)$为域F上的不可约多项式。如果$f(x)$和$p(x)$有共同的根，则$f(x)$可以被$p(x)$整除。

我们可以类比这个性质和整数的整除性质：多项式相当于整数，不可约多项式相当于素数。有共同的根相当于含有相同的素因子。例如多项式$f(x)=x^3-1$，在有理数域上$p(x)=x^2+x+1$是不可约多项式。它们两个有共同的根$\omega=\dfrac{-1+i\sqrt{3}}{2}$：

$$\omega^3-1=\omega^2+\omega+1=0$$

$f(x)$的确可以被$p(x)$整除：$x^3-1=(x-1)(x^2+x+1)$。

伽罗瓦接下来的思路，看起来像是拉格朗日预解式的延伸，他定义了“伽罗瓦预解式”。

引理3.3 （伽罗瓦预解式t）设$f(x)$是域F上的多项式，它的根为x_1，x_2，…，x_n。存在根的某个有理式$t=\varphi(x_1, x_2, \cdots, x_n)$，在根的不同排列下取不同的值。

也就是说，置换n个根产生的不同排列，导致各种不同的t值。例如，有理数域上的多项式$f(x)=x^2+1$有两个根$x_1=i$，$x_2=-i$。我们可以找到一个有理式：

$$t=x_1-x_2$$

在S_2的两个置换（1）和（12）下t取不同的值：

$$\begin{cases} t_1=x_1-x_2=2i & \text{对应置换}(1) \\ t_2=x_2-x_1=-2i & \text{对应置换}(12) \end{cases}$$

这两个值不相等。伽罗瓦只是说存在t。他说可以通过根的整系数线性组合构造$t=k_1x_1+$

㊀ 当时还没有域的概念，后来德国数学家戴德金定义了域。

$k_2x_2+\cdots+k_nx_n$，但是没有给出证明。伽罗瓦还排除了重根的情况，因为重根不管怎么排列都是一样的。回忆拉格朗日的方法是用预解式不同的值表达方程的根，伽罗瓦也延续这个思路。

引理3.4 （用伽罗瓦预解式 t 表示根）域 F 上存在有理式 $\varphi_1(x)$，$\varphi_2(x)$，…，$\varphi_n(x)$，使得多项式 $f(x)$ 的根 x_1，x_2，…，x_n 可以用伽罗瓦预解式 t 表示为

$$x_1=\varphi_1(t),x_2=\varphi_2(t),\cdots,x_n=\varphi_n(t)$$

还用上面的例子，$f(x)=x^2+1$ 的两个根是 $x_1=i$，$x_2=-i$，预解式 $t=x_1-x_2=2i$，我们可以找到 $\varphi_1(x)=\dfrac{x}{2}$，$\varphi_2(x)=-\dfrac{x}{2}$，用 t 表示两个根如下：

$$x_1=\frac{t}{2},x_2=-\frac{t}{2}$$

这样伽罗瓦就把方程的根域 $F[x_1, x_2, \cdots, x_n]$ 和扩域 $F[t]$ 联系了起来。置换 n 个根的时候，伽罗瓦预解式 t 会产生不同的值。延续拉格朗日的思路，t 是另外一个预解方程 $f_t(X)=0$ 的某个根（一个方程可能有多个根）。

引理3.5 在域 F 内构造一个以 t 为根的最小多项式 $f_t(X)$，设 $f_t(X)$ 的根为 t_1，t_2，…，t_m，此时

$$\varphi_1(t_k),\varphi_2(t_k),\cdots,\varphi_n(t_k)$$

是原方程 $f(x)=0$ 根的某种排列（$k=1, 2, \cdots, m$）。

注意这里的区别 $f(x)=0$ 是原方程，而 $f_t(X)=0$ 是构造出的方程。其中 $f_t(X)$ 是以 t 为其中一个根的最小多项式。原方程有 n 个根 x_1，…，x_n，预解式方程有 m 个根 t_1，t_2，…，t_m。

$$(X-t_1)(X-t_2)\cdots(X-t_m)=0$$

它们彼此的关系是：$t=\varphi(x_1, \cdots, x_n)$，而 $x_i=\varphi_i(t)$。作为例子，考虑方程 $x^3-x^2-2x+2=0$，它有3个根1，$\pm\sqrt{2}$。

第一步，构造伽罗瓦预解式：$t=\varphi(x_1, x_2, x_3)=x_1+2x_2+4x_3$。它在 S_3 下的取6个不同的值：

置换	$\varphi(x_1,x_2,x_3)$	t
(1,2,3)	$x_1+2x_2+4x_3$	$1-2\sqrt{2}$
(1,3,2)	$x_1+2x_4+4x_2$	$1+2\sqrt{2}$
(2,1,3)	$x_2+2x_1+4x_3$	$2-3\sqrt{2}$
(2,3,1)	$x_2+2x_3+4x_1$	$4-\sqrt{2}$
(3,1,2)	$x_3+2x_1+4x_2$	$2+3\sqrt{2}$
(3,2,1)	$x_3+2x_2+4x_1$	$4+\sqrt{2}$

第二步，取 $t=1-2\sqrt{2}$ 和前三行，可以联立出方程组：

$$\begin{cases} x_1 + 2x_2 + 4x_3 & = 2t \\ x_1 + x_3 + 4x_2 & = 2 - t \\ x_2 + 2x_1 + 4x_3 & = \dfrac{3t+1}{2} \end{cases}$$

解方程组得到用 t 表示的三个根：

$$\begin{cases} x_1 = \varphi_1(t) = 1 \\ x_2 = \varphi_2(t) = \dfrac{1-t}{2} \\ x_3 = \varphi_3(t) = \dfrac{t-1}{2} \end{cases}$$

第三步，构造以 $t=1-2\sqrt{2}$ 为根的最小多项式：$f_t(X)=X^2-2X-7$。它有两个根：$t_{1,2}=1\pm2\sqrt{2}$。代入 $\varphi_1(t)$，$\varphi_2(t)$，$\varphi_3(t)$ 得到根的两个置换：

t_i	$\varphi_1(t_i),\varphi_2(t_i),\varphi_3(t_i)$	S_3 中的置换
t_1	$1,\sqrt{2},-\sqrt{2}$	(1)
t_2	$1,-\sqrt{2},\sqrt{2}$	(23)

我们可以看到拉格朗日思想的影响。但伽罗瓦预解式不是特定构造出的，而是某种“存在性”定义。他的预解式方程也是用最小多项式给出的“存在性”定义。这里有一个和拉格朗日方法的不同点，m 并不一定等于 $n!$。伽罗瓦看出并非 S_n 中的所有置换都是等同的，有些特殊的置换反映了方程的对称性。为此他引入了伽罗瓦群。

定义 3.14　（方程的伽罗瓦群）用域 F 上多项式 $f(x)$ 的根构成有理式 r，如果 r 的值属于域 F，r 就是**已知**的（$r\in F$）。如果对根进行某种置换 σ 时，r 的值不发生改变，则称 r 是**不变**的（$\sigma(r)=r$）。对所有这样的 r，存在满足下面性质的群 G：

有理式 r 的值在群 G 的所有置换下不变⇔有理式 r 的值是已知的。

这个置换群 G 就是方程 $f(x)=0$ 在域 F 上的伽罗瓦群。

这个性质可以用两句话来概括：如果不变则已知，如果已知则不变。[37] 这里有几个关键的概念：首先有理式不是有理数，有理式是对一组变量进行加减乘除的式子，系数都在 F 中。例如 $r=\dfrac{3a^2+2b+1}{a^2-2b}$，系数都在有理数域 Q 中。这组变量取某些特定值时，这个有理式的值对于域 F 来说，可能在 F 中，称为已知的；也可能不在 F 中，称为未知的。例如，令 $a=\sqrt{2}$，$b=-1$，有理式 r 的值等于 $5/4\in Q$，是已知的；但如果令 $a=1$，$b=\sqrt{2}$，则 $r=-\dfrac{12}{7}-\dfrac{10\sqrt{2}}{7}$，对于有理数域 Q 是未知的。但对于扩域 $Q[\sqrt{2}]$ 是已知的。

例如方程 $x^2-2x-1=0$ 的两个根为 $1\pm\sqrt{2}$。方程在有理数域上的伽罗瓦群是 $S_2=\{(1),(12)\}$，包括恒等置换 $e=(1)$ 和对换 (12)。任何有理式在恒等置换下的值不变，所以我们只需要考虑对换（12）。如果有理式 r 对换变量值不变，它一定是对称多项式。根据牛顿定理，可以由基本对称多项式 $x_1x_2=-1$ 和 $x_1+x_2=2$ 表达，因而仍然是有理数，所以是已知的。回顾前面的例子，方程 $x^3-x^2-2x+2=0$ 的伽罗瓦群恰恰就是 $\{(1),(23)\}$，包括恒等置换以及固定第一个根，交换后两个根 $\pm\sqrt{2}$ 的置换。它是 S_3 的一个子群。

练习 3.12

1. 推导式（3.9）给出的拉格朗日预解式和原方程系数间的关系。提示：考虑 $(L+R)(L+\omega R)(L+\omega^2 R)$。

2. 验证方程 $x^3-x^2-2x+2=0$ 的伽罗瓦群是 $\{(1),(23)\}$。提示：验证“已知则不变，不变则已知”。

3.4.3 自同构和伽罗瓦群

1938 年，德国数学家埃米尔·阿廷（见图 3.31）对伽罗瓦的思想重新整理，他给出了伽罗瓦群的现代形式。对比阿廷的定义和伽罗瓦最初的定义，我们看出伽罗瓦的思想是如何一步一步走向清晰、简洁、成熟的。例如方程 $x^2-2=0$ 有一对根 $\pm\sqrt{2}$。显然用 $-\sqrt{2}$ 去代替 $\sqrt{2}$，方程仍然成立。除此之外，将等式 $\sqrt{2}^2+\sqrt{2}+1=3+\sqrt{2}$ 中的 $\sqrt{2}$ 替换成 $-\sqrt{2}$ 也是成立的。也就是说，这对根 $\pm\sqrt{2}$，对于关系 $\alpha^2+\alpha+1=3+\alpha$ 是对称的。进一步说，对于任何仅仅对 $\sqrt{2}$ 进行乘法和加法的方程，这对根都可以进行互换。今天我们知道，描述对称的有力武器是群。这就是伽罗瓦当初引入置换群来研究方程的原因。阿廷看出了伽罗瓦群和域上的自同构的关系。考虑扩域 $Q[\sqrt{2}]$，如果定义一个从 $Q[\sqrt{2}]$ 到它自身的函数 f: $Q[\sqrt{2}] \to Q[\sqrt{2}]$。它将 $\sqrt{2}$ 的符号反转：

图 3.31 埃米尔·阿廷（1898—1962）

$$f(a+b\sqrt{2})=a-b\sqrt{2}$$

则 f 就是一个域上的自同构。

定义 3.15 域的自同构是一个可逆函数 f，它将域映射到自身，并满足 $f(x+y)=f(x)+f(y)$，$f(ax)=f(a)f(x)$，$f(1/x)=1/f(x)$。

我们可以验证，前面那个例子 $f(a+b\sqrt{2})=a-b\sqrt{2}$ 满足这三个条件。并且有趣的是反转正负号等效于置换方程的一对根 $x_{1,2}=\pm\sqrt{2}$。域的自同构背后的思想是，我们可以重新调换域中的元素，而完全不影响域的结构。

定义 3.16 （F-自同构）进一步，如果 E 是 F 的扩域，并且在域 E 的自同构 f 的基础上还满足一条额外的性质：对 F 中的任何元素 x 都有 $f(x)=x$，则称为 E 上的 F-自同构。

这样就非常精确地定义了根的对称性。F-自同构对 F 中的所有元素都原样保持不动，而仅仅调换扩域 E 中的新元素。这个定义恰恰是伽罗瓦“如果已知则不变，如果不变则已知”的完美解释：元素是已知的，即 $x\in F$，当且仅当在自同构下不变，即 $f(x)=x$。对域中的元素进行调换恰好是置换的思想，置换后保持不变恰好是对称的概念。对于 $Q[\sqrt{2}]$ 这个例子，只有两个 Q-自同构：一个是恒等变换 $e(x)=x$，另外一个就是 $f(a+b\sqrt{2})=a-b\sqrt{2}$。它们组成一个群 $\{e, f\}$。这个群同构于循环群 C_2 和对称群 S_2。它可以写成 $\{f, f^2\}$，这是因为 $f^2=f \cdot f=e$。也可写成置换群的形式 $\{(1), (1\ 2)\}$，其中（1）是保持两个根不变，（1 2）是对调两个根。

我们再给一个例子，方程 $x^4-5x^2+6=0$ 的分裂域是 $Q[\sqrt{2}, \sqrt{3}]$。我们有调换 $\pm\sqrt{2}$ 的自同构 f，也可以定义一个调换 $\pm\sqrt{3}$ 的自同构 $g(a+b\sqrt{3})=a-b\sqrt{3}$。但是不存在能够调换 $\sqrt{2}$ 和 $\sqrt{3}$ 的 Q-自同构。否则假设存在 $h(\sqrt{2})=\sqrt{3}$，则 $h(\sqrt{2})^2=h(\sqrt{2}^2)=h(2)=2$。这是因为 h 保持乘法结构并且根据自同构的定义，对于有理数 x 有 $h(x)=x$。但同时既然 $h(\sqrt{2})=\sqrt{3}$，则 $h(\sqrt{2})^2=\sqrt{3}^2=3$。于是推出 $2=3$ 这样的矛盾。这说明并非 S_4 中的所有置换都反映了方程的对称性。这个方程的自同构有 4 个：$\{e, f, g, f \cdot g\}$，分别对应着恒等置换，对换 $\pm\sqrt{2}$ 的 f，对换 $\pm\sqrt{3}$ 的 g，同时调换两对根的复合置换 $f \cdot g$。它们构成一个群。

至此，我们已经把扩域和自同构联系了起来。把所有的自同构做成一个集合，这些自同构间的二元运算是复合变换，恒等变换是单位元，阿廷指出，这个群就是伽罗瓦群。

定义 3.17　（伽罗瓦群的现代定义）对于 F 的扩域 E，我们有一组 E 的 F-自同构的集合 G。对任意 G 中的两个 F-自同构 f，g，定义二元运算 $(f \cdot g)(x)=f(g(x))$。我们称 G 为扩域 E/F 的伽罗瓦群，记为 $\mathrm{Gal}(E/F)$。

通过根的对称性来研究方程是伽罗瓦思想中最优美的部分。现在我们终于可以利用自同构来精确定义对称了。所谓对称，就是组元的构形在其自同构变换群作用下所具有的不变性。

练习 3.13

1. 试证明：对于有理数系数的任何多项式 $p(x)$，若 E/Q 是扩域，f 是 E 上的 Q-自同构，则有 $f(p(x))=p(f(x))$。
2. 考虑复数，多项式 $p(x)=x^4-1$ 的分裂域是什么？它的 Q-自同构中有哪些变换？
3. 尝试写出二次方程 $x^2-bx+c=0$ 的伽罗瓦群。
4. 证明，如果 p 是素数，则方程 x^p-1 的伽罗瓦群是 $p-1$ 阶的循环群 C_{p-1}。
5. 若 α 是方程 x^3+x^2-4x+1 的根，验证 $2-2\alpha-\alpha^2$ 也是方程的根。方程在有理数域上的伽罗瓦群是什么？

3.4.4 伽罗瓦基本定理

现在我们进入伽罗瓦理论的核心部分。从方程系数所在的域 F 开始，我们可以进行一系列扩域，一直到达分裂域 $F \subset F_1 \subset F_2 \cdots \subset E$。对应的伽罗瓦群为 $\mathrm{Gal}(E/F)$。伽罗瓦发现，这个群的所有子群和这些中间域 F_1，F_2，…之间存在着反序的一一对应。

定理 3.20　（伽罗瓦基本定理）令 E/F 为正规扩域，G 是对应的伽罗瓦群。这个群的子群和中间域之间存在一一对应。若 $F \subset L \subset E$，有 $\mathrm{Gal}(E/L)=H$，则 H 是 $\mathrm{Gal}(E/F)$ 的子群。

之所以说是反序，是因为随着域的扩张，对应的群是缩小的。扩张的起点是域 F，此时对应的群是完整的伽罗瓦群 $G=\mathrm{Gal}(E/F)$；扩张的终点是分裂域 E，此时的群只有一个元素，就

是恒等变换 $\{e\}$。扩张的中间域 L，对应的群是 $H=\mathrm{Gal}(E/L)$，它是子群，有 $\mathrm{Gal}(E/L)\subset\mathrm{Gal}(E/F)$。并且如果 H 是正规子群，则它的商群 $G/H=\mathrm{Gal}(L/F)$。

例如方程 $x^4-8x^2+15=0$，它可以表示成 $(x^2-3)(x^2-5)=0$。它的系数域是有理数域 Q，方程的分裂域是 $E=Q[\sqrt{3},\sqrt{5}]$。它的伽罗瓦群 $\mathrm{Gal}(E/Q)$ 的阶是4，同构于一个4阶群，该群称为克莱因四元群，通常记为 V 或 K_4。可以找到3个中间扩域分别是 $Q[\sqrt{3}]$，$Q[\sqrt{5}]$ 和 $Q[\sqrt{15}]$，这3个中间扩域对应的子群的阶都是2。而方程的伽罗瓦群，也就是克莱因四元群有3个二阶子群。除此之外，它不再有其他非平凡子群了。根据伽罗瓦基本定理，我们知道，除了那3个中间扩域之外，再也没有其他中间扩域了。换个角度看，分裂域上的任何元素都可以表示为 $\alpha=a+b\sqrt{3}+c\sqrt{5}+d\sqrt{15}$，其中 a，b，c，d 是有理数；对于3个中间扩域上的任何元素，b，c，d 中至少有两个为0。

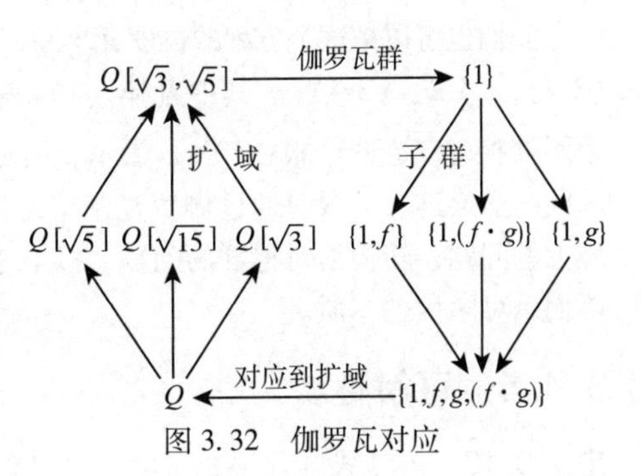

图3.32 伽罗瓦对应

如图3.32所示，分裂域上的任意元可以写成如下形式：

$$\begin{aligned}\alpha &= (a+b\sqrt{3})+(c+d\sqrt{3})\sqrt{5}\\ &= a+b\sqrt{3}+c\sqrt{5}+d\sqrt{15}\end{aligned}$$

其中 a，b，c，d 都是有理数。我们定义如下自同构：

变换 f 将$\sqrt{3}$反号

$$\begin{aligned}f((a+b\sqrt{3})+(c+d\sqrt{3})\sqrt{5}) &= (a-b\sqrt{3})+(c-d\sqrt{3})\sqrt{5}\\ &= a-b\sqrt{3}+c\sqrt{5}-d\sqrt{15}\end{aligned}$$

变换 g 将$\sqrt{5}$反号

$$\begin{aligned}g((a+b\sqrt{3})+(c+d\sqrt{3})\sqrt{5}) &= (a+b\sqrt{3})-(c+d\sqrt{3})\sqrt{5}\\ &= a+b\sqrt{3}-c\sqrt{5}-d\sqrt{15}\end{aligned}$$

复合变换 $f\cdot g$ 同时将$\sqrt{3}$和$\sqrt{5}$反号

$$\begin{aligned}(f\cdot g)((a+b\sqrt{3})+(c+d\sqrt{3})\sqrt{5} &= (a-b\sqrt{3})-(c-d\sqrt{3})\sqrt{5}\\ &= a-b\sqrt{3}-c\sqrt{5}+d\sqrt{15}\end{aligned}$$

再加上恒等变换1，基本域 Q 上的伽罗瓦群一共有4个元素：$G=\{1,f,g,(f\cdot g)\}$。这个群同构于克莱因群 V（见图3.33），而 V 相当于是两个循环群 C_2 的积。它共有5个子群，每个都对应着一个扩域：

- 只含有单位元 $\{1\}$ 的子群，对应于分裂域 $Q[\sqrt{3},\sqrt{5}]$；
- G 自身，对应于有理数域 Q；

- 二阶子群 $\{1, f\}$，对应于扩域 $Q[\sqrt{5}]$，f 只反转 $\sqrt{3}$ 而固定 $\sqrt{5}$ 不变；
- 二阶子群 $\{1, g\}$，对应于扩域 $Q[\sqrt{3}]$，g 只反转 $\sqrt{5}$ 而固定 $\sqrt{3}$ 不变；
- 二阶子群 $\{1, (f \cdot g)\}$，对应于扩域 $Q[\sqrt{15}]$，$(f \cdot g)$ 同时反转 $\sqrt{5}$ 和 $\sqrt{3}$，而固定 $\sqrt{15}$ 不变。

我们也可以把这个方程的伽罗瓦群写成置换群的形式：{(1)，(1 2)，(3 4)，(1 2)(3 4)}。其中置换 (1) 表示保持4个根都不变；(1 2) 表示交换 $\pm\sqrt{3}$ 这两个根；(3 4) 表示交换 $\pm\sqrt{5}$ 这两个根；(1 2)(3 4) 表示同时交换这两对根。通过伽罗瓦基本定理，我们已经成功地将方程在域上的问题，转换为对称群的问题。接下来要做的就是最后一击，通过群揭示可解性的本质。

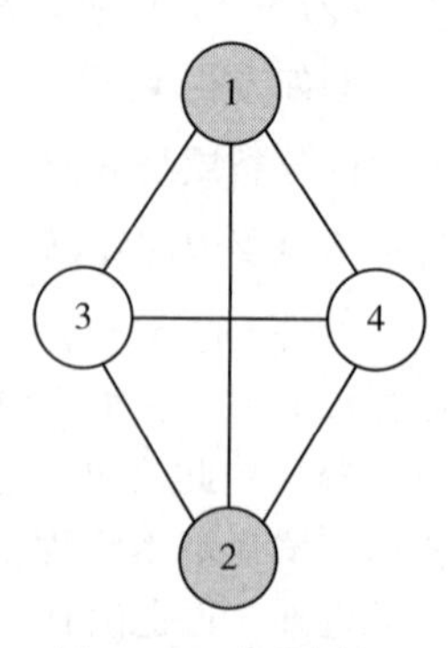

图 3.33　克莱因四元群的对称性[⊖]

3.4.5　可解性

定义 3.18　多项式方程根式可解，当且仅当它的根域 E 是基本域 F 的根式扩域。

我们可以从基本域 $F=Q$ 开始，不断通过根式扩域加入前一个域中某个元素的素数次方根或者本原单位根，最终可以到达方程的根域 $E=F[\alpha_1, \cdots, \alpha_k]$。这样就可以形成域的“根式塔”：

$$F = F_0 \subseteq F_1 \subseteq F_2 \subseteq \cdots \subseteq F_k = E$$

其中每个 $F_i=F_{i-1}[\alpha_i]$，而 α_i 是 F_{i-1} 中某个元素的素数次方根或本原单位根。通过伽罗瓦对应，根式扩域的结构就和群的结构联系起来了，和这一系列不断扩大的域塔对应的，是一系列缩小的子群塔：

$$\mathrm{Gal}(F_k/F_0) = G_0 \rhd G_1 \rhd \cdots \rhd G_k = \mathrm{Gal}(F_k/F_k) = \{e\}$$

其中，每一个群都是上一个的正规子群，每一步从 G_{i-1} 前进到它的子群 G_i，都反映了向域 F 中扩张某个 α_i。伽罗瓦看出了根式扩域和伽罗瓦群缩小之间的规律。伽罗瓦每次向域中加入的是最小多项式 $f_t(X)$ 的全部 p 个根，其中 p 为素数。正规扩域后对应的伽罗瓦群 H 将原来的群划分为 p 个陪集：

$$G = \sigma_1 H + \sigma_2 H + \cdots + \sigma_p H$$

其中 H 为不变子群，而这些陪集组成的商群 G/H 的阶等于素数 p。从拉格朗日定理的推论 3.2 可知素数阶群 p 一定是循环群，而循环群一定是阿贝尔群（可交换的，见练习 3.7），因此根式扩域时，伽罗瓦群缩小后产生的商群是阿贝尔群。

定义 3.19　（可解群）G 是一个有限群，如果存在一个 G 的子群列

$$G = G_0 \rhd G_1 \rhd \cdots \rhd G_k = \{e\}$$

⊖　左右翻转，上下翻转，或者同时上下左右翻转都是对称的。

使得每个商群 G_i/G_{i+1} 都是阿贝尔群（可交换），则称 G 是一个可解群，上述群列为一个可解群列。

从定义可以直接得出，可解群列中的任何子群都是可解群。另外任何阿贝尔群都有 $G \triangleright \{e\}$，所有阿贝尔群都是可解群。

伽罗瓦应用他的理论揭示出了多项式方程根式可解的答案：

定理 3.21 多项式方程根式可解，当且仅当它的伽罗瓦群是可解群。

对于一般三次方程，3 个根的全部置换构成群 S_3，它有一个正规子群 C_3，C_3 是单群，只有一个子群 $\{e\}$。参考图 3.33，我们有群列：

$$S_3 \triangleright C_3 \triangleright \{e\}$$

对应商群的阶：$S_3/C_3=2$，$C_3/\{e\}=3$ 都是素数，是可解群列。因此一般三次方程可解。

对于一般四次方程，4 个根的全部置换构成群 S_4，有 24 个元素。它有一个正规子群，是交错群 A_4，有 12 个元素，如图 3.34 所示。接下来的正规子群是克莱因群 V，有 4 个元素；而它又有正规子群 C_2（同构于 S_2），这是一个单群，只有一个子群 $\{e\}$。我们有群列：

$$S_4 \triangleright A_4 \triangleright V \triangleright C_2 \triangleright \{e\}$$

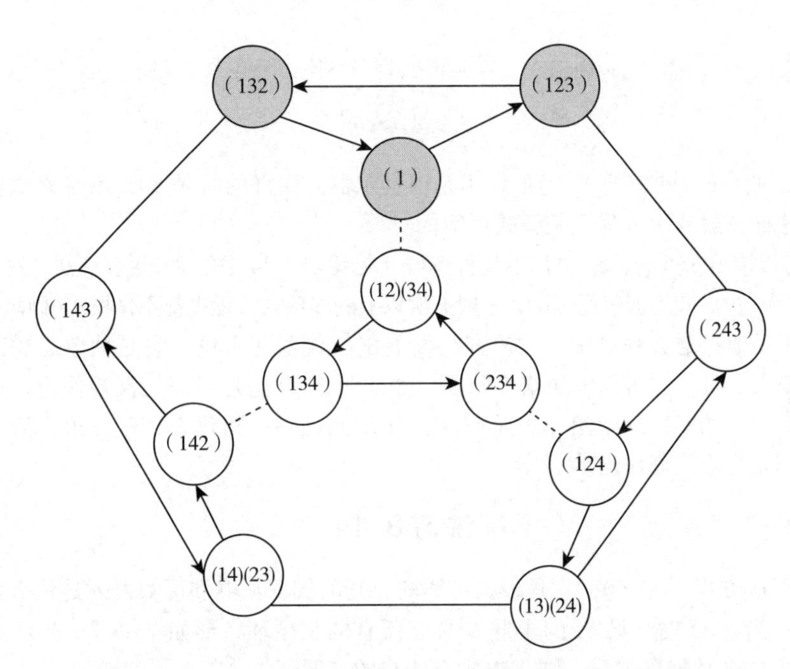

图 3.34 交错群 A_4 的形状像一个三棱锥被截去了 3 个顶角

对应商群的阶分别是 2、3、2、2，都是素数，是可解群列。因此一般四次方程可解。

从伽罗瓦理论可以直接推出阿贝尔-鲁菲尼定理：一般五次方程根式不可解。5 个根的全部置换构成对称群 S_5，有 120 个元素，它唯一的正规子群是交错群 A_5，有 60 个元素，如图 3.35 所示。但是 A_5 是一个单群，它唯一的正规子群是 $\{e\}$。我们有群列：

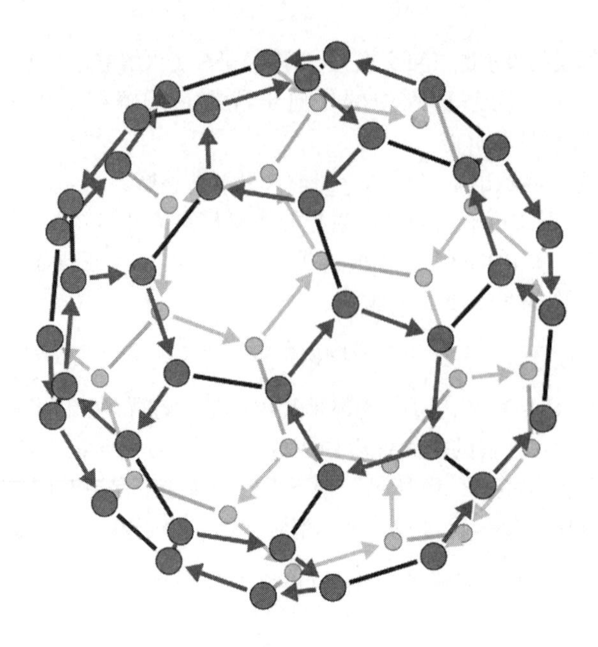

图 3.35　交错群 A_5 的形状像一个足球

$$S_5 \rhd A_5 \rhd \{e\}$$

但是商群 $A_5/\{e\}$ 同构于 A_5，而 A_5 不是阿贝尔群。商群的阶是 60，不是素数。因此它不是可解群。这样一般五次方程不是根式可解的。

我们还可以推出 $n>5$ 时，S_n 也都不是可解群（见练习 3.14 中的 2，用反证法，这会导致 $\{e\}$ 包含三循环的矛盾）。应用伽罗瓦理论，一般五次以上的多项式方程也都不是根式可解的。

伽罗瓦正是通过对方程对称性的研究，发展出了伽罗瓦理论。它是抽象思想的明珠，是理性思维的强大工具。它可以解决很多问题，如证明正 17 边形可以用尺规作出，这是高斯年轻时发现的结论。伽罗瓦理论给出古希腊三大作图问题——圆化方、三分角、倍立方的否定答案，它们都无法用尺规作出。

练习 3.14

1. 考虑五次方程 $x^5-1=0$，它是根式可解的。它的伽罗瓦群和可解群列是什么？

2. 证明：当 $n \geqslant 5$ 时，设 S_n 的子群 G 含有所有的三循环，形如 (abc)，N 是 G 的一个正规子群，商群 G/N 是阿贝尔群。则 N 也含有所有的三循环。

3.5　附录：伽罗瓦群

伽罗瓦在他的论文中列出了一般四次方程伽罗瓦群缩小的群列。他当时还没有凯莱图这样的工具，于是用 $abcd$ 代表方程的 4 个根，通过它们的置换表达了自己的思想。

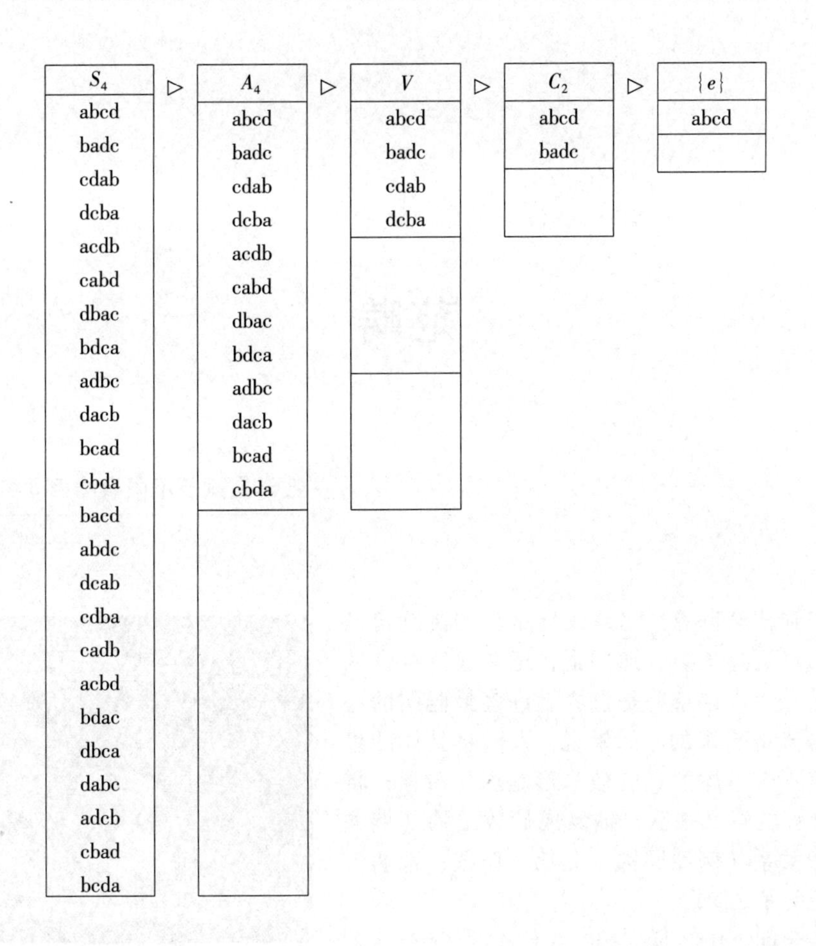
S_4
abcd
badc
cdab
dcba
acdb
cabd
dbac
bdca
adbc
dacb
bcad
cbda
bacd
abdc
dcab
cdba
cadb
acbd
bdac
dbca
dabc
adcb
cbad
bcda
▷
A_4
abcd
badc
cdab
dcba
acdb
cabd
dbac
bdca
adbc
dacb
bcad
cbda
▷
V
abcd
badc
cdab
dcba
▷
C_2
abcd
badc
▷
$\{e\}$
abcd

CHAPTER4

第4章

范畴

数学是赋予不同事物相同名字的艺术。

——昂利·庞加莱

欢迎来到范畴世界！我建议你小小的奖励自己一下。你已经迈过了第一道门槛，正在通往神奇的抽象王国之路上。这条路是世界上许多最聪明的心智披荆斩棘开辟出来的。如果说，人们将具体的事物，抽象成不带具体意义的数与形是原始阶段；将数、形与计算的意义去除，抽象成代数结构（例如群）和代数关系（例如同构）是第一阶段；范畴可以算是抽象的第二阶段。

图 4.1　艾舍尔《露珠》

你也许会问，什么是范畴？为什么要了解范畴？这和编程有什么关系？范畴是数学家在 1940 年研究同调代数时的“副产品”——顺手发展出的理论。最近十几年，范畴论由于其强大的抽象，几乎普适于任何问题，正向各种各样的领域渗透。不要说各大编程语言纷纷引入 lambda 演算和闭包等结构，有超过 20 种语言已经实现了单子（Monad）[39] ——用范畴的语言说，叫作“自函子范畴上的幺半群”。许多基本的计算逐渐使用范畴的语言进行抽象㊀。

更重要的是：我们需要抽象。赫尔曼·外尔说现代数学在过去几十年不断沉湎在抽象和形式化上。编程领域何尝不是如此呢？现代计算机科学解决的问题空前复杂：大数据量、分布式、高并发，还要保证数据和计算的安全。仅仅靠着前几十年的传统方法——暴力求解、

㊀ 例如，传统的右侧叠加定义：

```
foldr _ z [] = z
foldr f z (x: xs) = f x (foldr f z xs)
```

用范畴语言抽象为：`foldr f z t = appEndo (foldMap (Endo . f) t) z`，详见本章结尾部分。

务实的工程实践再加上一点聪明的头脑已经不够了。这逼迫着我们去吸取其他科学和数学中的新方法和新工具。正如迪厄多内所说：“这种抽象绝不是来自数学家的反常意愿，似乎他们想通过使用深奥莫测的语言来把自己与其他人隔开。数学家是被经典对象和关系的本质特性逼着去锻造新的抽象工具，来解决过去看来是不可攻克的问题。”[38]

范畴论是数学家艾伦伯格和麦克兰恩在 1940 年创立的。

塞缪尔·艾伦伯格（见图 4.2）于 1913 年出生于波兰华沙的一个犹太人家庭，父亲是一个酿酒师。他在华沙大学接受了高等教育。当时的华沙大学云集了一批波兰的大数学家，并在点集拓扑学上取得了世界瞩目的成就。他于 1936 年在华沙大学获得博士学位。在波兰的第二大数学学术中心利沃夫，艾伦伯格结识了著名数学家巴拿赫，并加入了当时的数学家团体“苏格兰咖啡”。艾伦伯格和这些数学家们经常聚集在利沃夫市的一家苏格兰咖啡馆，边品尝咖啡边讨论那些没有解决的数学问题。这些问题后来被整理成了一本书，名叫《苏格兰问题集》（Scottish Book）。1939 年，欧洲的局势已经极其紧张。艾伦伯格的父亲劝他移民到美国。他先去了普林斯顿，并于 1940 年在密歇根大学获得了一个教职。艾伦伯格主要研究代数拓扑。他与诺曼·斯廷罗德（Norman Steenrod）一起对同调理论进行了公理化。艾伦伯格也是著名的布尔巴基小组成员。1949 年安德烈·韦伊在芝加哥大学工作的时候邀请艾伦伯格合作编写布尔巴基项目中关于同调群的内容。他与昂利·嘉当合作，在 1956 年完成了经典著作《同调代数》。艾伦伯格在与麦克兰恩合作研究同调代数的过程中一起创立了范畴论。艾伦伯格后来在纽约哥伦比亚大学做教授，他的主要工作是发展纯粹的范畴论，他是该领域的奠基者之一，并于 1986 年获得沃尔夫奖。1998 年艾伦伯格逝世于美国纽约市。

图 4.2　艾伦伯格（Samuel Eilenberg，1913—1998）

艾伦伯格还是著名的亚洲艺术品收藏家。他收集了来自印度、印度尼西亚、尼泊尔、泰国、柬埔寨、斯里兰卡和中亚的雕塑和艺术品。1992 年，他把自己收藏的 400 多件艺术品捐赠给了纽约大都会博物馆[40]。

桑德斯·麦克兰恩（见图 4.3）1909 年出生于美国康涅狄格州的诺维奇市。麦克兰恩受洗时的名字是“雷斯利·桑德斯·麦克兰恩”。但是他的父母不喜欢这个名字，所以后来就把雷斯利去掉了。麦克兰恩名字的英文本来是 MacLane，他的妻子在打字时总是习惯加上一个空格变成 Mac Lane，索性后来麦克兰恩就将错就错了。

麦克兰恩在高中时最喜欢化学。他的父亲在这时去世了，只好由祖父来照顾他。1926 年，麦克兰恩的一个远房叔叔资助他到耶鲁学习。他的数学老师希尔带领他参加数学竞赛，并且一路过关斩将获得优胜。从此麦克兰恩下定了从事数学的决心。1930 年，麦克兰恩从耶鲁毕业，获得了数学和物理学的双学位。毕业前一

图 4.3　麦克兰恩（Saunders Mac Lane，1909—2005）

年，有一次在新泽西召开耶鲁橄榄球队的球迷聚会，麦克兰恩在会上被授予耶鲁优秀毕业成绩奖[41]。恰好芝加哥大学的新任校长哈钦斯也在这次聚会中，他鼓励麦克兰恩到芝加哥大学深造。麦克兰恩于是来到了他后来毕生工作的芝加哥大学㊀。在芝加哥大学，年近七十岁的数学家摩尔鼓励麦克兰恩前往世界数学圣地——哥廷根大学学习。1931 年他取得了硕士学位，接着获得了前往哥廷根大学进修的机会。麦克兰恩幸运地成为了最后一批前往哥廷根的美国人，不久纳粹德国就开始禁止美国人前来学习。

在哥廷根，麦克兰恩师从大数学家保罗·伯奈斯、埃米·诺特、赫尔曼·外尔。在他即将获得博士学位的前夕，导师伯奈斯因为是犹太人，被纳粹政府赶出了校园，于是只好由外尔接替伯奈斯。1934 年麦克兰恩获得了哥廷根数学研究所的博士学位，并返回美国㊁。

在 1944 年与 1945 年，麦克兰恩领导了在第二次世界大战期间有卓越贡献的哥伦比亚大学应用数学小组。麦克兰恩曾任美国科学院与美国哲学会的副主席，美国数学会的主席。在领导美国数学会期间，他提倡对现代数学教学改进的研习活动。在 1974 年至 1980 年间，他担任了美国政府的科学顾问。1976 年，以他为首的美国数学家访问团访问了中国，考察了当时中国数学学术的发展。麦克兰恩于 1949 年获选为美国科学院院士，并在 1989 年获得美国国家科学奖章。

麦克兰恩的早期研究方向为域论与赋值论。1941 年，麦克兰恩在访问密歇根大学时遇到了艾伦伯格。两人开始在代数和拓扑学上进行合作，并结出了累累硕果。1943 年，他与艾伦伯格在研究同调代数时一起创立了范畴论。

2005 年，麦克兰恩逝世于美国的旧金山。

4.1 范畴概述

让我们用非洲大草原来了解范畴。大草原中有很多种动植物。狮子、鬣狗、猎豹、羚羊、水牛、斑马、秃鹫、蜥蜴、眼镜蛇、蚂蚁……我们管这些动物叫作对象，每种动物和植物都是一个对象。这些动植物之间会产生联系，例如狮子会吃羚羊、羚羊吃草。我们很容易构造一个食物链。可以从羚羊画一个箭头指向狮子，从草画一个箭头指向羚羊来表示这样的关系。这样对象加上箭头就构成了一个有结构的，彼此联系在一起的系统，如图 4.4 所示。

这样的系统要想成为范畴，还必须满足两点。第一点是每个对象都有指向自己的箭头。这种特殊的箭头称为恒等箭头。对于草原上的动植物，从羚羊到狮子箭头说明羚羊在狮子食物链的下游。我们可以认为每种动植物都处于自己物种食物链的下游（别误会，并不是指吃同类，而是指不吃同类）。这样每个物种就都有自指的箭头了。第二点是箭头之间是可组合的。什么叫作组合呢？草有一个指向羚羊的箭头 f，羚羊有一个指向狮子的箭头 g。我们可以

㊀ 这里有一段小插曲，聚会后不久，哈钦斯就答应给麦克兰恩一笔奖学金。但是麦克兰恩竟然忘记申请研究生课程就直接去了芝加哥大学，当然最后他被获准入学。

㊁ 取得学位后，麦克兰恩与来自芝加哥的多罗茜·琼斯结婚（琼斯帮助他打印了博士论文）。他们邀请朋友举行了一个简朴的婚礼。不久后，他们夫妻一起返回了美国。

把这两个箭头组合起来成为 $g \circ f$，表示草处于狮子食物链的下游。进一步，把两个箭头组合起来后，还可以和第三个箭头再次组合。例如狮子死后会被秃鹫吃掉，这样我们可以从狮子画一个指向秃鹫的箭头 h。组合在一起就是 $h \circ (g \circ f)$。这个箭头的含义表示草处于秃鹫食物链的下游，它等价于 $(h \circ g) \circ f$。也就是说，食物链的上下游关系是可结合的。

图 4.4　动植物对象与食物关系箭头组成了一个有结构的系统

在组合的基础上，还有一个叫作“可交换”的概念。例如在下图中可以沿着两条通路从草到达狮子，一条是箭头组合 $g \circ f$，表示草在羚羊的下游，羚羊又在狮子的下游；另一条是箭头 h，表示草在狮子的下游。这样我们就相当于得到了一对平行的箭头。

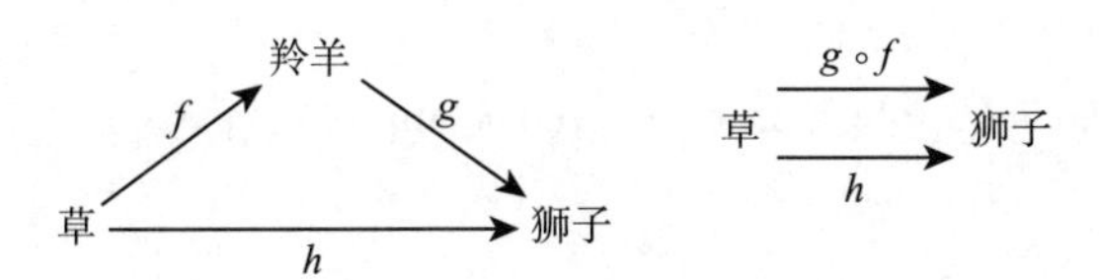

如果这两个平行箭头等效，我们称它们是可交换的。用符号表示为

$$h = g \circ f$$

这样，我们说草原上的动植物，在食物链关系这个箭头下，构成了一个范畴。现在我们给出较为正式的范畴定义。

定义 4.1 一个范畴 $\boldsymbol{C}$ 包括一组对象（Object）[一]（记为 A，B，C，…）和一组箭头（Arrow）（记为 f，g，h，…）。在它们之上定义了以下四种操作：

- 两个全操作[二]，称为源（source）和目标（target）[三]，这两个操作都将对象指定到箭头上，记为 $A \xrightarrow{f} B$，表示箭头 f 的源是 A，目标是 B。
- 第三个全操作是恒等箭头[四]，对于任何对象 A，恒等箭头都指向 A 自己。记为 $A \xrightarrow{id_A} A$。
- 第四个操作是一个部分操作，称为组合。它将两个箭头组合起来。如果有箭头 $B \xrightarrow{f} C$ 和 $A \xrightarrow{g} B$，则 f 和 g 的组合为 $f \circ g$，读作"g 然后 f"。它表示 $A \xrightarrow{f \circ g} C$。

除此之外，范畴还必须满足以下两条公理。

- **结合性公理**：箭头组合是可结合的。对任何三个可组合的箭头 f，g，h 都有

$$f \circ (g \circ h) = (f \circ g) \circ h$$

我们可以将其写为 $f\ g\ h$。

- **单位元公理**：恒等箭头对于组合运算来说相当于单位元。对于任何箭头 $A \xrightarrow{f} B$ 来说，都有

$$f \circ id_A = f = id_B \circ f$$

和大草原上的食物链比起来，范畴和箭头的定义是很抽象的。我们可以通过一些较为具体的例子，来加深对这个定义的理解。

4.1.1 范畴的例子

在数学上，如果一个集合带有特殊的单位元，元素间定义了可结合的二元运算。我们说这样的集合构成一个幺半群。例如全体整数中，令 0 是单位元，二元运算是加法，则构成了整数加法幺半群。

幺半群的集合不仅可以包含数，也可以是其他东西。例如英文的词语和句子（在编程中称为字符串）构成一个集合。如果我们把两个英文词句连在一起称为二元运算，例如"red " ++ "apple" = "red apple"，则这些英文词句构成一个幺半群。其中单位元是空词句""。不难验证它满足幺半群的条件：

$$\text{red} +\!\!+ (\text{apple} +\!\!+ \text{tree}) = (\text{red} +\!\!+ \text{apple}) +\!\!+ \text{tree}$$

[一] 和编程中的"面向对象"无关，这里指抽象事物。

[二] 全操作（total operation）是指对于所有的对象，无一例外都存在这一操作。与之相对的是部分操作（partial operation），对于某些对象，这一操作没有定义。例如对于全体整数的集合，取相反数 $x \mapsto -x$ 是全操作，而取倒数 $x \mapsto 1/x$ 由于对 0 没有定义，所以是部分操作。

[三] 不应把源和目标理解为名词，而应理解为动词。表示"指定源为……""指定目标为……"。

[四] 同样这里恒等箭头（identity arrow）应理解为动词，表示"为……指定恒等箭头"。

词句连接满足结合律。

$$\text{""} + \text{apple} = \text{apple} = \text{apple} + \text{""}$$

任何词句连接上空词句（单位元）都仍然等于它本身。

把词句幺半群放在一边，再考虑另一个幺半群。群元素是字母组成的集合（在编程中称为字符集），二元操作是集合的并，单位元是空集。将两个字母集合并在一起可以获得一个更大的集合，例如：

$$\{a,b,c,1,2\} \cup \{X,Y,Z,0,1\} = \{a,b,c,X,Y,Z,0,1,2\}$$

再加上最初的例子，整数加法幺半群，我们就有三个幺半群了。接下来我们建立这三个幺半群之间的转换关系[㊀]，首先是从词句幺半群到字母集合幺半群之间的转换关系。任给一个英文词句，我们可以把这句英文中用到的所有不同字母组成一个集合。可以把这个操作叫作“取字母”。可以验证，取字母满足以下条件：

$$\text{取字母}(\text{red} + \text{apple}) = \text{取字母}(\text{red}) \cup \text{取字母}(\text{apple}) \quad \text{和} \quad \text{取字母}(\text{""}) = \varnothing$$

也就是说，两句英文字词连在一起所涵盖的字母，等于各个字词中字母的并；空串不含有任何字母（空集）。这是一种很强的转换关系，名叫同态映射（见前一章）。

接下来再定义从字母集合到整数加法幺半群之间的转换关系。任给一个字母集合，我们可以数出它含有多少字母，空集含有0个字母。我们把这个操作叫作“数个数”[㊁]。

这样就有了两个变换：“取字母”和“数个数”。我们检查一下它们的组合：

$$\text{词句} \xrightarrow{\text{取字母}} \text{字母集合} \xrightarrow{\text{数个数}} \text{整数}$$

和

$$\text{词句} \xrightarrow{\text{数个数} \circ \text{取字母}} \text{整数}$$

显然组合后“数个数∘取字母”也是一个转换关系。它表示先从英文词句中抽取出不同的字母，然后再统计不同字母的个数。这样，我们就得到了**幺半群范畴 Mon**。其中对象是各种各样的幺半群，箭头是彼此间的转换关系，数学上叫作态射。恒等箭头从一个幺半群指向它自己。

这是一个非常大的范畴，它包含宇宙中**所有**的幺半群[㊂]。此外，范畴也可以很小，我们接下来看的例子只含有一个幺半群。考虑英文词句这个幺半群，它只有一个对象。这个对象是什么并不重要，它可以是任何固定的英文词句集合，甚至是全体英文的集合（请原谅，这看起来也不怎么小）。对于任何一个英文词句，例如 hello，我们都可以定义一个前缀操作，把

㊀ 数学上叫作态射（morphism）。

㊁ 数个数并不是同态映射，例如 $|\{r,e,d\}| + |\{a,p,l,e\}| = 3 + 4 = 7 \neq |\{r,e,d\} \cup \{a,p,l,e\}| = |\{a,e,d,l,p,r\}| = 6$。但这并不妨碍我们定义从集合到整数的转换。

㊂ 你可能想到了罗素悖论。确切地说，**Mon** 包含了宇宙中所有“小”的幺半群。

hello 添加到任何其他英文词句前面。我们管这个操作叫作“加前缀 hello”。例如，“加前缀 hello”作用到单词 Alice 上就变成了 helloAlice；类似地还可以定义“加前缀 hi”，把它作用到 Alice 上就得到了 hiAlice。如果认为这是两个不同的箭头，则它们的组合为

$$\text{加前缀 hello} \circ \text{加前缀 hi} = \text{加前缀 hellohi}$$

表示先增加前缀 hi，然后再增加前缀 hello。不难验证，任意三个这样的箭头满足结合律。接下来我们还需要检查一下单位元，也就是空词句“”。以空词句作为前缀等于没有变化，也就是恒等变换。这样我们就得到了只有一个对象的幺半群范畴，如图 4.5 所示。范畴中的每个箭头，都对应幺半群中的一个元素，箭头间的组合，对应于幺半群的二元运算，恒等箭头对应于幺半群的单位元。

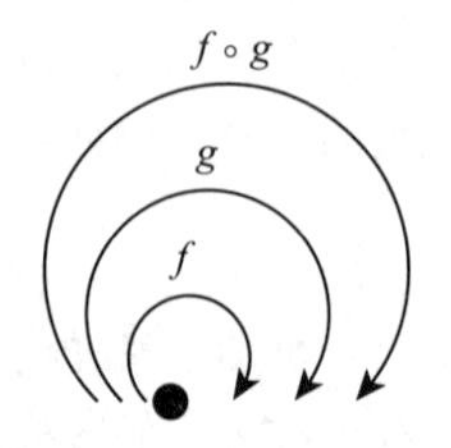

图 4.5 只有一个对象的幺半群范畴

同样是幺半群，我们既看到了包含宇宙中全部幺半群的范畴 **Mon**，也看到了只包含一个幺半群的范畴。可谓一沙一世界，一叶一菩提。更有意思的是，对于任何范畴 $\boldsymbol{C}$ 和其中任何的对象 A，定义集合 hom (A, A) 为所有从 A 指向 A 的箭头。则这一箭头的集合在组合运算下又构成一个幺半群，其中单位元是恒等箭头。这种对偶值得我们仔细体会。

我们举个集合的例子。我们让每个集合都成为一个对象[㊀]，而箭头是从一个集合 A 到另一个集合 B 的函数（或映射）。我们称 A 为函数的定义域，B 为值域[㊁]。组合运算就是函数的组合。即 $y = f(x)$ 与 $z = g(y)$ 的组合为 $z = (g \circ f)(x) = g(f(x))$。不难验证，函数的组合满足结合律，单位元是恒等函数 $\mathrm{id}(x) = x$。这样我们就获得了全体集合和函数组成的范畴 **Set**。

我们举的第三个例子包括一对概念。分别叫作**偏序集**和**预序集**。给定一个集合，所谓预序（pre-order），是说集合中的两个元素之间可以进行比较。我们用二元关系符号≤来表示，这个符号不一定是大小关系，它可能表示一个集合是另一个集合的子集，一个词句是另一个词句的后缀，一个人是另一个人的后代等。如果关系≤满足以下两条性质，我们说这是一个预序关系。

- **自反性**：任何集合中的元素 a 都有 $a \leqslant a$。
- **传递性**：若 $a \leqslant b$ 且 $b \leqslant c$，则 $a \leqslant c$。

如果在此基础上还满足反对称性，则这一关系叫作偏序（partial order）。

- **反对称性**：若 $a \leqslant b$ 且 $b \leqslant a$，则 $a = b$。

我们称满足预序关系的集合叫作预序集，满足偏序关系的集合叫作偏序集，分别记作：

preset　　　　poset

㊀ 一旦开始考虑全部集合的集合，就会对导致“全部不包括自身的集合”这样的矛盾，称之为罗素悖论。我们将在第 7 章详细讲述罗素悖论。

㊁ 确切地说是全函数，即定义域中的每个元素都是可以应用的函数。

在偏序集中，并非任何两个元素都能够进行比较。例如，《红楼梦》中贾家按照祖先关系构成一个偏序集，如图 4.6 所示。可以看到巧姐≤贾琏，但是贾宝玉和贾探春之间，贾迎春和贾惜春之间无法用≤进行比较。在这棵家族树中，尽管任何人都有祖先（位于树根的人根据自反性，可以认为自己是自己的祖先），但是平辈的人之间无法进行比较。不同枝干上的人之间也无法进行比较。

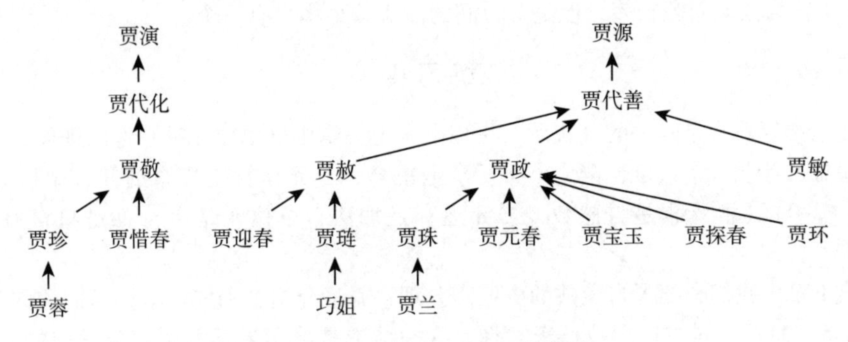

图 4.6　《红楼梦》贾家的家族树

如图 4.7 所示，一个集合 $\{x, y, z\}$ 的所有子集在包含关系下构成一个偏序集。尽管图中任意元素，都可以找到其子集，但是图中同一层级上的元素间无法比较，另外 $\{x\}$ 和 $\{y, z\}$ 间也无法比较。

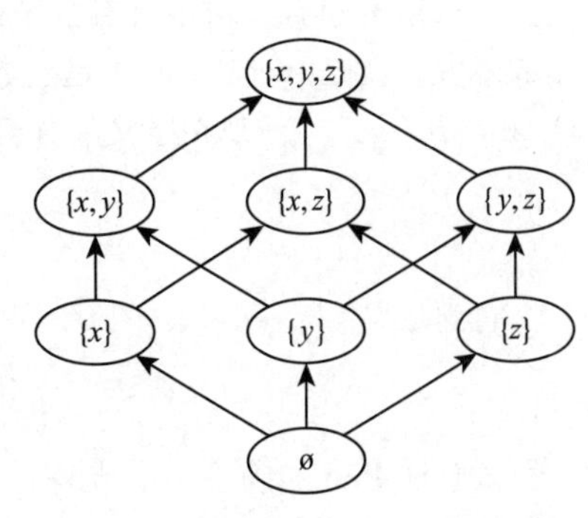

图 4.7　一个集合的所有子集在包含关系下构成一个偏序集

一般来说，任何一个偏序集都是一个预序集，但是反过来却不一定成立。一个预序集不一定是一个偏序集。高中时我们都学过单调函数，就是那种只增不减的函数，如果 $x \leqslant y$，则 $f(x) \leqslant f(y)$。把这种单调函数组合起来用到偏序集和预序集上，我们就获得了一对范畴：

Pre　　　**Pos**

它们的对象分别是所有的 preset 和 poset，两个范畴中的箭头都是单调映射。由于恒等映射也是单调映射，所以范畴中的恒等箭头为恒等映射。

幺半群范畴和预序集范畴这两个例子不是随便挑选的，我们有着特殊的用意。这两个范畴可以说是最简单的例子。通过幺半群范畴，我们可以学习组合；通过预序集范畴，我们可以学习比较。对数学结构的组合与比较是整个范畴论的核心。在这一意义上，任何范畴都是幺半群与预序集的某种混合形式[42]。

Pre 是包含所有预序集的巨大范畴。另一方面预序集范畴也可以很小，小到只含有一个预序集。考虑一个集合，对象是集合中的元素 i，j，k，…如果可比较元素 i 和 j 并且 $i \leqslant j$，我们就定义箭头

$$i \longrightarrow j$$

这样任何对象间或者没有箭头，表示它们不可比较；或者存在一个箭头，表示它们有≤关系。总之，任何两个对象间最多只有一个箭头。可以验证这样定义的箭头可以组合，并且每个元素都有 $i \leqslant i$，因此有指向自己的箭头。这样一个预序集本身就是一个范畴。我们再次看到了预序集范畴和幺半群范畴的对偶。幺半群作为范畴只含有一个对象，却含有丰富的箭头；预序集作为范畴对象很多，但是对象间的箭头却最多只有一个。

练习 4.1

1. 证明恒等箭头是唯一的（提示：可以参考上一章中群单位元唯一性的证明）。

2. 验证幺半群（S，∪，∅）（群元素是集合，二元运算是集合的并，单位元是空集）和（N，+，0）（群元素是自然数，二元运算是加法，单位元是零）都是只含有一个对象的范畴。

3. 第 1 章中我们介绍了自然数的皮亚诺公理，并且介绍了和皮亚诺算术同构的其他结构，例如链表等。这些完全可以用范畴来解释。这一结论是德国数学家戴德金发现的，尽管当时还没有范畴论。我们今天将这一范畴命名为皮亚诺范畴 **Pno**。范畴中的对象为（A，f，z），其中 A 为元素的集合，对于自然数来说这个集合是全体自然数 N；f: $A \to A$ 是后继函数，对于自然数来说，就是 succ；$z \in A$ 是起始元素，对于自然数来说是 0。任给两个皮亚诺对象（A，f，z）和（B，g，c），现在定义从 A 到 B 的态射

$$A \xrightarrow{\phi} B$$

它满足

$$\phi \circ f = g \circ \phi \quad 且 \quad \phi(z) = c$$

试验证 **Pno** 的确是一个范畴。

4.1.2　箭头≠函数

在此前的例子中，箭头要么是一般意义上的函数，要么是类似函数意义的映射和态射。这容易造成一种错觉，认为箭头等同于函数。我们接下来看的例子有助于打破这种错觉。有一种名叫关系的范畴。范畴中的对象是集合。从集合 A 到 B 的箭头 $A \xrightarrow{R} B$ 的定义为

$$R \subseteq B \times A$$

我们来看看这个箭头的含义是什么。集合 $B \times A$ 代表了所有 B 和 A 中元素对的组合。也叫作 B 和 A 的积：

$$B \times A = \{(b,a) \mid b \in B, a \in A\}$$

我们以红楼梦人物为例，集合 A = {贾蓉，贾惜春，贾琏}，集合 B = {秦可卿，王熙凤}，则 $B \times A$ 的积为 {（秦可卿，贾蓉），（秦可卿，贾惜春），（秦可卿，贾琏），（王熙凤，贾蓉），

(王熙凤，贾惜春)，(王熙凤，贾琏）}。集合 R 是 $B\times A$ 的子集，它可以看作 A 与 B 的某种关系。如果 A 中的元素 a 和 B 中的元素 b 满足关系 R，则有（b，a）$\in R$，我们将其记为 bRa。具体到例子，如果令 $R=$ {（秦可卿，贾蓉)，(王熙凤，贾琏）}，则 R 代表婚姻关系。

这样从对象 A 到 B 的**所有**箭头构成的集合，就代表了从 A 到 B 的各种可能的关系。现在我们考虑箭头的组合

$$A\to B\to C$$

如果存在某个中间集合中的元素 b，同时使得两个关系 bRa，cSb 都成立，我们就说存在箭头间的组合。具体到红楼梦的例子，令集合 $C=$ {王夫人，薛姨妈，邢夫人}，关系 $S=$ {（王夫人，王熙凤)，(薛姨妈，王熙凤）} 表示姑妈关系。这样组合箭头 $S\circ R$ 的结果是：{(王夫人，贾琏)，(薛姨妈，贾琏）}，表示 c 的侄女嫁给了 a 的关系。也就是说王夫人、薛姨妈和贾琏都通过王熙凤使得两个关系同时成立。恒等箭头的定义很简单，所有元素都和自己产生恒等关系。

我们还可以从任何已知的范畴产生新的范畴，例如把一个范畴 $\boldsymbol{C}$ 中的所有箭头反向就得到了一个对偶的范畴 $\boldsymbol{C}^{op}$。这样我们了解了一个范畴，就同时了解了它的对偶范畴。

4.2 函子

我们说范畴论是对抽象代数结构的“二次抽象”。上一节我们看到如何把所有的集合和映射、群和态射、偏序集和单调函数等抽象成范畴。接下来的问题是，如何在这些范畴之间架设桥梁、进行比较？函子[1]（functor）就是用来对范畴及其内在的关系（对象和箭头）进行比较的。

4.2.1 函子的定义

在某种意义上说，函子好比范畴之间的变换关系（态射）。但是它不仅把一个范畴中的对象映射为另一范畴中的对象，它还将一个范畴中的箭头映射到另一个范畴中。这一点和普通的态射（例如群之间的态射）不同。

函子通常用符号 **F** 表示。既然说函子好比是范畴间的态射，那么函子必须能够忠实保持范畴间的结构和关系，这是如何做到的呢？为此函子必须满足两条性质。

- 第一条性质是函子必须保持恒等箭头仍然变换为恒等箭头。

$$A\xrightarrow{\mathrm{id}}A \quad \mapsto \quad \mathbf{F}A\xrightarrow{\mathrm{id}}\mathbf{F}A$$

- 第二条性质是函子必须能够保持箭头的组合仍然变换为箭头的组合[2]。

---

[1] C++语言的一些资料中，用英文 functor 来命名函数对象，即 function object。这与范畴论中的函子完全无关。

[2] 实际存在两种变换方式，一种叫作协变，一种叫作反变，其中反变将箭头反向（在编程语言的类型系统中译为“逆变”，编程语言借鉴了范畴论中函子相关的用语）。这里仅考虑了协变。

$$\begin{array}{ccc} A \xrightarrow{f} B,\ B \xrightarrow{g} C,\ A \xrightarrow{g \circ f} C & \overset{\mapsto}{\text{协变}} & \mathbf{F}A \xrightarrow{\mathbf{F}(f)} \mathbf{F}B,\ \mathbf{F}B \xrightarrow{\mathbf{F}(g)} \mathbf{F}C,\ \mathbf{F}A \xrightarrow{\mathbf{F}(g \circ f)} \mathbf{F}C \end{array}$$

$$\mathbf{F}(g \circ f) = \mathbf{F}(g) \circ \mathbf{F}(f)$$

函子之间也可以进行组合，例如函子（**FG**）（f）表示先用函子 **G** 对箭头 f 进行变换，然后再用 **F** 对这一新范畴中的箭头进行变换。

4.2.2　函子的例子

让我们用具体的例子来更好地理解函子的概念。如果一个函子从一个范畴映射到这个范畴本身上，这样的函子被称为**自函子**（endo-functor）[1]。最简单的函子称为“恒等函子”，它是一个自函子，记为 id：$\boldsymbol{C} \rightarrow \boldsymbol{C}$。它可以作用到任何范畴上，将对象 A 映射为对象 A，将箭头 f 映射为箭头 f。

其次简单的函子叫作“常函子”，它的行为像一个黑洞（见图 4.8），我们可以把它记作 $\mathbf{K}_B$：$\boldsymbol{C} \rightarrow \boldsymbol{B}$。它可以作用到任何范畴上，把所有的对象都映射为黑洞中的对象 B，把所有的箭头都映射为黑洞中的恒等箭头 id_B。黑洞范畴中只有一个恒等箭头，它显然也满足箭头组合的性质：$\mathrm{id}_B \circ \mathrm{id}_B = \mathrm{id}_B$。

例 4.1　我们接下来举的例子叫作“可能函子”（maybe functor）。计算机科学家、快速排序算法的提出者，1980 年图灵奖得主霍尔（见图 4.9）[2]曾说过一段有趣的话[3]：

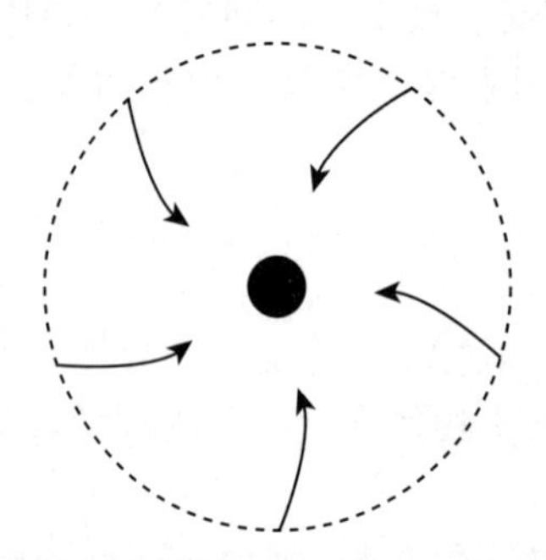

图 4.8　常数函子的行为像一个黑洞

图 4.9　计算机科学家霍尔

“我在 1965 年发明了空引用（null reference）。这是一个导致数十亿美元损失的发明。当时，我在为一种面向对象语言（ALGOL W）设计最早的类型系统。我希望能够保证所有的引用，经过编译器的自动检查，都是绝对安全的。但是我无法抗拒空引用的想法，它太容易实现了。此后，空引用导致了无数的错误、漏洞和系统崩溃。在过去的 40 年，由此导致的痛苦

[1] 这和代数中的自同构概念很类似，参考上一章。

[2] 英文是 Hoare，不是美国物理学家霍尔（Hall）。

[3] 2009 年在伦敦举行的 QCon 会议上。

损失估计高达数十亿美元。"[43]

2015年后主流的编程环境都纷纷将 Maybe 概念引入以取代 null 来获取更安全的方法[一]。下图描述了 **Maybe** 函子的行为。

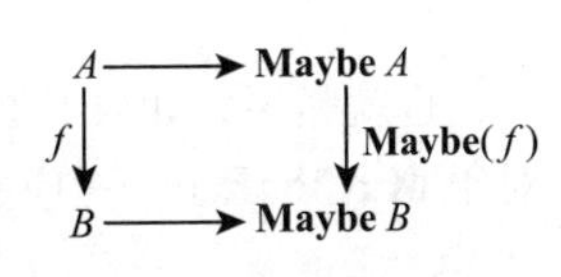

图中左侧的对象 A，B 是一些数据类型，比如整形、布尔型。而右侧的对象，是通过函子 **Maybe** 映射成的类型。如果 A 代表 Int，则右侧对应是 **Maybe** Int，B 如果代表 Bool，则右侧对应的是 **Maybe** Bool。可能函子是怎样完成对象的映射呢？它的对象映射部分是这样定义的：

```
data Maybe A = Nothing | Just A
```

也就是说，若对象是类型 A，则映射到的对象是类型 **Maybe** A。注意，这里的对象是类型，而不是值。而类型 **Maybe** A 的值要么是一个空值 Nothing，要么是一个用 Just 构造的值。例如，对象是类型 Int，可能函子映射后对象是类型 **Maybe** Int，它的值可能是 Nothing 或者 Just 5。

例如有一个元素类型为 A 的二叉搜索树，在其中搜索一个值时，可能会搜不到。所以搜索的结果类型是 **Maybe** A[二]。

$$\text{lookup Nil \_} = \text{Nothing}$$
$$\text{lookup}\ (Br\ l\ k\ r)\ x = \begin{cases} \text{lookup}\ l\ x & x < k \\ \text{lookup}\ r\ x & x > k \\ \text{Just}\ k & x = k \end{cases}$$

在处理 **Maybe** 数据类型时，必须处理可能的两种值，例如：

$$\text{elem Nothing} = \text{False}$$
$$\text{elem}\ (\text{Just}\ x) = \text{True}$$

函子既映射对象，也映射箭头。以上我们看到了 **Maybe** 如何映射对象，那么它是如何映射箭头的呢？上面图中的左侧从上到下有一个箭头 $A \xrightarrow{f} B$，而右侧也有一个箭头 **Maybe** A $\xrightarrow{\textbf{Maybe}(f)}$ **Maybe** B。我们不妨把右侧的箭头叫作 f'。假设我们知道左侧箭头 f 的行为，那么右侧箭头的行为是什么呢？我们说过处理 **Maybe** 类型的数据，必须处理两种可能的值，所以 f' 的行为应该是这样的：

$$f'\ \text{Nothing} = \text{Nothing}$$
$$f'\ (\text{Just}\ x) = \text{Just}\ (f\ x)$$

[一] 例如 Java 和 C++中的 Optional<T>

[二] 完整的代码见本章附录。

这种给定f，映射成f'的行为恰好就是 **Maybe** 函子对箭头进行的映射。实际的编程环境中，通常使用 fmap 来定义函子对箭头的映射。我们可以定义所有函子 **F** 满足：

$$\text{fmap} : (A \to B) \to (\mathbf{F}\ A \to \mathbf{F}\ B)$$

也就是说，如果 **F** 是一个函子，它把从 A 到 B 的箭头映射成从 **F** A 到 **F** B 的箭头。因此对于 **Maybe** 函子，相应的 fmap 定义如下：

$$\begin{aligned}
&\text{fmap}: (A \to B) \to (\textbf{Maybe}\ A \to \textbf{Maybe}\ B) \\
&\text{fmap}\ f\ \text{Nothing} = \text{Nothing} \\
&\text{fmap}\ f\ (\text{Just}\ x) = \text{Just}\ (f\ x)
\end{aligned}$$

回到前面二叉搜索树的例子，假如树中元素的类型是自然数，我们在树中搜索一个值，如果搜到，就将这个值转换成二进制，否则返回 Nothing。如果我们已经写好一个将十进制自然数转换成二进制的函数：

$$\text{binary}(n) = \begin{cases} n < 2: [n] \\ \text{否则}: \text{binary}(\lfloor \frac{n}{2} \rfloor) \mathbin{+\!\!+} [n \bmod 2] \end{cases}$$

下面是一个相应的例子代码实现。为了提高性能，这个实现使用了尾递归。

```
binary = bin [] where
   bin xs 0 = 0 : xs
   bin xs 1 = 1 : xs
   bin xs n = bin ( (n 'mod' 2) : xs) (n 'div' 2)
```

有了函子，就可以直接将这个函数箭头“举”到上面去，如下图所示：

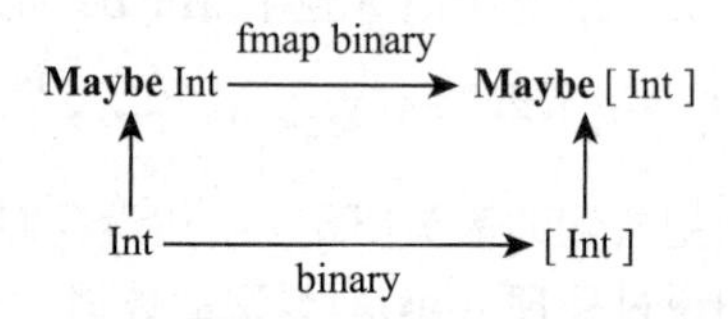

这样，我们就可以直接利用 Maybe 函子和 binary 箭头操作二叉树搜索的结果：

$$\text{fmap binary (lookup } t\ x)$$

上面的图犹如天上地下两个世界。在地上的世界中，计算面临着空引用的威胁，在天上的世界中，可能函子主导着一切，是空引用安全的。有了可能函子，我们能把人们编写的大量被空引用困扰的程序，举到天上的世界去，从而获得安全。

证明：一般的读者可以跳过这个框中的内容。为了验证 **Maybe** 的确是一个函子，我们还需要验证箭头映射的两条性质：

$$\begin{aligned}\text{fmap id} &= \text{id} \\ \text{fmap}\ (f \circ g) &= \text{fmap}\ f \circ \text{fmap}\ g\end{aligned}$$

首先验证第一条性质。id 的定义为

$$\text{id}\ x = x$$

因此

$$\begin{aligned}\text{fmap id Nothing} &= \text{Nothing} && \text{fmap 的定义} \\ &= \text{id Nothing} && \text{反向用 id 的定义}\end{aligned}$$

并且

$$\begin{aligned}\text{fmap id}\ (\text{Just}\ x) &= \text{Just}\ (\text{id}\ x) && \text{fmap 的定义} \\ &= \text{Just}\ x && \text{id 的定义} \\ &= \text{id}\ (\text{Just}\ x) && \text{反向用 id 的定义}\end{aligned}$$

接下来验证第二条性质：

$$\begin{aligned}\text{fmap}\ (f \circ g)\ \text{Nothing} &= \text{Nothing} && \text{fmap 的定义} \\ &= \text{fmap}\ f\ \text{Nothing} && \text{反向使用 fmap 的定义} \\ &= \text{fmap}\ f\ (\text{fmap}\ g\ \text{Nothing}) && \text{反向使用 fmap 的定义} \\ &= (\text{fmap}\ f \circ \text{fmap}\ g)\ \text{Nothing} && \text{反向用函数组合的定义}\end{aligned}$$

并且

$$\begin{aligned}\text{fmap}\ (f \circ g)\ (\text{Just}\ x) &= \text{Just}\ ((f \circ g)\ x) && \text{fmap 的定义} \\ &= \text{Just}\ (f\ (g\ x)) && \text{函数组合的定义} \\ &= \text{fmap}\ f\ (\text{Just}\ (g\ x)) && \text{反向使用 fmap 的定义} \\ &= \text{fmap}\ f\ (\text{fmap}\ g\ (\text{Just}\ x)) && \text{反向使用 fmap 的定义} \\ &= (\text{fmap}\ f \circ \text{fmap}\ g)\ (\text{Just}\ x) && \text{反向用函数组合的定义}\end{aligned}$$

因此 **Maybe** 的确是一个函子。 □

例 4.2 接下来介绍的例子是列表函子。在第1章中我们介绍了列表的定义：

```
data List A = Nil | Cons (A, List A)
```

从编程的观点看，这定义了“单向链表”的数据结构，链表中元素的类型是 A，这样的链表称为类型为 A 的列表。从范畴的观点来看，一个列表函子要分别定义对象和箭头的映射。在这里，对象是类型，箭头是全函数。下图描述了列表函子的行为：

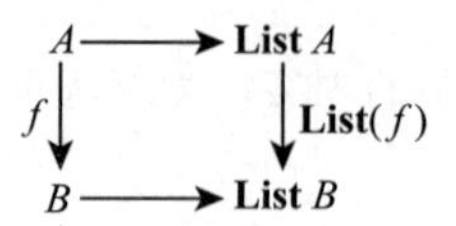

图中左侧的对象 A，B 是数据类型，例如整型、布尔型甚至是 **Maybe** Char 这样的复杂类型。而右侧的对象，是通过列表函子映射成的类型，如果 A 为整形 Int，则右侧对应 **List** Int，如果 B 代表 Char，则右侧对应的是 **List** Char，也就是 String。

请再次注意这里的对象是类型，而不是值，A 可以是 Int，但不是具体的值 5。因此 **List** A 对应整形列表，是一个类型，而不是一个具体的值，如［1，1，2，3，5］。那么如何产生具体的列表值呢？那要靠 Nil 和 Cons 两个具体的函数来产生空值或者诸如 List（1，List（1，List（2，Nil）））这样的具体列表。

以上是列表函子在对象映射时的行为，那么它是如何对箭头进行映射的呢？也就是说，给定一个函数 $f: A \to B$，如何通过列表函子得到另一个函数 g：**List** A →**List** B 呢？与可能函子 **Maybe** 类似，我们可以定义一个 fmap 实现从箭头 f 到箭头 g 的映射，对于列表函子它的类型为

$$\text{fmap}: (A \to B) \to (\textbf{List}\ A \to \textbf{List}\ B)$$

接下来需要仔细分析 g 的行为。首先考虑最简单的情况，不管箭头 f 的定义如何，如果 **List** A 是个空列表 Nil，则应用 g 后的结果也必然是空列表。所以有

$$\text{fmap}\ f\ \text{Nil} = \text{Nil}$$

接下来考虑递归的情况 Cons（x，xs），其中 x 是类型为 A 的某个值，而 xs 是类型为 **List** A 的子列表。如果 $f(x) = y$，将类型 A 的值 x 映射为类型 B 的值 y，那么我们就将 f 应用到 x 上，然后再将其递归地应用到子列表 xs 上从而得到一个元素类型为 B 的子列表 ys，最后再将 y 和 ys 链接起来得到最终的结果：

$$\text{fmap}\ f\ \text{Cons}(x, xs) = \text{Cons}(f\ x, \text{fmap}\ f\ xs)$$

综上，我们得到了 fmap 的完整定义：

$$\begin{aligned}
&\text{fmap}: (A \to B) \to (\textbf{List}\ A \to \textbf{List}\ B)\\
&\text{fmap}\ f\ \text{Nil} = \text{Nil}\\
&\text{fmap}\ f\ \text{Cons}(x, xs) = \text{Cons}(f\ x, \text{fmap}\ f\ xs)
\end{aligned}$$

如果使用第 1 章介绍的简记法，用冒号“:”表示 Cons，用中括号表示列表，用“［］”表示 Nil，则列表函子的箭头部分映射可以简写为

$$\begin{aligned}
&\text{fmap}: (A \to B) \to (\textbf{List}\ A \to \textbf{List}\ B)\\
&\text{fmap}\ f\ [\,] = [\,]\\
&\text{fmap}\ f\ (x:xs) = (f\ x):(\text{fmap}\ f\ xs)
\end{aligned}$$

仔细观察这个定义，再和第 1 章中列表的“逐一映射”定义对比，会发现它们除了名字之外完全一样，因此我们可以复用列表的“逐一映射”来定义列表函子，在一些编程环境中，列表函子的定义就是通过复用 map 实现的。

```
instance Functor [] where
    fmap = map
```

作为本例的结尾，我们来验证一下列表函子的箭头映射部分是否满足组合和恒等的两条性质。**一般的读者可以跳过这一证明部分。**

$$\text{fmap id} = \text{id}$$
$$\text{fmap}\ (f \circ g) = \text{fmap}\ f \circ \text{fmap}\ g$$

证明：我们用数学归纳法来验证恒等性质，首先针对空列表的情况

$$\begin{aligned} \text{fmap id Nil} &= \text{Nil} && \text{fmap 的定义} \\ &= \text{id Nil} && \text{反向用 id 的定义} \end{aligned}$$

针对（x: xs）的递归情况，令递归假设为 fmap id xs = id xs，我们有

$$\begin{aligned} \text{fmap id}\ (x:xs) &= (\text{id}\ x):(\text{fmap id}\ xs) && \text{fmap 的定义} \\ &= (\text{id}\ x):(\text{id}\ xs) && \text{递归假设} \\ &= x:xs && \text{id 的定义} \\ &= \text{id}\ (x:xs) && \text{反向用 id 的定义} \end{aligned}$$

同样，我们用数学归纳法来验证组合性质，对于空列表，我们有

$$\begin{aligned} \text{fmap}\ (f \circ g)\ \text{Nil} &= \text{Nil} && \text{fmap 的定义} \\ &= \text{fmap}\ f\ \text{Nil} && \text{反向使用 fmap 的定义} \\ &= \text{fmap}\ f\ (\text{fmap}\ g\ \text{Nil}) && \text{反向使用 fmap 的定义} \\ &= (\text{fmap}\ f \circ \text{fmap}\ g)\ \text{Nil} && \text{反向用函数组合的定义} \end{aligned}$$

针对（x: xs）的递归情况，令递归假设为 fmap（$f \circ g$）xs =（fmap $f \circ$ fmap g）xs，我们有

$$\begin{aligned} \text{fmap}\ (f \circ g)\ (x:xs) &= ((f \circ g)\ x):(\text{fmap}\ (f \circ g)\ xs) && \text{fmap 的定义} \\ &= ((f \circ g)\ x):((\text{fmap}\ f \circ \text{fmap}\ g)\ xs) && \text{递归假设} \\ &= (f(g\ x)):(\text{fmap f}\ (\text{fmap}\ g\ xs)) && \text{函数组合的定义} \\ &= \text{fmap}\ f\ ((g\ x):(\text{fmap}\ g\ xs)) && \text{反向使用 fmap 的定义} \\ &= \text{fmap}\ f\ (\text{fmap}\ g\ (x:xs)) && \text{再次反向使用 fmap 的定义} \\ &= (\text{fmap}\ f \circ \text{fmap}\ g)\ (x:xs) && \text{反向用函数组合的定义} \end{aligned}$$

这就验证了 **List** 的确是一个函子。 □

练习 4.2

1. 请使用叠加操作 foldr 来定义列表函子的箭头映射。
2. 证明可能函子和列表函子的组合 **Maybe** ∘ **List** 与 **List** ∘ **Maybe** 仍然是函子。
3. 证明任意函子的组合 **G** ∘ **F** 仍然是函子。
4. 思考一个预序集范畴上的函子的例子。
5. 回顾第 2 章中介绍的二叉树，请定义一个二叉树函子。

4.3 积与和

为了理解范畴的积，我们先从集合入手。两个集合 A 和 B 的笛卡儿积 $A \times B$，是所有序对 (a, b) 的集合，即

$$\{(a,b) \mid a \in A, b \in B\}$$

例如有限集合 $\{1, 2, 3\}$ 和 $\{a, b\}$ 的积为

$$\{(1,a),(2,a),(3,a),(1,b),(2,b),(3,b)\}$$

如果集合 A，B 是同类的代数结构，如群、环等，我们可以定义如下图的对象和箭头。

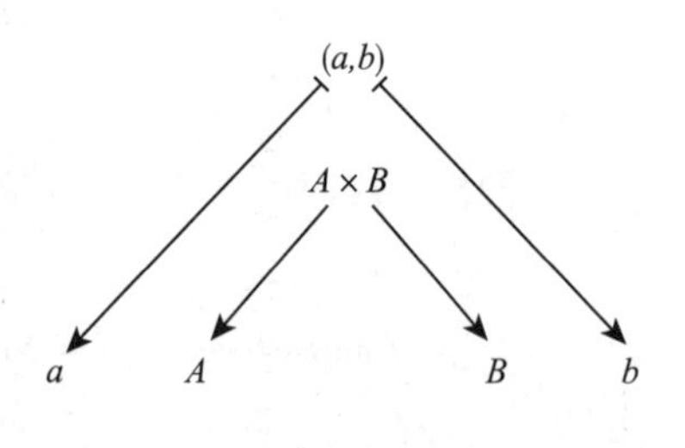

笛卡儿积又称直积，是用法国哲学家、数学家、物理学家笛卡儿的名字命名的。在笛卡儿的时代，拉丁文是学术上广泛使用的语言。笛卡儿也有一个拉丁化的名字——卡提修斯（Cartesius）。正因为如此，笛卡儿积也称卡氏积，笛卡儿坐标系也称卡氏坐标系。

笛卡儿（见图 4.10）1596 年生于法国一个地位较低的贵族家庭。一岁时他的母亲患肺结核去世，而他也受到传染，造成体弱多病。母亲去世后，父亲移居他乡并再婚，笛卡儿由外祖母带大，自此父子很少见面，但是父亲一直提供金钱方面的帮助，使他能够受到良好的教育。笛卡儿后来进入位于拉弗莱什的耶稣会的皇家大亨利学院学习。在那里，他学习到了数学和物理学。由于笛卡儿体弱多病，学校特许他每天早上不用像其他同学一样 5 点起床，而是一直睡到 11 点。笛卡儿直到晚年仍然保留了这一作息习惯。1614 年毕业后，他遵从父亲的意愿，进入普瓦捷大学学习法律，并获得业士学位和文凭。毕业后笛卡儿一直对职业选择不定，又决心游历欧洲各地，专心寻求“世界这本大书”中的智慧。1618 年，笛卡儿加入荷兰拿骚的毛里茨军队。笛卡儿对数学与物理学的兴趣，是在荷兰当兵期间产生的。1618 年，他偶然在路旁公告栏上，看到用佛莱芒语提出的数学问题征

图 4.10　勒内·笛卡儿（1596—1650）

答。这引起了他的兴趣，并且让身旁的人，将他不懂的佛莱芒语翻译成拉丁语。这位身旁的人就是大他八岁的以撒·贝克曼（Isaac Beeckman）。贝克曼在数学和物理学方面有很高造诣，很快成了他的导师。4 个月后，他写信给贝克曼："你是将我从冷漠中唤醒的人……"。

1622 年，26 岁的笛卡儿变卖掉父亲留下的资产，用 4 年时间游历欧洲。他先在意大利住了 2 年，随后迁往巴黎。当时法国教会势力庞大，不能自由讨论宗教问题，因此笛卡儿在 1628 年移居荷兰，在那里住了 20 多年。他深居简出，仅仅通过好友梅森[㊀]和学术界取得联系。在此期间，笛卡儿致力于哲学研究，他发表了多部重要的文集，包括《方法论》《形而上学的沉思》和《哲学原理》等，成为欧洲最有影响力的哲学家之一。1637 年，笛卡儿在他的文章《几何学》中，创立了解析几何。

1649 年笛卡儿受瑞典克里斯蒂娜女王之邀来到斯德哥尔摩担任女王的私人教师。但是女王习惯在清晨 5 点起床向笛卡儿学习，这一下子打破了笛卡儿一生 11 点起床的作息习惯。几个月后，在这片"熊、冰雪与岩石的土地"上，笛卡儿不幸得了肺炎，在 1650 年 2 月去世，享年 54 岁。笛卡儿留下名言"我思故我在"，提出了"普遍怀疑"的主张。他开拓了欧洲理性主义哲学，是西方现代哲学的奠基人。他的哲学思想深深影响了之后的几代人。笛卡儿对现代数学的发展做出了重要的贡献，他创立的解析几何，成功地将当时完全分开的代数和几何学联系到了一起。

相对于集合的笛卡儿积，还有一种对偶的构造。我们可以从两个集合 A，B 产生一个不相交的并集（disjoint union，也称为和）$A+B$。为了分清和中的每个元素究竟是来自 A 还是 B，可以给元素增加一个标记（tag）：

$$A + B = (A \times \{0\}) \cup (B \times \{1\})$$

当从 $A+B$ 中取出一个元素（x，tag），如果 tag 为 0，我们就知道 x 本来属于 A，如果 tag 为 1，就知道 x 本来属于 B。这样有限集合 $\{1, 2, 3\}$ 和 $\{a, b\}$ 的和就是

$$\{(1,0),(2,0),(3,0),(a,1),(b,1)\}$$

下面的例子程序构造了两个列表的和 $A+B$：

```
A+B = zip A [0, 0, …] ++ zip B [1, 1, …]
```

当 A，B 是同类的代数结构时，我们可以定义如下的对象和箭头：

对比这两种构造我们发现它们是对偶的。如果把两张图旋转 90 度，把 A 画在上，B 画在下。这样两个问题一个在左，一个在右，如同双手一样对称（见图 4.11）。这种现象在范畴的相关概念中很常见。世界中到处都有对称，这样当我们了解了一个事物，就对偶地了解了另一个事物。

㊀ 马林·梅森，法国修道士、学者、数学家和音乐理论家。他发现了梅森素数，即形如 $M_n = 2^n - 1$ 的素数。他和当时的著名数学家和科学家有广泛的联系，被称为 16 世纪上半叶世界数学和科学的中心人物。

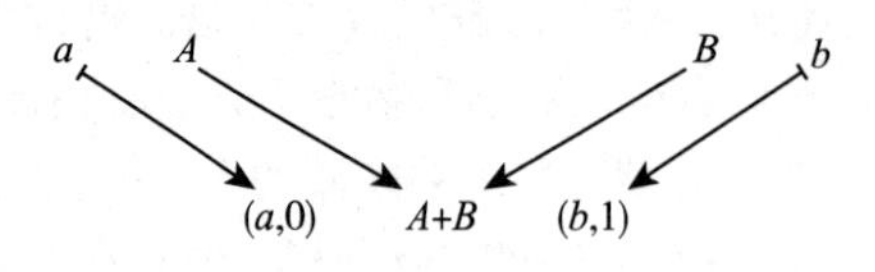

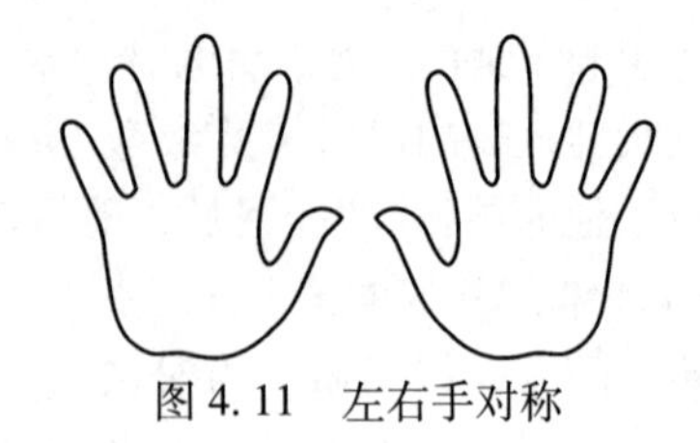
图 4.11　左右手对称

4.3.1　积与和的定义

定义 4.2　（**楔形**）对于范畴 $\pmb{C}$ 中的一对对象 A 和 B，一个

指向 A,B 的　　从 A,B 出发的

楔形（wedge）是范畴 $\pmb{C}$ 中的一个对象 X 和一对箭头：

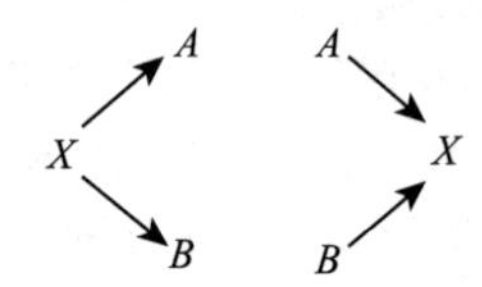

给定范畴中的一对对象 A 和 B，可能有不止一个向左的或者向右的楔形。我们关心那个“最好”的楔形，它距离两个对象“最近”。本质上，我们在寻找一个泛性的（universal）楔形。这就引出了下面的（一对）定义。

定义 4.3　对于范畴 $\pmb{C}$ 中的一对对象 A 和 B，一个

积(product)　　和(coproduct)[⊖]

是一个特殊的楔形：

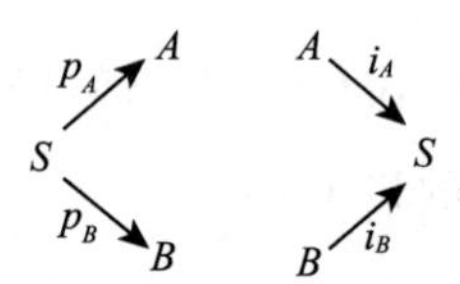

这个楔形满足如下泛性性质：对于任意楔形

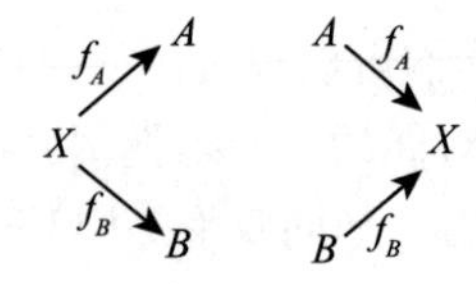

都存在相应唯一的箭头：

⊖　coproduct 也译作余积。

$$X \xrightarrow{m} S \qquad S \xrightarrow{m} X$$

使得下面图中的箭头可交换。

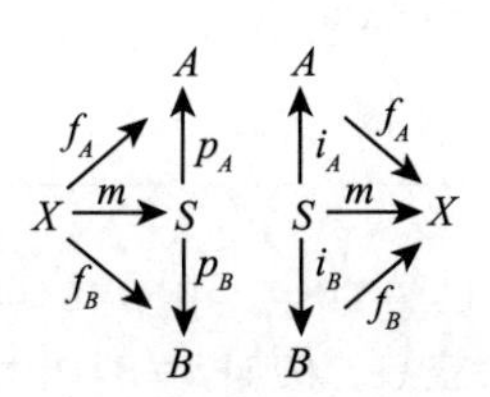

其中箭头 m 叫作楔形 X 的媒介箭头（mediating arrow 或者 mediator）。

在这一定义中，积或和并不仅仅是一个对象 S，而是一个对象加上一对箭头。其次，对于任意给定的 X，媒介箭头 m 都是唯一的。所谓箭头可交换，我们用左侧的积来举例，是说箭头间的关系满足：

$$f_A = p_A \circ m$$
$$f_B = p_B \circ m$$

观察上面范畴图的媒介箭头，我们能想到这样的特例：如果 X 等于 S，m 是一个自指箭头（endo-arrow）

$$S \xrightarrow{m} S$$

则 m 一定是恒等箭头。此时的范畴图简化为

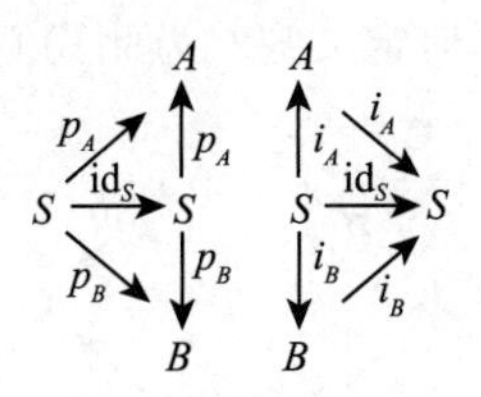

在众多的楔形中，积与和是特殊的——它们是泛性的，是“最接近”或者说是“最好”的一个楔形。并且可以证明（见书后附录）积与和是唯一的。但是积与和并不总是同时存在，甚至有可能都不存在。现在我们回过头来再看一下集合的情形。

引理 4.1 若 A，B 是两个集合，则它们的

笛卡儿积 $A \times B$ 不相交并集 $A + B$

在范畴 **Set** 中构成

积 和

详细的证明过程可以参考本书后面的附录。在一些编程环境中，积的确是通过二元组（a，b）以及函数 fst 和 snd 来实现的。但是，和却是以单独的数据类型来实现的：

```
data Either a b = Left a | Right b
```

这样的好处是，我们不需要再通过 0，1 这样的标记（tag）来了解一个 Either a b 的元素 x 究竟是来自 a 还是 b。例如下面的例子代码使用模式匹配来决定如何处理和的元素：

```
either :: (a →c) → (b →c) →Either a b →c
either f _ (Left x) = f x
either _ g (Right y) = g y
```

举个具体的例子，假设我们有一个 `Either String Int` 类型的和，它或者为一个字符串，例如s=`Left " hello"`，或者是一个整数，例如 n=`Right 8`。如果是字符串，我们希望得到它的长度；如果是整数，我们希望将它加倍。为此我们可以这样调用：`either length (*2)` x。

这样 `either length (*2)` s 会计算“hello”的长度，结果为 5；而 `either length (*2)` n 会将 8 加倍，结果为 16。有些编程环境中，使用联合体（union）或者枚举（enum）来部分实现和的概念。方便起见，我们有时把集合和的这两个箭头称为 left 和 right。

4.3.2 积与和的性质

在积与和的定义中，对于任意的 X 和箭头组成的楔形，媒介箭头 m 是唯一确定的。媒介箭头在集合范畴 **Set** 中可以这样定义：

$$\begin{array}{cc} \text{积} & \text{和} \\ m(x) = (a, b) & \begin{cases} m\ (a, 0) = p(a) \\ m\ (b, 1) = q(b) \end{cases} \end{array}$$

在更一般的范畴中，媒介箭头如何定义呢？为此我们引入两个特殊的箭头运算符号。任意给定楔形：

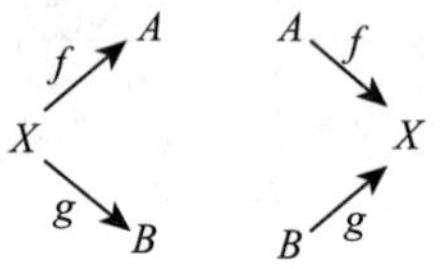

$$X \xrightarrow{f} A,\quad X \xrightarrow{g} B \qquad\qquad A \xrightarrow{f} X,\quad B \xrightarrow{g} X$$

分别定义

$$m = \langle f, g \rangle \qquad\qquad m = [f, g]$$

使得它们满足：

$$\begin{cases} \text{fst} \circ m = f \\ \text{snd} \circ m = g \end{cases} \qquad\qquad \begin{cases} m \circ \text{left} = f \\ m \circ \text{right} = g \end{cases}$$

这样，下面范畴图中的箭头是可交换的：

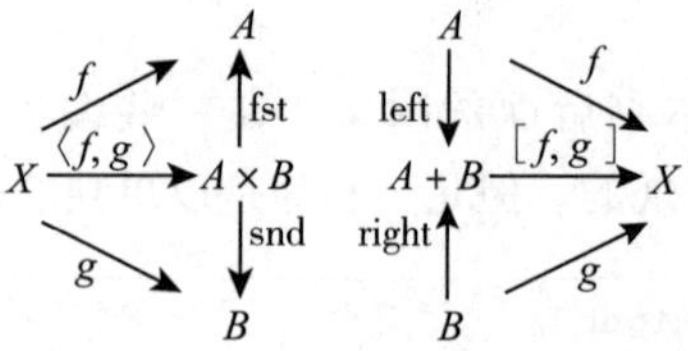

$$\begin{array}{ccc} & & A \\ & \nearrow^{f} & \uparrow \text{fst} \\ X & \xrightarrow{\langle f, g \rangle} & A \times B \\ & \searrow_{g} & \downarrow \text{snd} \\ & & B \end{array} \qquad\qquad \begin{array}{ccc} A & & \\ \text{left} \downarrow & \searrow^{f} & \\ A + B & \xrightarrow{[f, g]} & X \\ \text{right} \uparrow & \nearrow_{g} & \\ B & & \end{array}$$

通过这对范畴图，我们立即可以得到一些积与和的性质。首先是**消去律**：

$$\begin{cases}\text{fst} \circ \langle f,g\rangle = f \\ \text{snd} \circ \langle f,g\rangle = g\end{cases} \qquad \begin{cases}[f,g] \circ \text{left} = f \\ [f,g] \circ \text{right} = g\end{cases}$$

对于积，如果f恰好等于 fst，而g恰好等于 snd，我们就得到了上一小节中恒等箭头的特例；同样对于和，如果f恰好等于 left，而g恰好等于 right，则媒介箭头也是恒等箭头。我们称这条性质为**反射律**（reflection law）：

$$\text{id} = \langle \text{fst}, \text{snd}\rangle \qquad \text{id} = [\text{left}, \text{right}]$$

如果存在另一个楔形Y和箭头h，k，它们和f，g间满足关系：

$$\begin{array}{cc} \text{积} & \text{和} \\ \begin{cases}h \circ \phi = f \\ k \circ \phi = g\end{cases} & \begin{cases}\phi \circ h = f \\ \phi \circ k = g\end{cases}\end{array}$$

我们用

$$\langle h,k\rangle \circ \phi \qquad \phi \circ [h,k]$$

代入m，并使用消去律，这样就得到了**融合律**（fusion law）：

$$\begin{array}{cc} \text{积} & \text{和} \\ \begin{cases}h \circ \phi = f \\ k \circ \phi = g\end{cases} \Rightarrow \langle h,k\rangle \circ \phi = \langle f,g\rangle & \begin{cases}\phi \circ h = f \\ \phi \circ k = g\end{cases} \Rightarrow \phi \circ [h,k] = [f,g]\end{array}$$

也就是说：

$$\langle h,k\rangle \circ \phi = \langle h \circ \phi, k \circ \phi\rangle \qquad \phi \circ [h,k] = [\phi \circ h, \phi \circ k]$$

我们在后面会看到，这些性质和定律对于我们进行算法推导、程序化简、性能优化会起到很重要的作用。

4.3.3 积与和作为函子

了解了范畴的积，就自然引出了**二元函子**（bifunctor 或 binary functor）的概念。我们此前介绍的函子，将一个范畴中的对象转换成另一个范畴中的对象，同时将一个范畴中的箭头转成另一个范畴中的箭头。所谓二元函子，它作用于两个范畴$\boldsymbol{C}$和$\boldsymbol{D}$的积，也就是说它的源是$\boldsymbol{C} \times \boldsymbol{D}$。所以对于对象部分，二元函子的转换关系为

$$\begin{array}{l}\boldsymbol{C} \times \boldsymbol{D} \to \boldsymbol{E} \\ A \times B \mapsto \mathbf{F}(A \times B)\end{array}$$

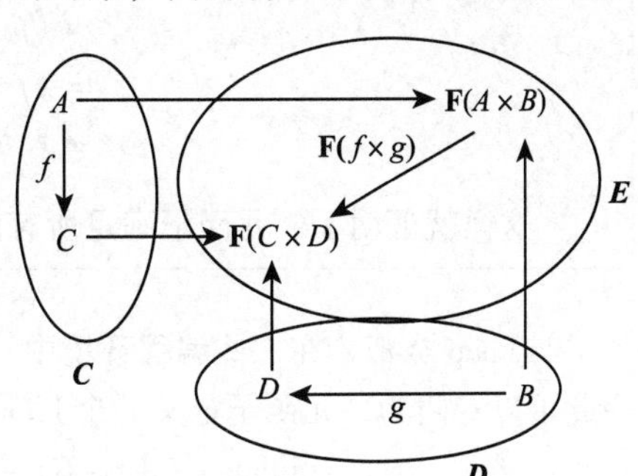

但是函子除了作用于对象之外，也作用于箭头，对于范畴$\boldsymbol{C}$中的箭头f，及$\boldsymbol{D}$中的箭头g，二元函子

是怎样对应的呢？我们观察下面的范畴图：

这个范畴图告诉我们，箭头 $A \xrightarrow{f} C$ 和 $B \xrightarrow{g} D$ 被函子 **F** 对应到范畴 $\boldsymbol{E}$ 中的新箭头，它的源是对象 **F**（$A \times B$），目标是对象 **F**（$C \times D$）。为此我们可以先定义两个箭头 f，g 的积，它作用于 A 和 B 的积，对于任意（a，b）$\in A \times B$，它的行为如下：

$$(f \times g)(a,b) = (f\ a, g\ b)$$

然后二元函子 **F** 作用于这两个箭头的积 $f \times g$，将其对应到新的箭头 **F**（$f \times g$）上。于是最终的二元函子的定义如下：

$$\begin{array}{l} \boldsymbol{C} \times \boldsymbol{D} \rightarrow \boldsymbol{E} \\ A \times B \mapsto \mathbf{F}(A \times B) \\ f \times g \mapsto \mathbf{F}(f \times g) \end{array}$$

既然是函子，我们还必须验证这个定义满足函子的两条性质：恒等性质和组合性质。**一般的读者可以略过框中的内容。**

$$\begin{array}{l} \mathbf{F}(\mathrm{id} \times \mathrm{id}) = \mathrm{id} \\ \mathbf{F}((f \circ f') \times (g \circ g')) = \mathbf{F}(f \times g) \circ \mathbf{F}(f' \times g') \end{array}$$

证明：我们将积看作一个对象，这样只要等价地证明下面的两条性质，再用一元函子的已知结论就可以证明二元函子的情形了。

$$\begin{array}{l} \mathrm{id} \times \mathrm{id} = \mathrm{id} \\ (f \circ f') \times (g \circ g') = (f \times g) \circ (f' \times g') \end{array}$$

我们先证明恒等性质。对于任意（a，b）$\in A \times B$，有

$$\begin{aligned} (\mathrm{id} \times \mathrm{id})(a,b) &= (\mathrm{id}(a), \mathrm{id}(b)) && \text{箭头积的定义} \\ &= (a,b) && \text{id 的定义} \\ &= \mathrm{id}(a,b) && \text{反向用 id 的定义} \end{aligned}$$

接着证明组合性质。

$$\begin{aligned} ((f \circ f') \times (g \circ g'))(a,b) &= ((f \circ f')\ a, (g \circ g')\ b) && \text{箭头积的定义} \\ &= (f(f'(a)), g(g'(b))) && \text{箭头组合的定义} \\ &= (f \times g)(f'(a), g'(b)) && \text{反向用箭头积的定义} \\ &= (f \times g)((f' \times g')(a,b)) && \text{反向用箭头积的定义} \\ &= ((f \times g) \circ (f' \times g'))(a,b) \end{aligned}$$

这样就证明了二元函子满足所有函子的性质。 □

与 fmap 类似，在一些编程环境中，无法用同一个符号既做对象的映射，也做箭头的映射。为此可以专门为二元函子定义一个 bimap。我们要求所有的二元函子 **F** 满足：

$$\mathrm{bimap}: (A \rightarrow C) \rightarrow (B \rightarrow D) \rightarrow (\mathbf{F}A \times B \rightarrow \mathbf{F}C \times D)$$

也就是说，如果 $\mathbf{F}$ 是一个二元函子，它把两个箭头 $A \xrightarrow{g} C$、$B \xrightarrow{h} D$ 映射为从 $\mathbf{F}A \times B$ 到 $\mathbf{F}C \times D$ 的箭头。

有了二元函子的概念，就可以定义积函子与和函子了。我们用中缀的形式，将

积函子记为“×”　　和函子记为“+”

对于两个对象，积函子将其映射为对象的积；和函子将其映射为对象的和。对于箭头，定义：

$$f \times g = \langle f \circ \mathrm{fst}, g \circ \mathrm{snd} \rangle \qquad f + g = [\mathrm{left} \circ f, \mathrm{right} \circ g]$$

接下来需要验证函子的两条性质，**一般的读者可以略过框中的内容**。首先是恒等性质。将 f，g 都用 id 代入：

$$\begin{array}{lll} & \mathrm{id} \times \mathrm{id} & \\ = & \langle \mathrm{id} \circ \mathrm{fst}, \mathrm{id} \circ \mathrm{snd} \rangle & \times\text{的定义} \\ = & \langle \mathrm{fst}, \mathrm{snd} \rangle & \mathrm{id}\text{ 的性质} \\ = & \mathrm{id} & \text{积的反射律} \end{array} \qquad \begin{array}{lll} & \mathrm{id} \times \mathrm{id} & \\ = & [\mathrm{left} \circ \mathrm{id}, \mathrm{right} \circ \mathrm{id}] & +\text{的定义} \\ = & [\mathrm{left}, \mathrm{right}] & \mathrm{id}\text{ 的性质} \\ = & \mathrm{id} & \text{和的反射律} \end{array}$$

其次验证组合性质。

积　　　　和

$$(f \times g) \circ (f' \times g') = f \circ f' \times g \circ g' \qquad (f + g) \circ (f' + g') = f \circ f' + g \circ g'$$

为此，我们先证明积与和的**吸收律**（absorption law）：

积的吸收律　　　　和的吸收律

$$(f \times g) \circ \langle p, q \rangle = \langle f \circ p, g \circ q \rangle \qquad [p, q] \circ (f + g) = [p \circ f, g \circ q]$$

我们只给出左边积的情况，和的情况与此对称，我们将其留作练习。

$$\begin{array}{lll} & (f \times g) \circ \langle p, q \rangle & \\ = & \langle f \circ \mathrm{fst}, g \circ \mathrm{snd} \rangle \circ \langle p, q \rangle & \times\text{ 的定义} \\ = & \langle f \circ \mathrm{fst} \circ \langle p, q \rangle, g \circ \mathrm{snd} \circ \langle p, q \rangle \rangle & \text{积的融合律} \\ = & \langle f \circ p, g \circ q \rangle & \text{积的消去律} \end{array}$$

使用吸收律，令 $p = f' \circ \mathrm{fst}$，$q = g' \circ \mathrm{snd}$，就可以验证组合性质：

$$\begin{array}{lll} & (f \times g) \circ (f' \times g') & \\ = & (f \times g) \circ \langle f' \circ \mathrm{fst}, g' \circ \mathrm{snd} \rangle & \text{对第二项用 } \times \text{ 的定义} \\ = & (f \times g) \circ \langle p, q \rangle & \text{用 } p, q \text{ 代换} \\ = & \langle f \circ p, g \circ q \rangle & \text{吸收率} \\ = & \langle f \circ f' \circ \mathrm{fst}, g \circ g' \circ \mathrm{snd} \rangle & \text{把 } p, q \text{ 代换回} \\ = & \langle (f \circ f') \circ \mathrm{fst}, (g \circ g') \circ \mathrm{snd} \rangle & \text{结合律} \\ = & (f \circ f') \times (g \circ g') & \text{反向用 } \times \text{ 的定义} \end{array}$$

积函子是二元函子的一个特例。我们可以为积函子定义 bimap 如下：

$$\text{bimap} : (A \to C) \to (B \to D) \to (A \times B \to C \times D)$$
$$\text{bimap}\ f\ g\ (x, y) = (f\ x, g\ y)$$

如果使用 Either 类型实现和函子，则相应的 bimap 可以定义如下：

$$\text{bimap} : (A \to C) \to (B \to D) \to (\text{Either}\ A\ B \to \text{Either}\ C\ D)$$
$$\text{bimap}\ f\ g\ (\text{left}\ x) = \text{left}\ (f\ x)$$
$$\text{bimap}\ f\ g\ (\text{right}\ y) = \text{right}\ (g\ y)$$

练习 4.3

1. 考虑偏序集（poset）中的两个对象，它们的积是什么？和是什么？
2. 证明和的吸收率，并验证和函子的组合性质。

4.4 自然变换

艾伦伯格和麦克兰恩在 1940 年代发展范畴论时，他们想解释为何某些构造是“自然”的，而某些不是。现在这一术语被命名为“自然变换”。麦克兰恩曾说：“我并非为了研究函子而发明了范畴，我发明它们是为了研究自然变换。”通过前面介绍的范畴和函子，我们可以说在范畴论中，箭头用于比较对象，而函子用于比较范畴。那么我们用什么比较函子呢？自然变换正是用于比较函子的工具。考虑下面的两个函子：

$$\mathbf{Src} \underset{\mathbf{G}}{\overset{\mathbf{F}}{\rightrightarrows}} \mathbf{Trg}$$

它们联系两个同样的范畴[⊖]，我们怎样比较它们呢？由于函子既映射对象，又映射箭头，所以我们也得既比较函子映射后的对象，也比较函子映射后的箭头。考虑 **Src** 中的任意对象 A，它被两个函子映射成 **Trg** 中的两个对象 $\mathbf{F}A$ 和 $\mathbf{G}A$。我们要研究的是从 $\mathbf{F}A$ 到 $\mathbf{G}A$ 之间的箭头

$$\mathbf{F}A \xrightarrow{\phi_A} \mathbf{G}A$$

并且除了 A 外，我们对 **Src** 中的所有对象做同样的研究。

定义 4.4　任给如上图所示的一对函子 **F**，**G**，一个自然变换

$$\mathbf{F} \xrightarrow{\phi} \mathbf{G}$$

是由 A 索引的在 **Trg** 中的一簇箭头

$$\mathbf{F}A \xrightarrow{\phi_A} \mathbf{G}A$$

⊖ 都是协变的或都是反变的。

并且对 **Src** 中的任意箭头 $A \xrightarrow{f} B$，下面的方形都是可交换的。

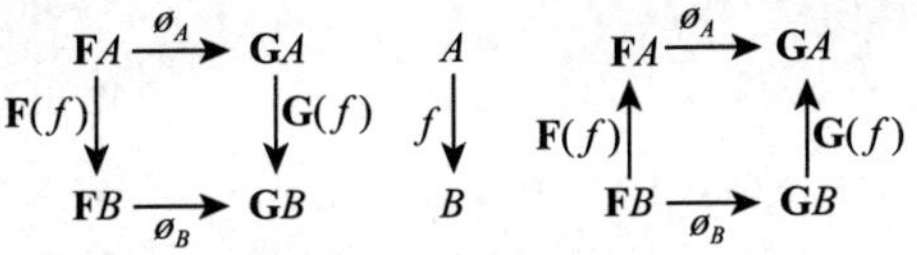

$$\begin{array}{ccc} \mathbf{F}A & \xrightarrow{\phi_A} & \mathbf{G}A \\ \mathbf{F}(f)\downarrow & & \downarrow\mathbf{G}(f) \\ \mathbf{F}B & \xrightarrow[\phi_B]{} & \mathbf{G}B \end{array} \qquad \begin{array}{c} A \\ f\downarrow \\ B \end{array} \qquad \begin{array}{ccc} \mathbf{F}A & \xrightarrow{\phi_A} & \mathbf{G}A \\ \mathbf{F}(f)\uparrow & & \uparrow\mathbf{G}(f) \\ \mathbf{F}B & \xrightarrow[\phi_B]{} & \mathbf{G}B \end{array}$$

协变　　反变

从自然变换的范畴图中，我们看到任何一个箭头 f，都对应一个可交换的方形。对于协变的情况，可交换意味着对于任何箭头 f，下面的关系成立：

$$\mathbf{G}(f) \circ \phi_A = \phi_B \circ \mathbf{F}(f)$$

4.4.1 自然变换的例子

自然变换是在范畴、箭头、函子之上的又一层抽象。我们举一些具体的例子来帮助理解这一重要的概念。

例 4.3 第一个例子是前缀枚举函数 inits。任给一个字符串或者列表，inits 可以枚举出所有的前缀，例如：

```
inits "Mississippi" = ["","M","Mi","Mis","Miss","Missi","Missis",
        "Mississ","Mississi","Mississip","Mississipp","Mississippi"]
inits [1, 2, 3, 4] = [[], [1], [1, 2], [1, 2, 3], [1, 2, 3, 4]]
```

概括来说，inits 的行为如下：

$$\text{inits}\ [a_1, a_2, \cdots, a_n] = [[\ ], [a_1], [a_1, a_2], \cdots, [a_1, a_2, \cdots, a_n]]$$

考虑集合范畴 **Set**，对于任何对象，也就是集合 A（或者说是类型 A），都存在被 A 索引的 inits 箭头：

$$\text{inits}_A : \mathbf{List}\ A \to \mathbf{List}(\mathbf{List}\ A)$$

其中一个函子是列表函子 **List**，另一个函子是嵌套列表函子 **List List**。

如果我们用“[ ]”简记法，这个箭头也可以表示为

$$[A] \xrightarrow{\text{inits}_A} [[A]]$$

我们接下来要验证，对任何函数 $A \xrightarrow{f} B$，有

$$\mathbf{List}\ \mathbf{List}(f)) \circ \text{inits}_A = \text{inits}_B \circ \mathbf{List}(f)$$

也就是说，要验证如下的方形范畴图是可交换的。

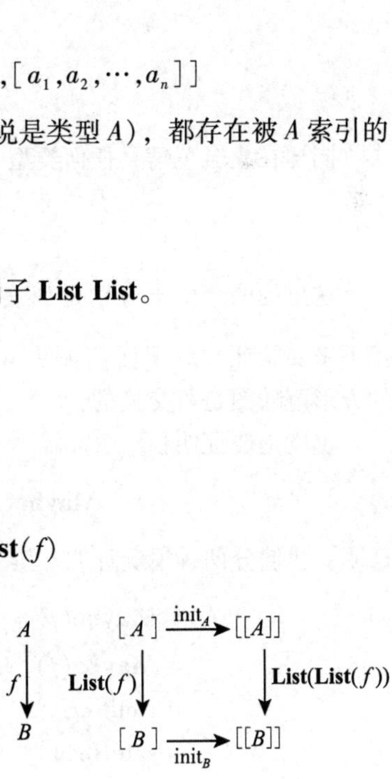

$$\begin{array}{c} A \\ f\downarrow \\ B \end{array} \qquad \begin{array}{ccc} [A] & \xrightarrow{\text{init}_A} & [[A]] \\ \mathbf{List}(f)\downarrow & & \downarrow\mathbf{List}(\mathbf{List}(f)) \\ [B] & \xrightarrow[\text{init}_B]{} & [[B]] \end{array}$$

证明： 我们利用前面小节中针对列表函子定义的 fmap 来证明可交换性。对任意 A 中的 n 个元素 a_1，a_2，$\cdots$，a_n，令 B 中的 n 个元素 b_1，b_2，$\cdots$，b_n 满足 $f(a_1) = b_1$，$f(a_2) =$

b_2，…，$f(a_n) = b_n$。我们有

$\mathbf{List}(\mathbf{List}(f)) \circ \text{init}_A[a_1,\cdots,a_n]$	
$= \text{fmap}_{[[\,]]}(f) \circ \text{init}_A[a_1,\cdots,a_n]$	使用 fmap
$= \text{fmap}_{[[\,]]}(f)\ [[\,],[a_1],\cdots,[a_1,a_2,\cdots,a_n]]$	inits 的定义
$= \text{map}(\text{map}\, f)\ [[\,],[a_1],\cdots,[a_1,a_2,\cdots,a_n]]$	列表函子的 fmap 等价于 map
$= [\text{map}\, f\, [\,],\text{map}\, f\, [a_1],\cdots,\text{map}\, f\, [a_1,a_2,\cdots,a_n]]$	map 的定义
$= [[\,],[f(a_1)],\cdots,[f(a_1),f(a_2),\cdots,f(a_n)]]$	对每个子列表应用 map f
$= [[\,],[b_1],\cdots,[b_1,b_2,\cdots,b_n]]$	f 的定义
$= \text{init}_B[b_1,b_2,\cdots,b_n]$	反向用 init 的定义
$= \text{init}_B[f(a_1),f(a_2),\cdots,f(a_n)]$	反向用 f 的定义
$= \text{init}_B \circ \text{map}(f)\ [a_1,a_2,\cdots,a_n]$	反向用 map f
$= \text{init}_B \circ \text{fmap}_{[\,]}(f)\ [a_1,\cdots,a_n]$	列表函子的 fmap 等价于 map
$= \text{init}_B \circ \mathbf{List}(f)\ [a_1,\cdots,a_n]$	

所以 inits：**List** →**List**。**List** 的确是一个自然变换。

例 4.4　我们举的第二个例子叫作 safeHead，它的行为是安全地获取列表中的第一个元素。所谓“安全”，就是说它能够处理空列表 Nil 的情况。为此我们可以使用前面介绍过的可能函子 **Maybe**。它的定义如下：

$$\begin{aligned}&\text{safeHead} : [A] \to \mathbf{Maybe}\ A\\&\text{safeHead}\ [\ ] = \text{Nothing}\\&\text{safeHead}\ (x:xs) = \text{Just}\ x\end{aligned}$$

同样在集合范畴，任何类型 A 是一个对象，它索引的箭头 safeHead 为

$$[A] \xrightarrow{\text{safeHead}_A} \mathbf{Maybe}\ A$$

这里的两个函子分别是列表函子和可能函子。我们接下来要验证，对于任何箭头（函数）$A \xrightarrow{f} B$，下面的方形范畴图是可交换的：

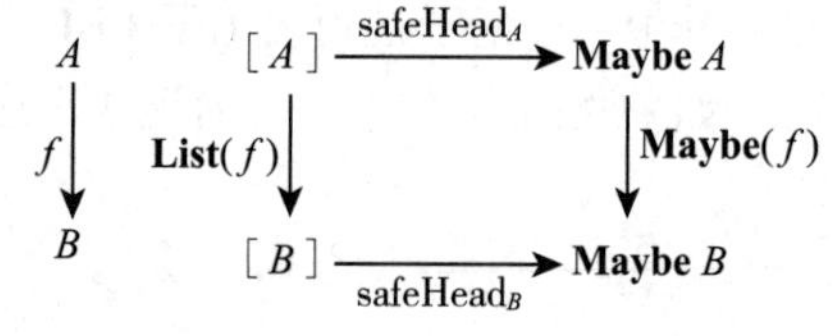

也就是要证明：

$$\mathbf{Maybe}(f) \circ \text{safeHead}_A = \text{safeHead}_B \circ \mathbf{List}(f)$$

证明：我们分两种情况证明。第一种情况是空列表：

$\mathbf{Maybe}(f) \circ \text{safeHead}_A[\ ]$	
$= \mathbf{Maybe}(f)\ \text{Nothing}$	safeHead 的定义
$= \text{Nothing}$	fmap f Nothing 的定义
$= \text{safeHead}_B[\ ]$	反向用 safeHead 的定义

$= \text{safeHead}_B \circ \textbf{List}(f)\ [\ ]$　　反向用 fmap f [ ] 的定义

第二种情况是非空列表（x：xs）：

$\textbf{Maybe}(f) \circ \text{safeHead}_A(x:xs)$

$= \textbf{Maybe}(f)\ (\text{Just}\ x)$　　safeHead 的定义

$= \text{Just}\ f(x)$　　fmap f Just x 的定义

$= \text{safeHead}_B(f(x) : \text{fmap}\ f\ xs)$　　反向用 safeHead 的定义

$= \text{safeHead}_B \circ \textbf{List}(f)\ (x:xs)$　　反向用 fmap f (x:xs) 的定义

综合这两种情况，就证明了 safeHead：**List→ Maybe** 的确是自然变换。　□

我们总结一下这两个自然变换的例子。从范畴中的任意对象 A 开始（对于集合范畴，相当于一个集合 A；对于编程，相当于一个类型 A)，通过一个函子 **F**，将其映射为对象 **F**A（对于集合范畴，**F**A 是另一个集合；对于编程，**F**A 是另一个类型)，而另一函子 **G** 将其映射为 **G**A。自然变换 ϕ 经由 A 索引的箭头（在集合范畴中是一个映射，在编程中是一个函数）[1]，形如：

$$\phi_A : \mathbf{F}A \to \mathbf{G}A$$

现在，我们说不仅对 A，而是对**所有**对象进行抽象，这样就得到了一族箭头（在编程中，就是一个**多态函数**[2]）：

$$\phi : \forall A \cdot \mathbf{F}A \to \mathbf{G}A$$

在某些编程环境中，可以这样写[3]：

```
phi :: forall a · F a →G a
```

通常我们不需要明确标明 `forall a`，这样自然变换就可以写为

```
phi : F a →G a
```

回顾此前的两个例子，我们可以知道 inits 和 safeHead 的类型分别为

```
inits :: [a] → [ [a] ]
safeHead :: [a] →Maybe a
```

它们仅仅是把 phi 换成了各自的名字，把 **F**,**G** 换成了各自的函子。

---

[1] 也称在 A 上的部分（The component at A)。

[2] 我们可以联想到面向对象编程中的多态函数和泛型编程中的模板函数。

[3] Haskell 中有一个 ExplicitForAll 的选项，我们在下一章介绍叠加——构造融合律时会再次遇到它。

4.4.2 自然同构

我们说自然变换是用来比较函子的。仿照抽象代数中同构的含义，我们需要定义什么情况下认为两个函子是“等价”的。

定义 4.5 我们称两个函子 **F** 和 **G** 间的**自然同构**是一个自然变换：

$$\mathbf{F} \xrightarrow{\phi} \mathbf{G}$$

使得对每个源范畴中的对象 A，被索引的箭头

$$\mathbf{F}A \xrightarrow{\phi_A} \mathbf{G}A$$

都是目的范畴中的同构。

有时我们也说自然同构的两个函子是自然等价的。

我们举一个极端的例子 swap。对于任意两个对象的积 $A \times B$，swap 将其调换为 $B \times A$：

$$\text{swap} : A \times B \to B \times A$$
$$\text{swap}\ (a, b) = (b, a)$$

swap 是一个自然变换，它将一个二元函子变换为另一个二元函子。恰巧这两个二元函子都是积函子，即 $\mathbf{F} = \mathbf{G} = \times$

由于是二元函子，所以对任意两个箭头 $A \xrightarrow{f} C$ 和 $B \xrightarrow{g} D$，我们需要下面的自然条件使得范畴图可交换：

$$(g \times f) \circ \text{swap}A \times B = \text{swap}C \times D \circ (f \times g)$$

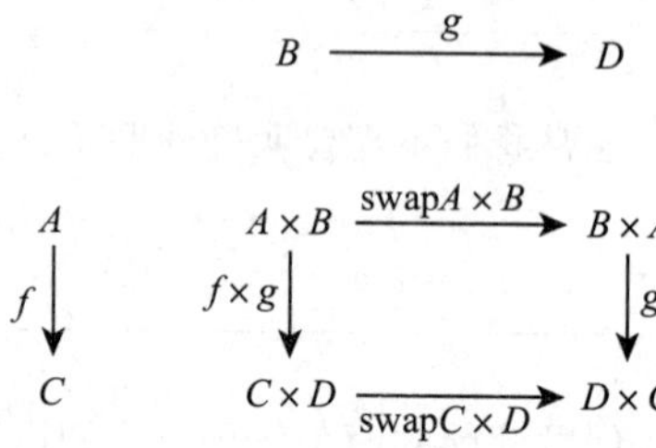

$$\begin{array}{ccccc} & & B & \xrightarrow{g} & D \\ A & & A \times B & \xrightarrow{\text{swap}A \times B} & B \times A \\ \downarrow f & & \downarrow f \times g & & \downarrow g \times f \\ C & & C \times D & \xrightarrow[\text{swap}C \times D]{} & D \times C \end{array}$$

证明这一点很简单，只要任选两个对象的积（a, b）和（c, d）分别代入自然条件的左右两侧即可。我们把它留作练习。虽然两个函子都是积函子，我们还是来证明一下它们是自然同构的。对于任何两个对象的积 $A \times B$，注意到

$$\text{swap}_{A \times B} \circ \text{swap}_{B \times A} = \text{id}$$

也就是说 swap 是一个一一映射，因此它在目标范畴中是同构的。这样就证明了自然同构。

以上的三个例子 inits、safeHead 和 swap 都是多态函数，它们也都是自然变换。这不是一个巧合。在函数式编程中，所有的多态函数都是自然映射[44]。

练习 4.4

1. 证明 swap 满足自然变换的条件 $(g \times f) \circ \text{swap} = \text{swap} \circ (f \times g)$。
2. 证明多态函数 length 是一个自然变换，其定义如下：

$$\text{length} : [A] \to \text{Int}$$
$$\text{length}\ [\ ] = 0$$

$$\text{length } (x:xs) = 1 + \text{length } xs$$

3. 自然变换也可以进行组合，考虑两个自然变换 $\mathbf{F} \xrightarrow{\phi} \mathbf{G}$ 和 $\mathbf{G} \xrightarrow{\psi} \mathbf{H}$，对于任意箭头 $A \xrightarrow{f} B$，试画出自然变换组合 $\psi \circ \phi$ 的范畴图，并列出可交换性的条件。

4.5 数据类型

我们已经简单介绍了范畴论中的最基本概念，包括范畴、函子、自然变换。接下来我们了解一下如何通过这些基本组件实现较复杂的数据类型。

4.5.1 起始对象和终止对象

我们先认识两个最简单的数据类型，起始对象（initial object）和终止对象（terminal object 或 final object）。这两个对象也像左右手一样是对偶的。

定义 4.6 在任意范畴 $\boldsymbol{C}$ 中，如果有一个特殊的对象 S，使得范畴中的每个对象 A 都有一个唯一的箭头

$$S \longrightarrow A \qquad\qquad A \longrightarrow S$$

也就是说 S 存在

指向所有其他对象　　　　从所有其他对象指向自己

的唯一箭头，我们称这个对象 S 为

起始对象　　　　终止对象

习惯上，我们用 0 表示起始对象，1 表示终止对象。所以对任何对象 A 有

$$0 \longrightarrow A \qquad\qquad A \longrightarrow 1$$

为什么说起始对象和终止对象是对偶的呢？如果 S 是范畴 $\boldsymbol{C}$ 中的起始对象，我们只要把所有的箭头都反向，则 S 就成了范畴 $\boldsymbol{C}^{op}$ 中的终止对象。一个范畴可能没有起始对象或终止对象，或者两个都没有，但如果有的话，起始对象或者终止对象在同构的意义下是唯一的。

我们只证明起始对象的同构唯一性，终止对象可以通过对偶性得到证明。

证明： 假设除 0 外还存在另一个起始对象 $0'$。考虑起始对象 0，根据定义一定存在从 0 指向 $0'$ 的箭头 f；反过来，当考虑起始对象 $0'$ 的时候，也一定存在从 $0'$ 指向 0 的箭头 g。但是根据范畴公理，一定也有从 0 指向自己的箭头 id_0 和从 $0'$ 指向自己的箭头 $\text{id}_{0'}$。根据恒等箭头的唯一性，一定有

$$\text{id}_0 = f \circ g \qquad 和 \qquad \text{id}_{0'} = g \circ f$$

这一关系可从下面的范畴图看出。

这就证明了 0 和 $0'$ 是同构的。换言之，在同构的意义下，起始对象是唯一的。 □

$$\mathrm{id}_0 \circlearrowright 0 \underset{g}{\overset{f}{\rightleftarrows}} 0' \circlearrowleft \mathrm{id}_{0'}$$

特别地，如果一个对象既是起始对象，又是终止对象，我们称之为零对象（zero object 或 null object）。一个范畴并不一定有零对象。

接下来我们通过一些例子，由简到难说明起始对象和终止对象对应着什么样的数据类型。

例 4.5　考虑一个偏序集，箭头为序关系。如果一个偏序集存在最小值，则这个最小值就是起始对象；类似地，如果存在最大值，则最大值就是终止对象。例如《红楼梦》人物的有限集合｛贾宝玉、贾政、贾代善、贾源｝中，序关系为祖先关系。这样贾宝玉就是起始对象，贾源就是终止对象。而斐波那契数列组成的集合｛1，1，2，3，5，8，…｝，序关系为小于等于。1 是最小值，是起始对象；但是没有终止对象。注意斐波那契数列中有两个 1，但是它们在小于等于关系下是同构的。考虑全体实数 R 构成的偏序集，序关系为小于等于。它既没有最小值也没有最大值，所以既没有起始对象也没有终止对象。考虑图 4.6 中《红楼梦》家族树中所有人物组成的偏序集，序关系仍然是祖先关系。由于没有公共祖先，这样就既不存在起始对象也不存在终止对象。

例 4.6　考虑所有群构成的范畴 **Grp**。所谓平凡群就是只含有单位元的群 $\{e\}$（见上一章中的定义）。群间的箭头为态射。任何态射都把单位元映射为另一个群中的单位元。所以从 $\{e\}$ 出发，到任何群 G 都有：$e \mapsto e_G$，其中 e_G 是 G 中的单位元。因此从 $\{e\}$ 出发到任何群都有唯一的箭头。

$$\{e\} \longrightarrow G$$

另一方面，从任何一个群 G 出发，都存在一个唯一的态射，将群中所有的元素都映射到 e 上，即 $\forall x \in G,\ x \mapsto e$。因此从任何群 G 都有到 $\{e\}$ 的唯一箭头。

$$G \longrightarrow \{e\}$$

因此 $\{e\}$ 既是起始对象，又是终止对象。换言之，$\{e\}$ 是一个零对象。特别地观察下面的箭头组合：

$$G \longrightarrow \{e\} \longrightarrow G'$$

组合的结果是一个零箭头，它将三个群 G，$\{e\}$，G'这样串起来：所有 G 中的元素都映射到 e 上，然后再进一步映射到 $e_{G'}$ 上。如图 4.12 所示，这就是零对象这个名称的由来。

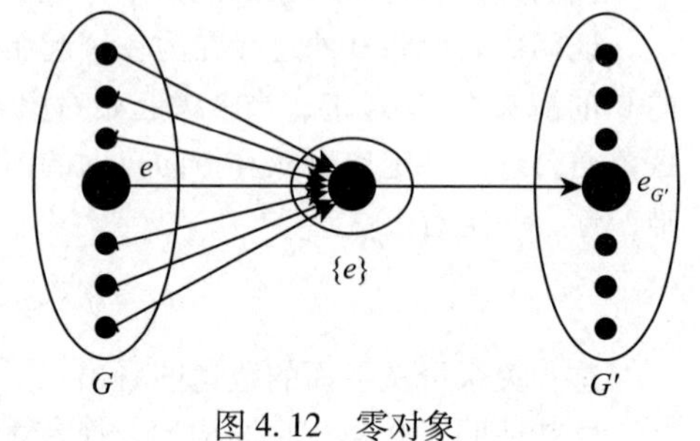

图 4.12　零对象

平凡群中唯一的元素是什么名字不重要，它可以是 e，可以是 1（例如整数乘法群的平凡子群），可以是 0（例如整数加群的平凡子群），可以是 I（例如方阵乘法群中的单位矩阵），可以是（1）（置换群中的恒等置换），可以是 id……在同构的意义下它们都是等价的。

例4.7 现在我们把难度增加一点，考虑全体集合的范畴 **Set**，箭头是全函数。终止对象相对容易找到，就是只含有一个元素的集合（singleton）$\{\bigstar\}$。仿照群的例子，对于任何集合 S，我们让集合中所有的元素都映射到这个唯一的元素上去：$\forall x \in S, x \mapsto \bigstar$。显然这个箭头是唯一的。

$$S \longrightarrow \{\bigstar\}$$

但是问题来了，空集 $\varnothing$ 怎样映射到 $\{\bigstar\}$ 上？事实上，空集[㊀]是集合范畴中的起始对象。对于任何集合 S，我们都可以定义箭头

$$\varnothing \xrightarrow{f} S$$

这一点比较难理解，请停下来仔细思考一下。可以从空集的 id 箭头出发思考这个问题，$\varnothing \xrightarrow{id_{\varnothing}} \varnothing$。根据范畴公理，id 箭头是任何范畴中任何对象都有的。空集是到任何集合（包括它自己）都存在唯一箭头的对象。只不过这个箭头所表示的全函数没有任何参数。它不能写成 $f(x): x \mapsto y$ 的形式。

回答刚才的问题，由于空集到任何集合都有唯一的箭头，所以空集到 $\{\bigstar\}$ 也有唯一的箭头。这样从任何集合（包括空集）都存在到 $\{\bigstar\}$ 的唯一箭头，因此 $\{\bigstar\}$ 的确是集合范畴中的终止对象。

为什么不能像群一样，让只含有一个元素的集合 $\{\bigstar\}$ 成为起始对象呢？原因是，从 $\{\bigstar\}$ 到任意集合 S 的箭头可能不唯一[㊁]。考虑有若干元素的集合 $S = \{x, y, z, \cdots\}$，我们可以定义箭头（全函数）$\{\bigstar\} \xrightarrow{\bar{x}} S$，将唯一元素映射到 x 上，也可以定义箭头 $\{\bigstar\} \xrightarrow{\bar{y}} S$ 和 $\{\bigstar\} \xrightarrow{\bar{z}} S$，将其映射到其他元素上。

我们选择符号 $\{\bigstar\}$ 的用意是说，元素是什么不重要，只要它是只含有一个元素的集合，在同构意义上就是等价的。

从终止对象 $\{\bigstar\}$ 到某一集合 S 的箭头

$$\{\bigstar\} \longrightarrow S$$

也有着特定的含义。它表明我们可以从集合 S 中选出一个元素，例如上述的箭头 $\bar{x}$，从集合中选出元素 x。我们把这样的箭头叫作选择箭头。

例4.8 在最后一个例子中，我们来到编程领域。编程环境的类型系统本质上是集合范畴 **Set**。一个集合相当于是一个数据类型。例如整形 Int 是所有整数的集合；布尔型是两个元素 $\{True, False\}$ 组成的集合。既然集合范畴的终止对象是 $\{\bigstar\}$，那么什么数据类型是编程中的终止对象呢？由于终止对象在同构的意义下是唯一的，所以任何只含有一个值的数据类型

㊀ 20世纪的伟大数学家，法国布尔巴基学派的成员安德烈·韦伊说他发明了空集符号 $\varnothing$，这是挪威语中的一个字母。

㊁ 另外一个原因是任何群都至少包换一个元素，即单位元。存在空集合，但不存在空群。

都是编程中的终止对象。

为此，我们可以特别定义一个数据类型叫作“()”，它只含有一个元素，也叫作“()”。

```
data () = ()
```

在同构的意义下 {★} = {()}，我们稍后会看到用“()”的好处。可以这样定义所有类型（集合）到这个终止对象的箭头（全函数）：

```
unit :: a→ ()
unit _  = ()
```

我们也可以自己定义终止对象——任何只有一个值的数据类型，在同构的意义上它和 () 是等价的[⊖]。

```
data Singleton = S

proj :: a→Singleton
proj _  = S
```

看起来这像一个常函数，把任何值都映射到一个常数的值，但是并非所有常函数都指向终止对象，例如下面两个常函数：

```
yes :: a→Bool
yes _  = True

no :: a→Bool
no _  = False
```

因为数据类型 Bool 包含两个元素，所以任何其他数据类型都有 yes，no 两个箭头指向 Bool，这样就不满足终止对象箭头的唯一性要求。

在集合范畴中，起始对象是空集∅，那么在编程中它对应着什么数据类型呢？既然数据类型本质上是集合，那么空集就相当于没有任何值的数据类型。在编程中，相当于我们声明了一个数据类型，但是却没有对它进行定义。

例如我们可以声明一个类型 Void，但是却没有为它定义任何值：

```
data Void
```

⊖ 在其他编程环境，例如 C++，Java，Scala 中，可以定义“单子”（Single）对象，如果把强制类型转换作为箭头，则这也构成了终止对象。

这样 Void 就表示一个空集。但是起始对象必须有到所有其他对象的唯一箭头。这就要求我们必须定义从 Void 到所有其他类型的函数。

```
absurd :: Void→a
absurd _  = undefined
```

函数的具体实现并不重要，因为根本不存在一个实际的参数来调用这个函数。我们完全也可以这样定义：

```
absurd :: Void→a
absurd a = case a of {}
```

我们也可以自己定义起始对象，只要在同构的意义上是等价的就可以。方法就是只声明类型，不定义任何值。例如：

```
data Empty

f :: Empty→a
f _  = undefined

iso :: Void →Empty
iso _  = undefined

iso′ :: Empty→Void
iso′ _  = undefined
```

我们明确定义了 iso 和 iso′，使得 Empty 和 Void 是同构的。并且容易验证 iso . iso′ = id。

集合范畴的例子中，我们说从终止对象到任何集合的箭头叫作选择箭头，它在编程中意味着什么呢？集合对应着类型，它表示我们可以从任何类型中选出特定的值。例如下面的函数从 Int 中分别选出 0 和 1：

```
zero :: () →Int
zero () = 0

one :: () →Int
one () = 1
```

现在我们看到用“()”的好处了，调用的时候，就像传入 0 个参数的函数那样：zero () 返回 0，one () 返回 1。

练习 4.5

1. 在本节的例子中，我们说在一个偏序集中，如果存在最小值（或最大值），则最小值

（或最大值）就是起始对象（或终止对象）。考虑全体偏序集构成的范畴 **Poset**，如果存在起始对象，它是什么？如果存在终止对象，它是什么？

2. 在皮亚诺范畴 **Pno** 中，什么样的对象（A，f，z）是起始对象？终止对象是什么？

4.5.2 幂

起始对象和终止对象，相当于0和1，积与和相当于×和+，如果再有了指数（幂），我们就可以在范畴这个抽象层面中拥有和基本算术运算，甚至和多项式“同构”的强大工具。观察一个定义在自然数上的二元函数 $f(x, y) = z$，例如 $f(x, y) = x^2 + 2y + 1$。其类型为 $f: N \times N \to N$。我们会自然联想到，可以把这个类型写成：

$$f: N^2 \to N$$

对于函数f，我们能否把 N^2 看成一个对象，而不是两个参数呢？也就是说，看成$f\quad(x, y)$，而不是$f(x, y)$。如果把参数看成一个“洞”，则前者是f ·，然后把一对（x，y）填入洞中；而后者是f（·，·），然后分别把x，y填入到两个洞中。另一方面，在第2章我们介绍了柯里化，可以把f看成$f: N \to (N \to N)$，也就是传入x后，$f\,x$会返回另一个函数，这个新函数把一个自然数映射到另一个自然数。但使用柯里化，我们反而得不到幂的概念了。峰回路转，如果我们把柯里化后返回的东西，也就是 $N \to N$ 看成一个事物，比方叫作“函数对象”会怎样呢？N 是一个无穷集，想起来比较困难。我们后退一步，构造一个简单点的例子——只有两个元素的有限集 Bool 来分析一下。

例 4.9　存在无穷多个从 Bool 到 Int 的函数（箭头）组成的集合 $\{\text{Bool} \xrightarrow{f} \text{Int}\}$，我们从这个集合中挑选一个元素作为例子：

$$\begin{aligned}
&\text{ord} : \text{Bool} \to \text{Int} \\
&\text{ord False} = 0 \\
&\text{ord True} = 1
\end{aligned}$$

它的结果是一对整数（0，1），这是一个代表，我们可以把所有上述箭头集合中的元素写成这样的形式：

$$\begin{aligned}
&f : \text{Bool} \to \text{Int} \\
&f\ \text{False} = \cdots \\
&f\ \text{True} = \cdots
\end{aligned}$$

不管f怎样千变万化，结果总是一对整数（a，b）。我们可以说箭头f的集合，同构于一对整数（a，b）的集合，即

$$\begin{aligned}
\{\text{Bool} \xrightarrow{f} \text{Int}\} &= \{(a = f\ \text{False}, b = f\ \text{True})\} \\
&= \text{Int} \times \text{Int} \\
&= \text{Int}^2 = \text{Int}^{\text{Bool}}
\end{aligned}$$

这告诉我们，箭头的集合，也就是箭头的类型[㊀]：Bool→Int，相当于一个幂 Int^{Bool}。也就是说 Bool→Int = Int^{Bool}。为什么在上面的推理中，我们可以用 Bool 替换 2，从而把 Int^2 变成 Int^{Bool} 呢？原因是同构，上面等号的真正含义是同构，所以严格来说，应该用“≌”符号，而不是“=”。Int^2 是两个整数积的自然记法，也就是一对 Int 值的集合。一对 Int 值的集合可以看成是从一个名叫 **2** 的，拥有两个元素的索引集合 {0, 1} 到 Int 的映射。

$$\{0,1\} \xrightarrow{f} \text{Int} = \{(f(0), f(1))\} = \text{Int}^2$$

而索引集合 **2** = {0, 1} 正是 Bool 的同构（例如在 ord 函数下）。

例 4.10 再举一个例子，考虑所有从字符 Char 到布尔值 Bool 的函数（箭头）集合 Char→Bool。这个集合里有很多函数，例如 isDigit（c）可以判断传入的字符是否是数字。它可以实现为

```
isDigit : Char→Bool
...
isDigit '0' = True
isDigit '1' = True
...
isDigit '9' = True
isDigit 'a' = False
isDigit 'b' = False
...
```

虽然这个实现比较笨拙，但是它反映了一个事实：如果 Char 中有 256 个不同的字符（例如英语 ASCII 码），则函数 isDigit 的结果本质上和一个 256 元组（False，…，True，True，…True，False，…）同构。这个元组中对应数字字符的位置是 True，其余是 False。在 Char→Bool 中的众多函数中，isUpper，isLower，isWhitespace 等分别对应一个特定的元组。例如 isUpper 对应的元组中，大写字符所在的位置上为 True，其余为 False。这样尽管有无穷多种方式来定义一个从 Char 到 Bool 的函数，但从结果上看，本质上只有 2^{256} 个不同的函数。也就是说 Char→Bool 和 256 元组的布尔值集合 $Bool^{Char}$ 同构。

现在我们把例子中的集合推进到无限集。在这一节的开头，我们说柯里化后的函数 f: N→（N→N），是从自然数 N 到“函数对象”的函数。我们把函数对象记为（⇒），则 f 的类型为 $N \xrightarrow{f} (\Rightarrow)$。也就是从索引集 {0, 1, …} 到（⇒）的映射，它是一个无穷长元组的集合，元组的每个值都是一个函数对象，记为 $(\Rightarrow)^N$。

一般来说，我们把函数的集合 $f : B \to C$ 记为 C^B。从这个集合中取出一个函数 $f \in C^B$，然后再从集合 B 中取出一个值 $b \in B$，我们可以用一个名叫 apply 的函数将 f 应用到 b 上，从而得到一个 C 中的值 $c = f(b)$。即[㊁]

㊀ 严格来说，我们应该去掉上面箭头两侧的大括号，增加大括号是为了容易理解。

㊁ 有些文献，例如文献 [46] 第 111~112 页，文献 [47] 使用 eval，也就是求值（evaluation）作为名称，这里采用和文献 [6]（第 72 页）一致的命名。这样和 Lisp 中的命名传统一致。

$$\text{apply}(f,b) = f(b)$$

读者可能会问：符号 A 哪里去了？因为 A 还有别的用处。我们还要把柯里化考虑进来。对于二元函数 $g: A \times B \to C$，传入一个 A 中的值 a 后，就得到了一个柯里化的函数 $g(a, \cdot): B \to C$。它是一个函数对象，属于 C^B。这样，对于任何二元函数 $A \times B \xrightarrow{g} C$，都存在唯一的一元函数 $A \xrightarrow{\lambda g} C^B$，将 $a \in A$ 送入 $g(a, \cdot): B \to C$ 中。我们称 λg 为 g 的幂转换（exponential transpose）[⊖]。并且，有这样的关系：

$$\text{apply}(\lambda g(a), b) = g(a, b)$$

也就是说，apply 把一个类型为 C^B 的函数对象 $\lambda g(a)$ 与类型为 B 的参数 b 组合在一起，最终得到类型为 C 的结果 c。所以箭头 apply 的类型为

$$C^B \times B \xrightarrow{\text{apply}} C$$

现在，我们终于可以给出完整的幂对象（Exponential 或 Exponential object）定义了。

定义 4.7 如果范畴 $\boldsymbol{C}$ 中存在终止对象和积，则一个**幂对象**是一对对象和箭头

$$(C^B, \text{apply})$$

它们满足对于任何的对象 A 和箭头 $A \times B \xrightarrow{g} C$，都存在唯一的转换箭头

$$A \xrightarrow{\lambda g} C^B$$

使得下面的范畴图可交换

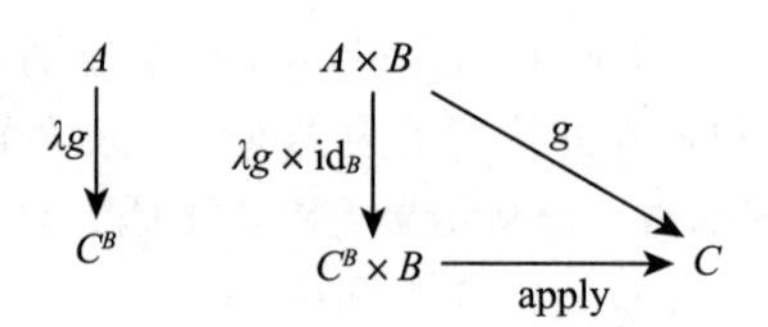

即

$$\text{apply} \circ (\lambda g \times \text{id}_B) = g$$

第 2 章中我们没有给出柯里化的完整定义，现在利用幂对象，我们可以给出 curry 的定义了：

$$\text{curry}: (A \times B \to C) \to A \to (C^B)$$
$$\text{curry } g = \lambda g$$

因此，curry g 就是 g 的幂转换。把这一关系代入上面的范畴图，我们有

⊖ 有的文献中用 $\bar{g}$ 来表示，根据第 2 章中对 λ 的介绍，以及关于丘奇出版商的小插曲，我认为用 λg 更为传神，它表示 $a \mapsto \lambda \bullet \cdot g(a, \bullet)$。

$$\text{apply} \circ (\text{curry } g \times \text{id}) = g$$

换言之，我们就得到了这样的泛性性质：

$$f = \text{curry } g \equiv \text{apply} \circ (f \times \text{id}) = g$$

并且我们还能说明为什么幂转换箭头是唯一的，假设还存在另外的箭头 $A \xrightarrow{h} C^B$，使得 $\text{apply} \circ (h \times \text{id}) = g$，根据上述泛性性质，我们立刻得到 $h = \text{curry } g$。

我们还可以从范畴的角度来理解幂对象，在范畴 $\boldsymbol{C}$ 中，如果固定对象 B，C，我们可以构造一个名叫 **Exp** 的范畴，这个范畴中的对象是 $A \times B \to C$ 这样的箭头，范畴中的箭头是这样定义的：

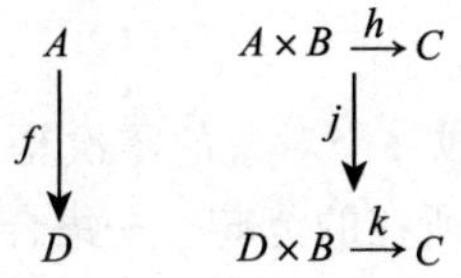

$$\begin{array}{ccc} A & \qquad & A \times B \xrightarrow{h} C \\ \downarrow{\scriptstyle f} & & \downarrow{\scriptstyle j} \\ D & & D \times B \xrightarrow{k} C \end{array}$$

如果在 $\boldsymbol{C}$ 中存在 $A \xrightarrow{f} D$ 的箭头，则 **Exp** 中的箭头为 $h \xrightarrow{j} k$。当且仅当把上面范畴图中右侧的 C 合并时，箭头之间可交换：

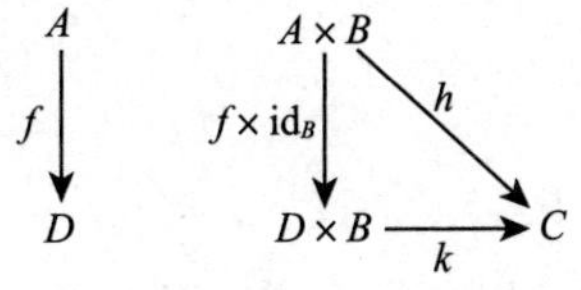

$$\begin{array}{ccccc} A & \qquad & A \times B & & \\ \downarrow{\scriptstyle f} & & \downarrow{\scriptstyle f \times \text{id}_B} & \searrow{\scriptstyle h} & \\ D & & D \times B & \xrightarrow[k]{} & C \end{array}$$

即 $k \circ (f \times \text{id}_B) = h$。在这个范畴 **Exp** 中，存在一个终止对象，它恰好是 $C^B \times B \xrightarrow{\text{apply}} C$。我们现在来验证一下，根据幂对象的定义，从任何其他对象 $A \times B \xrightarrow{g} C$，都有到 apply 的箭头 $\lambda g = \text{curry } g$。另外根据终止对象的性质，从终止对象到自己的箭头一定是 id，所以我们有**反射律**：

$$\text{curry apply} = \text{id}$$

练习 4.6

1. 验证 **Exp** 的确是一个范畴，指出 id 箭头和箭头的组合。
2. 反射律 curry apply = id 中，id 的下标是什么？请用另一种方法证明它。
3. 我们称下面的等式

$$(\text{curry } f) \circ g = \text{curry}(f \circ (g \times \text{id}))$$

为柯里化的融合律。请画出它的范畴图并证明它。

4.5.3　笛卡儿闭和对象算术

有了起始对象0，终止对象1，和代表加法，积代表乘法，再加上幂对象，我们终于拥有了在范畴上进行运算甚至构造抽象多项式的能力。在此之前，我们必须关注一个问题："某一种抽象的适用范围有多大？什么情况下这一抽象会失效？"

并非所有的范畴都有起始或终止对象，也并非所有的范畴都有幂对象。如果一个范畴存在有限积，对于任何对象 A 和 B 都存在幂 A^B，我们称这样的范畴为**笛卡儿闭**（Cartesian closed）。一个笛卡儿闭范畴必须包含：

- 一个终止对象（1）；
- 任何一对对象都有积（×）；
- 任何一对对象都有幂（A^B）。

我们既可以把终止对象1，想象成一个对象的零次幂：$A^0=1$，也可以把它想象成零个对象的积。非常幸运的是，编程时我们所在的范畴——集合和全函数组成的范畴是笛卡儿闭的。一个笛卡儿闭范畴可以作为简单类型λ-演算（simply typed lambda calculus）的数学模型（见第2章），从而成为所有带有类型的编程语言的基础[45]。

如果一个笛卡儿闭的范畴还同时支持终止对象的对偶——起始对象，和积的对偶——和。并且支持积与和的分配律，我们称其为**双笛卡儿闭**范畴（Bicartesian closed）：

- 一个起始对象（0）；
- 任何一对对象都有和（+）；
- 积可以从左右两侧分配到和上。

$$A \times (B + C) = A \times B + A \times C$$
$$(B + C) \times A = B \times A + C \times A$$

现在我们可以看看基本算术运算在一个笛卡儿闭的范畴上，特别是编程中都意味着什么了。这一理论称为对象算术理论（Equational theory）。

1. 0次幂

$$A^0 = 1$$

0代表了起始对象，1代表了终止对象，A 的0次幂可以解读为类型是 $0 \to A$ 的所有箭头的集合。但既然0是起始对象，所以它到任何对象只有唯一的箭头。因此集合 $\{0 \to A\}$ 仅仅含有一个元素（singleton），而仅有一个元素的集合 $\{\star\}$ 恰巧是（集合范畴的）终止对象1。下面的推导中等号应理解为同构。

$$\begin{aligned} A^0 &= \{0 \to A\} && \text{幂对象的定义} \\ &= \{\star\} && \text{起始对象到任何对象的箭头唯一} \\ &= 1 && \{\star\}\text{是终止对象} \end{aligned}$$

这样，算术中的任何数的0次幂等于1在范畴中也得到了解读。

2. 1的幂

$$1^A = 1$$

1 代表了终止对象，所以幂对象 1^A 表示所有从 A 出发，到终止对象的箭头的集合 $\{A \to 1\}$。根据终止对象的定义，任何对象到终止对象只有唯一的箭头，所以这个箭头集合仅仅含有一个元素，而仅有一个元素的集合同构于 $\{\bigstar\}$。它恰好又是（集合范畴中的）终止对象。

$$
\begin{aligned}
1^A &= \{A \to 1\} && \text{幂对象的定义} \\
&= \{\bigstar\} && \text{任何对象到终止对象的箭头唯一} \\
&= 1 && \{\bigstar\}\text{是终止对象}
\end{aligned}
$$

3. 1 次幂

$$A^1 = A$$

这恰好是前面介绍过的“选择箭头”。1 是终止对象，所以幂 A^1 表示了从终止对象到 A 的箭头集合 $\{1 \to A\}$。如果 A 是一个集合，我们可以针对集合中的任何元素 $a \in A$ 构造一个从终止对象 1 到 a 的一个函数：

$$f_a: 1 \to a$$

这种选择函数，能从集合 A 中选出一个元素 a。所有从 1 到 A 中元素的选择函数的集合为 $\{f_a: 1 \mapsto a \mid a \in A\}$，它恰好就是集合 $1 \to A$。另一方面，集合 $\{f_a\}$ 是和 $\{a\} = A$ 一一对应的，也就是说它们是同构的。

$$
\begin{aligned}
A^1 &= \{1 \to A\} && \text{幂对象的定义} \\
&= \{f_a: 1 \mapsto a \mid a \in A\} && \text{从 1 到 A 中元素的映射的集合} \\
&= \{a \mid a \in A\} = A && \text{一一映射同构}
\end{aligned}
$$

4. 幂的和

$$A^{B+C} = A^B \times A^C$$

幂对象 A^{B+C} 表示从和 $B + C$ 到 A 的箭头的集合 $\{B + C \to A\}$。我们借助 **Either** B C 来帮助我们思考[1]，当我们实现任何 **Either** B $C \to A$ 函数时，都可以写成这样的形式：

$$
\begin{aligned}
&f: \textbf{Either}\ B\ C \to A \\
&f\ \text{left}\ b = \cdots \\
&f\ \text{right}\ c = \cdots
\end{aligned}
$$

也就是说，任何这样的函数，都可以看作一对映射 $(b \mapsto a_1, c \mapsto a_2)$，而 $\{(b \mapsto a_1, c \mapsto a_2)\}$ 恰好是 $B \to A$ 和 $C \to A$ 的积。因此 $\{B + C \to A\} = \{B \to A\} \times \{C \to A\}$。另一方面，

[1] 也可以用标记（tag）来推理：

$$
\begin{aligned}
&f: B + C \to A \\
&f(b, 0) = \cdots \\
&f(c, 1) = \cdots
\end{aligned}
$$

根据 $\{B \to A\}$ 可以表示为幂对象 A^B，同样 $\{C \to A\}$ 可以表示为 A^C。这样就解读了幂的和：

$$
\begin{aligned}
A^{B+C} &= \{B + C \to A\} && \text{幂对象的定义} \\
&= \{(b \mapsto a_1, c \mapsto a_2) \mid a_1, a_2 \in A, b \in B, c \in C\} && B\text{和}C\text{到}A\text{的箭头对} \\
&= \{B \to A\} \times \{C \to A\} && \text{笛卡儿积} \\
&= A^B \times A^C && \text{幂对象}
\end{aligned}
$$

5. 幂的幂

$$(A^B)^C = A^{B \times C}$$

先看右侧，幂对象 $A^{B \times C}$ 实际就是二元函数 $B \times C \xrightarrow{g} A$ 的集合。交换积的次序 $C \times B \xrightarrow{g \circ \text{swap}} A$，显然是一个自然同构（参见自然同构一节的 swap 自然变换）。如果柯里化，就是 $\{\text{curry}(g \circ \text{swap})\} = \{C \to A^B\}$，再一次用幂对象表示就是 $(A^B)^C$。

$$
\begin{aligned}
A^{B \times C} &= \{B \times C \xrightarrow{g} A\} && \text{幂对象的定义} \\
&= \{C \times B \xrightarrow{g \circ \text{swap}} A\} && \text{自然同构} \\
&= \{C \xrightarrow{\text{curry}(g \circ \text{swap})} A^B\} && \text{柯里化后仍然同构} \\
&= (A^B)^C && \text{幂对象}
\end{aligned}
$$

6. 积的幂

$$(A \times B)^C = A^C \times B^C$$

幂对象 $(A \times B)^C$ 是箭头 $C \to A \times B$ 的集合，它可以认为是返回一对值的函数集合 $\{c \mapsto (a, b)\}$，其中 $c \in C$，$a \in A$，$b \in B$。它显然同构于 $\{(c \mapsto a, c \mapsto b)\}$，而这恰恰是箭头 $C \to A$ 和 $C \to B$ 的积。最后再分别将 $C \to A$ 和 $C \to B$ 表示为幂对象，就得到了幂的积。

$$
\begin{aligned}
(A \times B)^C &= \{C \to A \times B\} && \text{幂对象的定义} \\
&= \{c \mapsto (a, b) \mid a \in A, b \in B, c \in C\} && \text{箭头的集合} \\
&= \{(c \mapsto a, c \mapsto b)\} && \text{箭头对} \\
&= \{C \to A\} \times \{C \to B\} && \text{笛卡儿积} \\
&= A^C \times B^C && \text{幂对象}
\end{aligned}
$$

4.5.4　多项式函子

以上介绍的在笛卡儿闭范畴上的算术主要是针对对象的。如果我们把函子考虑进来，会怎样呢？由于函子既作用于对象，也作用于箭头，这样就产生了多项式函子的概念。多项式函子是使用常函子（参见函子的例子中的“黑洞”函子｝）、积函子与和函子递归构造的。

- 恒等函子 id 和常函子 $\boldsymbol{K}_A$ 是多项式函子；
- 若函子 **F** 和 **G** 是多项式函子，则它们的组合 **FG**，和 **F** + **G** 与积 **F** × **G** 也是多项式函

子。其中和与积定义如下：

$$(\mathbf{F}+\mathbf{G})h=\mathbf{F}h+\mathbf{G}h$$
$$(\mathbf{F}\times\mathbf{G})h=\mathbf{F}h\times\mathbf{G}h$$

举一个例子，若函子 **F** 对于对象和箭头的行为是

$$\begin{cases}\text{对象：}\mathbf{F}X=A+X\times A\\ \text{箭头：}\mathbf{F}h=\mathrm{id}_A+h\times\mathrm{id}_A\end{cases}$$

其中 A 是某个固定的对象。则函子 **F** 是一个多项式函子。这是因为它可以表达为多项式

$$\mathbf{F}=\mathbf{K}_A+(\mathrm{id}\times\mathbf{K}_A)$$

4.5.5 F-代数

为了构造复杂的带有递归结构的代数数据类型，我们还需要最后一块砖石。这就是F-代数（F-algebras）。观察抽象代数中的概念，如幺半群、群、环、域，它们不仅仅是抽象的对象，而且带有结构。正是这些结构之间的关系，使得它们区别于过去那些具体的对象，例如数、点、线、面。如果关系和结构研究清楚了，不仅仅是数、点、线、面，所有具有同样关系和结构的对象（用希尔伯特的比喻，连同桌子、椅子、啤酒杯）就都尽在掌握了。

例4.11 我们从比较简单的幺半群作为开始的例子，一步一步导出F-代数的概念。一个幺半群是一个集合 M，并且在集合上定义了可结合的二元运算和单位元。

如果用 $\oplus$ 表示二元运算，1_M 表示单位元，则幺半群的两条公理可以描述为

$$\begin{cases}\text{结合性公理：}(x\oplus y)\oplus z=x\oplus(y\oplus z),\forall\ x,y,z\in M\\ \text{单位元公理：}x\oplus 1_M=1_M\oplus x=x,\forall\ x\in M\end{cases}$$

第一步，我们将二元运算 $\oplus$ 表示为函数，将 1_M 表示为选择函数，定义：

$$\begin{cases}m\ (x,y)=x\oplus y\\ e\ ()=1_M\end{cases}$$

这两种箭头的类型分别为

$$\begin{cases} & \text{类型} & \text{幂对象}\\ \text{二元运算：} & M\times M\rightarrow M & M^{M\times M}\\ \text{选择运算：} & 1\rightarrow M & M^1\end{cases}$$

第一种箭头是说，两个幺半群的元素进行二元运算，其结果仍是这个幺半群中的元素（二元运算是封闭的）；第二种箭头是“选择函数”，1是终止对象[⊖]。

现在我们就可以用函数 m 和 e 来替换幺半群公理了。

⊖ 我们特意用“()”表示终止对象，在同构的意义下 $1=\{\bigstar\}=\{()\}$。这样的好处是，e () 看起来像是个无参数的函数调用，实际接受了终止对象中的唯一元素 () 作为参数。

$$\begin{cases}\text{结合性公理：} m(m(x,y),z) = m(x,m(y,z)), \forall\ x,y,z \in M \\ \text{单位元公理：} m(x,e()) = m(e(),x) = x, \forall\ x \in M\end{cases}$$

第二步，把所有的 x，y，z 等具体的元素和对象 M 都去掉。这样就得到了纯用函数（箭头）表示的幺半群公理。

$$\begin{cases}\text{结合性公理：} m \circ (m,\mathrm{id}) = m \circ (\mathrm{id},m) \\ \text{单位元公理：} m \circ (\mathrm{id},e) = m \circ (e,\mathrm{id}) = \mathrm{id}\end{cases}$$

这两条公理意味着如图 4.13 所示的两个范畴图中的箭头可交换。

现在可以说，任何幺半群都可以用一个三元组（M，m，e）来表示。其中 M 是集合，m 是二元运算函数，e 是单位元选择函数。

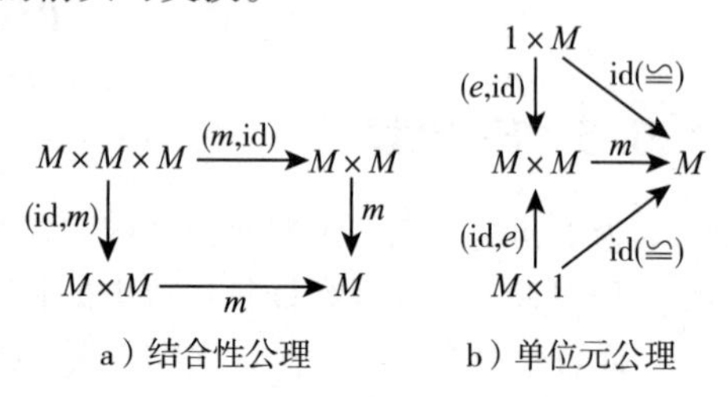

a）结合性公理　　b）单位元公理

图 4.13　幺半群公理对应的范畴图

第三步，（M，m，e）不仅规定了幺半群的集合，还规定了在此集合上的二元运算和单位元，因此整个幺半群的代数结构就都确定了。组成幺半群的所有箭头，也就是代表所有可能的 m 和 e 的箭头集合，是两种幂对象的积

$$M^{M \times M} \times M^1 = M^{M \times M + 1}$$

我们再把右侧从幂对象写回箭头的形式，这样集合 M 上定义的幺半群代数运算一定是下面的形式：

$$\begin{array}{rcll} \alpha : 1 + M \times M & \rightarrow & M & \text{和} \\ 1 & \mapsto & 1 & \text{单位元} \\ (x,y) & \mapsto & x \oplus y & \text{二元运算} \end{array}$$

通过和来表示这种关系就是 $\alpha = e + m$，用多项式函子来表示就是 $\mathbf{F}M = 1 + M \times M$

总结一下，对于幺半群这个例子，幺半群上的代数结构由三部分组成：

- 对象 M，就是用于携带幺半群上代数结构的集合，叫作**携带对象**（carrier object）。
- 函子 $\mathbf{F}$，定义了幺半群上的代数运算。是一个多项式函子 $\mathbf{F}M = 1 + M \times M$。
- 箭头 $\mathbf{F}\ M \xrightarrow{\alpha} M$，它是单位元箭头 e 和二元运算箭头 m 的和，$\alpha = e + m$。

我们称这样定义了一个幺半群的 F-代数（M，α）。

例如在编程中，可以这样定义一个 F-代数箭头的类型：

```
type Algebra f a = f a→a
```

这本质上是给箭头 $\mathbf{F}A \rightarrow A$ 起了一个别名 Algebra $\mathbf{F}$，A。对于幺半群，还需要定义一个函子[⊖]：

⊖ Haskell 中有一个对幺半群的标准定义（见本章附录）。但这是一个幺半群代数结构的定义，而不是幺半群函子。

```
data MonoidF a = MEmptyF | MAppendF a a
```

当 a 是字符串时，我们可以这样定义一个 F-代数（String，evals）的箭头实现：

```
evals :: Algebra MonoidF String
evals MEmpty = e ()
evals (MAppendF s1 s2) = m s1 s2

e :: () → String
e () = " "

m :: String → String → String
m = (++)
```

当然，也可将 e 和 m 内嵌到 evals 中简化实现为

```
evals :: Algebra MonoidF String
evals MEmpty = " "
evals (MAppendF s1 s2) = s1 ++ s2
```

evals 是箭头 $\alpha: \mathbf{F}A \to A$ 的一种实现，其中 $\mathbf{F}$ 为 Monoid**F**，A 为 String。当然还可以有别的实现，只要它能够满足幺半群的单位元公理和结合性公理。

例 4.12　在幺半群之上，增加一条可逆性公理，就得到了群。我们仍然分步骤引出群的 F-代数。首先列出群元素集合 G 上的三条公理，我们用 1_G 表示单位元，点号表示二元运算，$()^{-1}$ 表示求逆元。

$$\begin{cases} \text{结合性公理：} (x \cdot y) \cdot z = x \cdot (y \cdot z), \forall x, y, z \in G \\ \text{单位元公理：} x \cdot 1_G = 1_G \cdot x = x, \forall x \in G \\ \text{可逆性公理：} x \cdot x^{-1} = x^{-1} \cdot x = 1_G, \forall x \in G \end{cases}$$

第一步，将二元运算、求单位元、求逆元都表示为函数。定义

$$\begin{cases} m(x, y) = x \cdot y \\ e() = 1_G \\ i(x) = x^{-1} \end{cases}$$

这三种函数的类型和幂对象分别为

$$\begin{cases} \text{二元运算：} & G \times G \to G & G^{G \times G} \\ \text{选择运算：} & 1 \to G & G^1 \\ \text{求逆运算：} & G \times G & G^G \end{cases}$$

前两个箭头和幺半群一样，第三个箭头是说群元素的逆元仍是群中的元素。现在就可以用 e，m，i 替换群公理中的 1_G、点号和逆元符号了。

$$\begin{cases} \text{结合性公理}: m(m(x,y),z) = m(x,m(y,z)), \forall x,y,z \in G \\ \text{单位元公理}: m(x,e()) = m(e(),x) = x, \forall x \in G \\ \text{可逆性公理}: m(x,i(x)) = m(i(x),x) = e(), \forall x \in G \end{cases}$$

第二步，把所有的具体元素 x，y，z 和群元素集合 G 去掉，得到纯用箭头表示的群公理。

$$\begin{cases} \text{结合性公理}: m \circ (m,\mathrm{id}) = m \circ (\mathrm{id},m) \\ \text{单位元公理}: m \circ (\mathrm{id},e) = m \circ (e, \mathrm{id}) = \mathrm{id} \\ \text{可逆性公理}: m \circ (\mathrm{id},i) = m \circ (i,\mathrm{id}) = e \end{cases}$$

这样，任何群都可以用一个四元组（G，m，e，i）表示。

第三步，求 m，e，i 的和 $\alpha = e + m + i$，通过多项式函子 $\mathbf{F}A = 1 + A + A \times A$，并令 $A = G$，描述群 G 上的代数运算。

$$\begin{array}{rcll} \alpha: 1 + A + A \times A & \to & A & \text{和} \\ 1 & \mapsto & 1 & \text{单位元} \\ x & \mapsto & x^{-1} & \text{逆元} \\ (x,y) & \mapsto & x \cdot y & \text{二元运算} \end{array}$$

所以，群上的代数结构由三部分组成：

- 携带对象 G，用于携带群上代数结构的集合；
- 多项式函子 $\mathbf{F}A = 1 + A + A \times A$，定义了群上的代数运算；
- 箭头 $\mathbf{F}A \xrightarrow{\alpha = e + m + i} A$，它是单位元箭头 e、二元运算箭头 m、逆元箭头 i 的和。

我们称这样定义了一个群上的 F-代数（G，α）。

现在我们可以给出 F-代数的定义了。在范畴论中，许多概念是对偶的、成对出现的。这就像是买一送一，我们定义了 F-代数，就同时得到了 F-余代数（F-coalgebra）[㊀]。关于 F-余代数，我们暂时只给出定义。稍后将在第 6 章介绍无穷的概念时，再给出相应的例子。

定义 4.8　如果 $\boldsymbol{C}$ 是一个范畴，$\boldsymbol{C} \xrightarrow{\mathbf{F}} \boldsymbol{C}$ 是范畴 $\boldsymbol{C}$ 上的一个自函子。对于范畴中的对象 A 和态射 α：

$$\mathbf{F}A \xrightarrow{\alpha} A \qquad A \xrightarrow{\alpha} \mathbf{F}A$$

构成一对元组（A，α）叫作

$$\text{F - 代数} \qquad\qquad \text{F - 余代数}$$

㊀　也译作上代数和共代数。

其中 A 叫作携带对象。

我们可以把

$$\text{F - 代数}(A,\alpha) \qquad \text{F - 余代数}(A,\alpha)$$

本身看成对象。在上下文清楚的情况下，我们通常用二元组（A，α）表示对象。两个对象间的箭头定义如下：

定义 4.9 F-态射是F-代数或F-余代数对象间的箭头：

$$(A,\alpha) \longrightarrow (B,\beta)$$

如果携带对象间的箭头 $A \xrightarrow{f} B$，使得下面的范畴图可交换：

$$\begin{array}{ccc} \mathbf{F}A & \xrightarrow{\alpha} & A \\ \mathbf{F}(f)\downarrow & & \downarrow f \\ \mathbf{F}B & \xrightarrow[\beta]{} & B \end{array} \qquad \begin{array}{ccc} A & \xrightarrow{\alpha} & \mathbf{F}A \\ f\downarrow & & \downarrow \mathbf{F}(f) \\ B & \xrightarrow[\beta]{} & \mathbf{F}B \end{array}$$

即

$$f \circ \alpha = \beta \circ \mathbf{F}(\mathrm{f}) \qquad \beta \circ f = \mathbf{F}(f) \circ \alpha$$

F-代数和F-态射，F-余代数和F-态射分别构成了

$$\text{F - 代数范畴 } \mathbf{Alg}(\mathbf{F}) \qquad \text{F - 余代数范畴 } \mathbf{CoAlg}(\mathbf{F})$$

练习 4.7

1. 画出群的可逆性公理的范畴图。
2. p 是一个素数，使用群的F-代数，为整数模 p 乘法群（可以参考上一章）定义一个 α 箭头。
3. 参考上一章环的定义，定义环的F-代数。
4. F-代数范畴上的id箭头是什么？箭头组合是什么？

1. 递归和不动点

第1章中，我们介绍了自然数和皮亚诺公理，以及和自然数同构的事物。我们可以用F-代数描述所有类似自然数的东西。设有一个集合 A，具有同构于自然数的代数结构。例如第1章中介绍过的斐波那契数列，其中 A 是数对（Int，Int）的集合。起始对象是（1，1），后继函数是 h（m，n）=（n，$m+n$）。

为了用F-代数描述这一类代数结构，我们需要三样东西：函子、携带对象和 α 箭头。根据皮亚诺公理，自然数的函子应当这样定义：

```
data NatF A = ZeroF | SuccF A
```

这个函子是一个多项式函子 **NatF** $A = 1 + A$。现在我们提出一个问题。如果令 $A' =$ **NatF**

A，将其代入 **NatF** 函子，那么 **NatF** A'是什么？应该是两重函子 **NatF**（**NatF** A）。我们还可以重复这一过程得到三重的 **NatF**（**NatF**（**NatF** A））。我们给重复无穷多次后产生的类型 **NatF**（**NatF**（⋯））起名为 **Nat**，即

data Nat	= **NatF**(**NatF**(⋯))	无穷多重
	= ZeroF ∣ SuccF (SuccF (⋯))	无穷多重 SuccF
	= ZeroF ∣ SuccF **Nat**	无穷多重 SuccF 的类型是 **Nat**
	= Zero ∣ Succ **Nat**	重命名

这恰恰是我们在第 1 章定义的自然数类型。我们把 **Nat** 和 **NatF A** 并列写在一起：

```
data Nat = Zero | Succ Nat
data NatF A = ZeroF | SuccF A
```

这是函子层面的递归，在第 2 章中，我们曾经遇到过类似的概念。将自函子应用到自身无穷多次产生了**不动点**：

$$\mathbf{Fix\ F} = \mathbf{F}\ (\mathbf{Fix\ F})$$

自函子 **F** 的不动点是 **Fix F**，将 **F** 应用到不动点上，得到的仍然是不动点。因此，**Nat** 是函子 **NatF** 的不动点。也就是说 **Nat** = **Fix NatF**。

练习 4.8

1. 可否把类自然数函子写成如下递归的形式？谈谈你的看法。

```
data NatF A = ZeroF | SuccF (NatF A)
```

2. 我们可以为 **NatF** Int→Int 定义一个 α 箭头，名叫 eval：

$$\begin{aligned}
&\text{eval}: \mathbf{NatF}\ \text{Int} \to \text{Int} \\
&\text{eval ZeroF} = 0 \\
&\text{eval (SuccF}\ n) = n + 1
\end{aligned}$$

如果迭代地将 $A' = $ **NatF** A 代入 **NatF** 函子 n 次。我们把这样得到的函子记为 $\mathbf{NatF}^n\ A$。试思考能否定义下面的 α 箭头：

$$\text{eval}: \mathbf{NatF}^n\ \text{Int} \to \text{Int}$$

2. 初始代数和向下态射

在 F-代数组成范畴 **Alg**（F）中，如果存在初始对象，它会有什么特殊的性质呢？初始对象到其他对象的唯一箭头表示什么样的关系呢？F-代数范畴中的所有对象可表示为二元组（A，α），我们用类自然数的 F-代数来举例。在 **Alg**（**NatF**）中，所有的对象都表示为（A，α）。其中 **NatF** 的定义如同上小节；携带对象是 A，箭头是 $\mathbf{NatF}\ A \xrightarrow{\alpha} A$。

例如（Int × Int，fib）是一个 F-代数对象。其中携带对象是整数的积，箭头 **NatF**（Int ×

$\text{Int}) \xrightarrow{\text{fib}} (\text{Int} \times \text{Int})$ 的定义为

$$
\begin{aligned}
&\text{fib}: \mathbf{NatF}\ (\text{Int} \times \text{Int}) \to (\text{Int} \times \text{Int}) \\
&\text{fib ZeroF} = (1,1) \\
&\text{fib (SuccF}\ (m,n)) = (n, m+n)
\end{aligned}
$$

这是一种紧凑的定义。我们可以把它也写成和的形式 fib = [start, next]，其中 start 总返回（1，1），而 next（m，n）=（n，$m+n$）。

如果范畴 **NatF** 有起始对象 0，我们把它表示为二元组（I，i）。起始对象到任何对象（A，α）都有唯一的箭头。即存在箭头 $I \xrightarrow{f} A$，使得下面的范畴图可交换[⊖]：

$$
\begin{array}{ccc}
\mathbf{NatF}\,A & \xrightarrow{\alpha} & A \\
\uparrow{\scriptstyle \mathbf{NatF}(f)} & & \uparrow{\scriptstyle f} \\
\mathbf{NatF}\,I & \xrightarrow[i]{} & I
\end{array}
$$

因为起始对象到**任何**对象都有唯一箭头，所以它到自己的递归——由 **NatF**（**NatF**I）构成的对象也一定有唯一的箭头。具体来说这个递归的 F-代数具有的三要素是：

- 共同的函子 **NatF**。
- 携带对象是 **NatF**I。
- 箭头 **NatF**（**NatF**I）→**NatF**I。因为函子既作用于对象，也作用于箭头。所以我们可以通过函子 **NatF**，将初始对象中的箭头 i“举”上去。因此，这个递归的 F-代数的箭头就是 **NatF**（i）。

这样，这个递归的 F-代数可以记为（**NatF**I，**NatF**（i））。因为从初始对象到它也有唯一的箭头，所以存在 $I \xrightarrow{j} \mathbf{NatF}I$，使得下面的范畴图可交换：

$$
\begin{array}{ccc}
\mathbf{NatF}(\mathbf{NatF}\,I) & \xrightarrow{\mathbf{NatF}(i)} & \mathbf{NatF}\,I \\
\uparrow{\scriptstyle \mathbf{NatF}(j)} & & \uparrow{\scriptstyle j} \\
\mathbf{NatF}\,I & \xrightarrow[i]{} & I
\end{array}
$$

现在我们考虑沿着 **NatF** 递归路径上的两个箭头：

$$
\mathbf{NatF}(\mathbf{NatF}I) \xrightarrow{\mathbf{NatF}(i)} \mathbf{NatF}\,I \xrightarrow{i} I
$$

为了明显，我们把它画成弯的：

$$
\begin{array}{ccc}
\mathbf{NatF}(\mathbf{NatF}\,I) & \xrightarrow{\mathbf{NatF}(i)} & \mathbf{NatF}\,I \\
 & & \downarrow{\scriptstyle i} \\
 & & I
\end{array}
$$

⊖ 起始的英文是 initial，所以选择符号（I，i）代表起始对象中的集合 I 和箭头 i。

和上面的范畴图对比，我们发现 i 和 j 的方向相反。如果把它们两个组合起来，就得到了一个从 I 出发指回自己的箭头。并且由于起始对象到自己的唯一箭头就是 id，所以：

$$i \circ j = \text{id}$$

同样的分析对 $\mathbf{NatF}I$ 也成立，因为起始对象到递归对象的箭头也是唯一的。所以从 $\mathbf{NatF}I$ 出发到 I 的箭头 i，然后再从箭头 j 返回 $\mathbf{NatF}I$ 必然也是 id：

$$j \circ i = \text{id}_{\mathbf{NatF}I}$$

这说明 $\mathbf{NatF}I$ 和 I 是同构的。即

$$\mathbf{NatF}\ I = I$$

这恰好是上一小节介绍的不动点概念。这说明 I 是 **NatF** 的不动点。并且我们在上一小节已经知道 **NatF** 的不动点就是 **Nat**。所以：

$$\mathbf{NatF\ Nat} = \mathbf{Nat}$$

这一结论和 1889 年皮亚诺给出算术公理时的结论完全一样，任何满足皮亚诺公理的结构 $(A, [c, f])$，都存在从自然数 $(N, [\text{zero}, \text{succ}])$ 到这一结构的唯一同构。它将自然数 n 映射到 $f^n(c) = f(f(\cdots f(c))\cdots)$ 上。现在，我们可以给出**初始代数**（initial algebra）的定义了。

定义 4.10　F-代数范畴 **Alg**（F）中，如果存在初始对象，则这一初始对象叫作初始代数。

在集合全函数范畴中，许多函子，包括多态函子都存在初始代数。我们略去了初始代数的存在性证明，读者可以参考文献［48］。给定函子 **F** 我们可以通过它的不动点得到这一 F-代数中的初始对象。

图 4.14　兰贝克（Joachim Lambek，1922—2014）

1968 年，兰贝克（见图 4.14）最早指出 i 是一个同构映射，并且称初始代数 (I, i) 是函子 **F** 的不动点[49]。现在这一事实被称作**兰贝克定理**。

F-代数中若存在初始代数 (I, i)，则存在到任何其他代数 (A, f) 的唯一态射。我们把从 I 到 A 的态射记为 $(\!|f|\!)$，使得下面的范畴图可交换：

$$\text{若 } h = (\!|f|\!), \text{当且仅当 } h \circ i = f \circ \mathbf{F}(h)$$

$$\begin{array}{ccc} \mathbf{F}I & \xrightarrow{i} & I \\ {\scriptstyle \mathbf{F}(\!|f|\!)}\downarrow & & \downarrow{\scriptstyle (\!|f|\!)} \\ \mathbf{F}A & \xrightarrow[f]{} & A \end{array}$$

我们称箭头 $(\!|f|\!)$ 为**向下态射**（catamorphism，来自希腊语 κ α κ α，意思是向下）。它两侧的括号“(| |)”像一对香蕉，因此被称为“香蕉括号”。

向下态射的强大之处在于，它能把一个非递归结构上的函数 f，转换为在递归结构上的函数 $(\!|f|\!)$，从而构造复杂的递归计算。我们仍然用自然数来举例子。

自然数函子 **NatF** 是非递归的，而其起始代数自然数 **Nat** 的定义是递归的：

```
data NatF A = ZeroF | SuccF A
data Nat = Zero | Succ Nat
```

所以箭头 $\mathbf{NatF}\ A \xrightarrow{f} A$ 是非递归的。一个 cata（向下态射）能够从 f 构造出在递归的 **Nat** 上进行计算的箭头 **Nat**→A。所以 cata 的类型应为

$$(\mathbf{NatF}\ A \xrightarrow{f} A) \xrightarrow{\text{cata}} (\mathbf{Nat} \to A)$$

所以（柯里化的）cata（f）应该能够作用于 **Nat** 的两种值 Zero 或者 Succ n。我们可以根据这点定义出 cata 函数：

$$\begin{aligned}
&\text{cata}\ f\ \text{Zero} = f\ \text{ZeroF} \\
&\text{cata}\ f\ (\text{Succ}\ n) = f\ (\text{SuccF}\ (\text{cata}\ f\ n))
\end{aligned}$$

这一定义的第一行处理递归的边界情况。针对 **Nat** 的零值 Zero，我们转而用 f 对 **NatF**A 的零值 Zero 求值；对于递归情况，也就是 **Nat** 的值 Succ n，我们先递归地用 cata f n 求出类型为 A 的值 a，然后用 SuccF a 将其转化为 **NatF**A 类型的值，最后再把 f 作用于其上。这个自然数的向下态射对于任何携带对象 A 都成立，它是非常通用的。我们进一步举两个具体的例子。第一个例子是将任何 **Nat** 的值转换回 Int。

```
toInt :: Nat→Int
toInt = cata eval where
  eval :: NatF Int→Int
  eval ZeroF = 0
  eval (SuccF x) = x + 1
```

这样 toInt Zero 会得到 0，而 toInt（Succ（Succ（Succ Zero）））会得到 3。为了方便验证，可以再定义一个辅助函数：

```
fromInt :: Int→Nat
fromInt 0 = Zero
fromInt n = Succ (fromInt (n-1) )
```

对于任何整数 n，有 n =（toInt ∘ fromInt）n。这个例子看起来很平常，我们来看第二个关于斐波那契数列的例子。

```
toFib :: Nat→ (Integer, Integer)
toFib = cata fibAlg where
  fibAlg :: NatF (Integer, Integer) → (Integer, Integer)
  fibAlg ZeroF = (1, 1)
  fibAlg (SuccF (m, n) ) = (n, m + n)
```

我们特意将此前定义的函数 fib 改名为 fibAlg，意思是说，从斐波那契的代数关系（非递归的），我们通过向下态射获得了递归计算斐波那契数列的能力。这样 toFib Zero 会得到数对（1，1），而 toFib（Succ（Succ（Succ Zero）））会得到数对（3，5）。下面的辅助函数，可以

计算第 n 个斐波那契数。

$$\text{fibAt} = \text{fst} \circ \text{toFib} \circ \text{fromInt}$$

事实上，对于任何满足皮亚诺公理的类自然数代数结构（A，$c+f$），我们都可以利用向下态射和初始代数（**Nat**，zero +succ），得到能够进行递归计算的$(\!|c+f|\!)$[⊖]。我们接下来证明这一点。考虑下面的范畴图。

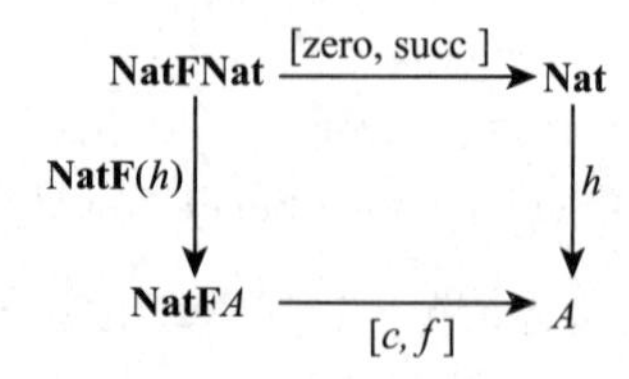

由于向下态射使得这个范畴图可交换。

$$\begin{array}{lll} & h \circ [\text{zero},\text{succ}] = [c,f] \circ \mathbf{NatF}(h) & \text{可交换} \\ \Rightarrow & h \circ [\text{zero},\text{succ}] = [c,f] \circ (\text{id} + h) & \text{多项式函子} \\ \Rightarrow & h \circ [\text{zero},\text{succ}] = [c \circ \text{id}, f \circ h] & \text{右侧用和的吸收律} \\ \Rightarrow & [h \circ \text{zero}, h \circ \text{succ}] = [c, f \circ h] & \text{左侧用和的融合律} \\ \Rightarrow & \begin{cases} h \circ \text{zero} = c \\ h \circ \text{succ} = f \circ h \end{cases} & \\ \Rightarrow & \begin{cases} h\ \text{Zero} = c \\ h\ (\text{Succ}\ n) = f(h(n)) \end{cases} & \\ \Rightarrow & \begin{cases} h(0) = c \\ h(n+1) = f(h(n)) \end{cases} & \end{array}$$

这恰恰是自然数叠加的定义：

$$h = \text{foldn}(c,f)$$

也就是说，自然数上的向下态射$(\!|c+f|\!)$= foldn（c，f）。因此，对于斐波那契数列，我们可以用

$$(\!|\text{fibAlg}|\!) = (\!|\text{start} + \text{next}|\!) = \text{foldn}(\text{start},\text{next})$$

来进行代数计算。读到这里，大家会有一种转了一大圈又回到了第 1 章的感觉。这是一种认知的螺旋上升。第 1 章中，我们是用归纳和抽象的方法得到了这个结论，现在，我们从更高的层面，把抽象的规律应用到具体的问题上得到同样的结论。

3. 代数数据类型

使用初始 F-代数，我们可以定义更多的代数数据类型，如列表和二叉树。

⊖ 我们用符号$(\!|c+f|\!)$是因为$(\!|[c,f]|\!)$看起来有太多重括号了。

例 4.13　在第 1 章中，我们给出的列表定义为

```
data List A = Nil | Cons A (List A)
```

而相应的非递归函子为

```
data ListF A B = NilF | ConsF A B
```

实际上 **List** 是函子 **ListF** 的不动点。我们可以这样验证。令 $B' = \textbf{ListF}\ A\ B$，然后递归地应用到自己上无穷多次。把这个结果叫作 **Fix**（**ListF** A）：

$$\begin{aligned}
\textbf{Fix}(\textbf{ListF}\ A) &= \textbf{ListF}\ A\ (\textbf{Fix}(\textbf{ListF}\ A)) && \text{不动点的定义} \\
&= \textbf{ListF}\ A\ (\textbf{ListF}\ A\ (\cdots)) && \text{展开} \\
&= \text{NilF} \mid \text{ConsF}\ A\ (\textbf{ListF}\ A\ (\cdots)) && \textbf{ListF}\ A\ \text{的定义} \\
&= \text{NilF} \mid \text{ConsF}\ A\ (\textbf{Fix}(\textbf{ListF}\ A)) && \text{反向用不动点}
\end{aligned}$$

和 **List** A 的定义对比，我们有

$$\textbf{List}\ A = \textbf{Fix}(\textbf{ListF}\ A)$$

在 **ListF** 这个函子下，固定 A，对于任何携带对象 B 可以定义箭头

$$\textbf{ListF}\ A\ B \xrightarrow{f} B$$

这样就构成了列表的 F-代数，并且我们知道初始代数就是（List，［nil，cons］）。所以就会有向下态射。

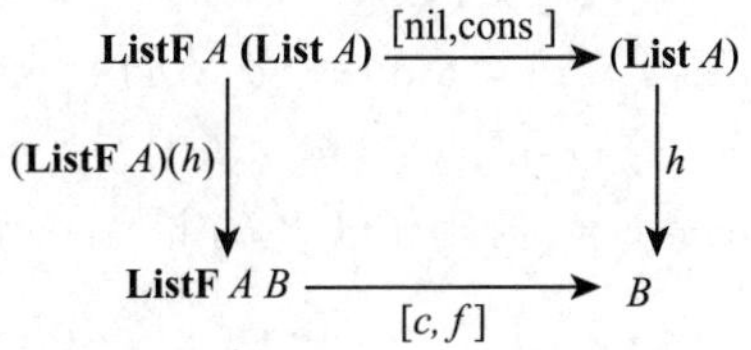

$$\begin{array}{ccc}
\textbf{ListF}\ A\ (\textbf{List}\ A) & \xrightarrow{[\text{nil},\text{cons}]} & (\textbf{List}\ A) \\
\Big\downarrow {\scriptstyle (\textbf{ListF}\ A)(h)} & & \Big\downarrow {\scriptstyle h} \\
\textbf{ListF}\ A\ B & \xrightarrow[{[c, f]}]{} & B
\end{array}$$

如果我们有一个非递归的计算 f，就可以利用向下态射构成针对递归列表的计算。

```
cata :: (ListF a b→b) → (List a→b)
cata f Nil = f NilF
cata f (Cons x xs) = f (ConsF x (cata f xs) )
```

例如，可以定义计算列表长度的代数规则：

```
len :: (List a) →Int
len = cata lenAlg where
  lenAlg :: ListF a Int→Int
  lenAlg NilF = 0
  lenAlg (ConsF_ n) = n + 1
```

这样 len Zero 会得到0，而 len（Cons 1（Cons 1 Zero））则得到2。可以定义一个辅助函数从中括弧简记法转换为 List：

```
fromList :: [a] →List a
fromList [] = Nil
fromList (x: xs) = Cons x (fromList xs)
```

这样就可以通过 len（fromList［1，1，2，3，5，8］）计算列表的长度。

通过改变代数规则f，还可以得到其他针对列表的计算。下面的例子把列表中所有的元素累加起来：

```
sum :: (Num a) ⇒ (List a) →a
sum = cata sumAlg where
  sumAlg :: (Num a) ⇒ ListF a a→a
  sumAlg NilF = 0
  sumAlg (ConsF x y) = x + y
```

我们接下来利用列表的范畴图证明，列表的向下态射本质上就是叠加计算 foldr。列表函子本质上是多项式函子。固定A，它将携带对象B映射为 $\mathbf{ListF}\ A\ B = 1 + A \times B$；将箭头$h$映射为 $(\mathbf{ListF}\ A)(h) = \mathrm{id} + (\mathrm{id} \times h)$。由于范畴图可交换，所以：

$$
\begin{array}{lll}
 & h \circ [\mathrm{nil}, \mathrm{cons}] = [c, f] \circ (\mathbf{ListF}\ A)(h) & \text{可交换} \\
\Rightarrow & h \circ [\mathrm{nil}, \mathrm{cons}] = [c, f] \circ (\mathrm{id} + (\mathrm{id} \times h)) & \text{多项式函子} \\
\Rightarrow & h \circ [\mathrm{nil}, \mathrm{cons}] = [c \circ \mathrm{id}, f \circ (\mathrm{id} \times h)] & \text{右侧用和的吸收律} \\
\Rightarrow & [h \circ \mathrm{nil}, h \circ \mathrm{cons}] = [c, f \circ (\mathrm{id} \times h)] & \text{左侧用和的融合律} \\
\Rightarrow & \begin{cases} h \circ \mathrm{nil} = c \\ h \circ \mathrm{cons} = f \circ (\mathrm{id} \times h) \end{cases} & \\
\Rightarrow & \begin{cases} h\ \mathrm{Nil} = c \\ h\ (\mathrm{Cons}\ a\ x) = f(a, h(x)) \end{cases} &
\end{array}
$$

这恰恰是列表叠加的定义：

$$h = \mathrm{foldr}(c, f)$$

也就是说，列表 F-代数的向下态射$(\!| c + f |\!) = \mathrm{foldr}\ (c,\ f)$。因此，求长度的运算是 foldr $(0,\ (a,\ b) \mapsto b + 1)$，累加的运算是 foldr $(0,\ +)$。

例 4.14　在第2章中，我们定义了二叉树的类型为

```
data Tree A = Nil | Br A (Tree A) (Tree A)
```

所有类似二叉树的结构也可以通过 F-代数来描述。首先定义函子：

```
data TreeF A B = NilF | BrF A B B
```

携带对象是 B，而初始代数是（**Tree** A，[nil，branch]）。我们把证明作为本小节的练习。这样二叉树的向下态射表示为如下范畴图：

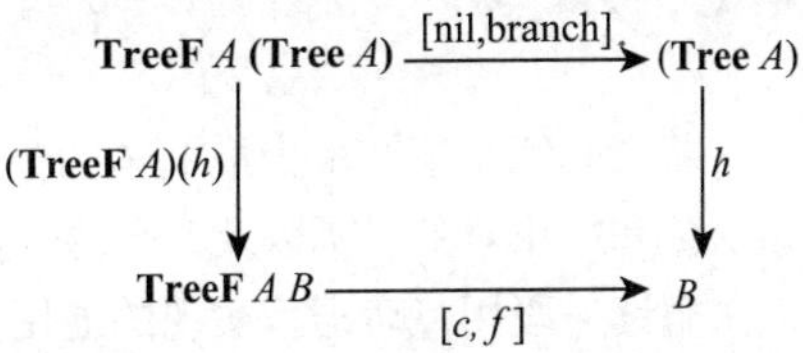

$$\begin{array}{ccc} \mathbf{TreeF}\ A\ (\mathbf{Tree}\ A) & \xrightarrow{[\text{nil},\text{branch}]} & (\mathbf{Tree}\ A) \\ \downarrow{\scriptstyle (\mathbf{TreeF}\ A)(h)} & & \downarrow{\scriptstyle h} \\ \mathbf{TreeF}\ A\ B & \xrightarrow[{[c,f]}]{} & B \end{array}$$

我们可以定义二叉树的向下态射函数。它接受一个 F-代数的箭头 **TreeF** $A\ B \xrightarrow{f} B$，返回一个类型为 **Tree** $A \to B$ 的函数：

$$\text{cata}: (\mathbf{TreeF}\ A\ B \to B) \to (\mathbf{Tree}\ A \to B)$$

$$\text{cata}\ f\ \text{Nil} = f\ \text{NilF}$$

$$\text{cata}\ f\ (\text{Br}\ k\ l\ r) = f\ (\text{BrF}\ k\ (\text{cata}\ f\ l)\ (\text{cata}\ f\ r))$$

如果定义了一个将二叉树中元素累加起来的代数运算，就可以利用向下态射递归地应用到任意二叉树上：

$$\text{sum}: \mathbf{Tree}\ A \to A$$

$$\text{sum} = \text{cata} \circ \text{sumAlg}$$

$$\text{其中:}\begin{cases} \text{sumAlg}: \mathbf{TreeF}\ A\ B \to B \\ \text{sumAlg NilF} = 0_B \\ \text{sumAlg}\ (\text{Br}\ k\ l\ r) = k + l + r \end{cases}$$

接下来，我们证明二叉树的向下态射就相当于二叉树的叠加操作 foldt。固定对象 A，二叉树的函子 **TreeF** $A\ B$ 是携带对象 B 的一个多项式函子。即 **TreeF** $A\ B = 1 + (A \times B \times B)$，对于箭头 h 为（**TreeF** A）$(h) = \text{id} + (\text{id}_A \times h \times h)$。

由于上面的范畴图可交换，所以有：

$$\begin{array}{ll} h \circ [\text{nil},\text{branch}] = [c,f] \circ (\mathbf{TreeF}\ A)(h) & \text{可交换} \\ \Rightarrow h \circ [\text{nil},\text{branch}] = [c,f] \circ (\text{id} + (\text{id}_A \times h \times h)) & \text{多项式函子} \\ \Rightarrow h \circ [\text{nil},\text{branch}] = [c \circ \text{id}, f \circ (\text{id}_A \times h \times h)] & \text{右侧用和的吸收律} \\ \Rightarrow [h \circ \text{nil}, h \circ \text{branch}] = [c, f \circ (\text{id}_A \times h \times h)] & \text{左侧用和的融合律} \end{array}$$

$$\Rightarrow \begin{cases} h \circ \text{nil} = c \\ h \circ \text{branch} = f \circ (\text{id}_A \times h \times h) \end{cases}$$

$$\Rightarrow \begin{cases} h\ \text{Nil} = c \\ h\ (\text{Br}\ k\ l\ r) = f(k, h(l), h(r)) \end{cases}$$

这恰恰是二叉树叠加的定义 $h = \text{foldt}\ (c, f)$，其中：

$$\begin{cases} \text{foldt}\ c\ h\ \text{Nil} = c \\ \text{foldt}\ c\ h\ (\text{Br}\ k\ l\ r) = h(k, \text{foldt}\ c\ h\ l, \text{foldt}\ c\ h\ r) \end{cases}$$

因此，累加二叉树中元素的运算可以用叠加表示为 foldt（0_B，（· + · + ·））。

练习 4.9

1. 对二叉树函子 **TreeF** $A\ B$，固定 A，利用不动点验证（**Tree** A，[nil，branch]）是初始代数。

4.6 小结

本章介绍了范畴论中最基本的概念，包括范畴、函子、自然变换。并且还介绍了积与和、起始对象和终止对象、幂以及F-代数这些工具来构造较为复杂的代数结构。作为本章的结尾，我们来解读一段用范畴语言实现的通用叠加操作[50]。通常我们认为列表的叠加操作可以这样写：

```
foldr f z [] = z
foldr f z (x: xs) = f x (foldr f z xs)
```

但实际上，利用范畴语言可以这样写：

```
foldr f z t = appEndo (foldMap (Endo ∘ f) t) z
```

所有这一切的背后都是为了抽象，为了使得 foldr 能跳出列表。在传统的列表叠加定义中，f 是一个二元操作，如果我们把它改写为 $\oplus$，把 z 改写为单位元 e，根据这个定义，foldr（$\oplus$）e［a，b，c］就可以展开成为

$$a \oplus (b \oplus (c \oplus e))$$

这让我们联想到幺半群，foldr 相当于在幺半群上重复进行二元操作。在抽象幺半群定义中，除了单位元和二元操作外，我们还可以定义将一列元素“累加”起来的操作。用 $\oplus$ 和 e 符号，这个定义相当于：

$$\text{concat}_M: [M] \to M$$
$$\text{concat}_M = \text{foldr}\ (\oplus)\ e$$

在某些编程环境中，这个函数的名字叫作 mconcat。它的意思是说，对于任何幺半群 M，concat 可以将一个 M 中元素的列表，通过二元运算和单位元叠加计算到一起。例如字符串可以看作是幺半群，单位元是空串，而二元运算是连接。所以 concat_M［" Hello"," String" " Monoid" ］就得到：

```
" Hello" ++ (" String" ++ (" Monoid" ++ " " ) ) = " HelloStringMonoid"
```

现在我们可以对任何幺半群元素进行累加了。但能否让它变得更通用呢？如果有一列元素，它们虽然不是幺半群中的元素，但是如果我们能将它们转换为幺半群，就仍然可以进行累加。将某一类型的列表映射为幺半群列表恰巧就是函子的行为，确切地说我们把箭头 $A \xrightarrow{g} M$，通过列表函子“举”到 **List**（g）。然后再执行累加：

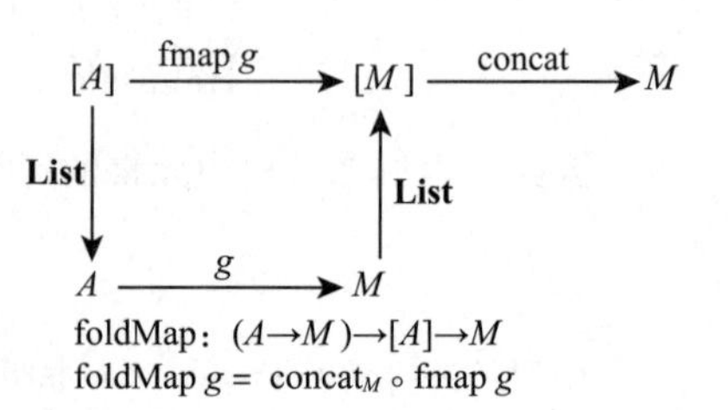

可是美中不足的是，对于任何传入 foldr 的二元组合函数 $f: A \to B \to B$，如果 B 不是幺半群，我们仍然无法进行叠加。现在考虑 f 的柯里化形式 $f: A \to (B \to B)$，我们发现以箭头 $B \to B$ 为对象，可以组成一个幺半群。其中单

位元是恒等箭头 id，而二元运算是函数组合。为此，我们把这种 $B \to B$ 的箭头通过函子封装成一个类型（集合）：

```
newtype Endo B = Endo (B→B)
```

我们给它起名叫“自函子”（endo），这是因为它从 B 出发指向 B 自身。此外，我们定义一个函数，从 $\mathbf{Endo}B \xrightarrow{\text{appEndo}} B$：

$$\text{appEndo}(\text{Endo}\ a) = a$$

然后我们规定 **Endo** 是一个幺半群，单位元是 id，二元运算是函数组合。这相当于以下定义：

```
instance Monoid Endo where
    mempty = Endo id
    Endo f `mappend`Endo g = Endo (f ∘ g)
```

现在任给一个二元组合函数 f，我们都可以利用 foldMap 把它叠加到 Endo 幺半群上：

$$\text{foldCompose} : (A \to (B \to B)) \to [A] \to \mathbf{Endo}B$$
$$\text{foldCompose}\ f = \text{foldMap}\ (\text{Endo} \circ f)$$

这样如果计算 foldCompose f $[a,\ b,\ c]$ 则展开为

$$\begin{aligned} & \text{Endo}(f\ a) \oplus (\text{Endo}(f\ b) \oplus (\text{Endo}(f\ c) \oplus \text{Endo}(\text{id}))) \\ = & \text{Endo}(f\ a \oplus (f\ b \oplus (f\ c \oplus \text{id}))) \end{aligned}$$

下面是一个具体的例子

$$\begin{aligned} & \text{foldCompose}\ (+)\ [1,2,3] \\ \Rightarrow & \text{foldMap}\ (\text{Endo} \circ (+))\ [1,2,3] \\ \Rightarrow & \text{concat}_M(\text{fmap}\ (\text{Endo} \circ (+)))\ [1,2,3] \\ \Rightarrow & \text{concat}_M(\text{fmap}\ \text{Endo}\ [(+1),(+2),(+3)]) \\ \Rightarrow & \text{concat}_M[\text{Endo}\ (+1),\text{Endo}\ (+2),\text{Endo}\ (+3)] \\ \Rightarrow & \text{Endo}\ ((+1) \circ (+2) \circ (+3)) \\ \Rightarrow & \text{Endo}\ (+6) \end{aligned}$$

所以，最后一步我们要把 Endo 中的结果取回。具体到这个例子，就是用 appEndo 把（+6）拿出，然后把它应用到传入 foldr 的初始值 z 上：

$$\begin{aligned} \text{foldr}\ f\ z\ xs &= \text{appEndo}\ (\text{foldCompose}\ f\ xs)\ z \\ &= \text{appEndo}\ (\text{foldMap}\ (\text{Endo} \circ f)\ xs)\ z \end{aligned}$$

这就是在范畴语言中 foldr 的定义。此外，我们还可以专门定义类型 Foldable，对任意数据结构，使用者可以选择实现 foldMap 或者 foldr。具体请参见本章附录。

4.7 扩展阅读

限于篇幅，我们不可能仅仅在一章中完成范畴论的介绍。本章的内容不过是冰山的一个小角。范畴论的核心精神是抽象，初始对象和终止对象、积与和这些对偶的概念，它们本质上可以进一步抽象到更高层次的对偶——极限（limit）和余极限（colimit）。我们没能介绍伴随（Adjunction）的概念，没能介绍米田定理（Yoneda lemma），也没有能够解读单子。我希望这一章能够起到抛砖引玉的作用，引导读者去阅读和了解更多的内容。范畴论的创始人之一麦克兰恩的编写的教材[51] 是这个领域的经典。其目标读者是数学家，普通读者读起来有些艰深。西蒙森的《范畴论引论》[42] 和史密斯的[46] 更适合初学者。对于有编程背景的读者，迈尔维斯基的《程序员的范畴论》[45] 是本不错的参考书。里面配有很多 Haskell 示例代码和一些 C++的类比实现。但是这本书仅仅在集合全函数范畴（确切地说是 Hask 范畴）内讨论。伯德的《编程中的代数》[6] 更加全面地介绍了编程中的范畴原理。

4.8 附录：例子代码

函子的定义：

```
class Functor f where
    fmap        :: (a→b) →f a→f b
```

Maybe 函子的定义：

```
instance Functor Maybe where
    fmap _ Nothing      = Nothing
    fmap f (Just a)     = Just (f a)
```

使用 Maybe 搜索二叉搜索树，并将结果转换成二进制：

```
lookup Nil _  = Nothing
lookup (Node l k r) x  | x < k = lookup l x
                       | x > k = lookup r x
                       | otherwise = Just k

lookupBin = (fmap binary) ∘ lookup
```

二元函子的定义：

```
class Bifunctor f where
  bimap :: (a→c) → (b→d) →f a b→f c d
```

积函子与和函子的定义：

```
instance Bifunctor (,) where
  bimap f g (x, y) = (f x, g y)

instance Bifunctor Either where
  bimap f _ (Left a) = Left (f a)
  bimap _ g (Right b) = Right (g b)
```

curry 及其反向变换 uncurry 的定义：

```
curry       :: ((a, b) →c) →a→b→c
curry f x y = f (x, y)

uncurry     :: (a→b→c) → ((a, b) →c)
uncurry f (x, y) = f x y
```

幺半群的定义：

```
class Semigroup a ⇒ Monoid a where
     mempty :: a

     mappend :: a→a→a
     mappend = (<>)

     mconcat :: [a] →a
     mconcat = foldr mappend mempty
```

可叠加类型（Foldable）的定义：

```
newtype Endo a = Endo { appEndo :: a→a }

class Foldable t where
     foldr :: (a→b→b) →b→t a→b
     foldr f z t = appEndo (foldMap (Endo ∘ f) t) z

     foldMap :: Monoid m => (a→m) →t a→m
     foldMap f = foldr (mappend ∘ f) mempty
```

CHAPTER5

第5章

融合

3 表示 2+1，4 表示 3+1。所以接下来（虽然证明很长），4 等于 2+2。因此，数学知识不再是神秘的。

——罗素

图 5.1　彭罗斯三角形

记得在中学数学课上，老师会在黑板上写一个有很多字母的式子，然后让同学们化简。有人会自告奋勇站到讲台上，拿起粉笔在黑板上推导。合并同类项、因式分解……各种办法都可以用。这个过程就像是变魔术，最后往往得到意想不到的简单结果。当然也有卡住或者绕圈子的时候，老师总是耐心地提示，引导我们找到思路。这样的经历好像就发生在眼前，一方面，满手的粉笔灰让同学们体会到老师的不易；另一方面，那种推理的神秘力量让我感到它的强大。我总是希望知道更多的公式，这样就能在化简或者推导时派上用场。这种推导的神奇之处在于，我们不用特别关心这些公式或者定理在当时场景下的具体含义。就像摆弄积木一样，从散落的各种零件，最后搭建起一个有趣的玩具。这些公式和定理相互组装到一起，最后引向一个有趣的结果。看到 $a^2+2ab+b^2$ 就会把它变换为 $(a+b)^2$，就像把两块积木插到一起那样自然，我们不用在推导时强迫自己回想这个公式的几何意义（见图5.2）。

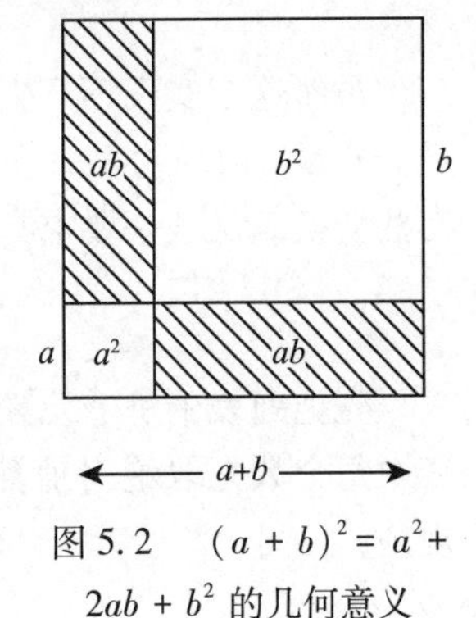

图5.2　$(a+b)^2=a^2+2ab+b^2$ 的几何意义

本章我们用两个例子说明如何进行编程中的推导。每个例子都既用直观方法也用推导方式给出解释，这就像 $(a+b)^2$ 的情形。一方面我们可以用几何直观，将其理解为一大一小两个正方形和两个相等矩形的面积；另一方面，我们也可以用代数推导一步一步得出同样的结果。

$$
\begin{aligned}
(a+b)^2 &= (a+b)(a+b) && \text{二次方的定义} \\
&= a(a+b)+b(a+b) && \text{乘法分配律} \\
&= a^2+ab+ba+b^2 && \text{再次用分配律} \\
&= a^2+2ab+b^2 && \text{合并同类项 } ab \text{ 和 } ba
\end{aligned}
$$

5.1 叠加-构建的融合

我们要举的第一个例子是叠加——构建的融合。2015年Java在其1.8版本中加入了lambda表达式并且提供了一系列支持函数式编程的工具。但是有人很快发现，尽管一连串的函数调用表达能力很强，简洁优雅，但是性能会下降很多。原因之一就是这些串起来函数调用产生了大量中间结果。这些中间结果往往不是一两个简单的数值，而通常是列表、容器这样规模很大的结构。这些结构被下一个函数消费使用，然后就丢弃了。但是接下来会产生另一个同等规模的结构。这种产生→一次性消费→丢弃→再产生的过程，沿着函数调用链一环一环地重复，造成了计算的负担。例如，我们想判断一个列表中的每个元素是否都满足某个条件。可以这样进行定义[52]：

$$\text{all}(p, xs) = \text{and}(\text{map}(p, xs))$$

传入all（prime，[2，3，5，7，11，13，17，19，…]）就可以判断列表中是否都是素数。但是这个实现的效率却不高。首先map（prime，xs）会产生一个和 xs 同样长度的列表，列表中的每个元素是一个布尔值［True，True，…］，每个布尔值表示对应的元素是不是素数。然后这个布尔值列表传入and函数，检查是否存在False。最后 xs 和布尔值列表都被丢弃，而仅仅返回一个布尔值作为最终结果。

下面是另一种定义，它能够避免产生中间的布尔值列表：

$$\text{all}(p, xs) = h(xs)$$

$$\begin{cases} h([\ ]) = \text{True} \\ h(x:xs) = p(x) \wedge h(xs) \end{cases}$$

虽然这个实现不产生中间结果，可是和前面的 and（map（p，xs）比起来，既冗长又不直观。有没有什么办法，鱼和熊掌兼得，既不丧失直观性，又能避免低效的实现呢？我们发现有些变换满足这一要求。例如：

$$\text{map sqrt}\ (\text{map abs}\ xs) = \text{map}\ (\text{sqrt} \circ \text{abs})\ xs$$

先把列表中每个元素取绝对值构成一列新数，然后再把这列数中的每个开方。这和把列表中每个数先取绝对值然后再立即开方后构成一列新数等价。由此我们可以得到一个转换规则：

$$\text{map}\ f\ (\text{map}\ g\ xs) = \text{map}(f \circ g)\ xs \tag{5.1}$$

但是这样的规则太多了，我们无法全部把它们列出，并且在千变万化的程序中，我们也无法一眼就看出应该用哪一条规则优化。吉尔（Gill）、朗奇布瑞（Launchbury）、佩顿·琼斯（Peyton Jones）在 1993 年提出了一个方法，他们从列表最本质的构造和叠加操作入手，找到了优化的规律。

5.1.1　列表的叠加操作

我们在第 1 章就给出过列表的叠加操作，它的定义为

$$\begin{aligned} &\text{foldr} \oplus z\ [\ ] = z \\ &\text{foldr} \oplus z\ (x:xs) = x \oplus (\text{foldr} \oplus z\ xs) \end{aligned}$$

展开就是：

$$\text{foldr} \oplus z\ [x_1, x_2, \cdots, x_n] = x_1 \oplus (x_2 \oplus (\cdots(x_n \oplus z))\cdots) \tag{5.2}$$

许多列表相关的操作都可以用叠加来定义。以下是一些典型的例子。

①累加：

$$\text{sum} = \text{foldr} + 0$$

②前面提到的 and 函数，计算一个布尔值列表中的所有元素的逻辑与：

$$\text{and} = \text{foldr} \wedge \text{True}$$

这是因为

$$\text{and}\ [x_1, x_2, \cdots, x_n] = x_1 \wedge (x_2 \wedge (\cdots(x_n \wedge \text{True}))\cdots)$$

③在一个列表中查找某一个元素是否存在：

$$\text{elem}\ x\ xs = \text{foldr}\ (a\ b \mapsto (a = x) \vee b)\ \text{False}\ xs$$

④逐一映射：

$$\begin{aligned} \text{map}\ f\ xs &= \text{foldr}\ (x\ ys \mapsto f(x) : ys)\ [\ ]\ xs \\ &= \text{foldr}\ ((:) \circ f)\ [\ ]\ xs \end{aligned}$$

⑤用某一条件过滤列表中的元素：

$$\text{filter}\ p\ xs = \text{foldr}\ (x\ ys \mapsto \begin{cases} x : ys & p(x) \\ ys & 其他 \end{cases})\ [\ ]\ xs$$

⑥两个列表连接：

$$xs \mathbin{+\!\!+} ys = \text{foldr}\ (:)\ ys\ xs \tag{5.3}$$

这是因为：

$$[x_1, x_2, \cdots, x_n] \mathbin{+\!\!+} ys = x_1 : (x_2 : (\cdots(x_n : ys))\cdots)$$

⑦多个列表连接：

$$\text{concat}\ xss = \text{foldr} \mathbin{+\!\!+} [\ ]\ xss$$

叠加操作是如此基本（上一章中，我们证明了叠加是列表的初始代数），如果我们能把列表的叠加操作的化简规律找到，就找到了所有列表操作的化简规律。

5.1.2 叠加-构建融合律

现在我们考虑，如果把空列表 [ ]（即 Nil）和连接操作“:”（即 Cons）进行叠加会产生什么结果。

$$\text{foldr}\ (:)\ [\ ]\ [x_1, x_2, \cdots, x_n] = x_1 : (x_2 : (\cdots(x_n : [\ ]))\cdots) \tag{5.4}$$

这回我们得到了列表本身。你也许想到了上一章介绍的不动点，我们稍后会回到这个话题。换言之，如果我们有一个运算 g，它能够从一个起始值（例如“[ ]”）和一个二元组合运算（例如“:”）产生一个列表。我们可以定义这个列表构造过程 build：

$$\text{build}(g) = g((:), [\ ]) \tag{5.5}$$

接着，如果用另一个起始值 z 和二元组合运算 f，对这一列表进行叠加，其结果就相当于用“z”替换“[ ]”，用“f”替换“(:)”，然后直接调用过程 g。

$$\textbf{foldr}(f, z, \textbf{build}(g)) = g(f, z) \tag{5.6}$$

写成无参数括号的形式就是：

$$\textbf{foldr}\ f\ z\ (\textbf{build}\ g) = g\ f\ z \tag{5.7}$$

我们称这一结果为**叠加-构建融合定律**。

在继续深入介绍前，让我们先看一些具体的例子。考虑如何计算从 a 到 b 间的整数和 sum（$[a, a+1, \cdots, b-1, b]$）。为此我们可以先产生从 a 到 b 之间的所有整数 a，$a+1$，$a+2$，…，

$b-1$，b，例如使用下面的方法：

$$\text{range}(a, b) = \begin{cases} [\ ] & a > b \\ a : \text{range}(a+1, b) & \text{其他} \end{cases}$$

这样 range（1，5）就产生列表［1，2，3，4，5］。接下来只要把这个列表中的元素累加起来就得到答案了：

$$\text{sum}(\text{range}(a, b))$$

接下来关键的一步，我们把 range 中的起始值［ ］和二元组合运算（:）抽出作为参数，分别叫作 z 和⊕：

$$\text{range}'(a, b, \oplus, z) = \begin{cases} z & a > b \\ a \oplus \text{range}'(a+1, b, \oplus, z) & \text{其他} \end{cases}$$

我们甚至可以把 range′的后两个参数柯里化：

$$\text{range}'\ a\ b = \oplus\ z \mapsto \begin{cases} z & a > b \\ a \oplus (\text{range}'\ (a+1)\ b \oplus z) & \text{其他} \end{cases}$$

这样原来的 range 就可以用 range′和 build 表示了：

$$\text{range}(a, b) = \text{build}(\text{range}'(a, b))$$

接下来我们用融合律化简累加和的计算：

$$\begin{aligned} \text{sum}(\text{range}(a, b)) &= \text{sum}(\text{build}(\text{range}'(a, b))) && \text{代入} \\ &= \mathbf{foldr}\ (+)\ 0\ (\mathbf{build}\ (\text{range}'\ a\ b)) && \text{用叠加表示累加} \\ &= \text{range}'\ a\ b\ (+)\ 0 && \text{使用融合律} \end{aligned}$$

这样就完成了化简，避免产生中间列表，并优化了算法。我们可以看一下最后的效果：

$$\text{range}'\ a\ b\ (+)\ 0 = \begin{cases} 0 & a > b \\ a + (\text{range}'\ (a+1)\ b\ (+)\ 0) & \text{其他} \end{cases}$$

5.1.3　列表的构建形式

为了方便使用融合律，我们可以把常见的列表生成操作写为 build…foldr 的形式。这样当用叠加操作和上述形式的操作组合起来时：**foldr**…（**build**…foldr），就可以使用融合律化简。

①首先是最简单的操作——构造空列表：

$$[\ ] = \text{build}\ (f\ z \mapsto z)$$

我们可以代入 build 的定义式（5.5）来验证这个定义。

证明：

$$\text{build}\ (f\ z \mapsto z) = (f\ z \mapsto z)\ (:)\ [\ ] \qquad \text{build 的定义}$$

$$
\begin{aligned}
&= (:)\ [\ ] \mapsto [\ ] && \beta\text{-归约,参见第 2 章}\\
&= [\ ] && \square
\end{aligned}
$$

②接下来是列表的链接（Cons）操作：

$$x : xs = \text{build}\ (f\ z \mapsto f\ x\ (\text{foldr}\ f\ z\ xs))$$

证明：

$$
\begin{aligned}
&\text{build}\ (f\ z \mapsto f\ x\ (\text{foldr}\ f\ z\ xs))\\
&= (f\ z \mapsto f\ x\ (\text{foldr}\ f\ z\ xs))\ (:)\ [\ ] && \text{build 的定义}\\
&= x : (\text{foldr}\ (:)\ [\ ]\ xs) && \beta\text{-归约}\\
&= x : xs && \text{由式(5.4),叠加的不动点} \quad \square
\end{aligned}
$$

③然后是列表的连接：

$$xs \mathbin{+\!\!+} ys = \text{build}\ (f\ z \mapsto \text{foldr}\ f\ (\text{foldr}\ f\ z\ ys)\ xs)$$

证明：

$$
\begin{aligned}
&\text{build}\ (f\ z \mapsto \text{foldr}\ f\ (\text{foldr}\ f\ z\ ys)\ xs)\\
&= (f\ z \mapsto \text{foldr}\ f\ (\text{foldr}\ f\ z\ ys)\ xs)\ (:)\ [\ ] && \text{build 的定义}\\
&= \text{foldr}\ (:)\ (\text{foldr}\ (:)\ [\ ]\ ys)\ xs && \beta\text{-归约}\\
&= \text{foldr}\ (:)\ ys\ xs && \text{对内层用叠加的不动点}\\
&= xs \mathbin{+\!\!+} ys && \text{由式(5.3),列表的连接} \quad \square
\end{aligned}
$$

以下操作我们只列出结果，而把它们的证明作为本小节的练习。

④多个列表的连接：

$$\text{concat}\ xss = \text{build}\ (f\ z \mapsto \text{foldr}\ (xs\ x \mapsto \text{foldr}\ f\ x\ xs)\ z\ xss)$$

⑤一一映射产生新列表：

$$\text{map}\ f\ xs = \text{build}\ (\oplus\ z \mapsto \text{foldr}\ (y\ ys \mapsto (f\ y) \oplus ys)\ z\ xs)$$

⑥过滤元素产生新列表：

$$\text{filter}\ p\ xs = \text{build}\ (\oplus\ z \mapsto \text{foldr}\ (x\ xs' \mapsto \begin{cases} x \oplus xs' & p(x) \\ xs' & \text{其他} \end{cases})\ z\ xs)$$

⑦重复产生同一元素的（无穷）列表：

$$\text{repeat}\ x = \text{build}\ (\oplus\ z \mapsto \text{let}\ r = x \oplus r\ \text{in}\ r)$$

5.1.4 使用融合律化简

接下来我们使用刚刚打造好的融合律来化简计算。首先是本节开始时举过的例子：all (p, xs) = and (map (p, xs))。

例 5.1 我们把 and 改为叠加形式，把 map 改为构建形式就可以进行化简了。

$$
\begin{aligned}
& \text{all}(p, xs) \\
= & \text{and}(\text{map}(p, xs)) && \text{原始定义} \\
= & \text{foldr} \wedge \text{True map}(p, xs) && \text{and 的叠加形式} \\
= & \textbf{foldr} \wedge \text{True } \textbf{build} \ (\oplus\ z \mapsto \\
& \quad \text{foldr}\ (x\ ys \mapsto p(x) \oplus ys)\ z\ xs) && \text{map 的构建形式} \qquad (5.8) \\
= & (\oplus\ z \mapsto \text{foldr}\ (x\ ys \mapsto p(x) \oplus ys)\ z\ xs) \wedge \mathit{True} && \text{融合律} \\
= & \text{foldr}\ (x\ ys \mapsto p(x) \wedge ys)\ \text{True}\ xs && \beta\text{ - 归约}
\end{aligned}
$$

如果定义一个 first 函数，它将一个函数f应用到一对值中的前一个上，即

$$(\text{first}\ f)\ x\ y = f(x)\ y$$

这样就可以进一步化简为

$$\text{all}\ p = \text{foldr}\ (\wedge) \circ (\text{first}\ p)\ \text{True}$$

例 5.2 我们把若干词语添加上空格，然后连接成句子。这样的文字处理过程通常叫作 join，简单起见，我们在句子最后也添上一个空格。一个典型的定义如下：

$$\text{join}(ws) = \text{concat}(\text{map}(w \mapsto w \mathbin{+\!\!\!+} [\text{' '}], ws))$$

这个定义简单直观，它先用逐一映射，在每个单词的末尾添加空格，得到一个新的单词列表，然后再把这个列表连接成一个字符串。但是这个定义的性能不佳。在单词末尾添加空格是一个昂贵的计算，需要先移动到每个单词的末尾，然后再使用字符串连接操作。其次有多少单词，逐一映射就会产生多长的新列表。最后这些中间结果都被丢弃了。接下来我们用融合律优化这一计算。

$$
\begin{aligned}
& \text{join}(ws) \\
& \quad \{\text{定义}\} \\
= & \text{concat}(\text{map}(w \mapsto w \mathbin{+\!\!\!+} [\text{' '}], ws)) \\
& \quad \{\text{把 concat 写为构建形式}\}\} \\
= & \text{build}\ (f\ z \mapsto \\
& \quad \text{foldr}\ (x\ y \mapsto \text{foldr}\ f\ y\ x)\ z\ \text{map}(w \mapsto w \mathbin{+\!\!\!+} [\text{' '}], ws)) \\
& \quad \{\text{把 map 写为构建形式}\}\} \\
= & \text{build}\ (f\ z \mapsto \\
& \qquad \textbf{foldr}(x\ y \mapsto \text{foldr}\ f\ y\ x)\ z\ (\textbf{build}\ (f'\ z' \mapsto \\
& \qquad \text{foldr}\ (w\ b \mapsto f'\ (w \mapsto w \mathbin{+\!\!\!+} [\text{' '}])\ b)\ z'\ ws))) \\
& \quad \{\text{融合律}\} \\
= & \text{build}\ (f\ z \mapsto \\
& \qquad \text{foldr}\ (w\ b \mapsto (x\ y \mapsto \text{foldr}\ f\ y\ x)\ (w \mathbin{+\!\!\!+} [\text{' '}])\ b)\ z\ ws) \\
& \quad \{\beta\text{ - 归约 } x, y\} \\
= & \text{build}\ (f\ z \mapsto
\end{aligned}
$$

$$
\begin{aligned}
& \quad \text{foldr}\ (w\ b \mapsto \text{foldr}\ f\ b\ (w \mathbin{+\!\!+} [\text{' '}]))\ z\ ws) \\
& \{\text{把}\mathbin{+\!\!+}\text{写为构建形式}\} \\
= & \ \text{build}\ (f\ z \mapsto \\
& \quad \text{foldr}\ (w\ b \mapsto \\
& \quad \textbf{foldr}\ f\ b\ (\textbf{build}\ (f'\ z' \mapsto \\
& \quad \text{foldr}\ f'\ (\text{foldr}\ f'\ z'\ [\text{' '}])\ w)))\ z\ ws) \\
& \{\text{融合律}\} \\
= & \ \text{build}\ (f\ z \mapsto \\
& \quad \text{foldr}\ (w\ b \mapsto \\
& \quad \text{foldr}\ (\text{foldr}\ f\ b\ [\text{' '}])\ w)\ z\ ws) \\
& \{\text{据 build 的定义,将}(:)\text{和}[\ ]\text{代入}\} \\
= & \ \text{foldr}\ (w\ b \mapsto \text{foldr}\ (:)\ (\textbf{foldr}\ (:)\ b\ [\text{' '}])\}\ w)\ [\ ]\ ws \\
& \{\text{对黑体字部分求值}\} \\
= & \ \text{foldr}\ (w\ b \mapsto \text{foldr}\ (:)\ (\text{' '} : b)\ w)\ [\ ]\ ws
\end{aligned}
$$

因此最后化简的结果为

$$
\text{join}(ws) = \text{foldr}\ (w\ b \mapsto \text{foldr}\ (:)\ (\text{' '} : b)\ w)\ [\ ]\ ws
$$

我们还可以据此把叠加操作展开，得到一个可读性和性能都好的定义：

$$
\begin{cases}
\text{join}\ [\ ] = [\ ] \\
\text{join}\ (w{:}ws) = h\ w
\end{cases}
$$

$$
\text{其中：}\begin{cases}
h\ [\ ] = \text{' '} : \text{join}\ ws \\
h\ (x{:}xs) = x : h\ xs
\end{cases}
$$

未经简化的 join 定义中使用了 concat ∘ map (f) 这种组合，它十分常见，很多编程环境的标准库已经提供了这样的优化实现。㊀

例 5.2 虽然展示了融合律的强大，但是也暴露出了一个问题。推导过程机械烦琐、容易出错。这恰恰是机器，而非人类擅长的事情。有些编程环境，例如 Haskell 已经把融合律实现在编译器内部[52]。这样只要我们把列表的常见操作用构建-叠加形式定义好，机器就可以替代我们利用融合律进行上述化简，从而得到优化的程序，避免中间结果和多余的递归㊁。随着时间的推移，更多的编译器会逐渐支持这一优化工具。

5.1.5 类型限制

每当我们打造出抽象的工具，就要思考它的适用范围，了解它什么情况下会失效。对于融合律也是如此。考虑下面的矛盾结果：

㊀ 例如 Haskell 中的 `concatMap`，Java 和 Scala 中的 `flatMap`。

㊁ 例如 Haskell 标准库已经用构建-叠加形式实现了大多数列表操作。

$$
\begin{aligned}
& \textbf{foldr}\ f\ z\ (\textbf{build}\ (c\ n \mapsto [0])) & \\
&= (c\ n \mapsto [0])\ f\ z & \text{融合律} \\
&= [0] & \beta\text{ - 归约}
\end{aligned}
$$

另一方面：

$$
\begin{aligned}
& \text{foldr}\ f\ z\ (\text{build}\ (c\ n \mapsto [0])) & \\
&= \text{foldr}\ f\ z\ ((c\ n \mapsto [0])\ (:)\ [\ ]) & \text{build 的定义} \\
&= \text{foldr}\ f\ z\ [0] & \beta\text{ - 归约} \\
&= f(0,\ z) & \text{叠加展开}
\end{aligned}
$$

显然 $f(0, z)$ 不等于 $[0]$，连它们两个的类型都不同[⊖]。造成这一矛盾结果的原因是 $(c\ n \mapsto [0])$ 不是一个真正用 c 和 n 构造出结果的函数。为此我们需要对融合律 $\text{foldr}\ f\ z\ (\text{build}\ g) = g\ f\ z$ 中 g 的类型做出限制。它的第一个参数既可以接受 c，也可以接受 f，换言之，它接受一个多态的二元运算 $\forall A.\ \forall B.\ A \times B \to B$；同理它的第二个参数也是一个多态类型 B 的起始值，并产生一个类型为 B 的结果。我们把二元运算写为柯里化的形式就得到：

$$g : \forall A.\ (\forall B.\ (A \to B \to B) \to B \to B)$$

容易看出，上面反例中的类型是：$\forall A.\ (\forall B.\ (A \to B \to B) \to B \to [\text{Int}])$。不满足我们的类型限制。与此对应，构建函数 build 的类型为

$$\text{build}: \forall A.\ (\forall B.\ (A \to B \to B) \to B \to B) \to \textbf{List}\ A$$

由于里面有两个多态的类型 A 和 B，因此它被称为二阶多态函数（rank - 2 type polymorphic）。

5.1.6　用范畴论推导融合律

叠加-构建融合律可以用范畴理论推导出来并进行扩展。一旦把范畴论作为理论工具，人们就发现叠加-构建融合仅仅是众多种融合规则中的一个。现在这些规则统一被称为“短路融合”（shortcut fusion）。它们在编译器优化、程序库优化中发挥了重要的作用。我们无法在这一章中对它们做全面的介绍。读者可以参考文献[54]深入了解短路融合的理论和实践方法。

在上一章中，我们介绍了 F-代数，特别是初始代数和向下态射。由于初始代数是起始对象，所以它到任何其他代数都有唯一的箭头。如下所示：

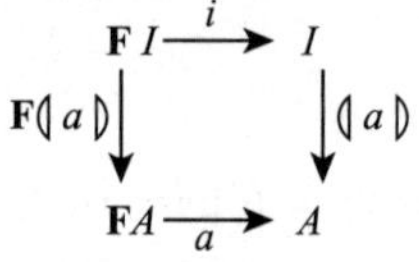

$$
\begin{array}{ccc}
\mathbf{F}I & \xrightarrow{\ i\ } & I \\
{\scriptstyle \mathbf{F}(\!|a|\!)}\downarrow & & \downarrow{\scriptstyle (\!|a|\!)} \\
\mathbf{F}A & \xrightarrow[\ a\ ]{} & A
\end{array}
$$

从初始代数 (I, i) 到另一代数 (A, a) 的箭头可以通过向下态射 $(\!|a|\!)$ 来表示。如果还存

⊖　除非特殊情况 $f = (:)$，$z = [\ ]$。

在一个不同的F-代数（B, b）对象，并且有从A到B的箭头$A \xrightarrow{h} B$，就可以在范畴图下方把（B, b）也画出：

$$\begin{array}{ccc} \mathbf{F}I & \xrightarrow{i} & I \\ {\scriptstyle \mathbf{F}(\!|a|\!)}\downarrow & & \downarrow{\scriptstyle (\!|a|\!)} \\ \mathbf{F}A & \xrightarrow[a]{} & A \\ {\scriptstyle \mathbf{F}(h)}\downarrow & & \downarrow{\scriptstyle h} \\ \mathbf{F}B & \xrightarrow[b]{} & B \end{array}$$

由于（I, i）是起始对象，所以它到（B, b）也必然存在唯一的箭头。由此可知，必然存在从I到B的箭头，可以用向下态射$(\!|b|\!)$表示出来。如下所示：

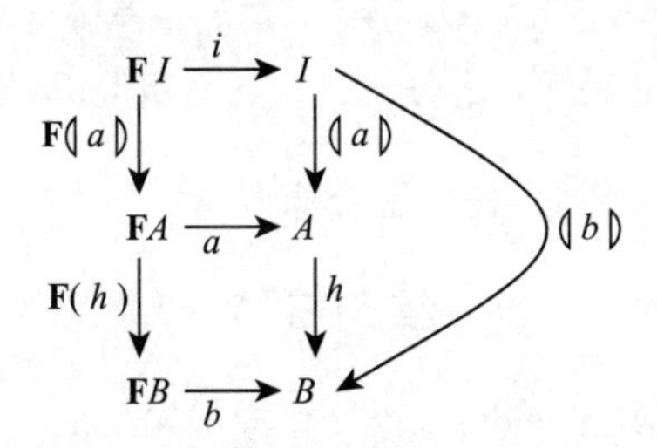

从这个范畴图可以看出，当且仅当存在h，使得下面那个小正方形可交换，则从I经由A到B相当于从I直接到B。这就是初始代数的融合律。记为

$$A \xrightarrow{h} B \Rightarrow h \circ (\!|a|\!) = (\!|b|\!) \Leftrightarrow h \circ a = b \circ \mathbf{F}(h) \tag{5.9}$$

初始代数的融合律意味着什么呢？在上一章中，我们发现向下态射可以将非递归的计算，转换成在递归结构上的叠加计算。例如，当函子$\mathbf{F}$是$\mathbf{ListF}A$（其中A是给定的对象）时，箭头$a = f + z$，而初始箭头$i = (:) + [\ ]$，向下态射$(\!|a|\!) = \text{foldr}\ (f, z)$。如果记$b = c + n$，则融合律可以写成

$$h \circ \text{foldr}(f, z) = \text{foldr}(c, n)$$

它说明叠加之后再进行变换可以化简为单一的叠加。1995年，高野秋彦和梅耶（Meijer）进一步将向下态射$(\!|a|\!)$抽象成从a构造某种代数结构$g\ a$，这样融合律就可以推广为[55]

$$A \xrightarrow{h} B \quad \Rightarrow \quad h \circ g\ a = g\ b \tag{5.10}$$

这一推广的融合律被称为“酸雨定律”㊀。另一方面，由于存在从初始代数I到A的箭头：

㊀ 由于融合律能够消除不必要的中间结果，所以最早被称为“砍伐定律”（deforestation）。而推广的融合律被幽默地称为酸雨定律（acid rain law）。

$I \xrightarrow{(\!| a |\!)} A$，所以将$(\!| a |\!)$代入酸雨定律左侧的 h，并且用 i 替换酸雨定律中的 a，用 a 替换酸雨定律中的 b，我们有

$$I \xrightarrow{(\!| a |\!)} A \quad \Rightarrow \quad (\!| a |\!) \circ g\ i = g\ a \tag{5.11}$$

具体到列表的例子，把$(\!| a |\!)$代换为 foldr (f, z)；把初始代数 i 代换为列表的初始代数 $(:) + [\ ]$；定义 build $(g) = g\ (:)\ [\ ]$，并代入酸雨定律左侧，就得到了列表的叠加-构建融合律：

$$
\begin{array}{ll}
(\!| a |\!) \circ g\ i = g\ a & \text{酸雨定律} \\
\Rightarrow \text{foldr}\ f\ z\ (g\ i) = g\ a & \text{列表的向下态射是叠加} \\
\Rightarrow \text{foldr}\ f\ z\ (g\ (:)\ [\ ]) = g\ a & \text{列表的初始代数}\ i\ \text{是}(:),[\ ] \\
\Rightarrow \text{foldr}\ f\ z\ (g\ (:)\ [\ ]) = g\ f\ z & \text{用}\ f, z\ \text{替换}\ a \\
\Rightarrow \textbf{foldr}\ f\ z\ (\textbf{build}\ g) = g\ f\ z & \text{反向用 build 的定义}
\end{array}
$$

这样我们就用范畴论证明了叠加-构建融合律[54]。

练习 5.1

1. 验证左侧叠加也可以表示为 foldr：

$$\text{foldl}\ f\ z\ xs = \text{foldr}\ (b\ g\ a \mapsto g\ (f\ a\ b))\ \text{id}\ xs\ z$$

2. 证明以下列表的构建-叠加形式：

$$
\begin{array}{l}
\text{concat}\ xss = \text{build}\ (f\ z \mapsto \text{foldr}\ (xs\ x \mapsto \text{foldr}\ f\ x\ xs)\ z\ xss) \\
\text{map}\ f\ xs = \text{build}\ (\oplus\ z \mapsto \text{foldr}\ (y\ ys \mapsto (f\ y) \oplus ys)\ z\ xs) \\
\text{filter}\ p\ xs = \text{build}\ (\oplus\ z \mapsto \text{foldr}\ (x\ xs' \mapsto \begin{cases} x \oplus xs' & p(x) \\ xs' & \text{其他} \end{cases})\ z\ xs) \\
\text{repeat}\ x = \text{build}\ (\oplus\ z \mapsto \text{let}\ r = x \oplus r\ \text{in}\ r)
\end{array}
$$

3. 化简快速排序算法：

$$
\begin{cases}
\text{qsort}\ [\ ] = [\ ] \\
\text{qsort}\ (x{:}xs) = \text{qsort}\ [a \mid a \in xs, a \leqslant x] +\!\!+ [x] +\!\!+ \text{qsort}\ [a \mid a \in xs, x < a]
\end{cases}
$$

提示：将 ZF 表达式[㊀]转换为 filter。

4. 利用范畴论验证融合律的类型限制。提示：考虑向下态射的类型。

㊀ 全称为“策梅罗-弗兰克尔表达式”。指集合论中 $\{f(x) \mid x \in X, p(x), q(x), \cdots\}$ 这样的集合构建表达式。我们在下一章介绍无穷和集合论时会再次遇到它。

5.2 巧算100

我们举的第二个例子来自伯德的《函数式算法珠玑》中的第6章[53]。高德纳在《计算机程序设计的艺术》卷4中给出了一道练习题[56]：把1到9这九个数字写成一行：1 2 3 4 5 6 7 8 9。只允许在这些数字之间添上加号和乘号，不许用括弧。如何使得最后的得数恰好是100？例如：

$$12 + 34 + 5 \times 6 + 7 + 8 + 9 = 100$$

这看起来像是一道小学生的数学谜题。如果要求找到所有可能的解法，就是一道编程趣题。最简单直接的方法，就是利用计算机进行穷举，每两个数字间一共有三种选择：①什么都不插入；②插入加号；③插入乘号。由于九个数字间一共有8个空，所以共有 $3^8 = 6561$ 种方法。我们只要让计算机逐一检查这6561种方案，看看哪些最终得100就可以了。

5.2.1 穷举法

我们先把一个由数字、加法、乘法组成的式子定义出来。考虑算式：

$$12 + 34 + 5 \times 6 + 7 + 8 + 9$$

由于先乘除后加减，我们可以把它看作由加号分割的若干子算式，即

$$\text{sum}\ [12, 34, 5 \times 6, 7, 8, 9]$$

我们定义由加号分割的若干子算式 $t_1 + t_2 + \cdots + t_n$ 为 expr = $[t_1, t_2, \cdots, t_n]$：

```
type Expr = [Term]
```

具体到每个子算式，我们可以把它看作由乘号分割的若干因子，例如 5 × 6 = product [5, 6]。如果是单一的数，例如34，我们仍然可以把它看作 34 = product [34]。这样我们就可以定义由因子组成的子算式 $f_1 \times f_2 \times \cdots \times f_m$。即 term = $[f_1, f_2, \ldots, f_m]$：

```
type Term = [Factor]
```

最终，每个因子都可以看作若干数字组成的整数，例如由两个数字组成的34，或仅有一个数字的5。也就是说 factor = $[d_1, d_2, \ldots, d_k]$：

```
type Factor = [Int]
```

从若干数字求得整数是一个叠加的过程，例如 $[1, 2, 3] \Rightarrow (((1 \times 10) + 2) \times 10) + 3$。我们可以将其定义为一个函数：

$$\text{dec} = \text{foldl}\ (n\ d \mapsto n \times 10 + d)\ 0$$

穷举法的思路是针对每一个可能的算式，计算并检查它是否得100。为此，我们需要定义一个函数，求出一个算式的值。根据算式的定义，我们需要递归地求出每个子算式（term）的值，然后将其累加起来；为了求每个子算式的值，需要递归地求出每个因子的值，然后再累乘起来；为了求每个因子的值，需要对每个因子使用dec函数。

$$\text{eval} = \text{sum} \circ \text{map}\ (\text{product} \circ (\text{map dec}))$$

明显这一定义可以用上一节介绍的融合律进行优化，我们把具体的推导过程留作练习。最终的优化结果如下：

$$\text{eval} = \text{foldr}\ (t\ ts \mapsto (\text{foldr}\ ((\times) \circ \text{fork}(\text{dec}, \text{id}))\ 1\ t) + ts)\ 0$$

其中fork $(f, g)\ x = (f\ x, g\ x)$，它将两个函数分别应用到一个变量上，然后将结果组成一对值。从这一结果可以写出一个可读性与性能都更好的定义：

$$\begin{cases} \text{eval}\ [\ ] = 0 \\ \text{eval}\ (t{:}ts) = \text{product}\ (\text{map dec}\ t) + \text{eval}(ts) \end{cases}$$

根据这一定义，如果算式为空，则其值为0；否则我们取出第一个子算式，将其中的每个因子求出并乘到一起。然后再加上剩余子算式的求值结果。这样在使用穷举法时，对每个可能的算式，我们都用eval求值。留下所有等于100的算式。即

$$\text{filter}\ (e \mapsto \text{eval}(e) == 100)\ es$$

其中es是所有从1到9能够组成的算式的集合。如何产生这个集合呢？我们从空集开始，然后每次从1到9中取出一个数字，看看能扩展出哪些合法的算式。首先，从空集和唯一的数字d只能构造出一个算式：$[[[d]]]$。最内层是由数字d构成的唯一因子fact $= [d]$；然后是由这个因子构成的子算式term $= [\text{fact}] = [[d]]$，这个唯一的子算式构成的完整算式是$[\text{term}] = [[\text{fact}]] = [[[d]]]$。我们可以把这一构造过程定义为

$$\text{expr}(d) = [[[d]]]$$

接下来，考虑一般情形。我们的策略是从右侧开始，不断取出数字9，8，7，…来扩展算式。假设我们已经用数字构造了一个算式集合$[e_1, e_2, \cdots, e_n]$，此时如果取出下一个数字d，如何扩展出所有的合法算式呢？我们在本节的开头说过，每两个数字间一共有三种选择：①什么都不插入；②插入加号；③插入乘号。我们来看看对于算式集合中的任意e_i这三种选择的含义分别是什么。将e_i展开表示成若干子算式的和$e_i = t_1 + t_2 + \cdots$，其中第一个子算式t_1表示为若干因子的积$t_1 = f_1 \times f_2 \times \cdots$。

- 什么都不插入意味着将数字d直接添加到e_i的第一个子算式中的第一个因子的前面。这样由$d{:}f_1$组成一个新的因子。例如e_i是算式8 + 9，数字d是7，将7写在8+9的前面而什么符号都不插入，这样就得到新算式78 + 9。
- 插入乘号意味着用数字d构成一个因子$[d]$，然后将它添加到e_i中第一个子算式的前

面。这样由 $[d]: t_1$ 组成一个新的子算式。具体到 8 + 9 这个例子，我们把 7 写在它的前面，然后在 7 和 8 之间插入一个乘号，这样就得到新算式 7 × 8 + 9。

- 插入加号意味着用数字 d 构成一个子算式 $[[d]]$，然后将它添加到 e_i 的最前面，组成新的算式 $[[d]]: e_i$。具体到 8 + 9 这个例子，我们把 7 写在它的前面，然后在 7 和 8 之间插入一个加号，这样就得到新算式 7 + 8 + 9。

把这三种情形转换为定义就得到了下面的函数：

```
add d ( (ds: fs): ts) = [( (d: ds): fs): ts,
                         ( [d]: ds: fs): ts,
                         [ [d] ]: (ds: fs): ts]
```

其中算式 e_i 被写成了 $(ds: fs): ts$ 的形式，e_i 中的第一个子算式是 $ds: fs$，第一个子算式中的第一个因子是 ds。这样，从每个已有的算式，我们都可以扩展出 3 个新算式。而对于算式列表 $[e_1, e_2, \cdots, e_n]$，只要分别对每个算式扩展，然后将结果连接到一起就可以了。这恰恰就是上一节我们介绍过的 concatMap：

$$\begin{cases} \text{extend}\ d\ [\ ] = [\text{expr}(d)] \\ \text{extend}\ d\ es = \text{concatMap}\ (\text{add}\ d)\ es \end{cases}$$

这样我们就得到了穷举法的完整定义：

$$\text{filter}\ (e \mapsto \text{eval}(e) == 100)\ (\text{foldr extend}\ [1 \cdots 9]) \tag{5.12}$$

5.2.2 改进

我们能改进这个穷举法么？观察用 1 到 9 这些数字从右向左穷举算式的过程。首先我们写下数字 9，在添加数字 8 时，可能产生 3 个算式，分别是：89，8 × 9 = 72 和 8 + 9 = 17。接下来添加 7，算式 789 显然大于 100，可以立即丢弃。并且我们确信任何在 789 左侧扩展出的新算式也都不可能等于 100，因此也可以丢弃。这样就避免了无谓的计算。同样 7 × 89 也大于 100，可以丢弃并停止向左扩展。只有 7+89 是可能的候选算式。接下来我们扩展出 78 × 9，由于它大于 100，因此被丢弃并停止扩展……

通过这一过程，我们发现，可以一边扩展算式，一边计算当前算式的值。只要超过 100 就丢弃并停止从这一候选算式向左继续扩展。整个过程就像一棵不断生长的树，只要树枝代表的算式超过 100，就砍掉树枝，停止这一分支的生长，如图 5.3 所示。

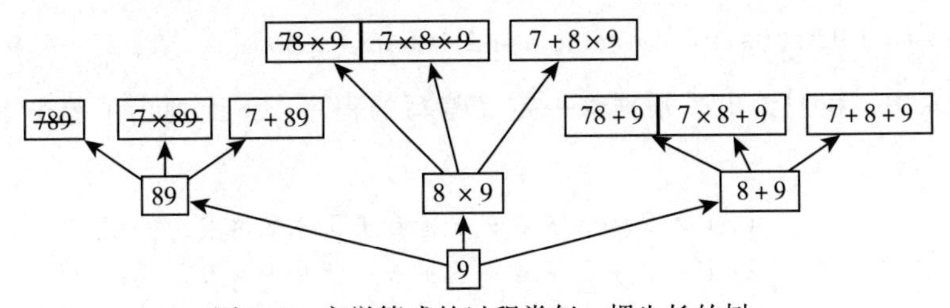

图 5.3　穷举算式的过程类似一棵生长的树

为了能够一边扩展算式，一边快速计算当前算式的值，我们可以将算式的值分离成三个部分：第一个子算式中的第一个因子的值f，除去f外剩余因子的乘积v_{fs}，以及除去第一个子算式外，剩余所有子算式的和v_{ts}。有了这三个部分，我们就可以计算出整个算式的值$f \times v_{fs} + v_{ts}$。

此时，如果继续向左扩展一个数字d，对应三种选择，算式及其值的更新分别如下：

- 不插入任何符号，将d添加到第一个因子前作为最高位数字。算式的值等于$(d \times 10^{n+1} + f) \times v_{fs} + v_{ts}$，其中$n$是因子$f$的位数。因此值的三个部分更新为$f' = d \times 10^{n+1} + f$，$v_{fs}$和$v_{ts}$保持不变。
- 插入乘号，将d作为第一个子算式中的第一个因子。算式的值等于$d \times f \times v_{fs} + v_{ts}$。因此值的三个部分更新为$f' = d$，$v_{fs'} = f \times v_{fs}$，$v_{ts}$不变。
- 插入加号，将d作为新的第一个子算式。算式的值等于$d + f \times v_{fs} + v_{ts}$。因此值的三个部分更新为$f' = d$，$v_{fs'} = 1$，$v_{ts'} = f \times v_{fs} + v_{ts}$。

为了方便第一条中10^{n+1}的计算，我们可以把指数也记录下来作为算式值的第四个部分。这样算式的值就可以表示为一个四元组(e, f, v_{fs}, v_{ts})。从四元组计算算式值的定义为

$$\text{value}(e, f, v_{fs}, v_{ts}) = f \times v_{fs} + v_{ts} \tag{5.13}$$

这样在扩展算式时，我们可以一边扩展，一边更新四元组，并将结果成对放在一起：

$$\begin{aligned} \text{add}\quad & d\,(((ds{:}fs){:}ts),\,(e, f, v_{fs}, v_{ts})) = \\ & [(((d{:}ds){:}fs){:}ts,\,(10 \times e,\, d \times e + f,\, v_{fs},\, v_{ts})), \\ & (([d]{:}ds{:}fs){:}ts,\,(10,\, d,\, f \times v_{fs},\, v_{ts})), \\ & ([[d]]{:}(ds{:}fs){:}ts,\,(10,\, d,\, 1,\, f \times v_{fs} + v_{ts}))] \end{aligned} \tag{5.14}$$

对于每一对算式和四元组，我们利用value函数，将四元组的值求出，如果大于100就立即丢弃，停止对其继续扩展。然后将候选算式和四元组对连接成一个列表。根据这一思路，我们将之前定义的extend重新定义为

$$\begin{cases} \text{expand}\ d\ [\ ] = [(\text{expr}(d),\,(10,\, d,\, 1,\, 0))] \\ \text{expand}\ d\ \text{evs} = \text{concatMap}\ ((\text{filter}\ ((\leqslant 100) \circ \text{value} \circ \text{snd})) \circ (\text{add}\ d))\ \text{evs} \end{cases} \tag{5.15}$$

现在我们可以对expand进行叠加，从1到9扩展出所有小于等于100的候选算式和四元组。最后我们计算四元组的值，然后选出所有恰好等于100的算式。

$$\text{map}\ fst \circ \text{filter}\ ((=100) \circ \text{value} \circ \text{snd})\ (\text{foldr expand}\ [\ ]\ [1, 2, \cdots, 9]) \tag{5.16}$$

在本章附录中，我们给出了根据这一定义编写的程序。下面列出了等于100的所有7个算式。

$$\begin{aligned} &1{:}\ 1 \times 2 \times 3 + 4 + 5 + 6 + 7 + 8 \times 9 \\ &2{:}\ 1 + 2 + 3 + 4 + 5 + 6 + 7 + 8 \times 9 \\ &3{:}\ 1 \times 2 \times 3 \times 4 + 5 + 6 + 7 \times 8 + 9 \end{aligned}$$

$$4: 12 + 3 \times 4 + 5 + 6 + 7 \times 8 + 9$$
$$5: 1 + 2 \times 3 + 4 + 5 + 67 + 8 + 9$$
$$6: 1 \times 2 + 34 + 5 + 6 \times 7 + 8 + 9$$
$$7: 12 + 34 + 5 \times 6 + 7 + 8 + 9$$

练习 5.2

1. 利用融合律化简算式求值的定义

$$eval = sum \circ map\ (product \circ (map\ dec))$$

2. 如何从左侧扩展出所有的算式？
3. 下面定义可以将算式翻译为字符串：

$$str = (join\ \text{“+”}) \circ (map\ ((join\ \text{“ ×”}) \circ (map\ (show \circ dec))))$$

其中 show 可以将数字转换为字符串。函数 join（c，s）将一组字符串 s 用 c 连接起来，例如 join（“#”,［“abc”,“def”］）= “abc#def”。利用融合律化简 str 的定义。

5.3 小结和扩展阅读

程序推导是数学推导的一种特殊情况。通过这一手段，我们可以从直观的、未经化简或优化的定义出发，利用一套形式化的方法和定理，一步一步进行变换。从而最终得到简洁的、优化的结果。伯德在他的《函数式算法设计珠玑》[53] 中给出了很多例子。程序推导的正确性根植于数学。为此需要一套完整的理论，能够将计算机程序形式化、数学化，而不是仅仅依赖于人的直觉。抽象代数和范畴理论正是帮助我们对计算机编程进行形式化的强大工具。叠加-构建融合律就是这样的一个典型的例子。在 1993 年的论文[52] 中，人们发现了系统化简程序的一个工具。随着范畴理论的引入，一系列融合律被发展出来[54]，并应用于计算机程序的推导和优化。

5.4 附录：巧算 100 问题的代码

Haskell 中的 **build** 和 **concatMap** 定义：

```
build :: forall a. (forall b. (a→ b → b) → b → b) → [a]
build g = g (:) []

concatMap f xs = build (λc n → foldr (λx b → foldr c b (f x) ) n xs)
```

用穷举法巧算 100 的基本定义：

```
type Expr = [Term] —— T1 + T2 +⋯⋯ Tn
type Term = [Factor] —— F1× F2× ... Fm
type Factor = [Int] —— d1 d2 ... dk

dec :: Factor → Int
dec = foldl (λn d → n * 10 + d) 0

expr d = [ [ [d] ] ] —— single digit expr

eval [] = 0
eval (t: ts) = product (map dec t) + eval ts

extend :: Int → [Expr] → [Expr]
extend d [] = [expr d]
extend d es = concatMap (add d) es where
  add :: Int → Expr → [Expr]
  add d ( (ds: fs): ts) = [( (d: ds): fs): ts,
                            ( [d]: ds: fs): ts,
                            [ [d] ]: (ds: fs): ts]

sol = filter ( (==100) ∘ eval) ∘  foldr extend []
```

用改进的穷举法解决巧算 100 问题：

```
value (_ , f, fs, ts) = f * fs + ts

expand d [] = [ (expr d, (10, d, 1, 0) ) ]
expand d evs = concatMap ( (filter ( (≤ 100) ∘ value ∘ snd) ) ∘ (add d) ) evs where
  add d ( ( (ds: fs): ts), (e, f, vfs, vts) ) =
     [( ( (d: ds): fs): ts, (10 * e, d * e + f, vfs, vts) ),
      ( ( [d]: ds: fs): ts, (10, d, f * vfs, vts) ),
      ( [ [d] ]: (ds: fs): ts, (10, d, 1, f * vfs + vts) ) ]

sol = map fst ∘ filter ( (==100) ∘ value∘ snd) ∘ foldr expand []
```

CHAPTER6

第6章

无穷

我看到了，但我不相信。

——1877年康托尔写给戴德金的信

图6.1　埃舍尔《圆极限Ⅳ》（又名《天堂和地狱》，1960年创作）

不知在多久以前，我们的祖先仰望星空，面对浩瀚的星河，由衷地发出感叹，我们所在的世界究竟有多大？作为智慧生命，我们的思维超越自我，超越地球，超越宇宙，不断思考着无穷的概念。我们的祖先是从具体的事物中抽象出了数的概念。例如狩猎得到的3头羊，采集得到3个果实，烧制了3个陶罐，进而得到抽象的数字3来代表任何3个东西。起初的数字大小有限，能够满足日常生活、狩猎、劳作的需要。随着文明的发展，我们开始进行贸易活动，出于记账的要求，所需要的数字逐渐变大。人们发展出种种计数系统，来掌握更大的数字。终于，我们提出问题：最大的数是什么？对于这个问题，人们分成了两种不同的态度。一种认为，这个问题没有意义，在古代，掌握千百万这样的数已经足够在生活中使用了。我们无须了解生活中用不上的大数，例如可以认为世界上沙子的数目是无穷的。在古希腊，一万曾被认为是一个巨大的数，人们称它为 murias，最终变成了 myriad 一词，意为“无数”[57]。无独有偶，佛教中也用“恒河沙数”来表达大到无法计算的数。在大乘佛教经典《金刚经》中，佛陀说：“以七宝满尔所恒河沙数三千大世界，以用布施。”古希腊伟大的数学家阿基米德认为，即使是充满全宇宙的沙子数目，也可以用一个数代表。阿基米德在他的著作《数沙者》（见图 6.2）开篇中说：

图 6.2　《数沙者》，封面的阿基米德像是意大利画家多米尼克·费蒂 1620 年创作的

> “格朗王，有人认为沙子的数量是无穷的。我所说的沙子，并不单单地指叙拉古附近和西西里岛其余地方的沙子，还包括地球上所有角落能找到的沙子，无论那里有人还是无人居住。另一些人虽然承认沙子的数量并不是无穷大的，但他们认为，我们不可能写出一个足够大的数，使它在数量上超过地球上全部沙子所代表的数量。如果想象一个和地球体积同样大的沙体，而且要从地球上的大海和谷底算起，直到最高山峰的高度都填满沙子，这些人恐怕就更加肯定，世界上不可能有如此之大的数，可以用来表示堆积起这一巨大沙体所需要的沙子的数量。但是，我将向您证明，通过一系列几何证明——您之后也可以照着做，我命名了一些数字，写在我给宙克西珀的手稿中。其中一些数字不仅超过了以我刚刚描述过的方式填充地球所需要的沙子的数量，甚至超过了填充整个宇宙所需要的沙子数量。”

阿基米德认为填满宇宙“只”需要 10^{63} 粒沙子。这个宇宙的含义是指恒星天球，大约为两万倍地球的半径。今天我们知道可观测宇宙的尺寸大约为 460 亿光年，大约包含 3×10^{74} 个原子㊀。在古希腊的时代，阿基米德的想法无疑是天才的，这几乎是无穷的具体化。我们从语言中，可以看到许多表达大数单位的词语。如表 6.1 所示是汉语中的大单位，从“兆”以后，每增加一万倍，就有一个对应的单位。[58]

表 6.1　汉语中的大单位

京	10^{16}	沟	10^{32}	载	10^{44}	那由他	10^{60}
垓(gāi)	10^{20}	涧	10^{36}	极	10^{48}	不可思议	10^{64}
秭(zǐ)	10^{24}	正	10^{40}	**恒河沙**	10^{52}	无量大数	10^{68}
穰(ráng)	10^{28}			阿僧祇(zhī)	10^{56}		

㊀　一说为 10^{80} 到 10^{87} 个基本粒子。

可以看到，汉语中这些大单位词汇，有许多来自佛教。包括恒河沙，它表示1后面跟着52个0。英语中的大单位如表6.2所示。从一开始，每增加一千倍就有一个对应的单位。万进位和千进位的不同，也是文化上的一种差异。

表6.2 英语中的大单位

thousand	10^{3}	duodecillion	10^{39}	quattuorvigintillion	10^{75}
million	10^{6}	tredecillion	10^{42}	quinvigintillion	10^{78}
billion	10^{9}	quattuordecillion	10^{45}	sexvigintillion	10^{81}
trillion	10^{12}	quindecillion	10^{48}	seprvigintillion	10^{84}
quadrillion	10^{15}	sexdecillion	10^{51}	octovigintillion	10^{87}
quintillion	10^{18}	septdecillion	10^{54}	novemvigintillion	10^{90}
sexillion	10^{21}	octodecillion	10^{57}	trigintillion	10^{93}
septillion	10^{24}	novemdecillion	10^{60}	untrigintillion	10^{96}
octillion	10^{27}	vigintillion	10^{63}	duotrigintillion	10^{99}
noniliion	10^{30}	unvigintillion	10^{66}	**googol**	10^{100}
decillion	10^{33}	duovigintillion	10^{69}		
undecillion	10^{36}	trevigintillion	10^{72}		

表6.2中最后一个大单位古格尔（googol）是在1920年由9岁的米尔顿·西洛塔（Milton Sirotta）想出的名字。这个数字是1后面跟着100个零。著名的互联网公司谷歌的名字就来自它[59]。

6.1 无穷概念的提出

超越一切具体大数的无穷是否存在不仅是一个数学问题，还是一个哲学问题。无穷大还直接导致另一个概念——无穷小。古代中国的哲学家庄子在《天下篇》中说：“一尺之棰，日取其半，万世不竭。”古希腊的哲学家，埃利亚学派的芝诺（Zeno of Elea）提出了著名的四个悖论，它们都与无穷有关。

第一个悖论最为人们所津津乐道，名叫阿基里斯与乌龟悖论。阿基里斯是荷马史诗《伊里亚特》中的英雄，以英勇著称。这个悖论说：如果让爬得很慢的乌龟在阿基里斯前面一段路程出发，那么阿基里斯将永远追不上乌龟。这是因为，阿基里斯为了赶上乌龟，必须先到达乌龟的出发点A，但当阿基里斯到达A点时，乌龟已经在这段时间前进到了B点。但当阿基里斯到达B点时，乌龟又已经到了前面的C点……以此类推，两者间的距离虽然越来越近，但阿基里斯永远落在乌龟的后面而追不上乌龟，如图6.3所示。但是这与我们生活中的常识是不相符的。这个悖论的推理是如此让人信服，以至于千百年来吸引了无数学者的研究。刘易斯·卡罗尔（Lewis Carrol）、侯世达（Douglas Hofstadter）甚至拿乌龟和阿基里斯作为文学作品中的主人公。

第二个悖论叫作“二分悖论”（见图6.4）。这个悖论的主人公是希腊神话中善于疾走的女猎手阿塔兰塔。如果阿塔兰塔想从A到B，那么她必须先走到1/2的位置。同样在此之前，她必须要到达1/4的位置。而为了到达这一位置，她必须先到达1/8的位置……以此类推。由于这样的中点有无限多个，阿塔兰塔永远也无法到达目的地。芝诺的这个悖论实际上说明了运动根本无法发生。

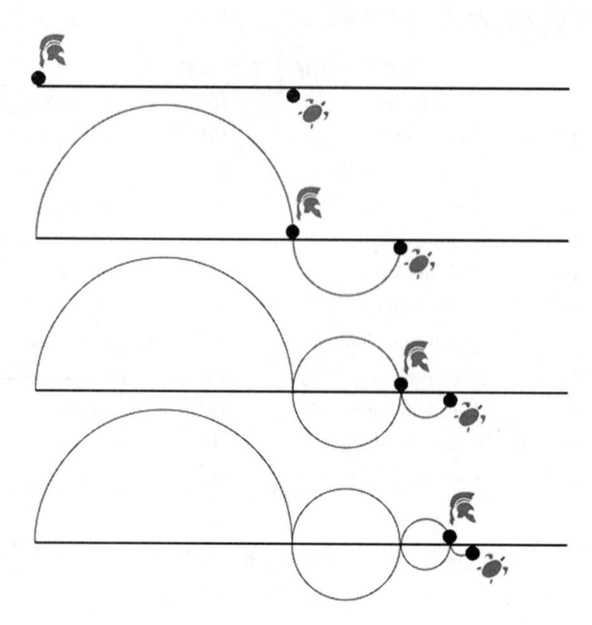

图 6.3　阿基里斯与乌龟悖论

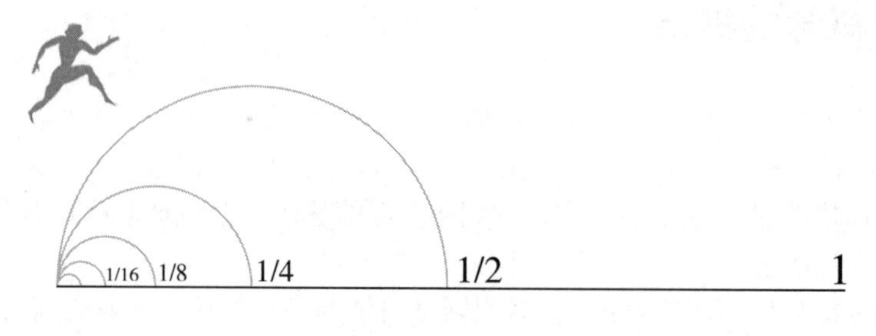

图 6.4　二分悖论

第三个悖论叫作“飞矢不动悖论”，它从另一个角度描述无穷导致运动无法发生，如图 6.5 所示。芝诺指出，任何物体待在相同的位置都不叫运动，可是飞行的箭矢在任一时刻不也是待在一个地方么？这样说来，自然飞失也是不动的。如果说前两个悖论是由于分割空间导致的，则这个悖论是由对时间的分割导致的。

第四个悖论叫作“运动场悖论”。这一悖论主要针对时间原子论的观点，即认为存在最小的不可分割的时间单位。如图 6.6 所示，运动场中有 3 列人。最初他们都首尾对齐。在最小的时间单元内，A 列不动，B 向右移一个单位，而 Γ 向左移动一个单位。容易得知，相对 B 而言，Γ 其实移动

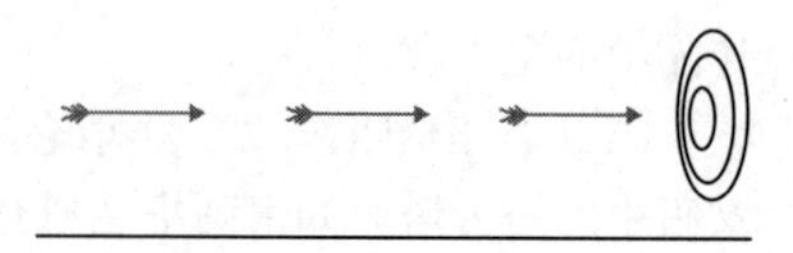

图 6.5　飞矢不动悖论

了两个单位。这就意味着，应该存在这一让 Γ 相对于 B 移动一个单位的时间。而这一时间应该是最小单位时间的一半。但如果存在不可分割的“时间原子”，那么这两个时间就是相同的，即最小时间和它的一半相等。

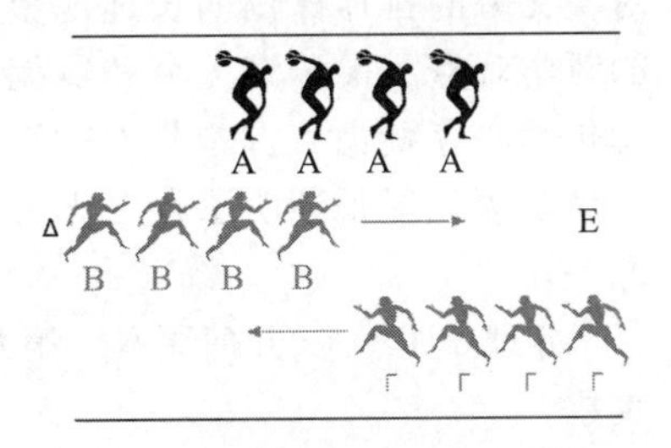

图 6.6　运动场悖论

芝诺悖论并不复杂，稍加琢磨就能理解。但是导出的结果却出人意料。根据生活中的常识，运动和时间是如此真实，阿基里斯不可能赶不上乌龟。可是驳倒这些悖论却并不容易，从亚里士多德到罗素，从阿基米德到赫尔曼·外尔，都对芝诺悖论提出了各种不同的解法[60]。

芝诺（约公元前 490 年——公元前 425 年，见图 6.7），古希腊哲学家，生于意大利半岛南部的埃利亚。所以我们常称其为埃利亚的芝诺。关于他的生平，缺少可靠的文字记载。据传，他早年是一个自学成才的乡村孩子，一生经历坎坷，最终遭到一位暴君的陷害而被拘捕、拷打，直至被处死[8]。

图 6.7　芝诺

芝诺是继毕达哥拉斯学派之后在意大利新出现的一个哲学学派——埃利亚学派的代表人物之一，这一学派的领袖是芝诺的老师巴门尼德。巴门尼德认为整个世界是个不变的整体，即“不变的一”，运动、变化与多样性都只是幻象。

芝诺以其悖论闻名。他一生曾巧妙地构想出 40 多个悖论，在流传下来的悖论中以关于运动的四个“无限微妙、无限深邃”的悖论最为著名。他提出这些悖论很可能是为他老师的哲学观点辩护。

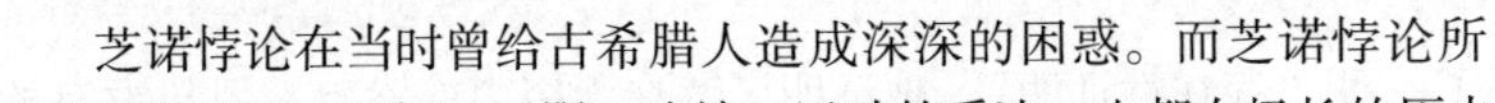

芝诺悖论在当时曾给古希腊人造成深深的困惑。而芝诺悖论所涉及的对时间、空间、无限、连续、运动的看法，也都在极长的历史岁月中困扰着后来的哲学家和数学家。如何了解和认识无穷，如何使用无穷成了摆在古希腊人面前必须解决的问题。

6.1.1　无穷的哲学

亚里士多德对芝诺悖论进行了深入的思考（我们今天对芝诺悖论的了解，其实是来自亚里士多德的著作《物理学》），并做出一项对后世数学发展具有深远影响的工作。他把无穷的概念区分为实无穷和潜无穷。所谓潜无穷或潜无限，是指永远地在无限延伸着，是一种变化的、不断产生出来的概念。它永远在构造中，永远完成不了，是潜在的，而不是实在的。自然数就是一种潜无穷，对于任何一个自然数，我们都可以找到它的后继，也就是一个更大的自然数。欧几里得几何中的直线也是一种潜无穷，我们可以按需延伸直线㊀。所谓实无穷是指把无限的整体本身作为一个实在的单位，是已经构造出来的东西，也就是把无限对象看作可完成的过程或无穷整体。

㊀ 欧几里得避免使用“无限延伸”这样的说法，而代之以按需任意延伸。这在古希腊是常见的一种处理。

在做了这种区分后，亚里士多德承认存在潜无穷，但是拒绝承认实无穷的概念。他对实无穷的排斥深刻而长远地影响了日后数学的发展[8]。亚里士多德代表了当时古希腊的哲学观点，关于潜无穷和实无穷的概念区分以及争论一直影响至今。尽管对无穷的概念仍然心存疑虑，古希腊的数学家们借助潜无穷的思想取得了令人赞叹的成就。其中之一就是欧几里得证明了存在无穷多的素数。这一证明被人们认为是历史上最优美的证明之一。

定理 6.1　（《几何原本》第九卷，命题20）预先给定任意多的素数，则有比它们更多的素数[11]。

欧几里得在叙述这个命题时，小心谨慎地避免使用无穷这样的说法，通观《几何原本》一书这样的例子还有很多。欧几里得在证明这个命题时，使用了著名的反证法。我们用现代的语言来描述这一证明。

证明：假设只存在有限多个素数 $p_1, p_2, \cdots, p_n$。我们构造一个新数

$$p_1 p_2 \cdots p_n + 1$$

也就是把这 n 个素数乘起来再加一。这个数要么是素数，要么不是素数。

- 如果它是素数，明显这个数不等于 p_1 到 p_n 中的任何一个，这就在有限多个素数中又增加了一个新的素数。
- 如果这个数不是素数，那么它就存在一个素因子 p。但是由于 p_1 到 p_n 中的任何一个都不能整除我们构造的这个数，所以素数 p 与任何 p_1 到 p_n 中的数都不同，是一个新的素数。

所以在任何情况下，我们都可以获得一个新的素数。这与有限个素数的假设矛盾，因此存在无穷多的素数。

欧几里得用反正法得到了一种“存在性证明”，他证明了存在无穷多的素数，但却没有给出怎样得到这些素数。这在我们今天看来，是很自然的一种处理。然而在19世纪末20世纪初却引发了关于数学根本性的争论，我们将在下一章详细讲述这一内容。

亚里士多德（见图6.8）是世界古代史上最伟大的哲学家、科学家和教育家之一，古希腊哲学的集大成者。他是柏拉图的学生，亚历山大大帝的老师。公元前384年，亚里士多德出生于希腊北部城市斯塔基拉（Stageira）。后人对他早年的生活所知甚少。17岁时，他赴雅典在柏拉图学园就读达20年，直到柏拉图去世后方才离开。这一时期的学习和生活对他一生产生了决定性的影响。苏格拉底是柏拉图的老师，亚里士多德又受教于柏拉图。在雅典的柏拉图学园中，亚里士多德表现得很出色，柏拉图称他是“学园之灵”。但亚里士多德可不是个只崇拜权威，在学术上唯唯诺诺而没有自己的想法的人。他努力地收集各种图书资料，勤奋钻研，甚至为自己建立了一个图书室。

图6.8　亚里士多德

公元前347年，柏拉图去世。两年后，亚里士多德离开了

雅典——亚里士多德或许是带着失望的心情离开的，因为他并没有成为柏拉图思想的继承者。此后，他开始游历各地。公元前343年，亚里士多德被马其顿的国王腓力浦二世召唤回故乡，受国王的聘请，担任起当时年仅13岁的亚历山大大帝的老师。亚里士多德也运用了自己的影响力，对亚历山大大帝的思想形成起了重要的作用。正是在亚里士多德的影响下，亚历山大大帝始终对科学事业非常关心，对知识十分尊重。

公元前335年腓力浦去世，亚里士多德又回到雅典，并在那里建立了自己的学校。学园的名字叫作吕克昂（Lyceum）。在此期间，亚里士多德边讲课，边撰写了多部哲学著作。亚里士多德讲课时有一个习惯，边讲边漫步于走廊和花园，正是因为如此，学园的哲学被称为“逍遥派”或者是“漫步的哲学”。亚里士多德在这一期间也有很多著作，主要是关于自然和物理方面的科学和哲学，而使用的语言也要比柏拉图的“对话体”晦涩许多。他的作品很多都是以讲课的笔记为基础，有些甚至是他学生的课堂笔记。因此有人将亚里士多德看作是西方的第一个教科书作者。

亚历山大去世后，雅典人开始奋起反对马其顿的统治。由于和亚历山大的关系，雅典人攻击亚里士多德，并判他为不敬神罪，当年苏格拉底就是因不敬神罪而被判处死刑的。但亚里士多德最终逃出了雅典。

公元前322年，亚里士多德因身染重病离开人世，终年六十三岁。

亚里士多德重视研究现实世界，他的精神财富正在于他的实证研究方法，这成了现代科学的基本原则。此外，现在大学里面的院系划分方式，及其所反映的知识整理方式，也直接沿承自亚里士多德所提出的分类法。

6.1.2　穷竭法与微积分

与欧几里得的小心谨慎不同，古希腊的另一些数学家采用了较为实用的态度对待无穷，创造并发展了一种称为“穷竭法”的有力工具，取得了惊人的成就。

穷竭法由古希腊智人学派的代表人物安提丰（Antiphon，约前480~前410）首创。为了解决古希腊三大作图难题之一的圆化方问题[㊀]，他提出用圆内接多边形逼近圆面积的方法来化圆为方。安提丰从一个圆内接正方形开始，不断将边数加倍得到正八边形、十六边形……不断重复这一过程，随着圆面积的逐渐“穷竭”，将得到一个边长越来越微小的圆内接正多边形。安提丰认为最终这一正多边形将与圆重合，这就是穷竭法的思想。后来古希腊伟大的数学家欧多克索斯对穷竭法进行了改进和严格化，使其成为解决面积、体积问题的一种有力的几何方法。为了理解这一方法，我们先要介绍著名的欧多克索斯——阿基米德公理，有时简称为阿基米德公理。

公理6.1　（阿基米德公理）对于任意两个量 a 与 b 来说，总有自然数 n 使得 $a \leqslant nb$。

㊀ 亦称为化圆为方问题，另外两个著名的难题是三分角问题和倍立方问题。任给一个圆，古希腊人希望找到只用尺规，能够作出同样面积的正方形。这个问题困扰了无数的数学家，直到19世纪后利用伽罗瓦的理论，才一举将它们题解决。三大难题被证明都是尺规不可解的。在英文中化圆为方（square the circle）被形容不可能做到的事情。

阿基米德公理非常基本。在第 2 章中，我们介绍了欧几里得最大公约数算法，但是我们没有探讨这一算法是否能够结束。利用阿基米德公理就可以给出欧几里得算法一定能够结束的证明。利用这一基本原理，欧多克索斯指出：“给定两个不相等的量，如果从较大的量减去比它大一半的量，再从所余的量减去比这个余量大一半的量，重复这一过程，必有某个余量小于给定的较小的量。”这就是穷竭法背后的逻辑。

利用穷竭法，欧多克索斯证明了棱锥体积是同底同高棱柱体积的 1/3，圆锥体积是同底同高圆柱体积的 1/3。这些成果都记录在欧几里得的《几何原本》卷 12 中[8]。

古希腊将穷竭法发展到最高成就的当属阿基米德，他取得了惊人的成就，计算出了圆周率 π，证明圆面积公式，球体、锥体的表面积和体积公式，甚至找到了计算抛物线下面积的方法。被称为古希腊的数学之神。

阿基米德（前 287 年—前 212 年，见图 6.9），生于西西里岛的叙拉古王国。早年曾经在古希腊的学术中心亚历山大城跟随欧几里得学习。阿基米德后来回到了叙拉古，他的许多学术成果都是通过和亚历山大城的学者之间的往来信件保存下来的。虽然有关阿基米德的生平没有详细的记载，但是关于他的各种故事却广为流传、脍炙人口。

图 6.9 菲尔兹奖章上的阿基米德像

最著名的故事就是国王的王冠。叙拉古国王不知道他的王冠是否是纯金的，大臣们也一筹莫展，于是去请教阿基米德。阿基米德一直解不开这个难题，他废寝忘食，直到有一天洗澡的时候，看着浴缸里的水溢出来，突然得到了灵感。他从浴缸里一跃而出，光着身子跑到大街上，边跑边喊“尤里卡！尤里卡！”，这句希腊语 Eureka 的意思是“我找到了！”。阿基米德利用浮力和比重，最终发现王冠掺了假。他的这一发现就是每一个中学生都要学习的“阿基米德定律”。尤里卡后来被人们用来形容找到灵感的那一刹那。

阿基米德发现球的体积是其外接圆柱体积的 2/3。他觉得这一关系无比的美妙，因此决定死后在墓碑上刻一个内接圆柱的球体。

公元前 214 年，第二次布诺战争爆发了。面对敌人的围城，传说阿基米德设计了巨大的抛物面镜，把阳光汇聚到帆上烧毁了敌人的战船。阿基米德还设计了巨大的机械武器，可以瞬间击毁罗马战船。后来罗马军队攻陷了叙拉古城，一个罗马士兵冲进阿基米德家里。阿基米德正专注地在沙地上画着几何图形进行思考，他说出了那句著名的话：“你挡住了我的阳光。”感到被冒犯的罗马士兵挥刀杀死了面前的这个老人。古希腊最伟大的数学家就此停止了思考。

我们现在来看一下，阿基米德是如何利用穷竭法计算圆周率的。

如图 6.10 所示，阿基米德在直径为 1 的圆内做一个内接多边形，同时在圆外做一个外切多边形。我们先看内接多边形的一条边和其上的圆弧，根据两点之间直线最短的几何公理，圆弧之长大于内接多边形的一条边长，故而圆的周长大于内接多边形的周长。同样可以得知，圆的周长小于外切多边形的周长。由于直径为 1 的圆，其周长恰好就是圆周率。这样我们就可以得到关系式：

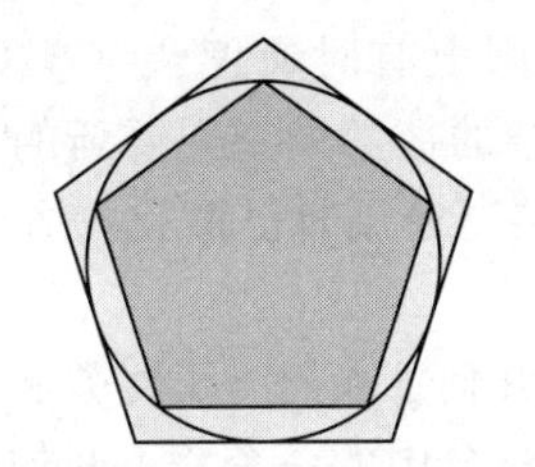
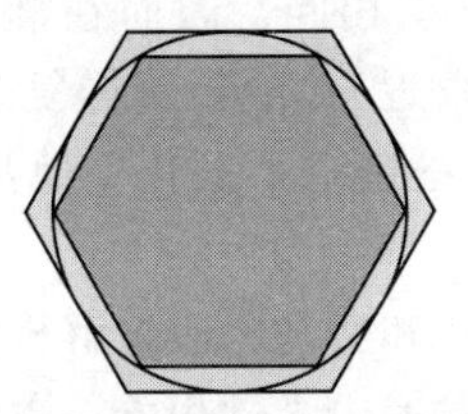
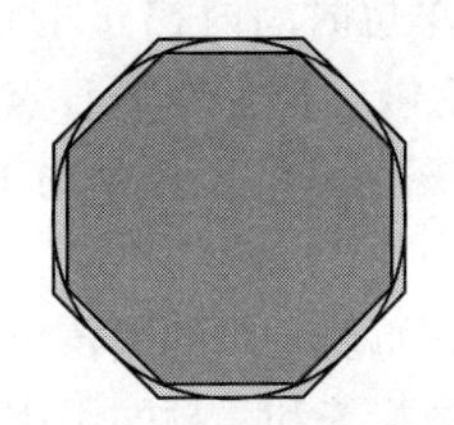

图 6.10 用穷竭法计算圆周率

$$C_i < \pi < C_o$$

其中 C_i、C_o 分别为内接多边形和外切多边形的周长。不断加大边数，就可以越来越精确地获得 π 的范围。阿基米德将边数加到 96，得出圆周率在 3.1408 和 3.1429 之间。400 年后，古希腊天文学家托勒密用穷竭法将精度提高到 3.1416。这一记录直到南北朝时，才由我国的数学家祖冲之打破。

穷竭法的缺点是，它仍然是基于古希腊几何的一种方法，使用起来非常复杂。这部分是由于古希腊人不接受无理数，于是把几何量和"数"的概念隔离开。另一方面，古希腊整体上试图避免使用无穷大和无穷小的概念。

另一位使用穷竭法的大师是天文学家托勒密。他首次为天体运行建立了模型，地球位于宇宙的中心，月球、太阳和其他行星则在嵌套于一起的球面上运行，最外层则是恒星天球。

亚历山大时代之后，古希腊文明的数学成果遭受了巨大的打击。罗马人征服后，迪奥多西（Theodosius）废除了异教，并于 392 年下令拆毁古希腊人的神庙。成千上万的希腊图书被罗马人焚毁。在公元前 47 年，罗马人纵火焚烧亚历山大港口内的船只，火势蔓延烧毁了藏书最丰富的古代图书馆。保存大量希腊著作的塞拉皮斯神庙也被摧毁，写在羊皮上的著作被刮掉而改写宗教著作。

对希腊文明的最后打击是公元 640 年新崛起的阿拉伯帝国对埃及的征服。残剩的图书被焚毁殆尽。征服者奥马尔说："这些书的内容或许我们也有，那么我们不必读它；这些书里或许有反对我们的内容，那我们不准读它。"因此亚历山大城的浴室里接连有 6 个月用羊皮纸来烧水[4]。

每次读到此处的历史，不仅让人痛心疾首，唏嘘不已。焚书的悲剧在南美洲，在秦帝国，自古及今不断上演。埃及被占领后，一些学者迁居到东罗马帝国的首都君士坦丁堡。阿拉伯帝国后来也把一部分古希腊的数学著作翻译成阿拉伯文。巴格达的智慧宫成了当时世界学术的中心。中世纪后，欧洲的学者又逐渐把这些阿拉伯文的著作再次译成拉丁文。伴随着文艺复兴，也是数学和哲学的复兴。接过阿基米德和穷竭法接力棒的是德国天文学家约翰内斯·开普勒。托勒密的宇宙模型无法解释行星反向运动的现象，于是不得不引入了本轮、匀轮、偏心圆和匀速点的概念。通过分析行星的观测数据，哥白尼提出了日心说，从托勒密模型需要的 78 个圆简化到了 34 个圆。但仍然和观测有一些偏差。开普勒潜心分析德国天文学家第谷的数据 8 年，终于破解了行星运动的规律，这就是我们今天熟知的开普勒三大行星运动定律。按照开普勒定律，行星的运行轨迹并不是圆，而是一个椭圆，太阳在椭圆的一个焦点上。行星在单位时间内扫过的面积相同，因而在椭圆上有时速度快（例如在近日点附近），有时速度慢（例如在远日点附近）。分析这样复杂的数学模型需要新的工具，古希腊的穷竭法太过复杂笨重。开普勒于是进行了简化，他甚至还用自己简化的方法计算出了葡萄酒桶的容积。

接下来迈出重要一步的是笛卡儿和费马。通过解析几何，人们终于将数和几何结合了起来，并且在莱布尼茨和牛顿的手中发展出了微积分。微积分中的一个绕不开的概念是无限小量。并且在积分中必然要涉及无限多个量的累加。值得一提的是 1665 年，对微积分的发展做出重要贡献的学者约翰·沃利斯首次引入了现代的无穷符号∞。

尽管微积分的基础尚有很多争论，这一代表西方现代精神的风帆在 18 世纪乘风破浪。这是一个英雄辈出的时代，伯努利家族、欧拉、拉格朗日奔放地使用着微积分和无穷级数，解决了一个又一个以前无法想象的难题，在天文学、力学、流体力学上开拓进取。

6.2　潜无穷与编程

对微积分基础的严密化直接导致了人们对实无穷的思考与激烈争论。在此之前，我们先来看一下在编程中，无穷是如何被体现的。计算机使用的是有限的资源，历史上，整数在机器内部表示为二进制形式。因为只用有限的二进制位，所以能表示的整数范围也是有限的。m 位二进制最大可以表示 2^m-1 的整数，它的二进制形式为 11…1，即 m 个 1。例如 16 位整数的最大值是 $2^{16}-1 = 65535$。由于这个原因，如果多个元素集合的基数用整数表示，则元素的数目也是有限的。在传统的编程中，常使用数组来容纳多个元素，为了节省内存通常要求事先确定数组大小的上限，例如下面的 C 语言程序定义了一个容量为 10 个元素的整数数组：

```
int a [10];
```

这里涉及两个概念，一个是序数，一个是基数。简单来说，序数就是我们在数数时赋予对象的一个标签。而基数是一个集合中元素的个数。我们稍后会给出它们的一般定义。早期的编程中，基数和序数都是有限的。这显然无法直接表达无穷的概念。在计算机科学发展的初期，这是完全可以理解的。那时的设备非常昂贵，人们根本不会想到使用无穷来直接解决具体的问题。然而随着时代的发展，成本逐渐降低，人们不再满足在解决问题之前，先预测出所需集合的大小。于是在一些编程环境中，开始支持动态增长的数组。人们称之为容器或者向量，可以随时按照需要向其中增加元素。现实中，即使是动态容器，其中的元素个数仍然是有限的，不能超过表示的上限。为此人们又发展出了链表结构。如本书第 1 章中介绍的那样，每个元素用一个节点代表，一个接一个链接起来，最后一个元素指向一个特殊的空节点表示结尾。这样我们无须知道整条链表的基数，却能从表头开始，逐一前进到表中任何位置。只要存储空间允许，链表可以任意长。这样就创造了表达潜无穷的可能。

可是链表和潜无穷终究还差了一步。我们认为自然数是无限延伸着的潜无穷，如果用链表表示自然数，不管链表有多长，例如 n，我们必须把 0 到 n 这些数都逐一填入其中。但这只表示了序列 0，1，…，n，而不是自然数序列 0，1，…，n。

为此，人们提出了惰性求值的概念。所谓惰性求值，就是并不立即计算一个表达式的值，而是把计算推迟到需要这个值的时候。具体到自然数的例子，根据第 1 章介绍的皮亚诺公理，任给一个自然数 n，都存在它的后继 n+1。而第一个自然数是 0。这样自然数就可以表示为

$$N = \mathrm{iterate}(n \mapsto n + 1, 0)$$

其中 iterate 的定义为

$$\mathrm{iterate}(f, x) = x : \mathrm{iterate}(f, f(x))$$

我们来看一下自然数产生的头几步，简单起见，我们命名 succ（n）= $n \mapsto n$ +1。

$$\begin{aligned}
\mathrm{iterate}(\mathrm{succ}, 0) &= 0 : \mathrm{iterate}(\mathrm{succ}, \mathrm{succ}(0)) && \text{iterate 的定义} \\
&= 0 : \mathrm{iterate}(\mathrm{succ}, 1) && \mathrm{succ}(0) = 0 + 1 = 1 \\
&= 0 : 1 : \mathrm{iterate}(\mathrm{succ}, \mathrm{succ}(1)) \\
&= 0 : 1 : \mathrm{iterate}(\mathrm{succ}, 2) \\
&= 0 : 1 : 2 : \mathrm{iterate}(\mathrm{succ}, 3) \\
&= \cdots
\end{aligned}$$

如果没有惰性求值，上述过程就会一直计算下去，永不终止。这是无法用来解决实际问题的。为此我们必须把链表的链接操作实现为惰性的，其中一种方法就是利用第 2 章介绍的 λ 表达式：

$$x : xs = \mathrm{cons}(x, () \mapsto xs)$$

这种表达式（）$\mapsto$ exp 通常叫作 delay（exp），它产生一个不带有参数的函数，对这个函数求值得到结果 exp，如图 6.11 所示。

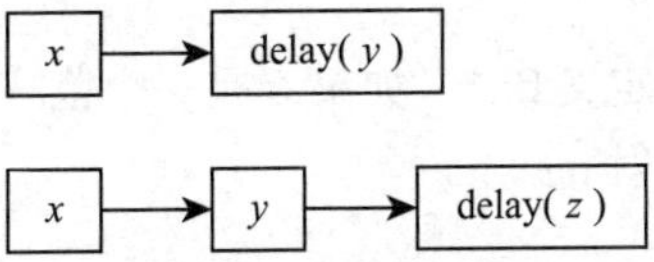

图 6.11 链表指向的下一个节点是一个 λ 表达式，强制求值后产生一个新节点

这样，当把 x 和 xs 链接到一起的时候，我们并不会求出 xs 的值，而是把它放入一个 λ 表达式中，推迟到将来再求值。这样改动后，产生自然数的过程变为

$$\begin{aligned}
\mathrm{iterate}(\mathrm{succ}, 0) &= 0 : \mathrm{iterate}(\mathrm{succ}, \mathrm{succ}(0)) && \text{iterate 的定义} \\
&= \mathrm{cons}(0, () \mapsto \mathrm{iterate}(\mathrm{succ}, \mathrm{succ}(0))) && \text{惰性链接}
\end{aligned}$$

计算到此为止，而不会继续进行下去。结果是一个列表，表中第一个元素是 0，下一个元素是一个 λ 表达式。如果想求出后继的元素，我们必须强制让列表求值。

$$\mathrm{next}(\mathrm{cons}(x, e)) = e()$$

这样，将 next 应用到 cons（0，( ) $\mapsto$ iterate（succ，succ（0）））就得到：

$$
\begin{aligned}
& \text{next}(\text{cons}(0, () \mapsto \text{iterate}(\text{succ}, \text{succ}(0)))) \\
= & \text{iterate}(\text{succ}, \text{succ}(0)) && \text{next 的定义} \\
= & \text{iterate}(\text{succ}, 1) && \text{succ 的定义} \\
= & 1 : \text{iterate}(\text{succ}, \text{succ}(1)) && \text{iterate 的定义} \\
= & \text{cons}(1, () \mapsto \text{iterate}(\text{succ}, \text{succ}(1))) && \text{惰性链接}
\end{aligned}
$$

计算到这里又停了下来。不断对 N 计算 next，就源源不断地获得了一个一个的自然数。人们称这种模型为“流”（Stream），用它来表示潜无穷。我们甚至可以定义一个函数从潜无穷的流中取得前 m 个自然数。

$$
\begin{aligned}
& \text{take}\ 0\ \_ = [\ ] \\
& \text{take}\ m\ \text{cons}(x, e) = \text{cons}(x, \text{take}(m-1, e()))
\end{aligned}
$$

例如 take 8 $N = [0, 1, 2, 3, 4, 5, 6, 7]$。本章附录给出了不同编程语言用流的方法定义自然数潜无穷的例子。

练习 6.1

1. 第 1 章中，我们用叠加操作实现了斐波那契数列，如何用 iterate 定义斐波那契数列潜无穷？
2. 用叠加操作定义 iterate。

余代数和无穷流

本节给出无穷流的数学解释，它需要使用第 4 章范畴论中介绍的余代数概念。一般的读者可以跳过这两页直接阅读下一节**关于实无穷的思考**。首先我们回顾一下余代数和 F-态射的概念。

定义 6.1　如果 C 是一个范畴，$C \xrightarrow{F} C$ 是范畴 C 上的一个自函子。对于范畴中的对象 A 和态射 α：

$$A \xrightarrow{\alpha} \mathbf{F}A$$

构成一对元组 (A, α) 叫作 F-余代数。其中 A 叫作携带对象。

我们可以把 F-余代数 (A, α) 本身看成对象。在上下文清楚的情况下，我们通常用二元组 (A, α) 表示对象。两个对象间的箭头定义如下：

$$
\begin{array}{ccc}
A & \xrightarrow{\alpha} & \mathbf{F}A \\
{\scriptstyle f}\downarrow & & \downarrow{\scriptstyle \mathbf{F}(f)} \\
B & \xrightarrow[\beta]{} & \mathbf{F}B
\end{array}
$$

定义 6.2　F-态射是 F-余代数对象间的箭头：

$$(A, \alpha) \longrightarrow (B, \beta)$$

如果携带对象间的箭头 $A \xrightarrow{f} B$，使得下面的范畴图可交换：

即 $\beta \circ f = \mathbf{F}(f) \circ \alpha$。

F-余代数和F-态射构成了F-余代数范畴 **CoAlg**（**F**）。在F-代数中，我们关心的是初始代数。对称地，在F-余代数中，我们关心的是终止余代数。所谓终止余代数是F-余代数范畴中的终止对象，记为 (T, μ)。对于任何其他代数 (A, f)，存在唯一的态射 m 使得下面的范畴图可交换：

$$\begin{array}{ccc} \mathbf{F}T & \xrightarrow{\mathbf{F}(m)} & \mathbf{F}A \\ \mu \uparrow & & \uparrow f \\ T & \xleftarrow[m]{} & A \end{array}$$

使用兰贝克定理，终止余代数是函子的不动点，态射 $T \xrightarrow{\mu} \mathbf{F}T$ 是一个同构映射，使得 $\mathbf{F}T$ 和 T 同构。终止余代数在编程中可用来构建无穷的数据结构。

我们使用向下态射对初始代数进行计算。对称地，我们用向上态射（anamorphism，词根ana-的意思是向上）对终止余代数进行余计算（coevaluate）。对于任何余代数 (A, f)，它到终止余代数 (T, μ) 的唯一箭头可以用向上态射表示为 $[\![f]\!]$。这种括号的形状不再像香蕉，而像一对光学中的透镜符号，所以常被叫作“透镜括号”。用范畴图表示就是：

$$\begin{array}{ccc} T & \xrightarrow{\mu} & \mathbf{F}T \\ [\![f]\!] \uparrow & & \uparrow \mathbf{F}[\![f]\!] \\ A & \xrightarrow[f]{} & \mathbf{F}A \end{array}$$

$$m = [\![f]\!]，当且仅当\ \mu \circ m = \mathbf{F}(m) \circ f$$

我们现在来看向上态射是如何构造无穷流的。向上态射接受一个余代数 $A \xrightarrow{f} \mathbf{F}A$ 和一个携带对象 A，它产生一个函子 **F** 的不动点 **Fix F**。其关键一点就是，这个不动点就是终止余代数，它具有无穷流的形式。

$$[\![f]\!] = \mathbf{Fix} \circ \mathbf{F}[\![f]\!] \circ f$$

我们也可以将向上态射定义为返回函子不动点的函数：

$$(A \to \mathbf{F}A) \xrightarrow{\text{ana}} (A \to \mathbf{Fix\ F})$$
$$\text{ana}\ f = \text{Fix} \circ \text{fmap}\ (\text{ana}\ f) \circ f$$

举一个具体的例子，令函子 **F** 的定义为

```
data StreamF E A = StreamF E A
```

它的不动点为

```
data Stream E = Stream E (Stream E)
```

StreamF E 是一个普通的函子，只是我们故意把名字叫作“流”。这个函子上的余代数是

这样一个函数，它把一个类型为 A 的“种子” a 变换为一对值，包含 a 和下一个种子。

可以用余代数产生各种无穷流。我们给出两个例子，第一个例子是斐波那契数列。思路是从（0，1）开始作为起始种子。为了产生下一个种子，我们把第二个数 1 作为新的第一个数，把 0+1 作为新的第二个数构成一对新种子（1，0 + 1）。然后不断重复这一过程，对于种子（m，n），我们产生下一个新种子（n，$m + n$）。写成余代数就是下面的定义：

$$(\text{Int}, \text{Int}) \xrightarrow{\text{fib}} \textbf{StreamF}\ \text{Int}\ (\text{Int}, \text{Int})$$
$$\text{fib}\ (m, n) = \textbf{StreamF}\ m\ (n, m + n)$$

在这个定义中，携带对象 A 是一对整数。有了余代数，我们就可以利用向上态射构造斐波那契数列的无穷流了。对于 **StreamF** E 函子，向上态射的类型为

$$(A \to \textbf{StreamF}\ E\ A) \xrightarrow{\text{ana}} (A \to \textbf{Stream}\ E)$$

我们可以将其具体定义为

$$\text{ana}\ f = \text{fix} \circ f$$
$$\text{其中：fix}\ (\textbf{StreamF}\ e\ a) = \textbf{Stream}\ e\ (\text{ana}\ f\ a)$$

将向上态射作用于余代数 fib 和起始数对（0，1）就可以产生斐波那契数列的无穷流：

$$\text{ana fib}\ (0, 1)$$

为了从无穷流中获取前 n 个元素，可以定义一个辅助函数：

```
take 0_  = []
take n (Stream e s) = e : take (n - 1) s
```

接下来再展示一个用埃拉托斯特尼筛法产生素数无穷流的例子。我们使用去掉 1 的自然数无穷列表作为携带对象 2，3，4，…从这个种子开始，我们接下来把 2 的所有倍数去掉就获得了下一个种子，它是从 3 开始的列表 3，5，7，…接下来，我们再把 3 的倍数都去掉，并不断重复。把这一过程写成余代数就是下面的定义：

$$[\text{Int}] \xrightarrow{\text{era}} \textbf{StreamF}\ \text{Int}\ [\text{Int}]$$
$$\text{era}\ (p : ns) = \textbf{StreamF}\ p\ \{n \mid p \nmid n, n \in ns\}$$

然后使用向上态射我们就获得了全体素数的无穷流：

```
primes = ana era [2...]
```

特别地，对于列表的向上态射被称为展开（反折叠 unfold）。向上态射和向下态射是互逆的。我们可以用向下态射把无穷流重新转换为列表。

练习 6.2

1. 利用第 4 章中介绍的不动点定义，证明 Stream 是 **StreamF** 的不动点。

2. 试定义反折叠 unfold。

3. 数论中的算术基本定理说：任何一个大于 1 的整数都可以唯一地表示成若干素数的乘积。有一道编程趣题，要求判断一段文字 T 中，是否包含一个字符串 W 的某种排列。试利用算术基本定理和素数流解决这道题目。

6.3 实无穷的思考

亚里士多德的影响是深远的。在两千多年的时间里，数学家和哲学家们不断思考无穷的本质，大多数人能够接受潜无穷的观念，但是对于实无穷，却产生了严重的分歧。在很长一段时间，人们认为实无穷就是无所不能的上帝，或者只有上帝才能掌握实无穷。一些对实无穷的尝试带来的是令人困惑的矛盾结果。例如，假设全体自然数是一个实无穷。由于自然数从头开始，间隔着一个偶数一个奇数，人们自然认为全体偶数是全体自然数的一半。可是任何自然数乘以 2，就得到了一个偶数，反之，任何偶数除以 2，也对应一个自然数。这样看来全体自然数和全体偶数存在一一对应关系。于是这两个实无穷是同样多的。究竟是自然数多还是偶数多呢？

近代科学之父伽利略在 1938 年的著作《论两种新科学及其数学演化》中提出一个类似的悖论。如果将每个自然数平方，得到的新序列 1, 4, 9, 16, 25, …和自然数存在一一对应关系。这样看来完全平方数和自然数一样多。可是常识却告诉我们，平方数很稀疏，自然数要比平方数多得多。这一矛盾通常称为“伽利略悖论”。

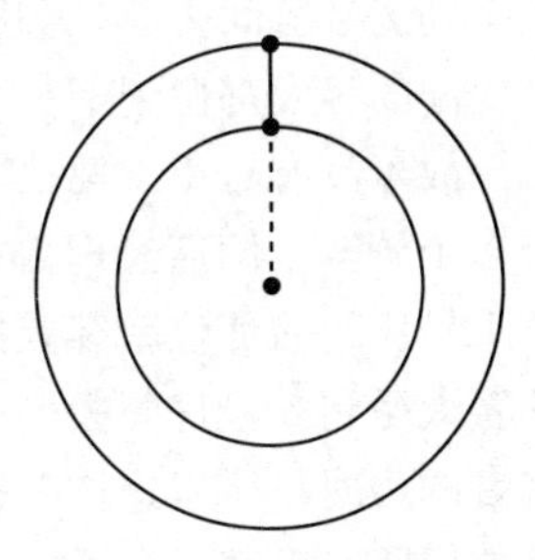

图 6.12 同心大圆上任意一点都可通过半径对应到小圆上的唯一点

不仅在算术上，在几何上人们同样发现了类似的悖论。人们注意到每条半径都把两个同心圆上的点连接起来，大圆上任意一点都一一对应到小圆上的一点，如图 6.12 所示。这样看来两个圆上的点同样多，可是常识通常认为大圆上的点更多。

由于这些悖论的出现，人们接受了亚里士多德的观点，采取回避的态度。伽利略发现无法解释自然数和平方数孰多孰少后说：因此我们不能说自然数构成一个集合。人们拒绝“全体自然数”这类说法，否认实无限的存在。

终于，在伽利略身后两百年，德国数学家康托尔（见图 6.13）带领人们闯入了无穷王国。康托尔重新思考了陷入矛盾的一系列悖论，看起来问题的关键在于人们的常识——整体一定大于部分。这一定是对的吗？近代科学的发展一再告诉我们，人们根深蒂固用于具体事物的常识有时并不适用于更加抽象的概念。相对论挑战着人们的时空观常识——我们所在的空间并不一定是熟悉的欧几里得空间，量子力学挑战着人们的因果观常识——随机性主导着量子世界。常识一旦突破，就会打开一片从未见过的新天地，从而带来巨大的认知进步。康托尔大胆地思考，如果我们接受“部分能够等于整体”的观点，通向无穷的大门就打开了。他提出：“可以通过一一对应的方法来比较两个集合的大小，实无限是确实存在的概念。”

为了比较两个集合的大小，康托尔定义：如果能够建立集合 M 和集合 N 中元素的一一对应关系，那么这两个集合具有相同的基数（cardinal number），或者说它们是“等势”的[1]，记作 $M \cong N$。对于有限集，显然这一结论是正确的，推广到无限集，根据这一定义，可知全体偶数和全体自然数一样多、完全平方数和自然数一样多、小圆上的点和大圆上的点也一样多……康托尔的朋友戴德金干脆这样定义无穷集合：如果一个集合的部分和整体可以具有相同的基数，那么这个集合是无穷集合。

图 6.13　格奥尔格·康托尔（1845—1918）

6.3.1　无穷王国的花园

让我们来欣赏一下康托尔为我们打开的无穷王国中的花园。数学家希尔伯特为了帮助人们理解康托尔的无穷集合概念，在 1924 年讲了这样一个故事[2]。

有一个神奇的旅馆，拥有无穷多的房间。在旅游旺季的时候，旅馆住满了客人，已经满员了。这一天晚上，又来了一名客人。要是一般的旅馆，就只能拒绝这个新客人入住，让他另找一家了。旅店经理希尔伯特说：“没问题，住得下。”他于是指挥客人，让 1 号房间的客人搬到 2 号房间去，2 号房间的客人搬到 3 号房间去，3 号房间的客人搬到 4 号房间去……每个房间的客人都搬到下一个房间去。这样就空出了 1 号房间给新来的这位客人。

故事没有结束。第二天，旅店迎来了一个神奇的旅游团，不同于普通的旅游团，它有无穷多个游客。酒店经理希尔伯特又说：“没问题，住得下。”他指挥房间里的客人，让昨天住进 1 号房间的那位新客人搬到 2 号房间去，让 2 号房间的客人搬到 4 号房间去，让 3 号房间的客人搬到 6 号房间去……每个房间的客人都搬到房间号 2 倍的那个房间去。由于酒店有无穷多的房间，所以这样一搬，2，4，6，…这些偶数房间住着原来的客人。而 1，3，5，…这些奇数房间空出来，有无穷多间。刚好可以让旅游团的人一人一间住下。

故事更加曲折了。到了第三天，旅馆门前车水马龙，来了无穷多的神奇旅游团，每个旅游团都有无穷多个游客。希尔伯特的无穷旅馆还能住下么？在揭晓答案之前，我们先回顾一下前两天的故事。

如图 6.14 所示，在第一天的故事中，希尔伯特让每个客人搬到下一个房间去，从而空出 1 号房间。实际上，这建立了图中上下两行灰色圆形之间的一种对应关系 $n \leftrightarrow n+1$。这告诉我们一个有趣的事实，无穷加上 1 还是无穷。不仅如此，即使来了有限多名 k 位新客人，希尔伯特可以重复这一“腾笼换鸟”的过程 k 次，仍然能够让满员的宾馆住下他们。这相当于：

---

[1] 可以回想第 3 章中我们介绍的“同构”概念。

[2] 希尔伯特在 1924 年冬季的一次演讲中讲述了这个故事，但讲稿直到 2013 年才出版。这个故事通过伽莫夫 1947 年的科普著作《从一到无穷大》变得脍炙人口。本文略做改编。

$$\infty + 1 = \infty$$

$$\infty + k = \infty$$

第二天的故事如图 6.15 所示，这实际上建立了自然数到偶数间的一一映射，从而空出了无穷多间奇数房间，而这些空房间又和旅游团的无穷多位客人之间建立了一一映射，这恰好是奇数到自然数间的一一映射。第二天的故事告诉我们，无穷加上无穷仍然是无穷。

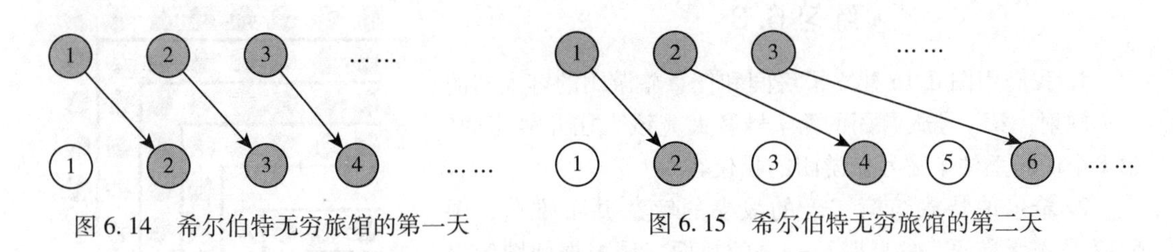

图 6.14　希尔伯特无穷旅馆的第一天　　图 6.15　希尔伯特无穷旅馆的第二天

$$\infty + \infty = \infty$$

尽管符号相同，我们还是不禁会问：等号左边的无穷和等号右边的无穷是相同的么？无穷之间还能再比较大小么？我们稍后会看到，正是这个问题，导致了康托尔的进一步研究。在希尔伯特旅馆的问题中，这些无穷之间都可以建立一一对应关系，因此它们是“相等”的。我们把和自然数一一对应的无穷叫作可数无穷。

要想解决希尔伯特旅馆第三天的问题，我们需要思考能否在无穷个无穷旅游团和无穷个房间之间建立一一对应。有人说，可以先让第一个旅游团依次入住 1，2，…号房间，然后让第二个旅游团的第一个客人住在$\infty + 1$号房间，第二个客人住$\infty + 2$号房间……以此类推。但是这样的思路是行不通的，我们事先并不知道究竟是房间多，还是客人多。考虑安排客人的过程，第二个旅游团的第一个客人永远不知道第一个旅游团何时入住完，从而确定自己应该搬入的房间。与之相反，在第一天的故事中，一旦 1 号房间的客人搬入 2 号房间，新客人就可以立即入住了。尽管每个客人都依次搬入下一个房间是一个无穷无尽的过程。第二天的故事中也是如此，原 1 号房间的客人搬到 2 号房间的同时，旅游团中的第 1 个客人就可以搬入空出来的 1 号房间了，接下来原 2 号房间的客人搬到 4 号房间，原 3 号房间的客人搬到 6 号房间，此时旅游团中的第 2 个客人就可以搬入 3 号房间了……

图 6.16 给出了一种编号方案。为了方便，我们让每个旅游团的第一个客人编号为 0，第二个客人编号为 1，第三个客人编号为 2……我们把已经在旅馆中入住的客人编号为 0 号旅游团，新来的第一个旅游团编号为 1 号团，第二个旅游团编号为 2 号团……在这个图中，每个客人就对应无穷伸展的方格子中的一个点。同样我们让旅馆的房间号也从 0 开始。

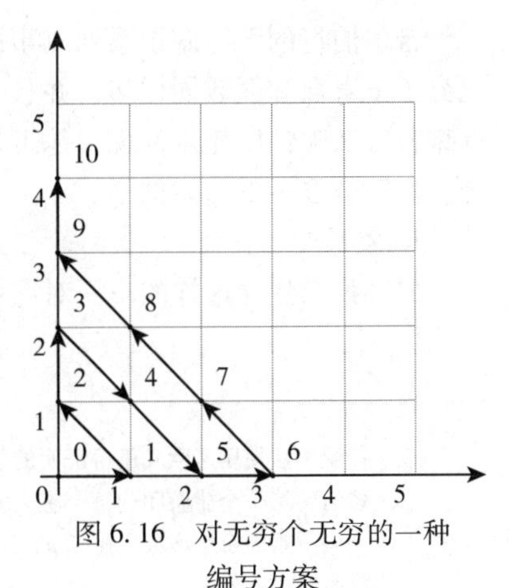

图 6.16　对无穷个无穷的一种编号方案

现在我们按照这个顺序安排入住：第 0 号团的第 0 号客人入住 0 号房间，第 0 号团的第 1 号客人入住 1 号房间，第 1 号团的第 0 号客人入住第 2 号房间，第 2 号团的第 0 号客人入住 3 号房间，第 1 号团的第 1 号客人入住 4 号房间……这样按照图中往返画“之”字形，就可以逐一并且毫无遗漏地安排每个客人入住。我们在无穷个旅游团的每个客人和无穷个房间之间建立了一一映射。希尔伯特的旅馆神奇地容纳了“二维”的无穷㊀。

练习 6.3

1. 我们用图 6.16 建立了房间和任意旅游团的客人间的一一映射。第 i 号旅游团的第 j 号客人应该入住几号房间？第 k 个房间里住了哪号旅游团的哪位客人？

2. 希尔伯特旅馆第三天的故事的解法并不唯一，图 6.17 是《无需语言的证明》一书的封面。试根据此图给出另一种编号方案。

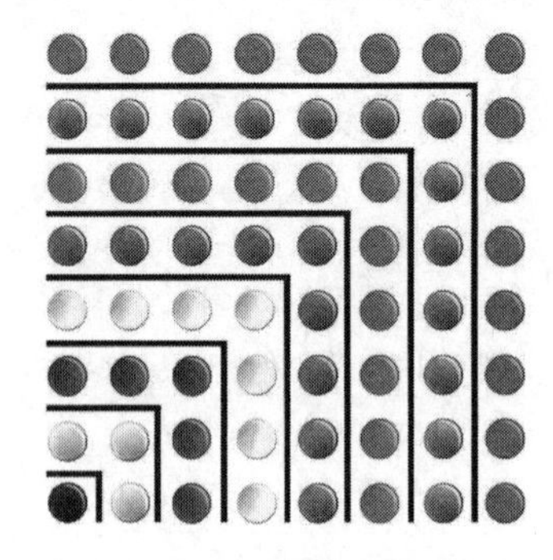

图 6.17　《无需语言的证明》封面局部

6.3.2　一一对应与无穷集合

从希尔伯特旅馆的故事中，我们看到一一对应的概念对于研究无穷的重要性。如果能建立两个集合间的一一对应关系，则它们具有相同的基数。进一步我们可以用一一对应对集合进行分类。我们曾经在第 3 章介绍过相应的概念。具体说就是在两个集合 A 和 B 之间建立一个映射 $A \xrightarrow{f} B$，使得 A 中的每个元素 x，都可以通过映射 $x \mapsto y = f(x)$，与 B 中的元素 y 关联起来。对于集合，我们也称映射 f 为函数。y 叫作 x 的像，而 x 叫作原像。如果原像是唯一的，我们称这样的映射为**单射**；如果 B 中的任何 y 都存在原像，我们称这样的映射为**满射**。既是单射又是满射的映射称为一一映射。图 6.18 描述了两个有限集合间的一个一一映射。

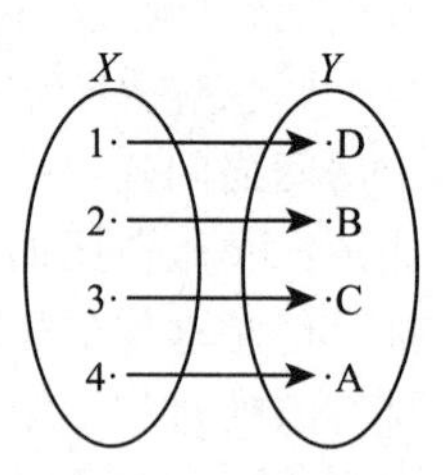

图 6.18　集合间的一一对应

希尔伯特的无穷旅馆系列故事既让人感到神奇和震惊，也让人困惑。自然数不仅和它的无穷子集奇数和偶数同样多，并且一维的自然数 n 和二维的自然数对 (m, n) 也同样多。这意味着什么呢？康托尔发现，他可以从自然数开始，利用一一对应，扩展出一系列的无穷集合。我们来看一下这些例子。

1. 整数

如果我们建立这样的一一对应：

㊀ 传统解法使用了欧几里得证明的素数有无穷多的结论。将酒店中每个奇数房间 i 的客人安排到 2^i 房间去，然后将第一个旅游团的每个客人安排到 3^n 房间去，将第二个旅游团的每个客人安排到 5^n 的房间，…，第 k 个旅游观的每个客人安排到 p^n 房间去，其中 p 是第 k 个素数。这一解法的缺点是有些空房间，例如 15 号，没有客人入住。

$$\begin{array}{cccccccc} 0 & 1 & -1 & 2 & -2 & \cdots & n & -n & \cdots \\ \updownarrow & \updownarrow & \updownarrow & \updownarrow & \updownarrow & & \updownarrow & \updownarrow & \\ 0 & 1 & 2 & 3 & 4 & \cdots & 2n-1 & 2n & \cdots \end{array}$$

这样就把整数和自然数对应起来。换一种角度，我们实际上用奇数对应了全部正整数，用偶数对应了零和全部负整数。这说明全体整数和自然数一样多。换言之，我们可以用自然数构造整数。

2. 有理数

我们知道，有理数又叫作可比数，可以写成 p/q 的形式，其中 $q \neq 0$。回想希尔伯特无穷旅馆第三天的故事，用同样的方法，我们可以在任何数偶（p，q）和自然数之间建立一一映射。我们只要稍做修改就可以建立有理数 p/q 和自然数间的一一对应。先不考虑负数的情形，每当遇到第二个数 q 等于0就跳过，如果 p/q 不是既约分数（含有公因子）就跳过。然后我们复用扩展整数的方法，再把负有理数包含进来，这样就从自然数构造出了全体有理数。例如以下给出了前几个自然数到有理数的对应关系：

$$\begin{array}{cccccccccc} 0 & 1 & 2 & 3 & 4 & 5 & 6 & 7 & 8 & \cdots \\ \updownarrow & \updownarrow & \updownarrow & \updownarrow & \updownarrow & \updownarrow & \updownarrow & \updownarrow & \updownarrow & \\ 0 & 1 & \frac{1}{2} & -\frac{1}{2} & -1 & -2 & -\frac{2}{3} & -\frac{1}{3} & \frac{1}{3} & \cdots \end{array}$$

这说明自然数和有理数同样多。

3. 代数数

所谓代数数，是指可以通过代数方程求解出的数。简单说，就是可以通过有限次加减乘除、乘方开方得到的数。因此$\sqrt{2}$和 $1 \pm \sqrt{3}i$ 是代数数，而 π，e 都不是代数数。因此，任意给定一个整系数代数方程：

$$a_0 x^n + a_1 x^{n-1} + \cdots + a_n = 0$$

其中 a_0，a_1，$\cdots a_n$ 都是整数，且 $a_0 \neq 0$。它的所有根都是代数数。我们构造一个正整数：

$$h = n + |a_0| + |a_1| + \cdots + |a_n|$$

也就是次数和方程系数绝对值的和。我们称 h 为方程的高。因此，对于任意的代数方程，高 h 总是一个确定的自然数。反之，给定一个自然数 h，对应的方程却不止一个。例如：$x-3=0$，$x^3+1=0$，$x^3-1=0$，$x^2+x+1=0$，$x^2-x+1=0$ 的高都是5。但是对于固定的 h，以它为高的代数方程只有有限多个。因此我们可以把所有的代数方程枚举出来，先枚举 $h=1$ 的代数方程，再枚举 $h=2$ 的代数方程……如此下去，就可以把所有的代数方程都枚举出来。当然，高同样的方程可以按任意顺序排列。根据高斯证明的代数基本定理，方程根的个数等于它的次数 n。如果考虑重根，则不同的根不超过 n。于是高为 h 的代数方程的根只有有限个。现在我们就可以枚举所有代数数了。

首先把高 $h=1$ 的代数方程（只有一个 $x=0$）的根枚举出，就是0，再把高为2的方程的所有根枚举出。注意，不同方程的某个根可能是相等的，如果我们遇到某个根，在此前已经枚举过了，我们就将它跳过。这样就把代数数同自然数一一对应起来了。因此，自然数和代数数同样多。换言之，我们可以通过自然数扩展出全部代数数。

接下来我们遇到了难题：我们能否从自然数扩展到实数，不仅包括普通的无理数，还包括 π，e 这样的超越数？解决这个难题的是康托尔和戴德金。在进一步介绍这些伟大的成果之前，让我们先了解一下这两位数学家。

康托尔是德国数学家，集合论的创始人，1845 年 3 月 3 日生于俄罗斯圣彼得堡，他一生的大部分时间是在德国度过的。康托尔的父亲是具有犹太血统的丹麦商人，母亲出身艺术世家。1856 年举家迁居德国的法兰克福。尽管康托尔较早就显示出了数学才能，他的父亲却希望他成为一名工程师，因为这样更容易求职和谋生。直到他 17 岁时，康托尔的父亲才逐渐意识到不应该把自己的意见强加给儿子。他得到父亲的允许，进入大学学习数学。康托尔给父亲回信道："你自己也能体会到你的信使我多么高兴。这封信确定了我的未来……现在我很幸福，因为我看到如果我按照自己的感情选择，不会使你不高兴。我希望你能活到在我身上找到乐趣，亲爱的父亲；从此以后我的灵魂，我整个人，都为我的天职活着；一个人渴望做什么，凡是他的内心强制他去做的，他都会成功！"[8]

1862 年，康托尔进入苏黎世大学，1863 年转入柏林大学攻读数学和神学，受教于大数学家库默尔、魏尔斯特拉斯和克罗内克。1866 年他曾去哥廷根学习一个学期。1867 年他在库默尔的指导下以解决整系数不定方程的论文获得博士学位。当时的数学界正在魏尔斯特拉斯的领导下进行着重建微积分严密基础的运动，康托尔也很快转入这一研究方向。在工作中，他意识到必须研究作为微积分基础的实数点集，这成了集合论研究的开端。

1872 年康托尔（见图 6.19）在瑞士旅游中偶遇了数学家戴德金。两人后来成为亲密的朋友，彼此通过信件交流，互相支持。1874 年 29 岁的康托尔发表了关于集合论的第一篇革命性论文。康托尔开始显示他非凡的独创力。在随后的十几年中，他几乎独自一人把集合论推向深入，引领了数学中无穷的革命。在他最伟大的、最具创见的时期，康托尔却没有能得到应有的认可。他没能取得柏林大学的教授职位。他的大部分研究时光是在哈雷大学度过的。这是一所不大出名、薪金微薄的二流学院。他的成果在当时很难被理解。由于太过颠覆传统，加之无穷集合引发了一些悖论（我们将在下一章详细介绍罗素悖论），人们对集合论的基础和可靠性产生了严重的怀疑。康托尔遭到了许多人的反对，其中反对最激烈的是他的老师，柏林学派的代表人物克罗内克。克罗内克有一句名言："上帝创造了自然数，其余都是人的工作。"他批判康托尔的无穷集合和超限数理论不是数学而是神秘主义，是一类危险的数学疯狂。他认为数学在康托尔的领导下正在走向疯人院。除了克罗内克之外，还有一些著名的数学家也对集合论发表了反对意见，包括法国著名数学家，被称为最后一个数学通才的庞加莱，他说："我个人，而且还不止我一个人，认为重点在于，切勿引进一些不能用

图 6.19 康托尔摄于 1870 年的照片

有限个文字去完全定义好的东西。”他把集合论当作一个有趣的“病理学的情形”来谈，并且预测说：“后一代将把集合论当作一种疾病，而人们已经从中恢复过来了。”德国数学家赫尔曼·外尔认为，康托尔关于基数的等级观点是“雾上之雾”。克莱因也不赞成集合论的思想。施瓦兹原来是康托尔的好友，但他由于反对集合论而同康托尔断交。集合论的悖论出现之后，一些数学家开始认为集合论根本是一种病态，他们以不同的方式发展为经验主义、直觉主义、构造主义等学派，在数学的基础大战中，构成反康托尔的阵营。

于是悲剧的结局不是集合论进入了疯人院，而是康托尔进入了疯人院。1884 年 5 月，他支持不住了，第一次精神崩溃。在他一生的随后岁月中，这种崩溃以不同强度反复发生，把他从社会上赶进精神病院这个避难所。1904 年在两个女儿的陪同下，他出席了第三届国际数学家大会。会上他的精神受到严重刺激，立即被送进医院。在他生命的最后十年，他大都处于严重的抑郁状态中，并在哈雷大学的精神病诊所度过了漫长的岁月。他最后一次住进精神病院是 1917 年 5 月，直至 1918 年 1 月去世。

康托尔的集合论得到公开的承认和热情的称赞应该是在瑞士苏黎世召开的第一届国际数学家大会上。瑞士苏黎世理工大学教授胡尔维茨（Adolf Hurwitz，1859—1919）在他的综合报告中，明确地阐述康托尔集合论对函数论的进展所起的巨大推动作用，第一次向国际数学界显示康托尔的集合论不是可有可无的哲学，而是真正对数学发展起作用的理论工具。在分组会上，法国数学家阿达玛也报告康托尔对他工作的重要作用。随着时间的推移，人们逐渐认识到集合论的重要性。希尔伯特高度赞誉康托尔的集合论“是数学天才最优秀的作品”“是人类纯粹智力活动的最高成就之一”“是这个时代所能夸耀的最巨大的工作”。在 1900 年第二届国际数学家大会上，希尔伯特高度评价了康托尔工作的重要性，并把康托尔的连续统假设列入 20 世纪初有待解决的 23 个重要数学问题之首。当康托尔的朴素集合论出现一系列悖论时，直觉主义学派的代表布劳威尔等人借此再次发难，希尔伯特用坚定的语言向他的同代人宣布：“没有任何人能将我们从康托尔所创造的伊甸园中驱赶出来。”

戴德金（见图 6.20）是德国数学家、教育家，1831 年 10 月 6 日出生于德国的不伦瑞克镇的一个知识分子家庭。这里也是著名数学家高斯的故乡。戴德金的父亲为法学教授，母亲是一位教授的女儿。1850 年戴德金到哥廷根大学师从著名的数学大师高斯研究最小二乘法和高等测量，向斯特恩学习数论基础，向韦伯学习物理，他还选修过天文学。1852 年他在高斯的指导下获得博士学位，博士论文是《关于欧拉积分的理论》。在哥廷根求学期间，他还结识了黎曼、狄利克雷。在与这些世界级的数学家交流中，他获益匪浅，并逐渐萌生了用算术性质来重新定义无理数的想法。1854 年戴德金留校任代课教师。如第 3 章所说，他很早就在教学中讲授伽罗瓦理论并引入了域的概念。

图 6.20 理查德·戴德金 (1831—1916)

戴德金为人谦逊。他的许多成果并不为当时的人所知。例如在狄利克雷去世之后，戴德金根据当时听讲的笔记整理出了《数论讲义》这一名著。尽管戴德金在后继版本中添加了很多结论，但他却谦逊地将这本书记在了狄利克雷名下。令人遗憾的是，这种做法对其职业生涯造成了影响。他没能获得哥廷根大学的终身教席，而是去了一家比较小的技术大学[9] ——在他家乡不伦瑞克的高等工业学院。

事物总是两面性的，在不伦瑞克，戴德金感觉自己有从事数学研究的充分时间与足够的自由。1888 年，戴德金提出了算术公理的完整系统，其中包括完全数学归纳法原理的准确表达方式。戴德金的主要成就是在代数理论方面。他研究过任意域、环、群、结构及模等问题，并在授课时率先引入了环（域）的概念，并给理想子环下了一般定义，提出了能和自己的真子集建立一一对应的集合是无穷集的思想。在研究理想子环理论过程中，他将序集（置换群）的概念用抽象群的概念来取代，并且用一种比较普通的公式（戴德金分割概念）表示出来，直接影响了后来皮亚诺的自然数公理的诞生。他是最早对实数理论提出了许多论据的数学家之一。现今数学上的许多命题和术语，如群、环、域、结构、模、理想、函数、定理等，都是与他的名字联系在一起的。

戴德金于 1916 年 2 月 12 日去世。说到他的去世，有一则趣闻。有一天，戴德金发现托博纳写的《数学家传记》中赫然写道：1897 年 9 月 4 日戴德金去世。出于纠正这个错误的想法，他给传记的编辑写去了一封信：“根据我本人的日记，我在这一天非常健康，而且与我的午餐客人——尊敬的朋友康托尔一起谈论着一些趣事，过得非常愉快。”[8]

即使在当代，数学界对于康托尔和戴德金学派的观点仍存在分歧。迪厄多内在 1980 年代仍然认为戴德金的工作引起了不必要的混乱，更不用说 20 世纪之初的激烈分歧和争执了。我们今天看到的大多数传记和评论往往过于批判责备克罗内克、布劳威尔及其代表的直觉主义，而同情康托尔的不幸遭遇，并热情赞颂无穷集合和超限数的革命性创造。作为今天理性的读者，我们建议大家独立思考，而不要被一边倒的观点左右。克罗内克对数学哲学有着强烈的信念，试图将一切数学（从代数学到分析）算术化是他的最高愿望。他写道：“有一天人们将成功地将所有数学算术化，就是说将数学建立在最狭义的数概念的单一基础上。”他相信人们在各种数学分支中能够也必须以这种方式限定一个定义，即人们可用有限步验证它是否适用于任意已知量。同样，一个量的存在性证明只有当它包含一种方法，通过它可以实际地发现要证明存在的量时，才可被认为是完全严格的。这些正是后来重要的数学哲学流派——直觉主义学派所坚持的信念。因此，克罗内克被认为是直觉主义学派的先驱。他的这些原则也正是现代数学的重要领域——构造性数学研究的起点。他的怀疑精神对人们重新批判地检查数学的基础起了鼓舞作用。它导致了数学中两种有建设性的批判运动：有限步构造性证明与存在性证明，以及从数学中驱除不能以有限个词明确表述的定义。这些有利于人们更清楚地认识数学的本质。庞加莱的观点也是值得我们深入思考的。他在《科学与假设》这本书中阐述了他的哲学思想，他认为公理是一种约定。在思考物理学的基本定义，如力的定义时他说，如果一个定义不能让我们去测量它，这个定义就没有任何用处。庞加莱的思想直接影响了爱因斯坦和相对论。

利用（可数）无穷定义斐波那契数列和哈明数列

有些编程环境，所有的求值默认都是惰性的，在这样的环境中，我们甚至可以直接拿无穷流进行复杂的计算。例如下面是另一种自然数的定义方法：

$$N = 0 : map(succ, N)$$

它的含义是，N 是一个无穷集合，代表自然数。第一个自然数是 0，从第二个自然数开始，后面每个自然数，都等于前一个自然数的后继。如同下面的表格：

	N:	0	1	2	…
	map(succ, N):	succ(0)	succ(1)	succ(2)	…
0 : map(succ, N):	0	1	2	3	…

例如下面的代码先定义了自然数的无穷集合，然后取出其中的前 10 个自然数：

```
nat = 0 : map (+1) nat

take 10 nat
[0, 1, 2, 3, 4, 5, 6, 7, 8, 9]
```

类似地，我们也可以将斐波那契数列定义为无穷集合。假设 F 是全体斐波那契数列，我们知道它的第一个元素是 0，第二个是 1，后面每个斐波那契数都是前面两个的和。我们可以仿照自然数的例子列出下面的表格：

	F:	0	1	1	2	3	5	8	…
	F':	1	1	2	3	5	8	13	…
0	1	1	2	3	5	8	13	21	…

其中第一行为全体斐波那契数，第二行为去掉一个元素后的全体斐波那契数。也可以这样想：把第一行向左移动一格就得到了第二行。第三行最有趣，把前两行每列加起来，我们就又得到了全体斐波那契数，只不过缺了最开始的两个数 0 和 1。所以把它们两个补在第三行的最左边。把第三行翻译过来就是斐波那契数的无穷集合定义：

$$F = \{0, 1\} \cup \{x + y \mid x \in F, y \in F'\}$$

或者写成代码：

```
fib = 0 : 1 : zipWith (+) fib (tail fib)
```

我们再给出一个稍微复杂些的例子，数学上把只含有 2、3、5 这三个因子组成的自然数叫作正规数。在计算机科学中，也常常叫作哈明数以纪念美国数学家、图灵奖获得者理查德·哈明（1915—1998）。前几个哈明数如下：

$$1, 2, 3, 4, 5, 6, 8, 9, 10, 12, 15, 16, 18, 20, 24, 25, 27, 30, 32, 36, 40, 45, 48, 50, 54, 60, \cdots$$

写一个计算机程序来产生哈明数并不简单，然而利用无穷流，我们可以得到一个直观高效的解法。假设全体哈明数的无穷集合为 H。我们知道第一个哈明数是 1，后面的哈明数可以这样构造，我们把 H 中的每个数都乘以 2，仍然是哈明数，记作 $H_2 = \{ 2x \mid x \in H \}$，类似地我们可以定义 $H_3 = \{ 3x \mid x \in H \}$ 和 $H_5 = \{ 5x \mid x \in H \}$，如果把这三个新序列中的数，从小到大合并起来，去掉重复的，并且在前面补充上 1，就又得到了全体哈明数。

$$
\begin{aligned}
H &= \{ 1 \} \cup H_2 \cup H_3 \cup H_5 \\
&= \{ 1 \} \cup \{ 2x \mid x \in H \} \cup \{ 3x \mid x \in H \} \cup \{ 5x \mid x \in H \}
\end{aligned}
$$

其中∪的含义就是从小到大，去掉重复、合并两个无穷序列 $X = \{x_1, x_2, \cdots\}$ 和 $Y = \{y_1, y_2, \cdots\}$：

$$
X \cup Y = \begin{cases} x_1 < y_1: \{x_1, X' \cup Y\} \\ x_1 = y_1: \{x_1, X' \cup Y'\} \\ x_1 > y_1: \{y_1, X \cup Y'\} \end{cases}
$$

写成代码就是：

```
ham = 1 : map (*2) ham # map (*3) ham # map (*5) ham
  where xxs@ (x: xs) # yys@ (y: ys)
    | x == y = x : xs # ys
    | x < y = x : xs # yys
    | x > y = y : xxs # ys

ham !! 1000000
519312780448388736089589843750000000000000000000000000
000000000000000000000000000000
```

6.3.3 可数无穷与不可数无穷

迄今为止，我们用自然数构造了整数、有理数、包含部分无理数的代数数。它们都和自然数之间存在一一映射，或者说和自然数一样多。我们把和自然数等势的无穷集合叫作可数无穷。是不是所有的无穷集合都是可数的呢？是否存在更大的无穷呢？1873 年 11 月 29 日康托尔给戴德金的一封信中提到了这个问题："取所有的自然数集合，记为 N；然后考虑所有实数的集合，记为 R。简单来说，问题就是两者是否能够对应起来，使得一个集合中的每一个体只对应另一集合中一个唯一的个体？乍一看，我们可以说答案是否定的，这种对应不可能，因为前者由离散的部分组成，而后者则构成一个连续统。但从这种说法里我们什么也得不到。虽然我非常倾向认为这两者不能有这样的一个一一对应，但是我找不出理由。我对这事极为关注，也许这理由非常简单。"

一个星期后的 12 月 7 日，在写给戴德金的信中，康托尔自己回答了这个问题，他发现实数集合不能和自然数集合构成一一对应。这一天可以看作集合论的诞生日。康托尔曾经给出过两个证明，其中第二个证明最为脍炙人口，就是大名鼎鼎的"对角线证明"。

康托尔首先使用反证法，假设区间（0，1）上的全部实数是可数的，可以和自然数一一对应。那么就可以把这个区间里的全部实数列出来，形成一个序列 a_0，a_1，a_2，…，a_n，…。现在将这个序列中的每个实数都表示成小数形式。如果是无理数，它的小数形式是无限不循环的；如果是除不尽的分数，则其小数形式是无限循环的，例如 $\frac{1}{3}=0.333\cdots$；如果能够除尽，我们就在后面补无穷多个零，例如 $\frac{1}{2}=0.5000\cdots$。于是实数区间（0，1）中的所有实数可以排成下面的序列：

$$
\begin{aligned}
a_0 &= 0.a_{00}a_{01}a_{02}a_{03}\cdots \\
a_1 &= 0.a_{10}a_{11}a_{12}a_{13}\cdots \\
a_2 &= 0.a_{20}a_{21}a_{22}a_{23}\cdots \\
a_3 &= 0.a_{30}a_{31}a_{32}a_{33}\cdots \\
&\vdots \\
a_n &= 0.a_{n0}a_{n1}a_{n2}a_{n3}\cdots \\
&\vdots
\end{aligned}
$$

有一点我要提醒一下读者：a_0，a_1，a_2，…并不一定是按照大小次序排列的。现在构造一个数 $b=0.b_0b_1b_2b_3\cdots b_n\cdots$，使它的第 n 位数字 $b_n \neq a_{nn}$。为了做到这一点，我们可以规定一个很简单的规则，例如若 $a_{nn}\neq 5$，就让 $b_n=5$，否则就让 $b_n=6$，即

$$
b_n=\begin{cases}5: a_{nn}\neq 5\\ 6: a_{nn}=5\end{cases}
$$

这样构造出来的数 b 一定不等于上述序列中的任何一个数。因为至少它们的第 n 位数字不相同。也就是对角线上的数字至少不同。我们把对角线上的数字写成黑体，这样就很明显了。

$$
\begin{aligned}
a_0 &= 0.\boldsymbol{a}_{00}a_{01}a_{02}a_{03}\cdots \\
a_1 &= 0.a_{10}\boldsymbol{a}_{11}a_{12}a_{13}\cdots \\
a_2 &= 0.a_{20}a_{21}\boldsymbol{a}_{22}a_{23}\cdots \\
a_3 &= 0.a_{30}a_{31}a_{32}\boldsymbol{a}_{33}\cdots \\
&\vdots \\
a_n &= 0.a_{n0}a_{n1}a_{n2}a_{n3}\cdots\boldsymbol{a}_{nn}\cdots \\
&\vdots
\end{aligned}
$$

我们此前假设（0，1）间的所有实数都被逐一列出了，无一遗漏。b 显然属于这一区间，但它却不等于任何一个 a_i。这说明我们假设的一一映射遗漏了 b，导致了矛盾，所以假设不成立，我们无法把这一区间的所有实数和自然数之间构造一一映射。由于利用了对角线上的数字都不相等的这一事实，这一证法被称作康托尔对角线证明。

有人说，把 b 加进 a_0，a_1，a_2，…中去不就可以了么？假设 b 加进去后，处于第 m 个位置，我们仍然可以再次构造一个新数 c，只要让它的第 m 位不等于 b_m 就又出现了一个没有包含的数。

这一证明简单、直观。它揭示了一个惊人的事实：(0, 1) 间的实数集是不可数的！它是我们发现的第一个比自然数集更大的无穷集合㊀。接下来，我们构造一个一一映射：$y = \pi x - \frac{\pi}{2}$。它把区间 (0, 1) 中的每个实数，映射到区间 $(-\frac{\pi}{2}, \frac{\pi}{2})$ 中，无一遗漏。因此我们立即得知这一区间内的实数集是不可数的。接下来，我们压上最后一根稻草。再构造一个一一映射：$y = \tan(x)$。它把区间 $(-\frac{\pi}{2}, \frac{\pi}{2})$ 中的每一个实数，无一遗漏地映射到了全体实数集上㊁（见图 6.21）。康托尔得到了他的重要结论：实数集不再是可数集，它是比可数集更高等级的无穷。康托尔称之为不可数集，记作 C。

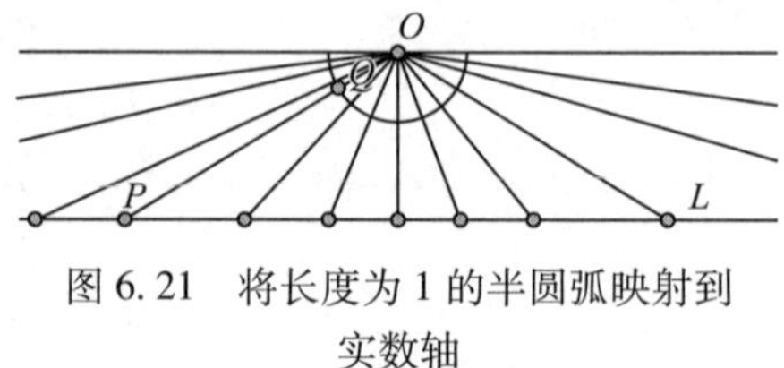

图 6.21　将长度为 1 的半圆弧映射到实数轴

这自然让人联想到线段上的点。在欧几里得的《几何原本》中，点被定义为没有大小的部分，而直线被认为由点组成。根据希帕索斯的发现，我们知道直线上存在无理数。或者说有理数不能够填充直线，而实数是可以填充线段的。我们在下一节中，还会介绍戴德金分割，从而给出实数的严密化定义。上面的证明告诉我们，单位长度线段上的点、任何长度线段上的点以及无限长的直线上的点（也就是数轴上稠密的点）是一样多的，都是不可数集。同心圆上的点也是同样多的，它们也都是不可数集。

同样令人吃惊的是无理数与有理数多少的比较。直观上思考，任何两个有理数之间存在着无穷多的无理数，任何两个无理数之间也存在着无穷多的有理数，我们会觉得无理数和有理数应该一样多。然而康托尔的结论告诉我们，有理数是可数的，而无理数是不可数的。这说明无理数远远多于有理数。再进一步，我们前面证明了代数数是可数的，这说明像 π，e 这样的超越数是不可数的，它们要远远多于代数数。

在希尔伯特无穷旅馆第三天的故事中，我们发现一维的可数无穷可以和二维的无穷多格子点对应起来，并以此为基础证明了有理数是可数无穷。但是一维线段上代表实数的点和二维平面上的点谁多谁少？还是同样多呢？1874 年 1 月，康托尔在写给戴德金的信中提出了这

㊀ 柯朗和罗宾在《什么是数学》中给出了一个更为直观的几何证明。假设单位线段 (0, 1) 之间的点能排成可数的序列 a_1，a_2，a_3，…我们用一个长 1/10 的区间盖住 a_1 点，用长 1/100 的区间盖住 a_2 点……用长 $1/10^n$ 的区间盖住 a_n 点，如此下去，则 (0, 1) 这一单位线段将完全被长为 1/10，1/100，1/1000……的子区间（可能相互重叠）完全盖住。但这些子区间的长度总和为等比数列 $1/10 + 1/100 + 1/1000 + \cdots = 1/9 < 1$，让总长度为 1/9 的区间覆盖长度为 1 的线段是不可能的。所以假设错误，线段上的点是不可数的[62]。

㊁ 还有一种几何方法可以将单位线段一一映射到全体实数上。我们将单位线段弄弯成为长度为 1 的半圆弧，然后在圆外画一条无限长的直线 L。现在从圆心到 L 上任意一点 P 的连线必然与圆弧相交于一点 Q。这样就形成了一一映射，如图 6.21 所示。

个问题。他几乎肯定地觉得，二维正方形比一维的线段包含更多的点，但是却没能给出证明。时光匆匆过了三年之后，康托尔惊奇地发现，他此前结论是错误的，并且找到了一个有趣的一一对应。1877年6月他写信给戴德金，请戴德金审查他的证明。在信中，康托尔说出了本章开头那句著名的话："我看到了，但我不相信。"

我们接下来看看这个一一对应是如何展示"一沙一世界"的奇观的。我们面对的两个无穷点集一个是单位正方形：

$$E = \{(x, y) \mid 0 < x < 1, 0 < y < 1\}$$

另一个是单位线段（0，1）。取单位正方形内的任意一个点（x，y），然后把x和y都表示成无穷小数（如果是有限小数，比如0.5，就写成0.4999…，请参考本节习题）。现在把x，y的小数部分分成一组一组的，每组都终止在第一个非0数字上。例如：

$$x = \quad 0.3 \quad 02 \quad 4 \quad 005 \quad 6 \quad \cdots$$
$$y = \quad 0.01 \quad 7 \quad 06 \quad 8 \quad 04 \quad \cdots$$

然后我们构造一个数字$z = 0.3\ 01\ 02\ 7\ 4\ 06\ 005\ 8\ 6\ 04\ \cdots$。这个构造过程交错地从$x$和$y$的各组中取数字，无一遗漏。也就是先写下0和小数点，然后取x的第一组，也就是3，然后取y第一组，也就是数字01，然后取x的第二组02，接下来取y的第二组7……，z显然在单位线段内。对于单位正方形内不同的点，其小数表示x或y上必有不同的数字。因此对应的z也是不同的。这说明（x，y）$\mapsto z$是单射。反过来，对于单位线段上任意点z，我们也可以把z的无穷小数形式像上面那样分组，然后把奇数组取出放在0和小数点后构成x，把偶数组取出构成y。则（x，y）是单位正方形内的点。这说明（x，y）$\mapsto z$是满射。因而这个映射是一一映射。于是我们证明了单位长度线段内的点和二维平面上的点具有相同的基数，它们同样多，都是不可数无穷。

仿照此方法，我们接下来可以证明不仅线段和平面上的点同样多，它和三维空间中的点也同样多，甚至一般的n维空间中的点也和线段上的点同样多。

在康托尔以前，尽管有争议，但是人们只能区分出有限和无穷，没有人想过无穷之中还有区别。康托尔第一个向我们揭示，无穷也是可以分类的，存在着可数无穷和不可数无穷。康托尔并没有止步，接下来的问题是：存在比不可数无穷更大的无穷么？我们在寻找无穷等级的道路上走到终点了吗？在展示进一步的结论前，我们先了解一下戴德金关于实数别出心裁的定义。

练习6.4

1. 令$x = 0.9999\cdots$，则$10x = 9.9999\cdots$，做减法得$10x - x = 9$，解方程得$x = 1$。因此得到结论$1 = 0.9999\cdots$。这一证明正确吗？

6.3.4 戴德金分割

为了解决微积分基础的严密性问题，19世纪的数学家们开始重新思考牛顿、莱布尼茨、雅可比、欧拉使用的一些令人困惑的概念，包括无穷小量和级数等。经过柯西和魏尔斯特拉斯等人的工作，终于给出了严格的极限、收敛等概念。但有一个本质问题始终未得到圆满的解决，那就是实数的概念。微积分是建立在实数连续性上的。可人们仍然没有一个关于实数满意的定义。最早人们把有理数比作直线，结果发现有理数间充满了间隙，它是不完备、不连续的。而我们则把直线看作没有间隙的、完备的和连续的。直线的连续性究竟是什么意思？人们迫切需要连续性的一个精确定义。

戴德金经过多年的思考，终于在 1872 年想出了一个方法——著名的戴德金分割。戴德金指出，有理数具有稠密性，即任意两个有理数间，不管多么靠近，总存在着另外的有理数。但是有理数却不连续。连续的直线究竟意味着什么呢？此时让我们想象一把最锋利的“思想之刀”，在天衣无缝的直线上切下去，将它分割成两截[8]。

由于直线是连续的、天衣无缝的，不管多么锋利，这一刀一定落在某一点上，而不是在两点的缝隙间。（如果是有理数而非实数，这一刀可能落在某个有理数代表的点上，也可能落在两个有理数之间，比如恰好落在$\sqrt{2}$代表的位置上。）假定从点 A 的位置上把直线切开，则 A 不在左边，就在右边，二者必居其一，不会两边都有，也不会两边都没有。这是因为点不可分割，也不会消失掉。换言之，直线的连续性意味着，不管从何处将直线切成两段，总是有一段是带有端点的，而另一段没有端点。

由此，戴德金定义了这样的一个分割 (A_1, A_2)，A_1 和 A_2 分别叫作下类和上类。其中下类 A_1 中的每个数都小于上类 A_2 中的任意一个数。也就是说 A_1 对应分割的左半段直线，而 A_2 对应着右半段直线。对于这样的分割，要么 A_1 中存在着一个最大数，要么 A_2 中存在着一个最小数，二者必居其一，且仅居其一。

用戴德金分割来分析全体有理数，会发现有理数是不连续的。如果 A_1 包含了所有小于或等于 2 的有理数，A_2 包含了所有大于 2 的有理数，这一分割就定义了有理数 2。但是考虑这样一个反例：下类 A_1 包含所有负有理数，以及非负的，但平方小于或等于 2 的有理数；上类 A_2 包含剩余的有理数。不难发现在这一分割中，下类没有最大数，同时上类没有最小数。这说明有理数间存在着缝隙，从这里砍下去，这一刀就会落空。这个划分实际上确定了一个新数$\sqrt{2}$，但它不是有理数，如图 6.22 所示。

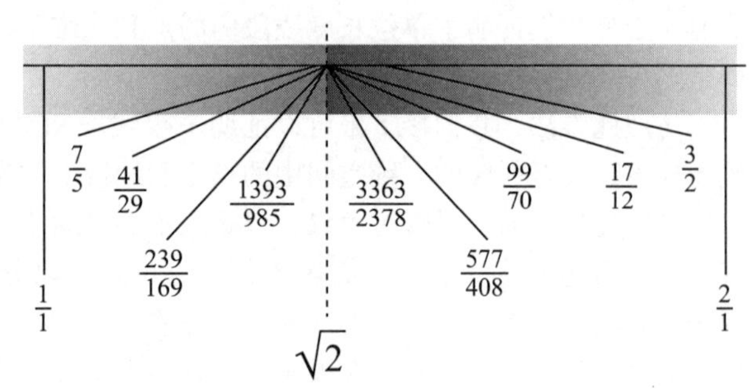

图 6.22　用戴德金分割构造的$\sqrt{2}$

于是戴德金得到了他的结论：有理数的每一个分割就叫作一个实数。带缝隙的分割（A_1 没有最大数，A_2 没有最小数）叫作无理数；不带缝隙的分割（A_1 存在最大数，或 A_2 存在最小数）叫作有理数。而实数正好包含有理数和无理数。由此戴德金分割定义了实数，直线上的每个点可以表示一个实数。戴德金的分割概念也给出了实数连续性的依据。

从毕达哥拉斯学派的希帕索斯发现无理数到戴德金最终给出实数的定义，时光经历了两千多年[㊀]。在戴德金分割中，总是把数分成两个完成了的无穷整体，即无穷集合。这是对实无穷概念的运用和发展。

6.3.5　超限数和连续统假设

为了寻找更大的无穷，康托尔首先考虑了幂集。所谓幂集，就是一个集合的所有子集构成的集合。例如集合 $A = \{a, b\}$，则它的幂集包含 $\{\varnothing, \{a\}, \{b\}, \{a, b\}\}$ 一共 4 个元素。而有 3 个元素集合的幂集包含 8 个子集。一个集合中每个元素都可以被选中或者跳过以构造子集，这样具有 n 个元素的集合的幂集大小为 2^n。显然有限集的幂集元素个数大于原集合。

康托尔在 1891 年证明了当推广到无限集时，这一结论也成立。所以幂集的基数总是大于原集合的基数。这一定理现在被人们称作**康托尔定理**。这一证明并不困难。读者可以参考本章的附录，了解其详细过程。有了这一定理后，就打开了寻找更大无穷的通路了。康托尔把自然数集等可数无穷的基数称作阿列夫零，记为 $\aleph_0$，阿列夫是希伯来文字母表的第一个字母。可数无穷的幂集基数记作 $2^{\aleph_0}$，由康托尔定理有 $\aleph_0 < 2^{\aleph_0}$，并且我们还可以通过幂集的幂集不断产生更大的无穷。

$$\aleph_0, 2^{\aleph_0}, 2^{2^{\aleph_0}}, \cdots \tag{6.1}$$

1. 超限数

康托尔把存在等级的无穷基数序列叫作超限基数。所以希尔伯特神奇旅馆中揭示的超限数计算法则就是 $\aleph_0 + 1 = \aleph_0$，$\aleph_0 + k = \aleph_0$，$\aleph_0 + \aleph_0 = \aleph_0$，…

除了用幂集来产生更高等级的无穷外，康托尔还发现了另外一种方法。为此，我们需要引入序数的归纳定义：

- 0 是序数；
- 如果 a 是序数，则 $a \cup \{a\}$ 是序数，记作 $a + 1$，称作 a 的后继；
- 如果 S 是序数的集合，也就是 S 的元素都是序数，则 $\cup S$ 是序数；
- 任何序数，都是通过上述 3 步获得的。

根据这个定义，从 0 开始的前几个序数如下：

$$\begin{aligned}
&0\\
&1 = 0 \cup \{0\}\\
&2 = 1 \cup \{1\} = 0 \cup \{0\} \cup \{0 \cup \{0\}\}\\
&3 = 2 \cup \{2\} = 1 \cup \{1\} \cup \{1 \cup \{1\}\} = \cdots\\
&\vdots
\end{aligned}$$

这里 $\cup S$ 称为集合 S 的广义并。它是由 S 的所有元素的元素组成的集合。根据序数定义的前两条，我们发现自然数 0, 1, 2, 3, …, n, … 都是序数。令 ω 是自然数集合，由于自然数

㊀ 同一年，魏尔斯特拉斯通过有界单调序列理论，康托尔通过有理数序列理论也都从有理数出发定义出无理数，从而构筑起了实数理论。可谓殊途同归。

都是序数，所以 ω 也是一个序数的集合。我们考虑它的广义并：

$$\cup\ \omega = \{0, 1, 2, \cdots\} = \omega$$

根据序数的第三条定义，说明 ω 也是一个序数，它是一个极限序数[⊖]，并且是最小的无穷序数。我们把它添加到自然数的末尾就得到了一个新序列：

$$0, 1, 2, \cdots, \omega$$

从 ω 开始，再次重复使用序数的第二条定义，又可以得到序数列：

$$\omega + 1, \omega + 2, \omega + 3, \cdots, \omega + n, \cdots$$

将上面两个序列合并到一起组成一个集合，记作 $\omega \cdot 2$。不难发现其广义并 $\cup\ \omega \cdot 2 = \omega \cdot 2$，所以 $\omega \cdot 2$ 也是一个序数，并且是极限序数。从 $\omega \cdot 2$ 开始，继续重复上述过程，我们就得到了无限伸展的无穷序数列（见图 6.23）：

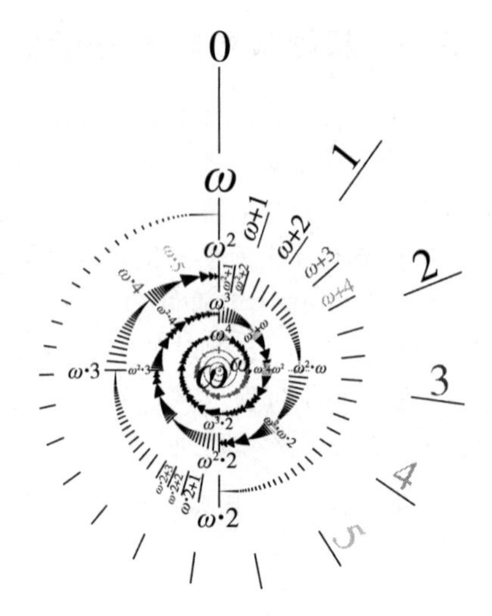

图 6.23　无限伸展的无穷序数列

$$
\begin{array}{l}
0, 1, 2, \cdots, n, \cdots \\
\omega, \omega + 1, \omega + 2, \cdots, \omega + n, \cdots \\
\omega \cdot 2, \omega \cdot 2 + 1, \omega \cdot 2 + 2, \cdots, \omega \cdot 2 + n, \cdots \\
\vdots \\
\omega \cdot k, \omega \cdot k + 1, \omega \cdot k + 2, \cdots, \omega \cdot k + n, \cdots \\
\vdots \\
\omega^2, \omega^2 + 1, \omega^2 + 2, \cdots, \omega^2 + n, \cdots \\
\vdots \\
\omega^3, \omega^3 + 1, \omega^3 + 2, \cdots, \omega^3 + n, \cdots \\
\vdots \\
\omega^\omega, \omega^\omega + 1, \omega^\omega + 2, \cdots, \omega^\omega + n, \cdots \\
\vdots
\end{array}
\tag{6.2}
$$

除了第一行是自然数外，其他都是无穷序数，并且每行的第一个是极限序数。用这种方式得到的序数，已经远远超出人们所能想象的范围，把自然数扩展成一个无穷无尽的序数王国。但是，可以证明，这些序数都是可数序数，作为集合，竟然能够与自然数集构成一一对应。我们即将看到，还存在着不可数序数，甚至存在着一个比一个更大的无穷序数列。

我们列出的这些序数中，如果挑选一个作为可数集合的基数，用哪一个最好呢？自然会想到最小的一个极限序数 ω。于是这引出了基数的一般定义。

⊖　如果一个非零序数不是任何其他序数的后继，则称为极限序数。

定义6.3 设a是一个序数，如果对于任一序数b，当$b<a$时，有b的势小于a的势，则称序数a为基数。

有这个定义，我们立即得出结论：所有自然数n都是基数，并且ω是基数。序数ω当作基数使用时，记作$\aleph_0$，即$\aleph_0=\omega$。前面我们已经用$\aleph_0$表示可数集合的基数。

除了ω外，序列（6.2）中其余的无穷序数都比ω大，但其势却与ω的势相等（都等于可数无穷）。所以根据定义，它们都不是基数。

为了获取更大的基数，为此我们将此前序列（6.2）中的所有序数汇集在一起组成一个集合，记作ω_1。

$$\omega_1=\{a\mid a\text{是序数,且}\}\mid a\mid\leqslant\aleph_0\}$$

其中$|a|$表示a的势[1]。可以证明ω_1是序数，并且是第一个不可数序数。然后我们仿照前面的方法，从ω_1之后扩展无穷序数列：

$$\omega_1,\ \omega_1+1,\ \cdots,\ \omega_1\cdot 2,\ \cdots,\ \omega_1{}^2,\ \cdots,\ \omega_1{}^\omega,\ \cdots$$

这里枚举的无穷序列都是等势的，其中最小的一个是ω_1，它还满足基数的条件，这样我们就得到了第二个无穷基数$\aleph_1=\omega_1$。仿照ω_1的构造过程，我们可以再构造一个集合：

$$\omega_2=\{a\mid a\text{ 是序数,且 }|a|\leqslant\aleph_1\}$$

这样就获得了第三个无穷基数$\aleph_2=\omega_2$。继续进行下去，我们可以得到一系列无穷基数。概括来说，对任一序数a，当定义了无穷基数$\aleph_a$之后，我们可以再次构造集合：

$$\omega_{a+1}=\{b\mid b\text{ 是序数,且 }|b|\leqslant\aleph_a\}$$

由此得到比$\aleph_a$大的无穷基数$\aleph_{a+1}=\omega_{a+1}$。总之对于任一序数$a$，相应都有一个无穷基数$\aleph_a$，由此得到无穷基数组成的无穷序列：

$$\aleph_0,\ \aleph_1,\ \aleph_2,\ \cdots,\ \aleph_n,\ \cdots,\ \aleph_\omega,\cdots \tag{6.3}$$

它们是从小到大排列的，并且相邻的两个阿列夫之间不再有其他的无穷基数。无穷序数和无穷基数也称为超限序数和超限基数，统称为超限数。这些越来越巨大的超限数最终归于何处呢？康托尔认为那将是上帝。

超限数一经面世，立即引发了激烈的反应。有人赞叹这是康托尔惊人的创举，开辟了前所未见的新视野。也有人认为超限数是“雾上之雾”，康托尔正在创造病态的数学。尽管存在巨大的争议，超限数是19世纪最惊人的思想成就之一。

2. 连续统假设

康托尔发现了两种无穷基数序列，一个是幂集，另一个是超限基数：

$$\aleph_0,\ 2^{\aleph_0},\ 2^{2^{\aleph_0}},\ \cdots$$

---

[1] 严格来说，A的势应使用符号$\overline{\overline{A}}$，或#A，card（A），n（A）。

和

$$\aleph_0, \aleph_1, \aleph_2, \cdots$$

根据上面的分析，我们知道$\aleph_1$是紧跟着可数无穷基数$\aleph_0$之后的下一个超限基数。然而根据幂集的性质，我们只知道$2^{\aleph_0}$比可数无穷基数$\aleph_0$大。但我们不知道它和$\aleph_1$的大小关系。康托尔猜测$2^{\aleph_0}=\aleph_1$，也就是在$\aleph_0$和$2^{\aleph_0}$之间不存在其他无限基数。$2^{\aleph_0}$是第一个比可数集大的超限基数。

康托尔在1874年证明了$2^{\aleph_0}=C$，也就是说，自然数的所有子集所具有的元素数正好等于实数集的元素数。因此康托尔的猜测等价于在可数集$\aleph_0$与不可数集C之间不存在其他无限基数。由于通常称实数集为连续统，因此这一猜想被称为连续统假设（Continuum Hypothesis，CH）。

连续统假设还可以进一步推广，即考虑对于任一序数a，$2^{\aleph_a}=\aleph_{a+1}$是否成立。这一假设被称为广义连续统假设，简记为GCH。

康托尔在1878年的一篇论文提出了连续统假设。他一开始对证明这一猜想是比较乐观的。据说康托尔曾经说他已经成功解决了这一难题，并即将公布他的证明。但直到他1918年去世，也没有把证明公之于众，大概是发现了证明中的问题而未公开发表。康托尔晚年为此投入了大量的精力，但是长时间未能突破连续统假设，加之其他原因最终导致他陷入了抑郁，并在哈雷大学的精神病院中逝世。

1900年夏天，著名的数学家希尔伯特在巴黎召开的第二届国际数学家大会上，做了题为《数学问题》的演说，提出了23个未解决的问题，向20世纪的数学家提出挑战。其中第一个问题就是“证明连续统假设”。可见他对这一问题的重视。

连续统问题是数学来源于几何、力学和物理等方面现实问题的一个范例。希尔伯特认为，连续统问题来自外部世界，纯数学需要从外部世界汲取新材料，外部世界是数学的源泉。正因为连续统问题是数学中一个最基本的问题，或者说它是数学基础的问题，长期以来一直是数理逻辑和公理集合论的一个中心问题。100多年来，虽然经过许多著名数学家的精心钻研，取得了一些重大进展，但还没有完全解决。1938年哥德尔证明了，从公理集合论的ZFC系统（策梅罗-弗兰克尔系统和选择公理的简称，选择公理是说我们能从任一集合，包括无穷集合中选出若干元素。我们将在下一章详细介绍）推不出CH的否定，即连续统假设与ZFC系统是相容的。在哥德尔的结果之后，人们希望能够从ZF系统（ZF系统是不带有选择公理的集合论系统）内证明连续统假设。

1963年7月，美国的年轻数学家科恩创造了威力极大的力迫法，解决了相反的问题，他证明了从ZFC推不出CH。这就说明了连续统假设和ZFC系统是相对独立的。有一则插曲说，科恩完成了证明后，并不能确信自己的证明[8]。他来到普林斯顿敲响了哥德尔的家门。当时的哥德尔正在同妄想症斗争，他仅仅打开了一条门缝，让科恩把证明塞进去，科恩则被关在了门外。两天后，哥德尔邀请科恩进屋喝茶，大师终于认可了他的证明。翌年科恩获得了菲尔兹奖。

综合哥德尔和科恩的结果，也就是说连续统假设在ZFC系统中是不可判定的。我们在下一章会深入介绍不可判定性。连续统假设与 ZF 系统的公理无关。类似的结论还发生在集合论中的选择公理上。哥德尔和科恩的结论同时也说明，选择公理在 ZF 系统中是不可判定的。这说明在 ZF 公理集合论系统中，承认选择公理可以得到一种数学，否定选择公理可以得到另一种数学。两者都是无矛盾的。同样，加上选择公理后，承认或者否定连续统假设也都可以各自发展出无矛盾的数学。这就是 100 多年来人们在选择公理与连续统假设的研究中获得的主要成果[61]。

6.4　无穷与艺术

伴随着对无穷的思考与探索，也不断催生了关于无穷的艺术创作。人们仰视浩瀚苍穹，远眺无垠的大海，感叹自然的神秘和伟大。

在无数描绘广袤天空的作品中，荷兰后印象派艺术大师梵高创作的《星空》（见图 6.24）可谓让人印象深刻。在这幅画中，梵高用夸张的手法，生动地描绘了充满运动和变化的星空。整个画面被一股汹涌、动荡的蓝绿色激流所吞噬，旋转、躁动、卷曲的星云使夜空变得异常活跃，脱离现实的景象反映出梵高躁动不安的情感和疯狂的幻觉世界。这幅画创作于 1889 年，当时梵·高正在阿尔勒圣雷米的一家精神病院治疗，在那驻留了 108 天。在入住精神病院期间，梵高创作了大量的绘画作品，共计一百五十多幅油画和一百多幅素描。而作品《星空》所描述的风景也正是精神病院所在地圣雷米。

英国画家透纳在创作《暴风雪：汽船驶离港口》时，为了充分体验大海无边的威力，他让水手把自己捆在船桅上。他后来写道：“为了观察大海，我让水手们把我捆在船桅上。我那

图 6.24　［荷］梵高《星空》（1889），原作收藏于纽约现代艺术博物馆

样过了四个小时，没指望能活下来。”然而，评论家们却对这幅画表示失望和怀疑，因为在这幅画中，形体和戏剧性的场面都消失了，如图 6.25 所示。透纳解释说，他画这幅画是为了告诉自己和别人，在惊涛骇浪的海上，暴风雪是什么样子。虽然描画的是在漩涡风暴中航行的船，但是所呈现的却是船只与风暴融为一体的画面。透纳大胆地以抽象手法表现船的形式，自由运用色彩，成功地表现出“风暴的气氛”。透纳因此被称为印象派的先驱。

图 6.25　透纳笔下的大海和风暴（1842），原作藏于英国泰特美术馆

对无穷的思考很快脱离了自然界中的具体事物，而上升到哲学和宗教。在托勒密的宇宙模型中，行星是嵌套在一起的同心球，最外层存在一个有界的恒星天球。到了中世纪，基督教在很大程度上吸收了亚里士多德和托勒密的学说，认为上帝创造的地球是宇宙的中心，而恒星天球是有界的。

1888 年在巴黎出版的一幅木刻版画（见图 6.26）反映了当时人们对于有穷世界边沿的思考。一个人如果站在天球的边沿，是否可以伸出自己的手臂或者举起一根手杖？如果不可以，这显然是难以理解的，如果可以，那么处于物质世界外围的空间是什么？这就是宇宙边缘悖论。为了解决这个难题，中世纪的基督教重塑了亚里士多德的学说，提出了一种渐进边缘理论。还有人认为，如果在宇宙的边缘向外抛出一支矛，就会推动宇宙扩大。物质世界是有界的，但界被无尽的虚空包围。

文艺复兴时期，数学逐渐被当时艺术大师们引入到作品中。达·芬奇不仅深谙解剖和透视，还有意识地在作品中使用引发美感的比例。这一时期的德国画家丢勒仔细研究了人体的各种比例，甚至利用坐标格点来描述透视的关系。丢勒的《量度四书》既介绍了绘画理论，也对几何原理和透视原理进行了研究。随后开普勒和笛沙格独立发展出了摄影几何中的无穷远点概念。笛沙格概括消失点的用途，纳入无穷远时的情形，发展出建构透视图的另一种方法。他让平行线确实平行的欧氏几何成为所有可能的几何系统都会有的特例。

Un missionnaire du moyen âge raconte qu'il avait trouvé le point
où le ciel et la Terre se touchent...

图 6.26 《弗拉马利翁》木刻版画（第 163 页）

真正从本质上改变艺术家的视角，使得人们能够直接表现无穷要从非欧几何的诞生说起。长期以来，欧几里得几何被人们认为是完美的公理系统和演绎推理的典范。但是追求尽善尽美的数学家对于欧几里得第五公设颇有微词。前几条公设简单直观，符合直觉，例如说两点之间能够画一条直线、所有直角都相等。而第五公设描述却比较复杂。它说如果某条直线与两直线相交，且同侧两个内角和小于两个直角，那么两条直线无限延长后就会在该侧相交。第五公设也叫作平行公设，它等价于说，在平面内过直线外一点有且仅有一条平行线。人们感觉第五公设能从前面四条公设里推导出，并且实际上欧几里得在《几何原本》前面相当大的部分也都没有使用第五公设。在其后的两千多年里，很多人试图证明第五公设，但都失败了。于是意大利数学家萨凯里（Saccheri）尝试用反证法来证明，他假定第五公设不成立，然后导出一整套几何系统和奇怪的结论，接下来他宣称这些结果太过荒谬，从而说明第五公设是必定是正确的。

19 世纪，德国数学家高斯、俄国数学家罗巴切夫斯基、匈牙利数学家波尔约等人各自独立地认识到这种证明是不可能的。也就是说，平行公理是独立于其他公理的，并且可以用不同的“平行公理”来替代它。高斯关于非欧几何的信件和笔记在他生前一直没有公开发表，只是在他 1885 年去世后出版时才引起人们的注意。罗巴切夫斯基和波尔约分别在 1830 年前后发表了他们关于非欧几何的理论。在这种几何里，罗巴切夫斯基平行公理替代了欧几里得平行公理，即在一个平面上，过已知直线外一点至少有两条直线与该直线不相交。由此可演绎出一系列全无矛盾的结论，并且可以得出三角形的内角和小于两直角。罗氏几何中有许多不同于欧氏几何的定理。

继罗氏几何后，德国数学家黎曼在1854年又提出了既不是欧氏几何也不是罗氏几何的新的非欧几何。这种几何采用如下公理替代欧几里得平行公理：同一平面上的任何两直线一定相交。同时，还对欧氏几何的其他公理做了部分改动。在这种几何里，三角形的内角和大于两直角。人们把这种几何称为椭圆几何。

直到1866年，意大利数学家贝尔特拉米在他出版的《非欧几何解释的尝试》中，证明了非欧平面几何可以局部地在欧氏空间中实现。1871年，德国数学家克莱因认识到从射影几何中可以推导度量几何，并建立了非欧几何模型。这样，非欧几何的相容性问题就归结为欧氏几何的相容性问题，由此非欧几何得到了普遍的承认。

非欧几何向我们揭示这样一种可能性，即无穷的空间可能是有界的。法国数学家庞加莱在他的科普读物《科学与假设》中介绍了这样一种有趣的世界。整个世界被一个大小有限的球包围起来。中心的温度很高，随着远离中心，温度成比例地减小。当接近包围这个世界的球面时，温度降到绝对零度。如果大球的半径是 R，某点到球心的距离是 r，则温度与 R^2-r^2 成比例。这个世界中，由于热胀冷缩，物体的大小和温度成比例，越接近世界的边沿，物体越小。于是就出现这样的一个奇观，当这个世界的居民接近球面时，温度越来越低，他们越来越小，步伐也越来越小，他们永远也到不了世界的边沿，尽管这个世界是有限的。庞加莱描述的这个世界，实际上起作用的几何是一种称为双曲几何的非欧几里得几何学。

荷兰画家埃舍尔受到庞加莱的启发，创作了多个艺术作品来描述这种有限但无穷的世界。这一系列作品被命名为圆极限系列（见图6.27）。不管是天使、魔鬼，还是游动的鱼，都在接近圆盘的边缘时变小，从而永远无法到达这个有界但无穷的边沿。

图6.27　埃舍尔《圆极限Ⅲ》

不仅是艺术，在音乐中也有对无穷的思索和表现。1747年5月，巴赫访问了波茨坦宫廷圣苏西宫。巴赫到了圣苏西宫后，腓特烈大帝向他展示了刚刚引进的吉尔博曼钢琴。宫廷音乐会上腓特烈大帝给了巴赫一个音乐主题，老巴赫当场即兴对其进行了一个三声部的赋格变奏。这是事前毫无演练的即兴演奏。这不仅使大帝十分满意，在场众人也无不瞠目结舌。巴赫本人觉得这首曲子的主题非常美丽，于是打算将来写成一首赋格曲，以供出版。回到莱比锡后，巴赫重新对国王主题进行变奏创作，将整个曲子按两首赋格曲，四乐章三重奏鸣曲和十首卡农的构成完成了整个曲子。巴赫在献词上所署名的时间正好是7月7日。这就是巴赫的经典名作《音乐的奉献》，乐曲编号BWV1079。在其中有一首极不寻常的卡农，只标着"Canon per Tonos"这三个词。翻译过来的意思是经由种种调性的卡农，后人称之为"无限上升的卡农"，如图6.28所示。侯世达在《哥德尔、埃舍尔、巴赫——集异璧之大成》一书中写道：

图6.28 巴赫创作的无限上升的卡农的曲谱局部

它有三个声部，最高声部是国王主题的一个变奏，下面两个声部则提供了一个建立在第二主题之上的卡农化的和声。这两个声部中较低的那个声部用C小调奏出主题，而较高的那个则在差五度之上奏出同一主题。特殊之处在于，当它结束时，或者不如说似乎要结束时，已不再是C小调而是D小调了。巴赫在听众的鼻子底下转了调。而且这一结构使得这一"结尾"很通顺地与开头连接起来。这样可以重复这一过程并在E调上回到开头。这些连续的变调带着听众不断上升到越来越远的调区，因此听了几段之后，听众会以为他要无休止地远离开始的调子了。然而在整整六次这样的变调之后，原来的C小调又魔术般地恢复了！所有的声音都恰好比原来高八度。在这里整部曲子可以以符合音乐规则的方式终止。人们猜想，这里就是巴赫的意图。但巴赫很明确地留下了一个暗示，说这一过程可以无休止地进行下去。也许这就是为什么他在边上写下了"转调升高，国王的荣耀也升高。"[5]

练习 6.5

1. 在两个镜子中间点燃一支蜡烛，你看到了什么？这是潜无穷还是实无穷？

6.5　附录：例子代码

使用流定义自然数的无穷集合，并取出前 15 个自然数。Java 语言 1.8 中的例子：

```
IntStream.iterate (1, i -> i + 1);

IntStream.iterate (1, i -> i + 1)
        .limit (15) .forEach (System.out:: println);
```

Python 语言版本 3 中的例子：

```
def naturals ():
    yield 0
    for n in naturals ():
        yield n + 1
```

Haskell 语言中使用递归定义自然数的无穷集合：

```
nat = 1 : (map (+1) nat)

take 15 nat
```

Haskell 语言中使用递归定义斐波那契数列的无穷集合，以及计算第 1500 个斐波那契数：

```
fib = 0 : 1 : zipWith (+) fib (tail fib)

take 15 fib
[0, 1, 1, 2, 3, 5, 8, 13, 21, 34, 55, 89, 144, 233, 377]

fib !! 1500
13551125668563101951636936867148408377786010712418497242133543153221487310
87352875061225935403571726530037377881434732025769925708235655004534991410
29242495959974839822286992875272419318113250950996424476212422002092544399
20196960465321438498305345893378932585393381539093549479296194800838145996
187122583354898000
```

Haskell 语言中使用余代数定义素数的无穷流：

```
data StreamF e a = StreamF e a
data Stream e = Stream e (Stream e)

ana :: (a -> StreamF e a) -> (a -> Stream e)
ana f = fix . f where
  fix (StreamF e a) = Stream e (ana f a)

takeStream 0 _ [ ]
takeStream n (Stream e s) = e : takeStream (n - 1) s

era (p: ns) = StreamF p (filter (p `notdiv`) ns)
  where notdiv p n = n `mod`p ≠ 0

primes = ana era [2..]

takeStream 15 primes
[2, 3, 5, 7, 11, 13, 17, 19, 23, 29, 31, 37, 41, 43, 47]
```

6.6 附录：康托尔定理的证明

定理 6.2 （康托尔定理）对于任意集合都有 $|S| < |2^S|$，其中 $|S|$ 表示集合 S 的势，2^S 表示 S 的幂集，即 S 的所有子集组成的集合。

证明：我们分两步证明。第一步证明 $|S| \leqslant |2^S|$。对于任一 x，令 $f(x) = \{x\}$，也就是仅含有 x 唯一元素的集合。对于不同的元素 $x_1 \neq x_2$，自然有 $\{x_1\} \neq \{x_2\}$，即 $f(x_1) \neq f(x_2)$。从而映射 $S \xrightarrow{f} 2^S$ 是一单射。因此有

$$|S| \leqslant |2^S|$$

第二步证明 $|S| \neq |2^S|$。采用反证法，假设等号成立。则存在一一映射 $S \xrightarrow{\phi} 2^S$，使得对任一 $x \in S$，都有 $\phi(x) \in 2^S$。即 $\phi(x)$ 是 S 的某个子集，所以 $\phi(x) \subseteq S$。现在要问 x 是否属于 $\phi(x)$？有两种可能，一种是 $x \in \phi(x)$，也可能是 $x \notin \phi(x)$。我们把所有 x 不属于 $\phi(x)$ 的元素放在一起构造一个新集合 S_0：

$$S_0 = \{x \mid x \in S, \text{并且 } x \notin \phi(x)\} \tag{6.4}$$

显然 S_0 是 S 的子集，即 $S_0 \subseteq S$，因此 $S_0 \in 2^S$。由于 ϕ 是一一映射，所以必然存在一个 x_0，使得 $\phi(x_0) = S_0$。根据逻辑中的排中律，要么 $x_0 \in S_0$，要么 $x_0 \notin S_0$，二者必居其一，且仅有一个成立。

接下来分情况讨论。如果 $x_0 \in S_0$ 成立，根据式（6.4）中 S_0 的定义，应该有 $x_0 \notin \phi$

(x_0)，由于 $\phi(x_0) = S_0$，所以 $x_0 \notin S_0$。

如果 $x_0 \notin S_0$，因为 $S_0 = \phi(x_0)$，所以得到 $x_0 \notin \phi(x_0)$。这样根据 S_0 的定义式（6.4），又应该有 $x_0 \in S_0$。

这样不论 x_0 是否属于 S_0，都导致矛盾。这说明我们最初的假设 S 到 2^S 间存在一一映射是错误的，所以不等式 $|S| \neq |2^S|$ 成立。

由这两步的结果：$|S| \leqslant |2^S|$，并且 $|S| \neq |2^S|$，我们得到了康托尔定理的结论

$$|S| < |2^S|$$ □

证明的第二部分，不由让我们联想起了著名的罗素悖论：令 S 为所有不属于自己的集合构成的集合，问 S 是否属于自己？我们将在下一章讲述罗素悖论和哥德尔不完全性定理。

6.7　附录：巴赫《音乐的奉献》无限上升的卡农

Canon a 2. (Per tonos.)
Musikalisches Opfer BWV 1079

Johann Sebastian Bach

1

CHAPTER7

第7章

悖论

除了自己的无知，我什么都不懂。

——苏格拉底

1996年，第26届国际奥林匹克运动会正在美国的亚特兰大举行。来自世界各地的选手在速度、力量、技巧上展开竞赛挑战人类的极限。与此同时，还进行着另一场有趣的竞赛。超级计算机“深蓝”与国际象棋世界冠军卡斯帕罗夫展开了对抗赛。比赛结果是深蓝2胜4负输给了人类象棋冠军。翌年，改进的深蓝再次向卡斯帕罗夫发起挑战。5月11日，计算机在正常时限的比赛中首次击败了卡斯帕罗夫(见图7.2)。总比分2胜1负3平。深蓝计算机重1270公斤，有32个微处理器，每秒钟可以计算2亿步。为了能让“深蓝”挑战人类冠军，设计小组输入了一百多年来优秀棋手的两百多万个对局。人类用智慧创造的机器，在人类骄傲的智慧领域首次击败了人类自己——这一结局引发了关注、恐惧和激烈的讨论。

图7.1　埃舍尔《瀑布》

在当时，人们普遍认为，这是人工智能的一大进步。尽管在国际象棋上取得了巨大进步，但是在围棋上，计算机和人类仍存在巨大差距。对于国际象棋来说，棋盘8行8列，32枚棋子。计算机要在10^{123}这样巨大的博弈树中进行搜索，即使深蓝每秒能算2亿步，遍历博弈树仍需要近10^{107}年。为此深蓝的设计小组通过计算机程序缩小了搜索空间，使得深蓝能够搜索当前棋局后面的12步棋。而一般好的人类棋手，大约只能估计到10步。但是围棋的棋盘有19行19列，在一共361个格点上可以放置黑色或者白色的棋子。博弈树的规模为10^{360}，远远超越国际象棋。所以在之后的一段时间里，人们仍然不相信计算机可以挑战我们。

图7.2 卡斯帕罗夫在与深蓝对弈，图片原载《科学美国人杂志》

时光匆匆过去了20年，2016年，计算机程序Alpha-Go向人类的围棋大师展开了挑战。韩国的九段棋手李世石以1比4的总比分输掉了比赛。一年后，Alpha-Go再次以3局全胜的成绩战胜了中国棋手柯洁。被人们认为是人工智能游戏“圣杯”的围棋终于被攻破了。面对没有感情的计算机，柯洁心有不甘，潸然落泪。作为人类，我们的心情很复杂。即使是从事智力工作的程序员群体也感到了来自机器的压力——我们是否会被机器取代？

传统上我们认为，艺术、文学等领域，涉及人们的文化背景、内在感情和与生俱来的性格因素，是无法被机器所替代的。2015年，德国斯图加特以南40公里的小镇图宾根大学的盖提斯、埃克、贝特格三位研究人员利用机器学习人类艺术家的风格，把图宾根镇的一张风景照片变换成了不同风格的艺术画作[64]。无论是后印象派大师梵高色彩强烈夸张的画风，还是透纳那浪漫主义水天浑浊的光影效果，都被机器模仿得惟妙惟肖，犹如大师本人所作(见图7.3)。

在随后的数年中，人工智能和机器学习突飞猛进地进入了各种领域。机器产生了不同音乐家风格的音乐，能够演奏出紧张、舒缓等不同情绪的旋律和节奏，而不再是呆板单调的电子琴音；机器批量翻译新闻稿和各种学术论文，与专业翻译的文笔不相上下；机器处理X片、CT、核磁共振等医学图像并给出病理诊断，并且结果在准确程度上超越人类医生；人工智能操控的无人车在街道上行驶，成功超过其他车辆并避让行人；无人值守的商店突然出现在街边，人们可以直接从货架上拿走商品，并在走出商店的一刻自动支付……作为人类的我们不禁会问：我们消灭工作岗位的速度是否会超过创造工作机会的速度？人类是否会被机器全面取代？机器是否最终会统治我们？

a）图宾根镇的风景照片

b）英国画家透纳1805年的原作《运输船遇难》和透纳风格的画作

c）荷兰后印象派画家梵高1889年的原作《星空》和梵高风格的画作

d）挪威表现主义画家爱德华·蒙克1893年的原作《呐喊》和蒙克风格的画作

e）西班牙现代艺术家毕加索1910年的原作《坐着的裸女》和毕加索风格的画作

f）俄罗斯抽象艺术先驱画家康定斯基1913年的原作《构成第七号》和康定斯基风格的画作

图 7.3　机器学习产生的不同艺术风格的画作

所有这些在本质上都可以归结到一个问题：计算的能力是否存在边界？如果有的话，计算的边界在哪里？

7.1 计算的边界

顾森在《思考的乐趣》一书中讲到注视着一个运行了很久的程序时的两难心情：这个程序能结束吗？是应该继续等下去，还是杀掉进程强行结束？有没有什么编译器能事先告诉你的程序是否会无限运行下去？[65]

> 为什么不可能呢？这个东西看上去比时光旅行机更现实一些。或许我们会在某个科幻电影中看到，一个程序员在漆黑的屏幕上输入几个数，敲了一下回车，然后屏幕上立即用高亮加粗字体显示："警告！该输入数据会导致程序无限运行下去，确定执行（Y/N)？"如果有一天，这一切真的成了现实。那么你能利用这个玩意儿来做些什么实用、有价值的事情？如果我说你能靠这玩意儿发大财的话，你相信吗？……我上来就先写一个哥德巴赫猜想的验证程序。我写一个程序，让他从小到大枚举所有的偶数，看是不是有两个质数加起来等于它。如果找到了，继续枚举下一个偶数，否则输出反例并结束程序。然后编译该程序。这个编译器不是可以预先判断我这个程序能否终止吗？如果编译器说我这个程序会无限执行下去的话，我岂不是相当于证实了哥德巴赫猜想吗？或者，编译器说程序会最终终止，那哥德巴赫猜想不就直接被推翻了吗？不管怎样，我都将成为解决哥德巴赫猜想的第一人，在数学史上留下自己的名字。接下来呢？把刚才的程序代码改成孪生素数搜索器，再利用编译器检查一下，看看是不是真的有无穷多个孪生素数。梅森素数是否有无穷多个，这个也是数论中长期以来悬而未决的难题。不过现在看来，我也能不费吹灰之力就把它解决了。还记得 $3x+1$ 问题吗？写一个"证明程序"也只是几分钟的事情，而且还能拿走埃尔德什提供的 500 美元奖金呢。数学上的未解之谜多着呢。我永远不愁没事做。1984 年，马丁·拉巴尔询问能否用 9 个不同的平方数构成 3×3 幻方，这个问题的奖金目前已经积累到了 100 美元加 100 欧元再加一瓶香槟。网上搜索"数学未解难题"，看看哪些问题是离散的，其中又有哪些问题是有悬赏的，写几个程序就可以把它们统统解决……

1936 年，计算机科学和人工智能的先驱图灵证明了一个命题：不存在可以判断任何程序是否停机的通用算法。证明的核心部分包含了计算机程序的数学定义——图灵机模型，后人称这一问题为图灵停机问题。

为了证明图灵停机问题，我们采用反证法，假设存在一个名叫 halts（p）的算法，能够判断任意程序 p 是否停机。首先我们定义一个永不停机的程序：

$$\text{forever}(\,) = \text{forever}(\,)$$

这是一个无穷递归的调用。然后我们构造一个名为 G 的特殊程序㊀，它的定义如下：

㊀ 我们用字母 G 是有特殊用意的，G 是哥德尔的首字母，它恰好和哥德尔不完全定理中不可判定命题的名字相同。

$$G() = \begin{cases} \text{forever}() & \text{halts}(G) = \text{停机} \\ \text{停机} & \text{其他} \end{cases}$$

在程序 G 中，我们通过 halts（G）判断 G 本身是否停机。如果停机，我们就调用 forever（）永远运行下去。但这恰恰说明 G 不会停机，所以 halts（G）应该为假，但是按照上面定义的第二行，此时我们停机。这恰恰说明 halts（G）应该为真。所以不论 halts（G）是真是假，我们都会得到矛盾的结论。因此我们最初的假设不成立，也就是说，不存在一个可以判断任意程序能否停机的通用算法。

也有一种分两步证明图灵停机问题的方法[66]，前面都一样，但在构造 G 时，G 接受一个参数 p，它把 p 应用到自身上并传给 halts：

```
G (p) = if halts (p (p) ) then forever () else 'Halted'
```

接下来的一步中，我们把 G 传给自己 G（G）看发生了什么？此时如果 halts（G（G））返回真，则接下来运行 forever（），所以 G（G）永远运行不会停机。但这恰恰说明 halts（G（G））应该返回假，所以接下来程序进入 else 分支，返回停机。但这又说明 halts（G（G））应该返回真。所以不管停机与否，都陷入了矛盾之中。

伟大的图灵停机定理清晰地给出了一个不可计算问题，击碎了我们本节中给出的那些奇思妙想。看到这里，你是否想起了上一章附录中康托尔定理的证明？我们用极为类似的方法证明了任何集合，包括无穷集合的势都小于它的幂集的势。实际上，图灵停机问题让我们联想起了一大类有趣的逻辑悖论。

7.2　罗素悖论

悖论从古希腊时期就被人们发现了。上一章我们介绍了关于无穷和连续的芝诺悖论，而逻辑悖论是一类从严密逻辑导出矛盾结果的有趣问题。公元前 4 世纪，古希腊哲学家、米利都的欧布里德提出这样一个命题：我现在说的是一句假话，怎样判断这句话的真伪呢？

如果这句话是假话，那么它陈述的事实（正在说谎）就成了真的，因此矛盾。但如果这句话是真话，那么这句话的原话说正在说谎，因此它是假话，也产生了矛盾。不论欧布里德说的是真是假，我们都将陷入矛盾中，这一著名的令人困惑的问题被人们称为“说谎者悖论”。

说谎者悖论还有一个两段体的变形，以对话的形式出现。如下所述。

阿基里斯：乌龟是个狡猾的家伙，总爱说谎，你听，它下面的话就是假的。

乌龟：亲爱的阿基里斯，诚实的你总是说真话。

乌龟的话到底是真是假呢？如果乌龟说了真话，也就是阿基里斯的陈述是真的。但阿基里斯说乌龟在撒谎，这就导致了矛盾。反之如果乌龟说的是假话，那么阿基里斯说的就是假的，于是乌龟说的这就话就应该为真。我们陷入了怪圈，无论乌龟的话是真是假，都会导致矛盾。

这种两段体式的说谎者悖论有时还以恶作剧的形式出现。你收到一张纸条，上面写着

“背面是假的”，等你翻到纸条背面，却看到上面赫然写着“背面是真的”。到底哪面是真的呢？仔细分析下来，就会发现陷入了逻辑怪圈。

儿童故事中，也有不少这种悖论。有一则说狮子捉到了兔子，得意地说，如果你能猜中接下来我要干什么，我就放了你，要是猜错了，我就吃掉你。聪明的兔子说：“我猜你要吃掉我。”

如果狮子吃掉兔子，那说明兔子猜中了。这样狮子应该兑现承诺，放掉兔子。可是如果放掉兔子，这说明兔子猜错了。按道理狮子又应该吃掉兔子。狮子陷入了两难处境。既不能吃掉兔子，也不能不吃兔子。估计它只能发疯而让聪明的兔子溜走了。

传说古希腊的军队战胜了波斯，国王决心“优待俘虏”，让他们选择死亡的方式。俘虏可以说一句话，如果是真话，就被砍头，如果是假话，就被绞死。一个聪明的俘虏说：“我猜你要绞死我。”如果国王绞死了俘虏，说明他说了真话，可是这样，按照规则应该被砍头。但如果砍掉他的头，就和这个人讲的内容不符了，所以他说了假话。这样就应该被绞死。结果不论砍头还是绞死，国王的命令都没有被正确地执行。国王万般无奈，不仅释放了这个俘虏，还释放了所有其他人。

塞万提斯在他的伟大作品《堂·吉诃德》中，也讲了一个有趣的悖论。有一位贵族的封地被一条大河分成了两半，河上有一座桥，桥的尽头有个绞架。这位贵族制定了一条法令：“过桥的人必须诚实声明他的目的，如果是真话就允许过桥，如果说谎，就判处绞刑，绞死在桥那边的绞架上。”结果有个人来这里发誓道，我过桥别无目的，就是想死在那个绞架上。怎样处置这个人呢？如果他说了假话，那么按照法令就应该绞死他。可这样一来这个人说的就是真话了，又应该放他过桥。无论如何都无法正确地执行贵族的法令。

和说谎者悖论同样著名的是理发师悖论。这是 1919 年由著名数学家、逻辑学家罗素提出的。故事说村子里的理发师宣布：“他只给那些不给自己刮胡子的人刮胡子。”那么这位理发师是否给他自己刮胡子？如果他给自己刮胡子，那么按照他的规定，他就不应该给自己刮胡子（见图 7.4）。而如果他不给自己刮胡子，那么他就应该向自己提供服务，也就是给自己刮胡子。理发师这样就会陷入困境。

图 7.4　［德］埃·奥·卜劳恩《父与子》一则

罗素（见图 7.5）最早在 1901 年发现了集合论的悖论。他归纳总结了一系列悖论，并最终将它们形式化为当时集合论本质上的问题。人们现在一般将这类悖论称为罗素悖论。在康托尔的朴素集合论中，罗素考虑了任何集合是否属于它自身的问题。有些集合属于它本身，有些集合则不属于。例如所有茶匙的集合显然不是另一个茶匙，但所有不是茶匙的东西构成的集合显然也不是一个茶匙。罗素考虑了后者这类情况全体构成的集合。他构造了集合 R，由所有不是自身元素的集合所组成。用形式化的定义表示就是：

$$R = \{x \mid x \notin x\}$$

罗素接着思考，R 是否属于 R 呢？根据逻辑中的排中律，一个元素或者属于一个集合，或者不属于一个集合。因此对于一个给定的集合，问它是否属于自己是有意义的。但是这个定义良好的，看似合理的问题却陷入了两难境地。

图 7.5　伯特兰·罗素
（1872—1970）

如果 R 属于 R，那么根据 R 的定义，它只包含不属于自身的元素构成的集合，应该有 R 不属于 R。反之，如果 R 不属于 R，同样根据定义，它包含不属于自身的集合，又应该有 R 属于 R。不管属于或不属于，都会导致矛盾。形式化的表达就是：

$$R \in R \Longleftrightarrow R \notin R$$

这样罗素就明确表明了康托尔的集合论中存在悖论。

罗素 1872 年出生于英国蒙茅茨郡的一个贵族家庭。两岁时母亲去世，三岁时父亲也去世。六岁时祖父也去世了，罗素和祖母生活在一起。祖母对他的童年和青少年时期的发展有过决定性的影响。她曾告诫罗素："你不应该追随众人去做坏事。"罗素一生都努力遵循这条准则。

罗素少年时代未被送到学校去学习，而是在家接受教育。1883 年开始，11 岁的罗素跟随堂哥弗兰克学欧几里得几何。不久，罗素开始接触哲学思辨，并在宗教问题上，悄悄写下自己的想法在一家杂志发表。1890 年罗素考入剑桥大学三一学院，大学前三年，他专攻数学，获数学荣誉学位考试的第七名。1894 年，参加伦理学荣誉学位考试，完成研究论文《论几何学的基础》。在剑桥期间，他结识了当时的数学讲师怀特海等人。1895 年，罗素在三一学院获得了研究员的职位。20 世纪初，他发现了著名的罗素悖论，并引发了一场关于数学基础的大讨论。其后十多年间，罗素投身于数学基础和数理逻辑的研究中。1920 年，罗素应邀到中国讲学一年。足迹遍及中华南北，做了多场演讲。话题从数理逻辑到切中时弊的社会改造建议，在当时成为中国文化界的一件盛事，给我国哲学界以很大的影响。他的《西方哲学史》在我国的哲学爱好者中有着广泛的影响。

20 世纪五十年代后，罗素从哲学转向国际政治。他反对核战争，主张核裁军。由于伸张民主和参加核裁军运动，罗素一生曾两次被捕入狱。其中第二次入狱时已经是 89 岁高龄。1950 年罗素获得诺贝尔文学奖。委员会在授奖时称他为"当代理性和人道的最杰出代言人之一"。

1970 年 2 月 2 日，罗素在彭林德拉耶斯逝世，他的骨灰被撒在威尔士的群山之中。

罗素悖论的影响

罗素发现集合论基础的悖论后极为沮丧。他后来回忆道：“每天早晨，我面对一张白纸坐在那儿，除了短暂的午餐，我一整天都盯着那张白纸。常常在夜幕降临之际，仍是一片空白……似乎我整个余生很可能就消耗在这张白纸上。让人更烦恼的是，矛盾是平凡的。我的时间都花在这些似乎不值得考虑的事情上。”[8] 罗素把他的发现告诉了数学家、逻辑学家弗雷格。当时弗雷格正在进行算术基础的建立工作，他的著作《算术的基本规律》已在付印中。弗雷格看到罗素悖论后非常沮丧，他写道：“一个科学家所遇到的最不合心意的事莫过于在他工作即将结束时，其基础崩溃了。罗素先生的一封信正好把我置于这个境地。”戴德金也推迟了《什么是数的本质》一书的再版。罗素悖论涉及的是集合论中最基础的部分。由于集合论逐渐被大家接受，并进入了大多数数学分支，这使得人们对于数学和逻辑学的基本原理和有效性产生了怀疑。

练习 7.1

1. 我们可以用语言定义数，例如“最大的两位数”定义了 99。定义一个集合，是所有不能用 20 个以内的字描述的数字。考虑这样一个元素：“不能用 20 个以内的字描述的最小数”，它是否属于这个集合？
2. “这个世界上唯一不变的是变化”——这句话是否是罗素悖论？
3. 本章开头苏格拉底的话是否是罗素悖论？

7.3　数学基础的分歧

为了解决罗素悖论这一影响理性思维基础的问题，数学家们从 1900 年到 1930 年间持续进行讨论并各自提出了解决方案。数学在历史上长期被当作理性思维的真理，其绝对性和唯一性从未被引起怀疑和争论。在这一大讨论中，人们终于意识到，在不同的哲学观念下，可以存在不同的数学。

7.3.1　逻辑主义

逻辑主义的早期代表人物是弗雷格（见图 7.6）。他认为数学的基础并不是数，算术理论可以建立在逻辑的基础上。弗雷格把朴素集合论看作是逻辑的一部分。他做的第一件工作是利用逻辑来定义自然数。我们知道数具有抽象的含义。3 可以代表 3 个人、3 个鸡蛋、图形中的三角等，这些类㊀都有三个元素，用哪一个来代表自然数 3 呢？弗雷格的意见是全部。即所有能和上述类一一对应的类所组成的、无穷的、抽象的类来定义自然数 3。弗雷格的这一定义看起来有些复杂，但是很了不起。它突破了文化背景的限制。不管你是使用何

㊀ 弗雷格的工作在康托尔之前，他当时使用了“类”（class）一词。康托尔后来使用了德语中的“集合”。

种语言，何种符号，按照弗雷格的方法，对数字 3 的理解都不会有歧义。因为弗雷格的定义中根本不需要任何符号。这样弗雷格就定义了数——它是所有类的类。接下来弗雷格借助这一定义和逻辑理论建立了自然数的理论，进而形成了逻辑化的算术理论。再进一步，弗雷格打算利用逻辑发展出除几何以外的全部数学。这就是他在《算术的基本规律》一书中打算完成的事情。由于弗雷格坚信逻辑的原则是完全可靠的，这样他的工作一旦完成，数学“就被固定在一个永恒的基础上了”。

图 7.6　戈特洛布·弗雷格（1848—1925）

我们知道接下来发生了什么。在《算术的基本规律》正在付印时，罗素的信“及时”寄到了。罗素悖论让弗雷格陷入了困惑。他工作的基础——利用逻辑定义数的概念，恰好是关于所有类的类。这样的定义直接导致了悖论的出现。弗雷格动摇了，并最终放弃了他的逻辑主义立场。

罗素接过了逻辑主义的火炬，积极投身于数学基础的重建和悖论的解决工作中。罗素坚信数学就是逻辑，逻辑就是数学。他形成这样的思想，意大利数学家皮亚诺起到了重要的作用。罗素后来回忆道：“在我学术生命中最重要的一年是 1900 年，而这一年中最重要的事是我去巴黎参加国际哲学会议……皮亚诺和他的学生们在一切讨论中所表现出来的，为他人所没有的精确性，给了我深刻的印象。”他和怀特海两人每天讨论数学的基本概念，经过艰苦的工作终于写出了著名的《数学原理》[⊖]三卷本分别在 1910 年到 1913 年间出版。这可以说是数理逻辑的经典之作。为了解决悖论，罗素指出一切悖论都源于某种“恶性循环”，而恶性循环源于某种不合法的集体，具体地说就是集体的整体这一概念。所以要想消除悖论、避免恶性循环，凡是涉及一个集体的整体的对象，它本身不能是该集体的成员。从这一思想出发，罗素提出了“分支类型论”。

分支类型论将集合进行了层次划分，定义域中的对象个体属于第 0 类；个体的集合属于第 1 类；第 1 类中的个体的集合，也就是集合的集合，属于第 2 类……每一集合都必须从属确定的类。而命题中的对象必须从属于它所在的等级。这样做可以有效地消除悖论，但使用起来极其烦琐不便。《数学原理》第一卷直到第 363 页才推出数字 1 的定义。庞加莱挖苦道：“这是一个可亲可佩的定义，它献给那些从来不知道 1 的人。”使用分支类型论，所有的工作只能在各自的等级上进行，整数在整数的等级上，有理数在有理数的等级上，我们不能把 $n/1$ 和 n 混为一谈。更为严重的是“所有实数……”这样的命题不合法，因为它涉及了集合中不同的层次。

但最有争议的地方是“无穷公理”“选择公理”“约化公理”的使用。为了处理自然数以及更为复杂的实数和超限数，罗素和怀特海（见图 7.7）引入公理来承认无穷的存在。他们也承认可以从非空集合，甚至无穷集合中选择元素组成新的集合。这两条有争议的公理在集合

⊖ 罗素和怀特海希望通过书的名字向牛顿致敬，因为牛顿的著作名为《自然哲学中的数学原理》。

论中也存在，但最难以让其他数学家接受的是约化公理。为了支持数学归纳法，约化公理认为任何较高层次的一个命题与一个层次为0的命题等价。约化公理激起了反对，因为它显得太任意了。1909年庞加莱说："约化公理比数学归纳法更靠不住，更含糊不清。"

后来连罗素自己也动摇了："从严格的逻辑化来看，我找不出任何理由来相信约化公理是逻辑必然的，这就是说，它在所有可能的世界中都是真的。因此，在逻辑体系中，承认这个公理是个缺憾，即使从经验来看是真的。"[4]

图7.7 阿尔弗雷德·怀特海（1861—1947）

7.3.2 直觉主义

与逻辑主义同时，另一群称为直觉主义的数学家使用了截然不同、完全相反的方法来重建数学的基础。直觉主义可以追溯到帕斯卡，其先驱是上一章介绍过的德国数学家克罗内克。鲍莱尔、勒贝格、庞加莱、外尔等一批数学巨匠都是直觉主义的支持者，其代表人物是荷兰数学家布劳威尔（见图7.8）。布劳威尔于1881年生于荷兰鹿特丹附近的小镇奥弗希，1897年他考入阿姆斯特丹大学攻读数学。在读大学时，他获得了关于四维空间连续运动的某些结果，并发表在阿姆斯特丹皇家科学院报告集上。在大学时代，布劳威尔通过自己的刻苦钻研，更由于受到曼诺利（Mannoury）教授一系列启迪性讲座的启发，接触到了拓扑学和数学基础，并且终生钟爱它们。

图7.8 布劳威尔（1881—1966）

受到希尔伯特在巴黎第二届国际数学家大会演讲的影响，布劳威尔从1907年到1913年进行了大量拓扑学的研究。建立布劳威尔不动点定理是他的突出贡献。这个定理表明：在二维球面上，任意映到自身的一一连续映射，必定至少有一个点是不变的。他把这一定理推广到高维球面，尤其是在n维球内映到自身的任意连续映射至少有一个不动点。1910年，布劳威尔证明了维数的拓扑不变性。1913年，他给出了拓扑空间维数的严格定义。由于布劳威尔在拓扑学上的出色成就，他被推选为荷兰皇家科学院院士。

在攻读博士学位时，布劳威尔以极大的热情关注着罗素和庞加莱关于数学的逻辑基础的论战㊀，并以此为题写成他的博士论文。总的来说，他倾向于庞加莱（见图7.9）的观点，反对罗素和希尔伯特关于数学基础的思想。但是，他又不同意庞加莱关于数学存在性

㊀ 庞加莱认为逻辑和直觉是数学与科学中不可或缺的两个重要方面。逻辑可以帮助我们严密化，直觉是发明和创造所必需的。逻辑不能完全替代直觉。直觉可能导致假象[67]。

的说法。他认为，庞加莱的办法不能排除悖论。为此，他在博士论文“论数学基础”中开始建立直觉主义的数学哲学。1966 年，85 岁的布劳威尔不幸死于车祸。

图 7.9 庞加莱（1854—1912）

布劳威尔的直觉主义来源于他的哲学。数学是起源和产生于头脑的人类活动，它并不存在于头脑之外，因此，它是独立于真实世界的。头脑识别基本的、清晰的直觉，这些直觉不是感觉或经验上的，而是对某些数学概念直接的确定，其中包括整数。布劳威尔认为数学思维是智力构造的一个过程，它建造自己的天地，独立于经验，并且只受到必须建立于基本的数学直觉之上的限制。这种基本的直觉概念不应被理解为像在公理理论中的那种未定义概念，而应设想为某种东西，只要它们在数学思维中确实是有用的，用它就可以对出现在各种数学系统中的未定义概念做出直观上的理解。

布劳威尔认为“要在这个构造过程中发现数学唯一可能的基础，必须再三思考，反复斟酌。哪些论点是直觉上可接受的，头脑中所自明的；哪些不是。”是直觉而不是经验或逻辑决定了概念的正确和可接受性。当然，这一陈述并未否认经验所起的历史作用。除了自然数以外，布劳威尔坚持认为加法、乘法和数学归纳法在直觉上是清晰的。而且，当头脑已获得自然数 1，2，3……的概念后，使用“空洞形式”无限重复的可能性，从 n 到 $n+1$ 的步骤，就产生了无穷集合。然而，这种集合只是潜无穷，因为对于任一给定的有限数集，总可以加入一个更大的数。布劳威尔否定了康托尔的所有元素都“一下子”出现的无限集，并因此否定了超限数理论、策梅罗的选择公理以及使用了真正的无限集的那部分分析。在 1912 年的一次演讲中，布劳威尔甚至接受了直至 ω 的基数和可数集。

布劳威尔坚持要求可构造性，否定无限制地使用排中律，尤其在涉及无穷时。这样一来传统数学中的许多内容都必须被丢弃了。例如欧几里得关于素数有无穷多的证明，并没有依次构造出素数，而是通过排中律指出存在性。这样在直觉主义看来是不可接受的。为了让其他数学家信服，1924 年，布劳威尔提出了扇形定理。这一定理表明存在这样的性质，对于有界展延的全部元素来说，可以使它要么持有这种性质，要么不持有这种性质。对排中律的否定产生了一种新的可能性——不可判定的命题。对于无穷集合，直觉主义主张还有第三种状况，即可以有这样的命题，既不是可以证明的，也不是不可以证明的。

总体来说直觉主义在当时的工作中批判多于建设。直觉主义否定了一大批数学成果，包括无理数概念、函数论、康托尔的超限数。一大批推理模式包括排中律都无法使用，因此遭到了其他数学家们的强烈反对，希尔伯特说：“与现代数学的浩瀚大海相比，那点可怜的残余算什么。直觉主义者所得到的是一些不完整的、没有联系的孤立的结论。”

7.3.3 形式主义

关于数学基础思想的第三大派系是由希尔伯特领导并风行一时的形式主义流派。希尔伯特（见图7.10）是伟大的德国数学家，1862年生于东普鲁士的哥尼斯堡。他从小勤奋好学，对于科学特别是数学表现出浓厚的兴趣。1880年，希尔伯特进入哥尼斯堡大学学习数学。在这里结识了比他年长三岁的副教授胡尔维茨和比他高一班的闵可夫斯基。希尔伯特后来这样追忆他们的友谊："在日复一日无数的散步时刻，我们漫游了数学和科学的每个角落。"

图7.10　大卫·希尔伯特（1862—1943）

1895年，数学领袖克莱因邀请希尔伯特去哥廷根大学，希尔伯特在那里度过了48年直到去世。他与克莱因一起，开创了哥廷根学派的全盛时期，把哥廷根大学变成了全世界的数学中心。世界各地的学生把哥廷根看作数学的圣地："打起背包，到哥廷根去!"

希尔伯特是20世纪前后最伟大的数学家之一。当时唯一可以与其并驾齐驱的是法国数学家庞加莱。他在数学几乎所有领域都作出了巨大贡献。以希尔伯特命名的数学名词多如牛毛，有些连希尔伯特本人都不知道。比如有一次，希尔伯特问系里的同事"请问什么叫作希尔伯特空间?"。他去世时，美国的《自然》杂志上写道："希尔伯特就像数学世界的亚历山大，在整个数学版图上，都留下了他那巨大显赫的名字。"[8]

1900年，在巴黎召开的第二届国际数学家大会上，希尔伯特提出了新世纪数学家应当努力解决的23个数学问题，被认为是20世纪数学的至高点，对这些问题的研究有力推动了20世纪数学的发展，在世界上产生了深远的影响。

希尔伯特帮助培养了一大批顶级的数学家，包括外尔、柯朗、埃米·诺特、冯·诺伊曼、策梅罗等。1933年纳粹上台，驱赶了大批犹太裔师生。1943年，希尔伯特在孤独中逝世。在他的墓碑上，留下了他那极富感染力的乐观主义名言："我们必须知道，我们必将知道。"

希尔伯特的《几何基础》（1899）是公理化思想的代表作，书中把欧几里得几何学加以整理，成为建立在一组简单公理基础上的纯粹演绎系统，并开始探讨公理之间的相互关系，研究整个演绎系统的逻辑结构。1904年，希尔伯特开始着手研究数学基础问题，经过多年酝酿，于20世纪二十年代初提出了如何论证数论、集合论或数学分析一致性的方案。他建议从若干形式公理出发将数学形式化为符号语言系统，并从不假定实无穷的有穷观点出发，建立相应的逻辑系统。然后再研究这个形式语言系统的逻辑性质，从而创立了元数学和证明论。希尔伯特的目的是试图对某一形式语言系统的无矛盾性给出绝对的证明，以便克服悖论引起的危机，一劳永逸地消除对数学基础以及数学推理方法可靠性的怀疑。

为了实现这一主张，希尔伯特规划了他的方案，主要内容是：

- 证明古典数学的每个分支都可在数学系统公理化意义下予以公理化。
- 证明每一个在上述意义下被公理化了的系统都是完备的，即系统内任一可表述的命题均可在系统内得到判定。

- 证明每一个在上述意义下的系统都是相容的。
- 证明每个这样的系统所相应的模型都是同构的。
- 寻找这样一种方法，借助于它，可在有限步骤内判定任一命题的可证明性。

希尔伯特为具体实施其规划而创立证明论，即元数学理论。它着眼于整个形式系统，并以“证明”本身作为研究对象。这样就区分出三种数学系统。

- 非形式化的数学系统 G：即普通的数学系统，在其中允许使用古典逻辑推理规则，例如，在无穷集合上使用排中律等。
- 形式化的数学系统 H：在 H 中的符号、公式、公理、命题等都是形式的，在未加解释之前都是没有内容和意义的，而经解释后就是 G 中相应的内容。即 G 是 H 的模型，H 是 G 的形式化。用希尔伯特的一句名言来举例：我们必定可以用“桌子、椅子、啤酒杯”来代替（几何中的）“点、线、面”。在这种处理下，原几何理论中所包含的特定意义和直观背景被完全舍弃。我们研究的只是未定义项之间的关系，而关系由公理组来体现。
- 元数学系统 K：这是用以研究 H 的元理论，而在 K 中的推理规则必须保持直觉的可信性，例如不能涉及无穷、不允许在无穷集合上使用排中律等。

就在希尔伯特实施他的规划时，1931 年，年轻的哥德尔发现了不完全性定理，从本质上宣告了希尔伯特计划是行不通的。我们将在后面详细介绍这一发现。

7.3.4　公理集合论

与逻辑主义、直觉主义、形式主义不同，集合论公理化派的成员在开始时并没有形成他们独特的哲学，但是他们逐渐获得了支持，有了明确的方案。在今天，我们可以肯定地说这个派别在数学家中所拥有的支持者与我们前面介绍的三个派别势均力敌。

集合论公理化的起源可以追溯到戴德金和康托尔的工作中。尽管他们主要关心的是无穷集合问题，并且也都着手于在集合概念的基础上建立整数的概念。一旦整数建立了，也就能推导出全部数学了。当罗素悖论和集合论的矛盾出现时，一些数学家相信这是由于滥用集合所致。康托尔集合论的整个表示形式在今天通常被说成“朴素集合论”。因此集合论的公理化思想，作为一种经仔细选择的公理化基础，可以排除集合论中的悖论，正如几何和数系中的公理化可以在那些领域里解决逻辑问题一样。1908 年数学家策梅罗沿着这一方向进行了一次成功的尝试。

策梅罗（见图 7.11）希望有清晰明确的公理能够澄清集合的含义和集合所应具有的属性，尤其是他想要设法限制集合的大小。他没有什么哲学根据，只是力图避免矛盾。他的公理系统包含未加定义的集合的基本概念，以及一个集合被另一个集合所包含的关系。所有这些加上已定义的概念就可以满足公理中的陈述，只有公理所提供的集合的性质才能使用。在公理中，无穷集的存在性以及像集合的并与子集的形成这一类的运算也由公理给出。策梅罗也用到了选择公理。

策梅罗的公理系统在 1922 年由弗兰克尔改进。策梅罗没有区分集合的属性和集合本身，它们被当作同义语使用。弗兰克尔（见图 7.12）在 1922 年找出了它们之间的区别。这套被集合论公理化者最通常使用的公理系统叫作策梅罗-弗兰克尔系统，简称 ZF 系统。他们俩分别预测到了精致的、严密的数学逻辑的可行性，却没有详细说明逻辑的原理。他们认为这些都是在数学范围之外的，并且确信他们可以像 1900 年以前的数学家一样来使用这些逻辑原理。

图 7.11　恩斯特·策梅罗（1871—1953）

图 7.12　亚伯拉罕·弗兰克尔（1891—1965）

策梅罗在 1908 年的论文中给出了集合论的七条公理。1930 年又加入了弗兰克尔、斯克朗、冯·诺伊曼建议的两条公理。这些公理表示如下所示。

①**外延公理**：如果两个集合含有相同的元素，那么它们相等。形式化就是对于集合 A 和 B，若 $A \subseteq B$ 且 $B \subseteq A$，则 $A=B$。外延公理相当于逻辑上的同一律。

②**空集**：空集存在。

③**分离公理**：任何可用理论形式化的属性都可以用来定义一个集合。即对集合 S，命题函数 $p(x)$ 是确定的，则存在集合 $T=\{x \mid x \in S,\ p(x)\}$。分离公理也称作概括公理。

④**幂集公理**：对任一集合，都可以作出其幂集；即任一给定集合中的所有子集的全体也是一个集合（这个过程可以无限次重复）。

⑤**并集公理**：一组集合的并也是一个集合。

⑥**选择公理**：设 S 为一个由非空集合所组成的集合，可以从每一个在 S 中的集合中，都选择一个元素和其所在的集合配成有序对来组成一个新的集合。选择公理简称为 AC。

⑦**无穷公理**：存在一集合 Z，它含有空集，对任一对象，若 $a \in Z$，则 $a \in Z$（这一公理保证了无限集是可构造的。）。

⑧**替换公理**：这条公理是弗兰克尔 1922 年引入的。对于任意的函数 $f(x)$ 和集合 T，当 $x \in T$ 时，$f(x)$ 都有定义的前提下，一定存在一集合 S，对于所有的 $x \in T$，在集合 S 中都有一元素 y，使 $y=f(x)$。也就是说，由 $f(x)$ 定义的函数其定义域在 T 中的时候，它的值域可限定在 S 中。

⑨**正则公理**：x 不属于 x。这条公理是冯·诺伊曼 1925 年引入的。

这样，集合论就被抽象成一个公理化的理论。集合成了未定义概念，它满足上述公理的对象。通过这样的限制，避免了“所有对象”这样的说法，从而避免了悖论，弥补了朴素集合论的缺陷。但是就这些公理的选择和承认仍然存在争议，其中最大的争议来自选择公理。

1924 年波兰数学家巴拿赫和塔斯基证明了分球定理㊀。这一定理指出在选择公理成立的情况下，可以将一个三维实心球分成有限（不可测的）部分，然后仅仅通过旋转和平移到其他地方重新组合，就可以组成两个半径和原来相同的完整的球（见图 7.13）。巴拿赫和塔斯基提出这一定理原意是想拒绝选择公理，但该证明很自然，因此数学家认为这仅意味着选择公理可以导致少数令人惊讶和反直觉的结果，有人提出不应该把它包含进来。不包含选择公理的集合论被称为 ZF 系统，包含选择公理的被称为 ZFC 系统。我们在上一章曾介绍过选择公理和连续统假设之间的有趣关系。

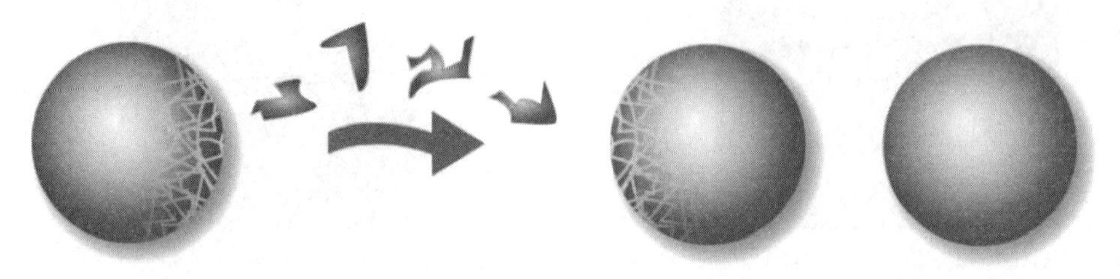

图 7.13　巴拿赫-塔斯基“悖论”：一个球可以分解和重新组合成两个大小和原来一样的球

7.4　哥德尔不完全性定理

这样到了 1930 年，四种彼此独立的、截然不同的并且或多或少有些冲突的关于数学基础的方法都已亮相。并且可以毫不夸张地说，他们彼此的追随者也都处于对峙状态。一个人再也不能说一条数学定理是被正确地证实了，因为到 1930 年，他必须加上一句，即依照谁的标准它被认为是正确的。除了直觉主义者认为人的直觉能保证相容性外，数学的相容性，这个激发了新方法的重要问题，根本就没有得到解决。希尔伯特还在乐观地规划着证明数学是完备的和一致的。改变这一切的是年轻的数学家、逻辑学家哥德尔。

图 7.14　库尔特 · 哥德尔（1906—1978）

哥德尔（见图 7.14）于 1906 年生于奥匈帝国的布尔诺（今属捷克共和国）。8 岁时突患急性风湿热，很可能是这次疾病的后果，哥德尔后来不断被妄想症困扰。童年时期他充满好奇心，被家里人叫作“为什么先生”。1924 年哥德尔考入了维也纳大

㊀　又称为豪斯多夫-巴拿赫-塔斯基定理，或者“分球怪论”。

学学习物理。接触了数论的课程后，很快哥德尔意识到数学才是自己真正的追求。于是1926年转入数学系。哥德尔对于哲学也很有兴趣，经常参加哲学小组的讨论，旁听哲学教授的课程。对哲学的探索贯穿着哥德尔的一生。

1929年夏天，23岁的哥德尔证明了“狭谓词演算的有效公式皆可证”，并于1930年以此获得了博士学位。随后，他进一步研究希尔伯特规划，试图寻找在有限步骤内证明自然数系统的相容性和一致性的办法，但是哥德尔得到了一个意外的结果。1930年在哥尼斯堡召开的数学讨论会上，他公布了这一结果——即伟大的哥德尔第一不完全性定理。不久他又证明了第二不完全定理。

1933年后，哥德尔一直在维也纳大学工作。希特勒上台后，纳粹开始插手奥地利的学术界。1936年，维也纳学派的物理学家和逻辑学家摩里兹·石里克被一个学生刺杀，当场死亡。哥德尔参加过石里克的讨论组，因此深受刺激，他患上了妄想症，总疑心有人要毒杀自己。二战爆发后，哥德尔接受了普林斯顿高等研究院的邀请来到美国。在这里他结识了爱因斯坦并成了终身好友。他们经常一起在普林斯顿散步和闲谈。1955年爱因斯坦去世对哥德尔的情绪有很大打击。哥德尔晚年，美籍华裔逻辑学家王浩是他最好的朋友之一。

哥德尔的妻子阿黛尔（Adele Nimbursky）比他大六岁。哥德尔21岁时两人认识，阿黛尔已婚且在夜总会工作。他们的婚姻遭到哥德尔家人反对，但有情人终成眷属，在1938年9月20日结婚。哥德尔的晚年一直和妄想症斗争，他唯恐有人下毒，只吃妻子阿黛尔做的食物。1977年阿黛尔动手术住院后，他干脆什么都不吃了。1978年1月，“因营养不良和身体机能衰竭”与世长辞，死时体重只有60磅。由于在逻辑方面的杰出贡献，人们把他视为自亚里士多德以来最伟大的逻辑学家。

1931年，哥德尔发表了论文“论《数学原理》及有关系统中的形式不可判定命题”，题目中的《数学原理》就是罗素和怀特海的巨著。哥德尔证明了在任何包含自然数算术的形式系统中，如果它是相容的，则必定存在一不可判定命题G，即不能证明G，也不能证明G的否定。这一定理被称为哥德尔第一不完全性定理。这一定理表明，无矛盾的形式化系统是不完全的。只要系统强大到足以包含自然数公理系统，都会有超越于它的问题。人们自然会想，既然G是不可判定的命题，如果把G或者G的否定作为公理加入系统中，不就可以得到一个更为强大的系统了吗？但是不久哥德尔进一步证明了第二不完全性定理。它表明，如果一个足以包含自然数算术的公理系统是无矛盾的，那么这种无矛盾性在该系统内是不可证明的。所以不论是把G或是G的否定当作公理加入系统，得到的新系统仍然是不完全的。总是存在更高一层的不可判定命题。

例如在欧几里得几何中，如果把第五公设抽出，仅仅使用前四条公理的形式化系统既不能证明第五公设，也不能证否第五公设。我们后来知道承认或者否定第五公设都会导致无矛盾的几何——分别是欧几里得几何和不同的非欧几何。再比如在公理集合论ZF系统中，既不能证明也不能证否选择公理，承认选择公理得到无矛盾的ZFC系统，而否定选择公理得到另一无矛盾的系统。即使加入选择公理，在ZFC中既不能证明也不能证否连续统假设。承认连续统假设得到一种无矛盾的系统，否认连续统假设得到另外的无矛盾系统。

哥德尔第一不完全性定理和第二不完全性定理合称为“哥德尔不完全性定理”。这等于宣布了希尔伯特纲领是行不通的。即便基本算术系统是协调的，那么这种协调性也不可能在算术系统内证明。伟大的数学家安德烈·韦伊评论说：“因为数学具有一致性，所以上帝与我们同在；因为我们不能证明这一点，所以魔鬼亦与我们同在（见图 7.15）。”[8]

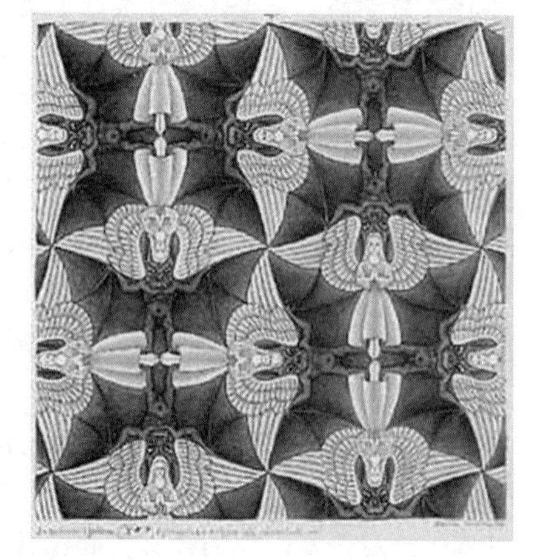

图 7.15　埃舍尔《天使与魔鬼》(1941)

7.5　不完全性定理的证明

按照希尔伯特规划，首先是把整个数学理论组织成一个形式系统，然后在元数学中对这一形式系统进行研究。为此我们需要把古典数学的每一分支表述为这样的形式系统。其中只包含有限条公理，然后通过元数学证明这样的系统是完备的且无矛盾的。其中最基本的一个系统就是自然数算术，因为很多数学系统都同构于它。在上一章，我们看到了如何从自然数出发定义出整数、有理数，甚至实数。从实数对应到点，我们又可以利用解析几何把欧几里得几何算术化。

7.5.1　构建形式系统

这里我们采用侯世达在《哥德尔、埃舍尔、巴赫——集异璧之大成》中的方法和术语来简要介绍这一证明过程。哥德尔不完全性定理的证明也是从构建形式系统开始的。我们称这一系统为“印符数论”，简称 TNT㊀，恰巧这也是黄色炸药三硝基甲苯的分子式，暗示其威力大到足以摧毁自己这座大厦。所谓印符数论，就是用我们熟悉的自然语言表示的数论形式化为一系列印刷字符。这看起来很复杂，但是在我们第 1 章中介绍的皮亚诺公理的基础上，其实并不难。首先我们要定义数字，按照皮亚诺公理，零是自然数，每个自然数都有其后继，我们很自然地可以这样定义数的印符：

零	0
一	S0
二	SS0
三	SSS0
……	……

其中符号 S 代表后继，两个 S 表示后继的后继。一百个 S 和一个 0 表示 0 的一百次后继，也就是自然数 100。尽管很长，但是规则异常的简单。定义了自然数，我们还要定义变量，为了使系统尽量简单，我们可以仅使用 5 个印符字母 a，b，c，d，e。当需要更多变量时我们就加撇号 a'，a''，a'''。接下来我们需要加法符号“+”和乘法符号“·”以及辅助运算顺序的左

㊀　印符数论的英文 Typographical Number Theory 首字母的缩写。

右括弧。为了形式化命题我们需要等号“=”，表示否定的¬，表示蕴含的箭头→。这样我们就可以表示命题了，例如（先不论命题的真假）：

- 一加二等于四：(S0+SS0) = SSSS0
- 二加二不等于五：¬(SS0+SS0) = SSSSS0
- 如果 1 等于 0，那么 0 等于 1：(S0=0) → (0=S0)

一个命题中可以含有自由变元，例如：

$$(a + SS0) = SSS0$$

表示 a 加上 2 等于 3。显然 a 的取值决定这个命题的真假，为此我们还需要引入存在量词符号∃和全称量词符号∀，以及表示量词约束关系的冒号“:”。这样命题：

$$\exists a: (a + SS0) = SSS0$$

就表示：存在 a 使得 a 加上 2 等于 3。再看另一个例子：

$$\forall a: \forall b: (a + b) = (b + a)$$

这恰好就是自然数的加法交换律。如果去掉 a 的量词约束，就变成：

$$\forall b: (a + b) = (b + a)$$

这是一个开公式，其中 a 是自由变元。它表示未指定的 a 可以与 b 交换。当然这一命题的真假并没有确定。为了把命题复合起来，我们还需要析取符号∧，合取符号∨。尽管 TNT 中的符号极少，可是它的表达能力却很强，我们举一些例子看：

2 不是任何数的平方：$\neg\exists a:(a\cdot a) = SS0$

费马大定理在 n 为 3 时成立：$\neg\exists a: \exists b: \exists c: ((a\cdot a)\cdot a) + ((b\cdot b)\cdot b) = ((c\cdot c)\cdot c)$

现在，我们只是有了可以表示命题的印符，为了构建 TNT 形式系统，我们还需要公理和推理规则。

1. 公理和推理规则

仿照皮亚诺算术的公理，我们为 TNT 系统定义下述的公理：

①$\forall a: \neg Sa=0$，这条公理说，没有任何自然数的后继是零。

②$\forall a: (a+0) = 0$，这条公理表示任何数加零都等于它本身。

③$\forall a: \forall b: (a+Sb) = S(a+b)$，这条公理定义出了自然数的加法。

④$\forall a: (a\cdot 0) = 0$，这条公理表示任何自然数乘以零都为零。

⑤$\forall a: \forall b: (a\cdot Sb) = ((a\cdot b)+a)$，这条公理定义出自然数的乘法。

接下来我们构建推理规则。比如我们希望从公理①，零不是任何自然数的后继这一普通情况，导出 1 不是零的后继这一特殊情况，为此我们需要引入特称规则。

特称规则：如果 u 是出现在印符串 x 中的变元。如果 $\forall u: x$ 是一个定理，则 x 也是定理，并且对 x 中的 u 做任何替换得到的新印符串也是定理。

这里有一个限制，在替换 u 时，不能包含任何 x 中被量化的变元，并且替换要一致。与特称规则相反的是概括规则，这个规则允许我们把全称量词加到定理的前面。

概括规则：如果 x 是一个定理，其中的变元 u 是自由出现的，则 $\forall u: x$ 也是一个定理。

例如，$\neg$ S(c+S0) = 0，表示不存在一个数加 1 的后继等于 0，我们可以概括为 $\forall c$：$\neg$ S(c+S0) = 0。

接下来的规则可以让我们把全称量词和存在量词互换。

互换规则：如果 u 是一个变元，那么印符串 $\forall u$：$\neg$ 与$\neg$ $\exists u$：可互换。

例如公理①可以按照互换规则变成$\neg$ $\exists a$：Sa=0。接下来的一个规则允许我们在一个印符串的前面加上存在量词。

存在规则：假设一个项在定理中出现一次或多次，可以用一个变元来代替这个项，并且在前面加上存在量词。

我们还用公理①来举例，在 $\forall a$：$\neg$ Sa=0 中，我们可以把 0 用变元 b 来代替，并且在前面加上存在量词。这样就得到 $\exists b$：$\forall a$：$\neg$ Sa=b。意思是说，存在一个数，使得任何自然数都不是它的后继。

接下来考虑相等的对称性和传递性，我们定义等号规则。令 r，s，t 都代表任意的项。

等号规则：

- 对称：如果 $r=s$ 是定理，则 $s=r$ 也是定理。
- 传递：如果 $r=s$ 和 $s=t$ 都是定理，则 $r=t$ 也是定理。

对于增、减后继符号 S，我们也定义一个规则。

后继规则：

- 增加：如果 $r=t$ 是定理，则 Sr=St 也是定理。
- 去除：如果 Sr=St 是定理，则 $r=t$ 也是定理。

现在的印符数论 TNT 已经很强大了，我们可以用它构造出各种比较复杂的定理。

练习 7.2

1. 尝试给出费马大定理的印符串。
2. 尝试用印符推理规则证明加法结合律。

2. 印符系统的不完全性

使用 TNT 系统中的公理和推理规则不难证明下面的一系列定理：

$$(0 + 0) = 0$$
$$(0 + S0) = S0$$
$$(0 + SS0) = SS0$$
$$(0 + SSS0) = SSS0$$
$$\cdots \quad \cdots$$

第一条可以从公理②中，把 a 代换成 0 导出；第二条可以用公理③和上一条定理导出，每条定理都可以从上一条定理轻松导出。作为旁观者的我们，立刻想到这能不能概括成一条定理：

$$\forall a:(0+a)=a$$

请注意它和公理②的区别。遗憾的是，利用迄今为止所给出的 TNT 规则，我们无法导出这一定理。我们也许希望添加一条规则，如果一系列这样的串都是定理，那么概括它们的全称量词串也是定理。但是这条规则只有在系统外部的人才能洞见，它不是一条可以放入形式系统的规则。

缺少这样的概括能力说明印符数论系统 TNT 是不完全的，确切地说，叫作 ω 不完全的。这里的 ω 恰恰就是上一章介绍的可数无穷基数。我们说一个系统是 ω 不完全的，如果一系列无穷的串都是定理，而其全称概述却不是定理。并且更奇特地，这一印符串的否定形式：

$$\neg\forall a:(0+a)=a$$

也不是 TNT 中的定理。这意味着这个串在 TNT 中是不可判定的。这只是说 TNT 的能力不足以判定这个串是否是定理。就如同利用欧几里得几何的前四条公设无法判定第五公设一样。我们或者加入第五公设构成欧几里得几何；或者加入第五公设的否定构成非欧几何。我们可以将这一印符串或者其否定加入 TNT 中，构造出不同的形式系统。

如果我们选择了这一印符串的否定，这里看似奇怪的一点是，零加上任何数都不再等于这个数了。这和我们通常熟悉的自然数加法大相径庭。但这恰恰提醒我们，所谓形式系统是带有未定义项的。我们只是方便理解选择了加号和自然数的含义。

印符系统 TNT 的 ω 不完全性提示我们，我们的系统还缺少一条重要的规则——代表数学归纳法的皮亚诺第五公理。为此我们添上最后一块拼图。

归纳规则：如果 u 是印符串 X 中的一个变元，记为 Xu。如果把 u 替换为 0 时成立，且有 $\forall u: Xu\rightarrow XSu$。也就是若为 u 时 X 成立，则将 u 替换为 Su 时 X 也成立。那么 $\forall u: Xu$ 是一个定理。

加上数学归纳法后，印符数论系统 TNT 终于和皮亚诺算术具有同样的能力了。

练习 7.3

1. 利用新加入的归纳规则证明 $\forall a:(0+a)=a$

7.5.2　哥德尔配数

哥德尔证明的最关键一步是引入了哥德尔配数。TNT 系统已经强大到可以反映其他形式化系统，有没有可能利用 TNT 系统谈论它自身呢？哥德尔想到的办法就是把推理规则进行“算术化”，为此他把所有符号分配了一个数，如表 7.1 所示。

表 7.1　对 TNT 系统进行哥德尔配数的一种方法

符号	数	符号	数
0	666	S	123
=	111	+	112
·	236	(	362
)	323	a	262
′	163	∧	161
∨	616	→	633
¬	223	∃	333
∀	626	:	636

这样公理①就可以做如下的翻译：

∀	a	:	¬	S	a	=	0
626	262	636	223	123	262	111	666

配数的方法并不唯一。经过这样的配数，TNT 中的任何串都可以表示为一个数（尽管非常大）。现在问题来了，任给一个数，我们有没有办法判断它是一个 TNT 定理所代表的数呢？我们知道最开始有 5 个数一定是 TNT 数，它们就是五条公理所代表的数。根据 TNT 的推理规则，从这 5 个数开始，可以构造出无穷无尽的 TNT 数。在此之上我们引入一个数论谓词：

a 是个 TNT 数

例如 626 262 636 223 123 262 111 666 是个 TNT 数，它表示公理 1。其否定形式是：

¬ a 是个 TNT 数

例如我们说 123 666 111 666 不是个 TNT 数。这意味着我们可以把 a 替换成 123 666 111 666 个 S 后面跟着一个 0。而这个巨大的串的含义实际是：S0=0 不是 TNT 的定理。这意味着，TNT 的确可以谈论它自己。这不是一种巧合，而是源于任何形式系统都可以在数论 N 中得到反映。于是我们形成了一个圈：形式系统 TNT 中的一个串有一个数论 N 中的解释，而 N 中的一个陈述可以有第二层含义，就是作为元语言对 TNT 的陈述，如图 7.16 所示。

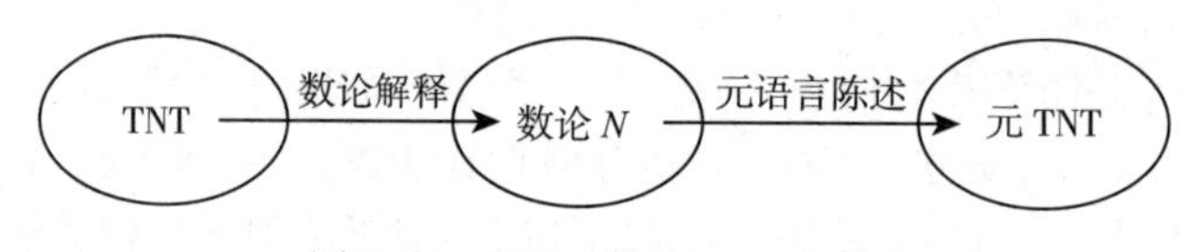

图 7.16　TNT→数论 N→元 TNT

7.5.3　构造自我指涉

哥德尔做的最后一步是构造一个自我指涉。找到一个 TNT 串，称之为 G，它是关于它自己的。其意义为

G 不是 TNT 的定理

接下来我们可以引爆 TNT 了。那么究竟 G 是否是 TNT 中的定理呢？如果 G 是一个定理，那么它表示的就是真理，即“G 不是定理”。我们看到自指命题的威力了。由于充当了定理，G 就不能是一个假理。根据我们的假定，TNT 不会把假理当作定理，于是我们被迫得出结论说 G 不是个定理。但是知道了 G 不是个定理后，我们就得承认 G 表示了一个真理。这揭示出 TNT 没有达到我们的期望——我们发现了一个符号串，它表示了真理，然而却不是一个定理。但考虑 G 还有一个算术解释这一事实，它表示关于自然数的某个算术性质的一个陈述。通过在 TNT 系统外面进行的推理，我们确定了这个陈述为真，还确定了这个串不是 TNT 的定理。我们问 TNT 这个串是否为真，TNT 将既不能说“是”，也不能说“不”。

G 就是那个不可判定命题。这就是哥德尔不完全定理的证明思路。

7.6　万能的程序与对角线证明

哥德尔不完全性定理对于编程意味着什么呢？我们有一个在编程上完全同构的问题。为此，我们从设计一个形式化的计算机语言开始。这个语言支持原始递归函数。所谓原始递归函数是一类数论函数，它们可以从自然数映射到自然数，并遵循下面五条公理。

①常函数：0 元常函数 0 是原始递归的。

②后继函数：一元后继函数 $S(k)=k+1$ 是原始递归的。

③投影函数：传入 n 个数，返回其中第 i 个数的函数 P_i^n 是原始递归的。

④组合：原始递归函数的有限次组合是原始递归的。

⑤原始递归：

$$\begin{cases} h(0) = k \\ h(n+1) = g(n,h(n)) \end{cases}$$

称 h 是由 g 经原始递归运算得到的，可以扩展到多元的情况。

包含加、减基本运算符号、条件分支（if-then）、等于、小于判断和有界循环的编程语言被称为原始递归的编程语言。所谓有界循环指循环的次数在进入循环体前是确定的。它可以是不带跳转语句（goto）的 loop，或者是在循环体中不能改变循环变量的 for 循环。但不能是 while 循环或 repeat-until 循环。由于这些限制，所有原始递归的程序必然是确定停机的。

原始递归函数的一个重要性质为全部原始递归程序是递归可枚举的。假设我们可以从全部原始递归程序中筛选出那些只有一个输入一个输出程序，把它们列出，放入一个无穷大的程序库里。我们给每个程序一个编号[㊀]，从自然数 0 开始，1，2，3……一直枚举下去。我们可以把这些程序记为 $B[0]$，$B[1]$，$B[2]$，…。对于第 i 个程序，输入参数 n 时得到结果是 $B[i](n)$。

现在，我们构造这样一个特殊的函数 $f(n)$，当输入 n 时，它的输出恰好是编号为 n 的那个程序，当输入等于 n 时的值加上 1，即

$$f(n) = B[n](n) + 1$$

这样的 f 显然是可计算的。我们现在问，f 是一个存储在函数库中的原始递归程序吗？如果是，假设它在程序库中的编号是 m，根据我们之前的定义，第 m 个程序输入 m 时的结果应该是 $B[m](m)$。可是根据 f 的定义，它的输出结果又应该是 $f(m)=B[m](m)+1$。这两个结果显然不相等，这就证明了存在不是原始递归的可计算函数。

这个证明方法和上一章介绍的康托尔对角线证明法如出一辙。因此我们被迫放弃有界循环的限制来扩展编程语言的能力。我们可以引入带有跳转的 loop 循环，可以在循环体中改变

㊀ 其中一种编号方案是把程序文字的 ASCII 码连接起来形成一个数，然后把这些数从小到大排列。由于没有两个程序是相同的，所以其 ASICII 码形成的数也不同。

循环变量的 for 循环、while 循环、repeat-until 循环，以及可递归的函数。这样就从原始递归函数扩展到了全递归函数，这样的语言称为图灵完备的语言。人们创造的大多数计算机语言都是图灵完备的，可以同构到自然数算术这样的形式系统中。但图灵完备的语言仍然存在漏洞，因为我们可以构造出判断停机的原始递归程序，从而证明存在着不可计算问题。有没有可能进一步放宽限制，增强图灵完备语言，从而设计出万能的程序？答案是否定的，图灵完备语言已经达到了最高级别，也就是形式系统的极限，没有其他限制可以去掉了。哥德尔不完全性定理告诉我们，形式系统一旦强大到足够的程度，可以包含自然数算术，那么它就必然存在不可判定命题。

7.7 尾声

我们的理性思维是伟大的。它可以跨越千年，与古代的先哲对话；它可以跨越宇宙，思考我们足迹无法踏上的天体；它可以预见出肉眼看不见的基本粒子；它可以突破直觉，到达高维度的神奇世界。仰望天空，无论是天高云淡，还是月朗星稀，我们也会感叹自身的渺小，在浩瀚的时间长河中，我们不过是匆匆的过客，犹如沧海一粟。

图 7.17 埃舍尔《龙》(1952)

本章我们探讨的问题，究其实质是人类自身的问题。我们的理性思维是否存在边界？我们是否在沿着一个怪圈吞噬着自己？在人工智能突飞猛进发展时，这是每个人都会思考的问题。人类在试图用机器同构自己，用巨大的计算资源同构我们的大脑和理性思维。这就如同埃舍尔作品中的《龙》(见图 7.17)，它奋力想从二维世界中挣脱出来，它自己觉得已经把画纸的中部剪开一个缺口，并把尾巴伸了出来。这条龙一口咬住自己的尾巴，拼命想把自己拉到三维的世界中去。作为旁观者的我们，却明明白白知道所有的这一切仍然在二维的纸张上，这条龙的努力是徒劳的。所有这一切，皆是虚妄。如雾亦如电，当作如是观。

一百年前的激烈讨论和哥德尔的天才证明，在今天依然有着现实意义。作为人类，我们心怀敬畏，敬畏自然，敬畏宇宙，敬畏我们祖先，也敬畏我们自身。

APPENDIX

附录

加法交换律的证明

为了证明加法交换律 $a + b = b + a$。我们首先证明三个结论。第一个是说对于任何自然数都有：

$$0 + a = a \tag{1}$$

也就是说，加法左侧的零可以消去。首先看起始情况，当 $a=0$ 时，根据加法定义的第一条规则有：

$$0 + 0 = 0$$

其次是递推情况，设 $0 + a = a$，我们要推出 $0 + a' = a'$。

$$\begin{aligned} 0 + a' &= (0 + a)' && \text{加法定义的规则二} \\ &= a' && \text{递推假设} \end{aligned}$$

接下来我们定义 0 的后继为 1，并证明第二个重要结论：

$$a' = a + 1 \tag{2}$$

也就是说，任何自然的后继，等于这个自然数加 1。这是因为：

$$\begin{aligned} a' &= (a + 0)' && \text{加法定义的规则一} \\ &= a + 0' && \text{加法定义的规则二} \\ &= a + 1 && \text{定义 0 的后继是 1} \end{aligned}$$

第三个要证明的结论是交换律的一个特例：

$$a + 1 = 1 + a \tag{3}$$

首先看 $a = 0$ 的起始情况。

$$\begin{aligned} 0 + 1 &= 1 && \text{刚证明的加法左侧零可消去} \\ &= 1 + 0 && \text{加法定义的第一条规则} \end{aligned}$$

然后是递推情况，设 $a + 1 = 1 + a$ 成立，我们要推出 $a' + 1 = 1 + a'$。

$$a' + 1 = a' + 0' \qquad \text{1 是 0 的后继}$$

$$
\begin{aligned}
&= (a' + 0)' && \text{加法定义的第一条规则} \\
&= ((a + 1) + 0)' && \text{根据刚刚证明的结论二} \\
&= (a + 1)' && \text{加法定义的规则一} \\
&= (1 + a)' && \text{递推假设} \\
&= 1 + a' && \text{加法定义的规则二}
\end{aligned}
$$

有了这三个结论，我们就可以着手证明加法交换律了。我们首先证明 $b=0$ 时交换律成立。根据加法定义的规则一，我们有 $a + 0 = a$；同时根据刚才证明的结论一，又有 $0 + a = a$。这就证明了 $a + 0 = 0 + a$。然后我们证明递推情况。假设 $a + b = b + a$ 成立，我们要推出 $a + b' = b' + a$。

$$
\begin{aligned}
a + b' &= (a + b)' && \text{根据加法定义的第二条规则} \\
&= (b + a)' && \text{递推假设} \\
&= b + a' && \text{加法定义的第二条规则} \\
&= b + a + 1 && \text{刚刚证明的结论二,即(2)} \\
&= b + 1 + a && \text{刚刚证明的结论三,即(3)} \\
&= (b + 1) + a && \text{第一章证明的加法结合律} \\
&= b' + a && \text{刚刚证明的结论三,即(3)}
\end{aligned}
$$

这样我们就使用皮亚诺公理，完整地证明了加法的交换律[9]。

积与和的唯一性

积与和是唯一的吗？下面的定理回答了这个问题：

引理 对于范畴 $\boldsymbol{C}$ 中的一对对象 A 和 B，令下图中的对象和箭头

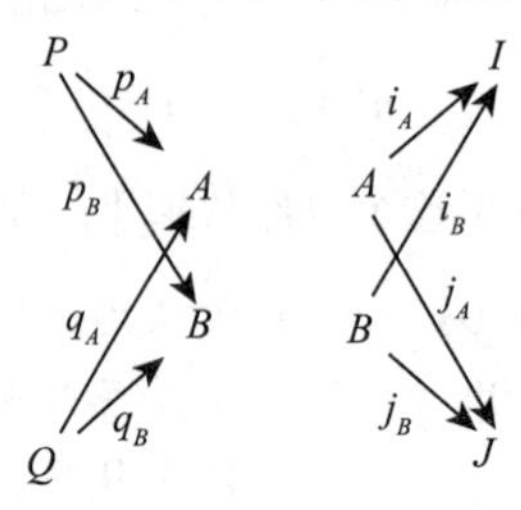

各自为一对

积　　　和

的楔形。则

P, Q　　　I, J

是同构的楔形，存在唯一的箭头：

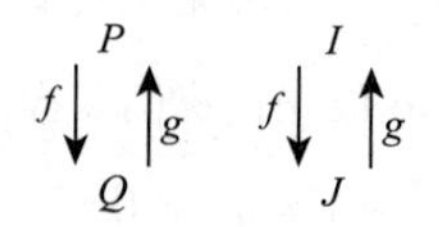

使得：

$$\begin{cases}p_A = q_A \circ f & p_B = q_B \circ f \\ q_A = p_A \circ g & q_B = p_B \circ g\end{cases} \qquad \begin{cases}i_A = g \circ j_A & i_B = g \circ j_B \\ j_A = f \circ i_A & j_B = f \circ i_B\end{cases}$$

并且，f 和 g 是互逆的同构箭头对。

证明. 我们只证明左侧积的部分，右侧和的证明与此类似。给定 A, B，对象 Q 和两个箭头 q_A，q_B 构成的楔形是一个积。我们把对象 P 和一对箭头 p_A，p_B 看成是另一个楔形。根据积的定义，存在唯一的媒介箭头 f 满足：

$$p_A = q_A \circ f \quad 和 \quad p_B = q_B \circ f$$

交换 P 和 Q（令 P 为积，Q 为任意楔形），又可以得到：

$$q_A = p_A \circ g \quad 和 \quad q_B = p_B \circ g$$

这样就有：

$$\begin{cases}p_A \circ g \circ f = q_A \circ f = p_A \\ p_B \circ g \circ f = q_B \circ f = p_B\end{cases}$$

以及：

$$\begin{cases}q_A \circ f \circ g = p_A \circ g = q_A \\ q_B \circ f \circ g = p_B \circ g = q_B\end{cases}$$

因此：

$$g \circ f = \mathrm{id}_P \qquad f \circ g = \mathrm{id}_Q$$

这一结论说明，如果两个对象存在积（或者和）则它是唯一的。 □

集合的笛卡儿积和不相交并集构成积与和的证明

证明：我们可以用构造法证明。首先证明左侧积的部分。$A \times B$ 的笛卡儿积是来自两个集合的元素对的全部组合

$$\{(a, b) \mid a \in A, b \in B\}$$

我们定义两个特殊的箭头（函数）作为 p_A 和 p_B

$$\begin{cases}\mathrm{fst}\ (a, b) = a \\ \mathrm{snd}\ (a, b) = b\end{cases}$$

考虑任意楔形

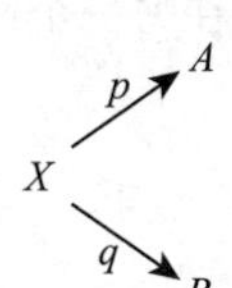

其中 $p\ x = a$，$q\ x = b$，$x \in X$。举个具体的例子，X 为 Int，A 为 Int，B 为 Bool，而两个函数 p，q 的定义为

$$\begin{cases} p(x) = -x \\ q(x) = \text{even}(x) \end{cases}$$

也就是说，p 对一个整数取相反数，q 判断其是否是偶数。我们定义函数 $X \xrightarrow{m} A \times B$ 如下：

$$m(x) = (a,\ b)$$

具体到上面的例子，有

$$m(x) = (-x,\ \text{even}(x))$$

这样，下面图中的箭头就可交换了：

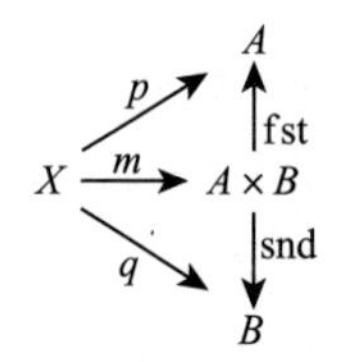

不难验证：

$$\begin{aligned} (\text{fst} \circ m)(x) &= \text{fst}\ m(x) && \text{函数组合} \\ &= \text{fst}\ (a,\ b) && m\ \text{的定义} \\ &= a && \text{fst 的定义} \\ &= p(x) && \text{反向用}\ p\ \text{的定义} \end{aligned}$$

并且：

$$\begin{aligned} (\text{snd} \circ m)(x) &= \text{snd}\ m(x) && \text{函数组合} \\ &= \text{snd}\ (a,\ b) && m\ \text{的定义} \\ &= b && \text{snd 的定义} \\ &= q(x) && \text{反向用}\ q\ \text{的定义} \end{aligned}$$

具体到上面的例子，有

$$\begin{cases} (\text{fst} \circ m)(x) = \text{fst}\ (-x,\ \text{even}(x)) = -x = p(x) \\ (\text{snd} \circ m)(x) = \text{snd}\ (-x,\ \text{even}(x)) = \text{even}(x) = q(x) \end{cases}$$

我们还需要证明 m 是唯一的。假设存在另一个函数 $x \xrightarrow{h} A \times B$，也使得范畴图中的箭头可交换。即

$$\text{fst} \circ h = p \quad \text{且} \quad \text{snd} \circ h = q$$

我们有：

$$
\begin{aligned}
(a, b) &= (p(x), q(x)) && p, q \text{ 的定义} \\
&= ((\text{fst} \circ h)(x), (\text{snd} \circ h)(x)) && \text{可交换} \\
&= (\text{fst } h(x), \text{snd } h(x)) && \text{函数组合} \\
&= (\text{fst } (a, b), \text{snd } (a, b)) && \text{反向用 fst, snd 的定义}
\end{aligned}
$$

所以 $h(x) = (a, b) = m(x)$。这样就证明了 m 的唯一性。

接下来，我们证明右侧和的部分。不相交的并集 $A+B$ 中的元素分为两类。一类是来自 A 中的元素 $(a, 0)$，另一类是来自 B 中的元素 $(b, 1)$。为此，我们定义两个特殊的箭头（函数）作为 i_A，i_B：

$$
\begin{cases}
\text{left}(a) = (a, 0) \\
\text{right}(b) = (b, 1)
\end{cases}
$$

考虑任意集合 X 构成的楔形：

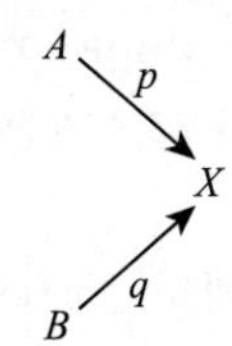

我们定义箭头 $A + B \xrightarrow{m} X$ 如下：

$$
\begin{cases}
m(a, 0) = p(a) \\
m(b, 1) = q(b)
\end{cases}
$$

这样，下图中的箭头就可交换了。

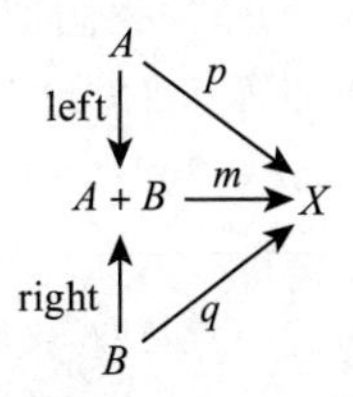

接下来要证明 m 的唯一性，也就是说 m 是唯一使上图可交换的箭头。假设存在另一个箭头 $A + B \xrightarrow{h} X$ 也使得上图可交换。即满足：

$$
h \circ \text{left} = p \quad \text{且} \quad h \circ \text{right} = q
$$

我们任取 $a \in A$，$b \in B$，有

$$
\begin{cases}
h(a, 0) = h(\text{left}(a)) = (h \circ \text{left})(a) = p(a) = m(a, 0) \\
h(b, 1) = h(\text{right}(a)) = (h \circ \text{right})(b) = q(b) = m(b, 1)
\end{cases}
$$

于是 $h = m$，这就证明了 m 的唯一性。

CANKAODAAN

参考答案

答案 0.1

编程实现一个井字棋游戏是传统人工智能中的经典问题，而计算机可以轻松算出三个数字的和并判断其是否等于 15。请利用这个同构编写一个简化的井字棋程序，并做到不被人类玩家击败。

我们的思路是使用“河图洛书”三阶幻方来同构井字棋游戏，我们用集合 X, O 来保存两个玩家所占领的格子。对于前言中的对局，开始时 $X=\phi$，$O=\phi$，结束时 $X=\{2, 5, 7, 1\}$，$O=\{4, 3, 8, 6\}$。为此我们需要先写一个程序判断一个集合中是否有 3 个元素相加等于 15，从而知道某个玩家获胜与否。

有两种思路解决这个问题。第一种是列举“河图洛书”三阶幻方中的所有行、列、对角线，共 8 个三元组：$\{\{4, 9, 2\}, \{3, 5, 7\}, \cdots, \{2, 5, 8\}\}$。然后看是否某个三元组包含在玩家占领的格子集合中。第二种比较有趣，假设玩家占领了格子 $X=\{x_1, x_2, \cdots, x_n\}$。这些格子按照“河图洛书”三阶幻方中的元素升序排列。我们可以先选出 x_1，然后用左右两个指针 l, r 分别指向下一个元素和最后一个元素，然后把这 3 个数加起来 $s=x_1+x_l+x_r$，如果等于 15，说明玩家连成一条直线已经获胜了。如果小于 15，由于元素是升序排列的，我们可以把左侧指针 l 加 1，然后再次尝试；如果大于 15，我们把右侧指针 r 减 1，然后再次尝试。如果左右指针相遇，说明固定 x_1 没有找到相加等于 15 的三元组，我们选出 x_2 再次进行这样的检查。这样最差情况总共进行 $(n-2)+(n-3)+\cdots+1$ 次检查就得知玩家是否获胜了。

```
def win (s):
    n = len (s)
    if n < 3:
        return False
    s = sorted (s)
    for i in range (n - 2):
        l = i + 1
        r = n - 1
        while l < r:
            total = s [i] + s [l] + s [r]
            if total == 15:
                return True
            elif total < 15:
```

```
            l = l + 1
        else:
            r = r - 1
    return False
```

这样给定 X 和 O，就能判断局面。如果 X 和 O 占满全部 9 个格子，还未分出胜负，则表示平局。接下来我们用传统人工智能中的 **min-max** 方法来实现井字棋。我们给每个局面一个评分，一方试图让评分最大化，称为正方，另一方试图让评分最小化，称为反方，从而实现对抗。平局的话评分为 0，如果某个局面让正方获胜，我们设置评分为 10，反方获胜评分为 -10。这个分数值完全是随意设置的，不影响结果。

```
WIN = 10
INF = 1000

# Lo Shu magic square
MAGIC_ SQUARE = [4, 9, 2,
                 3, 5, 7,
                 8, 1, 6]

def eval (x, o):
    if win (x):
        return WIN
    if win (o):
        return -WIN
    return 0

def finished (x, o):
    return len (x) + len (o) >= 9
```

对于任何一个对局，我们都让计算机不断向前探索，直到找到输赢或者平局的确定局面才停下来。探索的方法是穷尽当前所有能占领的格子，然后转换身份，考虑自己是对方时怎样对抗。对于所有候选方案，如果是正方，就选择评分高的方案；如果是反方，就选择评分低的方案。

```
def findbest (x, o, maximize):
    best = -INF if maximize else INF
    move = 0
    for i in MAGIC_ SQUARE:
        if (i not in x) and (i not in o):
            if maximize:
                val = minmax ( [i] + x, o, 0, not maximize)
                if val > best:
                    best = val
```

```
                move = i
        else:
            val = minmax (x, [i] + o, 0, not maximize)
            if val < best:
                best = val
                move = i
    return move
```

min-max 是一个递归搜索的过程，为了尽快获胜，我们在评分上加上对向前探索步数的考虑。如果是正方，就从评分中减去递归深度，而对于反方，则加上递归深度。

```
def minmax (x, o, depth, maximize):
    score = eval (x, o)
    if score == WIN:
        return score - depth
    if score == -WIN:
        return score + depth
    if finished (x, o):
        return 0 # draw
    best = -INF if maximize else INF
    for i in MAGIC_ SQUARE:
        if (i not in x) and (i not in o):
            if maximize:
                best = max (best, minmax ( [i] + x, o, depth + 1, not maximize) )
            else:
                best = min (best, minmax (x, [i] + o, depth + 1, not maximize) )
    return best
```

现在我们就做出一个无法被人类击败的程序了，我们的程序在背后用“河图洛书”中的三阶幻方对抗人类玩家：

```
def board (x, o):
    for r in range (3):
        print " -----------"
        for c in range (3):
            p = MAGIC_ SQUARE [r*3 + c]
            if p in x:
                print " | X",
            elif p in o:
                print " | O",
            else:
                print " |  ",
        print " |"
    print " -----------"
```

```
def play ():
    x = []
    o = []
    while not (win (x) or win (o) or finished (x, o) ):
        board (x, o)
        while True:
            i = int (input (" [1.. 9] ==>" ) )
            if i not in MAGIC_ SQUARE or MAGIC_ SQUARE [i-1] in x or \
            MAGIC_ SQUARE [i-1] in o:
                print " invalid move"
            else:
                x = [MAGIC_ SQUARE [i-1] ] + x
                break
        o = [findbest (x, o, False) ] + o
    board (x, o)
```

答案 1.1

1. 定义 0 的后继为 1，证明对于任何自然数都有 $a \cdot 1 = a$。

首先用数学归纳法证明 $0 + a = a$ 这个结论，见附录**加法交换律的证明**。然后：

$$
\begin{aligned}
a' \cdot 1 &= a' \cdot 0' && \text{定义 0 的后继为 1} \\
&= a' \cdot 0 + a' && \text{乘法定义规则二} \\
&= 0 + a' && \text{乘法定义规则一} \\
&= a' && \text{此前证明的结论}
\end{aligned}
$$

□

2. 证明乘法分配律。

证明： 可以用数学归纳法证明左侧的分配律 $c(a+b) = ca + cb$。首先是 $b = 0$ 的情况：

$$
\begin{aligned}
c(a+0) &= ca && \text{加法规则一} \\
&= ca + 0 && \text{反向用加法规则一} \\
&= ca + c0 && \text{反向用乘法规则一}
\end{aligned}
$$

递推假设 $c(a+b) = ca + cb$，接下来证明 $c(a+b') = ca + cb'$

$$
\begin{aligned}
c(a+b') &= c(a+b)' && \text{加法规则二} \\
&= c(a+b) + c && \text{乘法规则二} \\
&= ca + cb + c && \text{递推假设} \\
&= ca + (cb + c) && \text{加法结合律} \\
&= ca + cb' && \text{反向用乘法规则二}
\end{aligned}
$$

□

3. 证明乘法结合律和交换律。

我们只证明乘法结合律 $(ab)c = a(bc)$，乘法交换律的证明则给出一个提纲。利用数学归纳法，首先是 $c=0$ 的情况：

$$\begin{aligned}(ab)0 &= 0 && \text{乘法规则一}\\ &= a0 && \text{反向用乘法规则一}\\ &= a(b0) && \text{反向用乘法规则一}\end{aligned}$$

递推假设 $(ab)c=a(bc)$，接下来要证明 $(ab)c'=a(bc')$

$$\begin{aligned}(ab)c' &= (ab)c+ab && \text{乘法规则二}\\ &= a(bc)+ab && \text{递推假设}\\ &= a(bc+b) && \text{上题证明的分配律}\\ &= a(bc') && \text{反向用乘法规则二}\end{aligned}$$

□

证明乘法交换律可以分为三步，都使用数学归纳法。首先证明 $1a=a$，然后再证明右侧的分配律 $(a+b)c=ac+bc$，最后再证明交换律。

4. 如何利用皮亚诺公理验证 $3+147=150$？

我们先看看经典的 $2+2=4$ 是怎么证明的：

$$\begin{aligned}2+2 &= 0''+0'' && \text{2 是 0 的两次后继}\\ &= (0''+0')' && \text{加法定义规则二}\\ &= ((0''+0)')' && \text{加法定义规则二}\\ &= ((0'')')' && \text{加法定义规则一}\\ &= 0''''=4 && \text{0 的 4 次后继}\end{aligned}$$

□

显然用这个方法证明 $3+147=150$ 的话太冗长了，我们可以用先前证明的加法交换律证明 $147+3=150$ 会容易一些。另一个方法是通过数学归纳法证明 $3+a=a'''$。

5. 试给出乘法分配律、乘法结合律和乘法交换律的几何解释。

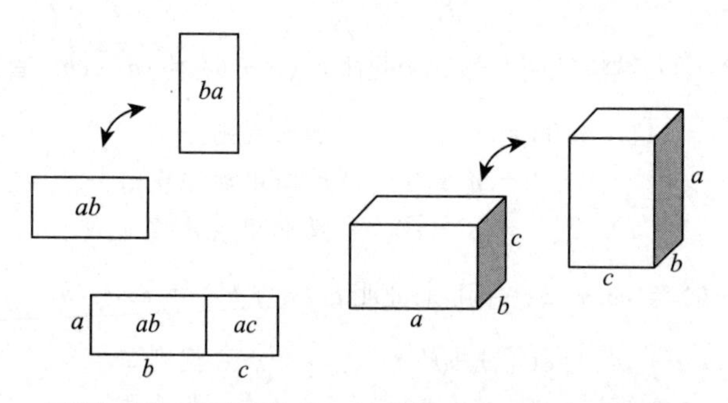

习题 5 图　乘法交换律、结合律、分配律的几何解释

答案 1.2

1. 使用 foldn 定义平方 $()^2$。

可以利用递推关系 $(n+1)^2=n^2+2n+1$ 来定义平方：

$$()^2 = \text{2nd} \cdot \text{foldn}\ (0,\ 0)\ h$$

其中 h 接受一对值 $(i,\ s)$，分别代表自然数 i 和它的平方 s。它将第一个值递增 1，然后利用平方展开式求出下一个平方数。

$$h\ (i,\ s) = (i + 1,\ s + 2i + 1)$$

2. 使用 foldn 定义 $()^m$，计算给定自然数的 m 次幂。

一种简单的方法是借助第 1 章中定义的 $m^{()} = \text{foldn}\ (1,\ (\cdot\ m))$ 来定义 $()^m$：

$$()^m = \text{2nd} \cdot \text{foldn}\ (0,\ 0)\ h$$

其中

$$h\ (i,\ b) = (i + 1,\ (i + 1)^m)$$

这看起来有些奇怪，所有中间计算都被直接丢掉了。另一种方法是利用牛顿二项式定理：

$$(n + 1)^m = n^m + \binom{m}{1} n^{m-1} + \cdots + \binom{m}{m-1} n + 1$$

这样就建立了递推关系：

$$(n)^m = \text{2nd}(\text{foldn}\ (1,\ 1)\ h\ (n - 1))$$

其中

$$h\ (i,\ x) = (i + 1,\ C \cdot X)$$

这里 $C \cdot X$ 是二项式系数和各次幂的点积 $C \cdot X = \sum c_j x_j$。各次幂可以通过对 x 不断除以 i 求出，二项式定理的系数可以由帕斯卡三角形逐行递推得到。下面是综合在一起的例子程序：

```
exp m n = snd $ foldn (1, 1) h (n - 1) where
  cs = foldn [1] pascal m
  h (i, x) = (i + 1, sum $ zipWith (*) cs xs) where
   xs = take (m + 1) $ iterate (`div`i) x

pascal = gen [1] where
  gen cs (x: y: xs) = gen ( (x + y) : cs) (y: xs)
  gen cs _  = 1 : cs
```

3. 使用 foldn 定义奇数的和。它会产生怎样的序列？

用 foldn 定义 $1 + 3 + 5 + \cdots$ 为 $\text{2nd} \cdot \text{foldn}\ (1,\ 0)\ h$，其中：

$$h\ (i,\ s) = (i + 2,\ s + i)$$

如第 1 章中习题下的插图所示，奇数和总是平方数。

4. 地面上有一排洞（无限多个），一只狐狸藏在某个洞中。每天狐狸会移动到相邻的下一个洞里。如果每天只能检查一个洞，请给出一个捉到狐狸的策略，并证明这个策略有效。如果狐狸每天移动得不止一个洞呢[7]？

不管狐狸在哪个洞中，我们只检查奇数洞 1，3，5，…必然会捉到狐狸。观察下面的表格

1	3	5	…	$2m-1$
m	$m+1$	$m+2$	…	$2m-1$

狐狸第一天在第 m 个洞中，解方程 $m+k=2k+1$，得出当 $k=m-1$ 天之后，我们恰好检查第 $2m-1$ 洞，而狐狸恰好也在这个洞中。下面使用 foldn 展示了这一过程：

$$\text{fox } m = \text{foldn } (1, m)\ h\ (m-1)$$
$$\text{其中：} h\ (c, f) = (c+2, f+1)$$

如果狐狸第一天在第 p 个洞中，每天移动 q 个洞，我们可以把这样的组合列为 (p, q) 的数偶。然后参考第 6 章无穷中的方法将其映射到自然数上进行枚举。

答案 1.3

1. 表达式 foldr（nil，cons）定义了什么？

定义了列表本身。

2. 读入一串数字（数字字符串），用 foldr 将其转换成十进制数。如果是 16 进制怎么处理？如果含有小数点怎么处理？

如果个位在左，高位在右，传入数字列表，则可以这样转换：

$$\text{foldr } (c\ d \mapsto 10d + c)\ 0$$

但如果个位在右，并且列表元素是数字字符，则需要调整为

$$\text{1st} \cdot \text{foldr } (c, (d, e) \mapsto ((\text{toInt } c)e + d, 10e))\ (0, 1)$$

只要将其中的 10 换成 16，就可以处理 16 进制。如果传入的字符串含有小数点，只要在遇到小数点时将当前结果 d 除以 e 就可以得到小数部分的值。

$$\text{1st} \cdot \text{foldr } h\ (0, 1)$$

其中

$$h\ (c, (d, e)) = \begin{cases} (d/e, 1) & c = '.' \\ ((\text{toFloat } c)e + d, 10e) & \text{其他} \end{cases}$$

3. 乔恩·本特利在《编程珠玑》中给出了一个求最大子序列和的问题。给定整数序列 $\{x_1, x_2, \cdots, x_n\}$，求哪段子序列 i, j，使得和 $x_i + x_{i+1} + \cdots + x_j$ 最大。请用 foldr 解决这道题。

如果序列中的元素都是正数，那么最大子序列和必然就是全部元素加到一起。这是因为加法对于正数是单调增加的。如果序列中都是负数，那么最大和就是空序列的和 0。对于一个子序列，如果继续加上正数，则和增加，如果加上负数则和减小。我们可以在 fold 过程中不

断维护、更新两个量：一个是已经发现的最大子序列和 S_m，另一个是到目前检查的元素为止的这一段子序列的和 S。如果加上下一个元素后 S 超过了 S_m，表明找到了更大的子序列和。为此我们用 S 替换掉 S_m；如果加上下一个元素后 S 变成了负数，说明我们完成了上一个子序列的检查，应该开始一段新的子序列检查了。

$$max_s = 1st \cdot foldr\ f\ (0, 0)$$

$$\text{其中}: f\ x\ (S_m, S) = (S'_m, S')$$

$$\text{在} f \text{中}: S' = \max(0, x + S),\ S'_m = \max(S_m, S')$$

下面的例子程序实现了这一解法：

```
maxSum :: (Ord a, Num a) ⇒ [a] → a
maxSum = fst ∘ foldr f (0, 0) where
  f x (m, mSofar) = (m', mSofar') where
   mSofar' = max 0 (mSofar + x)
   m' = max mSofar' m
```

如果除了最大子序列和，还希望返回子序列，我们可以在 fold 过程中使用两对值 P_m 和 P，每对值都包括子序列的和与子序列本身 (S, L)。

$$max_s = 1st \cdot foldr\ f\ ((0, [\ ]), (0, [\ ]))$$

$$\text{其中}: f\ x\ (P_m, (S, L)) = (P'_m, P')$$

$$\text{在} f \text{中}: P' = \max((0, [\ ]), (x + S, x : L)), P'_m = \max(P_m, P')$$

4. 最长无重复字符子串问题。任给一个字符串，求出其中不包含重复字符的最长子串。例如“abcabcbb”的最长无重复字符子串为“abc”。请使用 foldr 求解。

我们给出两种解法。传统的解法是在 fold 过程中维护一个已发现的最长无重复字符的子串，不断记录并检查遇到的字符 c 上次出现的位置。如果 c 未出现过，或者出现在当前正在检查的子串之前，则延长当前的子串，并和已发现的最长子串比较。否则，说明当前正在检查的子串含有重复字符，需要从上次重复字符出现的位置后开始接下来的检查。

$$longest(S) = fst2 \cdot foldr\ f\ (0, |S|, |S|, \varnothing)\ zip(\{1, 2, \cdots\}, S)$$

其中 fold 的起始值是一个 4 元组，含义分别是已经找到的最长子串的长度，最长子串的右侧截止位置，当前正在检查的子串的右侧截止位置，和记录各个不同字符上次出现位置的映射表格。*fst*2 能够取出 4 元组中的前两个作为结果。为了方便在 fold 过程中得知当前字符的位置，我们将字符串 S 和代表位置的自然数序列 zip 在一起。最关键的函数 f 定义如下：

$$f\ (i, c)\ (n_{max}, e_{max}, e, Idx) = (n'_{max}, e'_{max}, e', Idx[c] = i)$$

其中：

$$n'_{max} = \max(n_{max}, e' - i + 1)$$

$$e' = \begin{cases} e & c \notin \text{Idx} \\ \min(e, j-1) & \text{Idx}[c] = j \end{cases}$$

$$e'_{max} = \begin{cases} e' & e' - i + 1 > n_{max} \\ e_{max} & \text{其他} \end{cases}$$

下面的例子程序实现了这一解法。它返回最大长度和子串的右侧边界

```
longest :: String → (Int, Int)
longest xs = fst2 $ foldr f (0, n, n, Map.empty:: (Map Char Int) )
                        (zip [1..] xs) where
  fst2 (len, end, _ , _ ) = (len, end)
  n = length xs
  f (i, x) (maxlen, maxend, end, pos) =
     (maxlen', maxend', end', Map.insert x i pos) where
   maxlen' = max maxlen (end' - i + 1)
   end' = case Map.lookup x pos of
     Nothing → end
     Just j → min end (j - 1)
  maxend' = if end' - i + 1 > maxlen then end' else maxend
```

由于 foldr 是从右侧开始，所以我们使用截止位置。而传统的编程使用起始位置，例如：

```
 function LONGEST(S)
Idx ← ∅
n_max ← 0, s_max ← 0, s ← 0
for i ∈ {0, 1, ⋯ |S|} do
    if S[i] ∈ Idx then
        j ← Idx[S[i]]
        s = max(s, j + 1)
    if i - s + 1 > n_max then
        s_max ← s
   n_max ← max(n_max, i - s + 1)
   Idx[S[i]] = i
return S[s_max ⋯ s_max + n_max]
```

第二种方法是利用素数。我们将每个不同的字符 c 映射到一个素数 p_c 上，对于任何一个字符串 S，我们可以计算出一个对应的乘积：

$$P = \prod_{c \in S} p_c$$

这样，对于任何一个新字符 c'，我们可以通过其对应的素数 p' 是否整除 P 来判断 c' 是否在 S 中出现过。根据这一点，我们可以设计出一个解法，在 fold 过程中，不断维护更新子串对应的积。如果发现一个字符对应的素数可以整除这个积，就说明发现了重复字符。此时，我们截断这个子串中含有重复字符的部分。在这一过程中，我们还要不断更新已发现的最长子串。

$$\text{longest} = fst \cdot \text{foldr}\ f\ ((0, [\ ]), (0, [\ ]), 1)$$

其中 fold 的起始值是一个三元组，三元组中的前两个元素是数偶，分别表示已找到的最长子串的长度和内容，当前检查的子串的长度和内容。三元组中最后一个值是积，其起始值是 1。函数 f 定义为

$$f\ c\ (m, (n, C), P) = \begin{cases} \text{update}(m, (n+1, c : C), p_c \times P) & p_c \nmid P \\ \text{update}(m, (|C'|, C'), \prod_{x \in C'} p_x) & \text{其他} \end{cases}$$

其中：

$$\text{update}(a, b, P) = (\max(a, b), b, P)$$
$$C' = c : \text{takeWhile}\ (\neq c)\ C$$

答案 1.4

1. 观察斐波那契的叠加定义，它的后继计算（m', n'）=（n, $m+n$）相当于一个矩阵乘法：

$$\begin{pmatrix} m' \\ n' \end{pmatrix} = \begin{pmatrix} 0 & 1 \\ 1 & 1 \end{pmatrix} \begin{pmatrix} m \\ n \end{pmatrix}$$

起始值是 $(0, 1)^T$。这样斐波那契数列就在矩阵乘方下和自然数同构：

$$\begin{pmatrix} F_n \\ F_{n+1} \end{pmatrix} = \begin{pmatrix} 0 & 1 \\ 1 & 1 \end{pmatrix}^n \begin{pmatrix} 0 \\ 1 \end{pmatrix}$$

设计一个程序，快速计算 2 阶方阵的幂。求得斐波那契数列的第 n 个元素。

首先要定义 2 阶方阵的乘法，以及 2 阶方阵和向量的乘法：

$$\begin{pmatrix} a_{11} & a_{12} \\ a_{21} & a_{22} \end{pmatrix} \times \begin{pmatrix} b_{11} & b_{12} \\ b_{21} & b_{22} \end{pmatrix} = \begin{pmatrix} a_{11}b_{11} + a_{12}b_{21} & a_{11}b_{12} + a_{12}b_{22} \\ a_{21}b_{11} + a_{22}b_{21} & a_{21}b_{12} + a_{22}b_{22} \end{pmatrix}$$

以及

$$\begin{pmatrix} a_{11} & a_{12} \\ a_{21} & a_{22} \end{pmatrix} \times \begin{pmatrix} b_1 \\ b_2 \end{pmatrix} = \begin{pmatrix} a_{11}b_1 + a_{12}b_2 \\ a_{21}b_1 + a_{22}b_2 \end{pmatrix}$$

当求矩阵的 n 次方 M^n 时，我们不用真的算 n 次乘法。如果 $n=4$ 那么我们可以第一次算出 M^2，然后再一次算出 $(M^2)^2$，只要两次乘法；如果 $n=5$ 我们可以利用 $M^4 \times M$，这样只要算 3 次乘法。我们可以利用 n 的奇偶性，递归地快速计算。

$$M^n = \text{pow}(M, n, I)$$

其中 I 是 2 阶方阵$\begin{pmatrix} 1 & 0 \\ 0 & 1 \end{pmatrix}$。函数 pow 定义为

$$
\text{pow}(M, n, A) = \begin{cases} A & n = 0 \\ \text{pow}(M \times M, \dfrac{n}{2}, A) & n \text{ 是偶数} \\ \text{power}(M \times M, \lfloor \dfrac{n}{2} \rfloor, M \times A) & \text{其他} \end{cases}
$$

事实上，我们可以把 n 表示为二进制数，然后对 0、1 序列进行 fold 快速计算出 M^n。

答案 2.1

1. 我们给出的欧几里得算法是递归的，请消除递归，只使用循环实现欧几里得算法和扩展欧几里得算法。

由于经典的欧几里得算法是尾递归的，所以可以很方便地转换成循环：

```
function GCM(a, b)
  While b ≠ 0 do
    a, b ← b, a mod b
  return a
```

然而扩展欧几里得算法的转换就会比较困难。我们观察三个序列 r, s, t：

$$r_0 = a,\ r_1 = b$$
$$s_0 = 1,\ s_1 = 0$$
$$t_0 = 0,\ t_1 = 1$$
$$\cdots\cdots$$
$$r_{i+1} = r_{i-1} - q_i r_i,\ \text{其中：} q_i = \lfloor r_i / r_{i-1} \rfloor$$
$$s_{i+1} = s_{i-1} - q_i s_i$$
$$t_{i+1} = t_{i-1} - q_i t_i$$
$$\cdots\cdots$$

显然，当 $r_{k+1} = 0$ 时，序列终止。并且根据欧几里得算法，我们知道此时：

$$\text{gcm}(a, b) = \text{gcm}(r_{k-1}, r_k) = \text{gcm}(r_k, 0) = r_k$$

更重要的是，此时如下贝祖等式成立：

$$\text{gcm}(a, b) = r_k = a\, s_k + b\, t_k$$

我们用数学归纳法来证明这一结论。首先是 0 和 1 的时候，我们有：

$$0:\ r_0 = a \quad a\, s_0 + b\, t_0 = a \cdot 1 + b \cdot 0 = a$$
$$1:\ r_1 = b \quad a\, s_1 + b\, t_1 = a \cdot 0 + b \cdot 1 = b$$

接下来是递推假设，若 $r_{i-1} = a\, s_{i-1} + b\, t_{i-1}$ 和 $r_i = a\, s_i + b\, t_i$ 成立，我们看 $i+1$ 时：

$$r_{i+1} = r_{i-1} - q_i r_i \qquad \text{序列定义}$$

$$= (a\,s_{i-1} + b\,t_{i-1}) - q_i(a\,s_i + b\,t_i) \quad \text{递推假设}$$
$$= a\,(s_{i-1} - q_i\,s_i) + b\,(t_{i-1} - q_i\,t_i) \quad \text{整理}$$
$$= a\,s_{i+1} + b\,t_{i+1} \quad \text{序列定义}$$

因此任何时候，我们的序列都满足贝祖等式。 □

这样，就可以得出扩展欧几里得算法的非递归实现了：

```
function EXT-GCM(a, b)
  s', s ← 0, 1
  t', t ← 1, 0
  while b ≠ 0 do
    q, r ← ⌊a /b⌋, a mod b
    s', s ← s - q s', s'
    t', t ← t - q t', t'
    a, b ← b, r
  return (a, s, t)
```

2. 大多数编程环境中的取模运算，要求除数、被除数都是整数。但是线段的长度不一定是整数，请实现一个针对线段的取摸运算。它的效率如何？

想象一下尺规作图，只要能够用圆规截取线段，就可以求模了：

```
function MOD(a, b)
   while b < a do
     a ← a - b
  return a
```

显然这是一个线性效率的运算。为了优化，我们引入一个定理：

如果 $r = a \bmod 2b$，那么

$$a \bmod b = \begin{cases} r & r \leqslant b \\ r - b & r > b \end{cases}$$

使用这个定理，我们可以把取模运算加快到 log 级别：

$$a \bmod b \begin{cases} a & a \leqslant b \\ a - b & a - b \leqslant b \\ \begin{cases} a', \text{其中 } a' = a \bmod (b + b) & a' \leqslant b \\ a' - b & a' > b \end{cases} & \text{其他} \end{cases}$$

利用斐波那契数列的增长方式，罗伯特·弗洛伊德和高德纳将上面方法中的递归消除，用纯循环实现了快速取模运算：

```
function MOD(a, b)
   if a < b then
      return a
   c ← b
   while c ≤ a do
```

```
    c, b ← (b + c, c)          ▷用斐波那契的方式增大 c
while b ≠ c do
    c, b ← (b, c - b)          ▷再将 c 减小回来
    if c <= a then
        a ← a - c
return a
```

3. 我们在证明欧几里得算法正确性的过程中说："每次都保证余数小于除数，即 $b > r_0 > r_1 > r_2 > \cdots > 0$，但是余数不可能小于零。由于起始值是有限的，故最终算法一定终止。"为什么不会出现 r_n 无限接近于零但不等于零的情况？算法一定会终止吗？a 和 b 是可公度的这一前提保证了什么？

可以利用最小数原理（well-ordering principle）说明可公度量的欧几里得算法一定终止。最小数原理是自然数所具有的一种基本性质，即任何非空的自然数集中都有最小的自然数。该原理可以推广到整数集、有理数集或实数集的有限非空子集。从可公度的定义出发，我们知道余数序列一定构成有限集。

4. 对于二元线性不定方程 $ax + by = c$，若 x_1，y_1 和 x_2，y_2 为两对整数解。试证明 $|x_1 - x_2|$ 的最小值为 $b/\text{gcm}(a, b)$，且 $|y_1 - y_2|$ 的最小值为 $a/\text{gcm}(a, b)$。

令 a，b 的最大公约数 $g = \text{gcm}(a, b)$。如果 x_0，y_0 是不定方程 $ax + by = c$ 的一组解，则下面给出的也是一组解：

$$\begin{cases} x = x_0 - k\dfrac{b}{g} \\ y = y_0 + k\dfrac{a}{g} \end{cases}$$

这一点不难证明：

$$\begin{aligned} ax + by &= a\left(x_0 - k\frac{b}{g}\right) + b\left(y_0 + k\frac{a}{g}\right) \\ &= a\,x_0 + b\,y_0 - a\,k\frac{b}{g} + b\,k\frac{a}{g} \\ &= c - 0 = c \end{aligned}$$

我们接下来证明，所有不定方程的解都可以表示为这一形式。令 x，y 为不定方程的任意一组解，我们有 $ax + by = c$ 和 $a\,x_0 + b\,y_0 = c$。因此：

$$a(x - x_0) + b(y - y_0) = c - c = 0$$

两边同时除以 a，b 的最大公约数，得：

$$\begin{aligned} &\frac{a}{g}(x - x_0) + \frac{b}{g}(y - y_0) = 0 \\ &\frac{b}{g}(y - y_0) = -\frac{a}{g}(x - x_0) \end{aligned}$$

注意到，左侧能够被$\frac{b}{g}$整除，因此它必然也能整除右侧。但是由于$\left(\frac{a}{g}, \frac{b}{g}\right) = 1$，它们互素，所以必然有$\frac{b}{g}$整除（$x - x_0$），不妨令：

$$x - x_0 = k\frac{b}{g}, \text{对于某个 } k \in \mathbb{Z}$$

因此

$$x = x_0 + k\frac{b}{g}$$

将其代入回上面的等式，得出：

$$y = y_0 - k\frac{a}{g}$$

这样就证明了所有解都必然是这样的形式。显然，任意两组这样的解，其差最小时$k = 1$，即$|x_1 - x_2|$的最小值为$b/\text{gcm}(a, b)$，且$|y_1 - y_2|$的最小值为$a/\text{gcm}(a, b)$。

5. 边长为 1 的正五边形，对角线的长度是多少？试证明图 2.12 的五角星中的线段 AC 和 AG 是不可公度的。使用实数表示，它们的比值是什么？

保罗·洛克哈特在《度量》一书中[69] 展示了一个漂亮的方法。如习题 5 图所示，如果把正五边形切成如下的三个小三角形，很容易发现 A 和 B 是全等的，而 C 和它们相似（你能证明这一点吗?）。这样，如果正五边形的边长为 1，对角线长为 d，则小三角形的底边为 1，而两斜边为 $d - 1$。这样根据三角形相似，我们有：

$$1/d = (d - 1)/1$$

解此一元二次方程得 $d = \frac{\sqrt{5} + 1}{2}$。对于另一个解 $d = \frac{\sqrt{5} - 1}{2}$，它比边长短，我们舍去了（这个实际上是小三角形的斜边长）。

本章插图中的 AC 和 AG 两条线段，根据上述切分的三个三角形，实际上就是正五边形的对角线和边长。假设它们是可公度的，那么小三角形的底和斜边就是可公度的。那么在递归的五角星图中，内部的小五边形的边和对角线必然也是可公度的。我们可以无限重复这个过程，不会终止。这样就说明我们的假设不成立，正五边形的边长和对角线是不可公度的。用实数表示这个值约等于 0.6180339887498949…

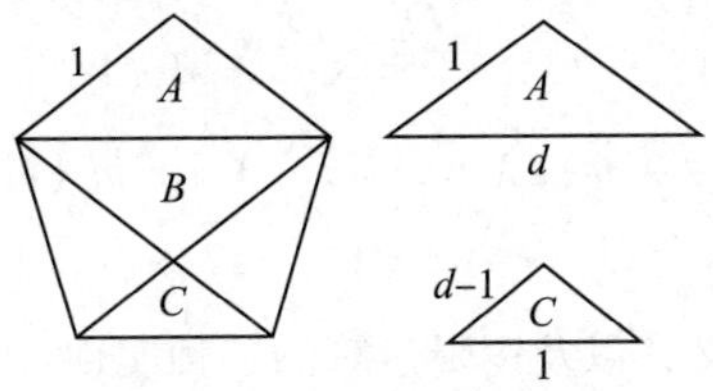

习题 5 图　边长为 1 的正五边形

答案 2.2

1. 使用 λ 变换规则验证 tail (cons p q) = q。
函数 cons 和 tail 的 λ 表达式为

$$\text{cons} = a \mapsto b \mapsto f \mapsto f\ a\ b$$
$$\text{tail} = c \mapsto c\ (a \mapsto b \mapsto b)$$

我们据此来验证 tail (cons p q) = q 这一关系：

$$\begin{aligned}
\text{tail}\ (\text{cons}\ p\ q) &= (c \mapsto c\ (a \mapsto b \mapsto b))\ (\text{cons}\ p\ q) \\
&\xrightarrow{\beta} (\text{cons}\ p\ q)\ (a \mapsto b \mapsto b) \\
&= ((a \mapsto b \mapsto f \mapsto f\ a\ b)\ p\ q)\ (a \mapsto b \mapsto b) \\
&\xrightarrow{\beta} ((b \mapsto f \mapsto f\ p\ b)\ q)\ (a \mapsto b \mapsto b) \\
&\xrightarrow{\beta} (f \mapsto f\ p\ q)\ (a \mapsto b \mapsto b) \\
&\xrightarrow{\beta} (a \mapsto b \mapsto b)\ p\ q \\
&\xrightarrow{\beta} (b \mapsto b)\ q \\
&\xrightarrow{\beta} q
\end{aligned}$$

2. 可以仅仅使用 λ 演算来定义自然数。下面是丘奇数的定义：

$$\begin{aligned}
0 &: \lambda f.\ \lambda x.\ x \\
1 &: \lambda f.\ \lambda x.\ f\,x \\
2 &: \lambda f.\ \lambda x.\ f\,(f\,x) \\
3 &: \lambda f.\ \lambda x.\ f\,(f\,(f\,x)) \\
&: \cdots
\end{aligned}$$

请利用第 1 章介绍的内容，定义丘奇数的加法和乘法。
自然数 n 的丘奇数含义是将函数 f 向 x 应用 n 次。我们先定义后继函数：

$$\text{succ} = \lambda n.\ \lambda f.\ \lambda x.\ f\,(n\,f\,x)$$

其含义是；$f^{n+1}(x) = f\ (f^n(x))$。然后定义自然数加法为

$$\text{plus} = \lambda m.\ \lambda n.\ \lambda f.\ \lambda x.\ m\,f\,(n\,f\,x)$$

其含义是：$f^{m+n}(x) = f^m\ (f^n\ (x))$。乘法定义为

$$\text{mul} = \lambda m.\ \lambda n.\ \lambda f.\ \lambda x.\ m\ (n\,f)\ x$$

其含义为：$f^{mn} = (f^n)^m\ (x)$。
3. 以下是丘奇布尔值的定义，以及逻辑运算的一种实现：

$$
\begin{aligned}
\texttt{true} &: \lambda x . \lambda y . x \\
\texttt{false} &: \lambda x . \lambda y . y \\
\texttt{and} &: \lambda p . \lambda q . p q p \\
\texttt{or} &: \lambda p . \lambda q . p p q \\
\texttt{not} &: \lambda p . p\ \texttt{false}\ \texttt{true}
\end{aligned}
$$

其中 **false** 的定义和丘奇数 0 的定义本质上是相同的。试用 λ 变换证明：**and true false = false**；你能给出 if…then…else…语句的 λ 定义吗？

$$
\begin{aligned}
\text{and true false} &= (\lambda p.\ \lambda q.\ p\ q\ p)\ \text{true false} \\
&\xrightarrow{\beta} \text{true false true} \\
&= (\lambda x.\ \lambda y.\ x)\ \text{false true} \\
&\xrightarrow{\beta} \text{false}
\end{aligned}
$$

if … then … else …语句的定义：$\lambda p.\ \lambda a.\ \lambda b.\ p\ a\ b$

答案 2.3

1. 不用抽象的叠加操作 foldt，通过递归定义二叉树的逐一映射 mapt。

$$
\begin{cases}
\text{mapt}(f,\ \text{nil}) = \text{nil} \\
\text{mapt}(f,\ \text{node}(l,\ x,\ r)) = \text{node}(\text{mapt}(f,\ l),\ f(x),\ \text{mapt}(f,\ r))
\end{cases}
$$

2. 定义一个函数 depth，计算一棵二叉树的最大深度。

$$\text{depth} = \text{foldt}(\text{one},\ (x,\ y \mapsto 1 + \max(x,\ y)),\ 0)$$

其中 one 为常函数，总返回 1，即 one $= x \mapsto 1$。

3. 有人认为，二叉树的抽象叠加操作 foldt 应该这样定义。

$$
\begin{aligned}
&\text{foldt}(f,\ g,\ c,\ \text{nil}) = c \\
&\text{foldt}(f,\ g,\ c,\ \text{node}(l,\ x,\ r)) = \text{foldt}(f,\ g,\ g(\text{foldt}(f,\ g,\ c,\ l),\ f(x)),\ r)
\end{aligned}
$$

也就是说，$g: (B \times B) \to B$ 是一个类似于加法这样的二元函数。能否利用这个 foldt 定义逐一映射 mapt？

无法用这样的 foldt 定义逐一映射。一棵树被逐一映射后仍然是一棵结构一样的树，只是树中的元素被映射到其他值上。注意 f 的类型：$f: A \to B$，它将一棵树中的类型为 A 的元素映射为类型 B。而函数 g 的类型为 $g: (B \times B) \to B$，它只能对类型为 B 的值进行映射，却无法保持树的结构。

4. 排序二叉树（又称二叉搜索树）是一种特殊的二叉树，如果二叉树的元素类型 A 是可比较的，并且对任何非空节点 node（$l,\ k,\ r$）都满足：左子树 l 中的任何元素都小于 k，右子树 r 中的任何元素都大于 k。定义二叉树的插入函数 insert（$x,\ t$）：$(A \times \text{Tree } A) \to \text{Tree } A$

$$
\begin{cases}
\text{insert}(x,\ \text{nil}) = \text{node}(\text{nil},\ x,\ \text{nil}) \\
\text{insert}(x,\ \text{node}(l,\ k,\ r)) = \begin{cases} \text{node}(\text{insert}(x,\ l),\ k,\ r) & x < k \\ \text{node}(l,\ k,\ \text{insert}(x,\ r)) & \text{其他} \end{cases}
\end{cases}
$$

5. 为多叉树定义逐一映射。能否利用多叉树的叠加操作来定义？如果不能，应当怎样修改叠加操作？

和上题类似，我们需要修改多叉树的叠加操作，来保持树的结构：

$$\begin{cases} \text{foldm}(f, g, c, \text{nil}) = c \\ \text{foldm}(f, g, c, \text{node}(x, ts)) = g(f(x), \text{map}(\text{foldm}(f, g, c), ts)) \end{cases}$$

其中 map 是列表的逐一映射函数。然后就可以利用这一叠加操作定义逐一映射：

$$\text{mapm}(f) = \text{foldm}(f, \text{node}, \text{nil})$$

答案 3.1

1. 编程判断一棵二叉树是否左右对称。

$$\text{reflective } \phi = \text{True}$$
$$\text{reflective } (l, k, r) = eq\ l\ r$$

其中

$$eq\ \phi = \text{True}$$
$$eq \phi(l, k, r) = \text{False}$$
$$eq(l, k, r)\phi = \text{False}$$
$$eq(l_1, k_1, r_1)(l_2, k_2, r_2) = k_1 = k_2 \textbf{and}(eq\ l_1\ l_2)\ \textbf{and}\ (eq\ r_1\ r_2)$$

答案 3.2

1. 全体偶数在加法下是否构成一个群？

的确构成一个群。偶数加偶数仍然是偶数，加法本身是可结合的。单位元是 0，逆元是相反数。

2. 能否找到一个整数的子集，使得它在整数乘法下构成一个群？

子集 $\{-1, 1\}$ 在乘法下构成一个群，单位元是 1，每个元素都是自己的逆元。

3. 所有正实数在乘法下是否构成一个群？

是的。正实数在乘法下封闭，乘法本身具备结合性。单位元是 1，任何元素的逆元是其倒数。

4. 整数在减法下是否构成一个群？

不构成群。这是因为减法不具备结合性。例如：$(3 - 2) - 1 = 0$，但 $3 - (2 - 1) = 2$。

5. 举一个只有两个元素的群的例子。

前面题目中的 $\{-1, 1\}$ 在乘法下构成群。另外一个例子是布尔值 $\{T, F\}$，在逻辑异或下构成一个群。异或封闭的，并且具备结合性。单位元是 F。任何元素和 F 异或的结果是其本身。任何元素的逆元则是其本身。

6. 魔方群的单位元是什么？F 的逆元是什么？

魔方群的单位元是恒等变换。这一变换将任何魔方状态变回它本身（维持不变）。F 的逆元是 F'，即正面逆时针转 90 度。

答案 3.3

1. 布尔值构成的集合 {True, False}，在“逻辑或”运算 $\vee$ 下构成一个幺半群。称为任意（Any）逻辑幺半群。它的单位元是什么？

False

2. 布尔值构成的集合 {True, False}，在“逻辑与”运算 $\wedge$ 下构成一个幺半群。称为全部（All）逻辑幺半群。它的单位元是什么？

True

3. 对可比类型的元素进行比较，会有四种结果，我们把它们抽象为 {<, =, >, ?}，前三种关系是确定的[1]，最后的？表示不确定。针对这个集合，定义一个二元运算使得它们构成一个幺半群。这个幺半群的单位元是什么？

定义二元运算的凯莱表：

∘	<	=	>	?
<	<	<	?	?
=	<	=	>	?
>	?	>	>	?
?	?	?	?	?

则这四种序关系构成一个幺半群。单位元是 =。

4. 证明群、幺半群、半群的幂满足交换律：$x^m x^n = x^n x^m$

为了证明交换律，我们先证明一个**预备结论**：$x^n\, x = x\, x^n$。使用数学归纳法。对于群和幺半群，首先是 $n = 0$ 时的情形：

$$x^0\, x = e\, x = x = x\, e = x\, x^0$$

对于半群由于没有单位元，我们考虑 $n = 1$ 时的情形：

$$x^1\, x = x\, x = x\, x^1$$

接下来假设 n 时结论成立，即 $x^n\, x = x\, x^n$，现在考虑 $n + 1$ 时：

$$\begin{aligned}
x^{n+1}\, x &= (x\, x^n)\, x && \text{幂的递归定义} \\
&= x\, (x^n\, x) && \text{结合性} \\
&= x\, (x\, x^n) && \text{递推假设} \\
&= x\, x^{n+1} && \text{幂的递归定义}
\end{aligned}$$

利用这个结论，接下来我们使用数学归纳法，证明幂的交换性。对于群和幺半群，先验

[1] 一些编程语言，如 C、C++、Java 用负数、零、正数表示这三种关系。Haskell 中用 GT，EQ，LE 表示。

证 $n = 0$ 时的情况：

$$
\begin{aligned}
x^m x^0 &= x^m e & \text{0 次幂的定义} \\
&= x^m & \text{单位元的定义} \\
&= e x^m & \text{单位元的定义} \\
&= x^0 x^m & \text{0 次幂的定义}
\end{aligned}
$$

对于半群，由于没有单位元，我们验证 $n = 1$ 时的情况：

$$
\begin{aligned}
x^m x^1 &= x^m x & \text{1 次幂的定义} \\
&= x x^m & \text{此前证明的结论} \\
&= x^1 x^m & \text{1 次幂的定义}
\end{aligned}
$$

假设 n 时，幂的交换律成立：$x^m x^n = x^n x^m$，则 $n+1$ 时：

$$
\begin{aligned}
x^m x^{n+1} &= x^m (x x^n) & \text{幂的递归定义} \\
&= (x^m x) x^n & \text{乘法结合律} \\
&= x x^m x^n & \text{此前证明的结论} \\
&= x (x^m x^n) & \text{乘法结合律} \\
&= x (x^n x^m) & \text{递推假设} \\
&= (x x^n) x^m & \text{乘法结合律} \\
&= x^{n+1} x^m & \text{幂的递归定义}
\end{aligned}
$$

答案 3.4

1. 奇偶判断函数在整数加群（$\mathbf{Z}$, +）和布尔逻辑与群（Bool，$\wedge$）下是否构成同态？去除 0 元素的整数乘法群呢？

奇偶判断函数将每个整数映射为布尔值真、假。为了判断是否构成同态，我们需要检查它是否满足 $f(a)\ f(b) = f(a \cdot b)$。但我们有下面的反例：

a, b 都是奇数：odd（a）= odd（b）= True，它们的和是偶数，故而：odd（$a + b$）= False。而逻辑与的结果：odd（a）$\wedge$ odd（b）= True $\neq$ odd（$a + b$）= False。

因而不构成同态。

而去除 0 后的整数乘法群在奇偶判断函数下与逻辑与群构成同态。我们可以验证全部的三种情况：

- a, b 都是奇数：odd（a）= odd（b）= True，积 ab 仍然是奇数：odd（ab）= True。所以 odd（a）$\wedge$ odd（b）= odd（ab）；
- a, b 都是偶数：odd（a）= odd（b）= False，积 ab 仍然是偶数：odd（ab）= False。所以 odd（a）$\wedge$ odd（b）= odd（ab）；
- a, b 一奇一偶：不妨令 odd（a）= True，odd（b）= False，积 ab 是偶数：odd（ab）= False。所以 odd（a）$\wedge$ odd（b）= odd（ab）。

故而是构成同态。

2. 假定两个群 G 和 G'在映射下同态，群 G 中的元 $a \to a'$，那么 a 和 a'的阶是否相同?

它们的阶相同。我们可以证明这一点。令单位元 e 的像是 e'，同态映射为f。记 a 的阶为 n，我们有 $a^n = e$。

一方面我们有：

$$f(a^n) = f(e) = e'$$

另一方面，根据同态的定义，我们有：

$$\begin{aligned} f(a^n) &= f(a)\, f(a) \cdots f(a) \quad \text{共 } n \text{ 个} \\ &= a'\, a' \cdots a' \quad \text{共 } n \text{ 个} \\ &= (a')^n \end{aligned}$$

综合上述两个结果，我们有 $(a')^n = e'$。所以 a 和 a'的阶相同。

3. 证明一个变换群的单位元一定是恒等变换。

假设某一变换 ϵ': $a \to a^{\epsilon'} = \epsilon'(a)$ 是变换群的单位元。根据单位元的性质，我们有 $\epsilon'\tau = \tau$。即

$$\tau\colon a \to a^{\tau}$$
$$\epsilon'\tau\colon a \to (a^{\epsilon'})^{\tau}$$

故而：$a^{\epsilon'} = a = \epsilon'(a)$，也就是$\epsilon'$为恒等变换。

答案 3.5

1. 证明，如果置换 σ 将第 i 个元素映射为第 j 个，即 $\sigma(i) = j$，则 k 循环可写成 $(\sigma(i_1)\ \sigma(\sigma(i_1))\ \cdots\ \sigma^k(i_1))$。

根据 k 循环的定义：

$$i_1 \to i_2 \to i_3 \to \cdots \to i_{k-1} \to i_k \to i_1$$

有：

$$\begin{aligned} i_2 &= \sigma(i_1) \\ i_3 &= \sigma(i_2) = \sigma(\sigma(i_1)) = \sigma^2(i_1) \\ &\cdots \\ i_k &= \sigma(i_{k-1}) = \sigma(\sigma(i_{k-2})) = \sigma^{k-1}(i_1) \\ i_1 &= \sigma(i_k) = \sigma^k(i_1) \end{aligned}$$

2. 列出 S_4 的全体元素。

(1);

(12), (34), (13), (24), (14), (23);

(123), (132), (134), (143), (124), (142), (234), (243);

(1234)，(1243)，(1324)，(1342)，(1423)，(1432)；

(12)(34)，(13)(24)，(14)(23)。

共 4! =24 个元素。

3. 编程将 k-循环的乘积转换回置换。

```
1:function PERMUTE(C, n)
2:     π ← [1, 2, …,n]
3:     for c ∈ C do
4:         j ← c[1]
5:         m ← |c|
6:         for i ← 2 to m do
7:             π[j] ← c[i]
8:             j ← c[i]
9:         π[c[m]] ← c[1]
10:    return π
```

答案 3.6

1. 对称群 S_4 描述了什么几何形状的哪些对称性？

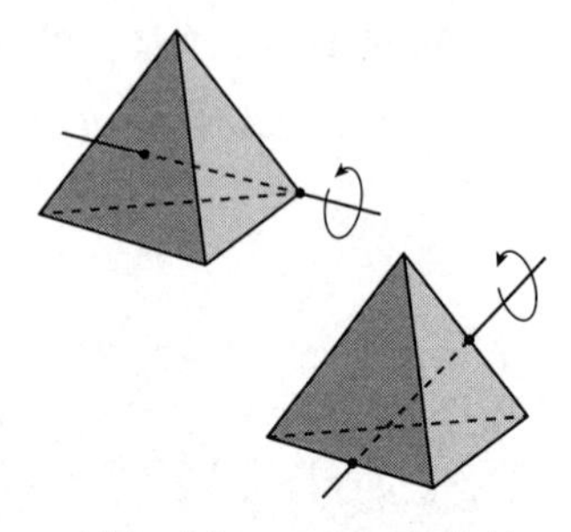

习题 1 图 1　正四面体的两种对称轴

它描述了正四面体（每个面都是正三角形的三棱锥）的对称性。正四面体每个顶点有一条对称轴，每个轴上有 120 度和 240 度两个旋转对称。穿过相对的两条边有 3 条对称轴，每个轴上有一个翻转对称。再加上恒等变换，一共有 $2\times4+3+1=12$ 种对称性。这 12 个变换组成一个群，记作 A_4。它是一个交错群。

对于习题 1 图 2 中左侧的四面体 1234，群 A_4 将其变为

3124，2314，1423，1342，4213，3241，4132，2431，2143，3412，4321，1234

这 12 个变换都是真叠合，但还存在反射的非真叠合。如习题 1 图 2 所示，四面体 1234 绕

习题 1 图 2　非真叠合的例子

对称轴 $O4$ 旋转 120 度变换成右侧的 3124，这是一个真叠合。接下来以平面 $O13$ 进行反射得到右下角的四面体 3142，这是一个非真叠合。

针对 A_4 中的每个变换，都存在一个这样的非真叠合变换，也有 12 个：

3142，2341，1432，1324，4231，3214，4123，2413，2134，3421，4312，1243

对于其他两个镜像平面也会有非真叠合，但是它们不会产生新的变换了。因为 4 个顶点的全部排列只有 4！=24 个。这样真叠合和非真叠合的全部变换恰好对应对称群 S_4 中的每个元素。

答案 3.7

1. 证明循环群一定是阿贝尔群。

令生成元为 a，循环群中的任意两个元素可表示为 a 的幂 a^p，a^q。我们有：

$$a^p a^q = a^{p+q} = a^{q+p} = a^q a^p$$

故而循环群一定是阿贝尔群。

2. 编程实现多项式长除法。

我们用系数列表来代表多项式。$a(x) = a_0 x^n + a_1 x^{n-1} + \cdots = a_n x + a_{n+1}$ 的系数列表为 $[a_0, a_1, \cdots, a_{n+1}]$ 表示，其中 $a_0 \neq 0$，缺项用 0 补充。若系数都为整数，多项式除法可以表示为

$$a(x) = q(x)b(x) + r(x)$$

其中 $q(x)$ 是商，$r(x)$ 是余项，$r(x)$ 的次数小于 $b(x)$ 的次数。我们约定 $a(x)$ 的次数大于等于 $b(x)$ 的次数。下面是 Haskell 例子程序：

```
polyndiv as bs = pdiv as (length as - length bs) [] where
  pdiv as i qs = if i == 0 then (reverse (q:qs), as')
                 else pdiv as' (i-1) (q:qs) where
    q = head as `div` head bs
    as' = dropWhile (==0) [a-b*q | (a, b) <- zip as (bs ++ [0, 0..]) ]
```

3. 将 $x^{12}-1$ 分解为分圆多项式。

$$\begin{aligned} x^{12} - 1 &= \Phi_1(x)\Phi_2(x)\Phi_3(x)\Phi_4(x)\Phi_6(x)\Phi_{12}(x) \\ &= (x - 1)(x + 1)(x^2 + x + 1)(x^2 + 1)(x^2 - x + 1)(x^4 - x + 1) \end{aligned}$$

4. 试求五次分圆方程的代数解。提示：分圆多项式 $x^4+x^3+x^2+x+1=0$ 除以 x^2 后是对称的：$x^2+x+1+x^{-1}+x^{-2}=0$。

令 $y=x+\dfrac{1}{x}$，则上述方程转化成

$$y^2 + y - 1 = 0$$

解此二次方程得到

$$y = \frac{-1 \pm \sqrt{5}}{2}$$

进一步解出 x 的二次方程得到：

$$x = \frac{\sqrt{5} - 1 \pm \sqrt{-2\sqrt{5} - 10}}{4}, \frac{-\sqrt{5} - 1 \pm \sqrt{2\sqrt{5} - 10}}{4}$$

答案 3.8

1. 证明子群的判定定理 3.8。

一个群 G 的非空子集 H 构成子群的充分必要条件是：

① 若 a，$b \in H$，有 $ab \in H$。

② 且任意元素 $a \in H$，有 $a^{-1} \in H$。

先证明充分性。条件①保证了 H 对乘法的封闭性，乘法的结合性在 G 中成立，所以在 H 中也成立。因为 H 不空，所以至少存在一个元 a，根据②，对应的 a^{-1} 也在 H 中，并且由条件①，有 $aa^{-1}=e \in H$。因此 H 是子群。

反过来在证明必要性。若 H 是一个子群，则条件①显然成立。对于条件②，因为 H 是群，故存在单位元 e'，在 H 中任取一个元素 a，有 $e'a=a$。因为 e' 和 a 都属于 G，所以 e' 是方程 $ya=a$ 在 G 中的一个解。但这个方程在 G 中只有一个解，就是 G 的单位元 e 所以 $e'=e \in H$。

因为 H 是一个群，所以方程 $ya=e$ 在 H 中存在解 a'，但 a' 也是这个方程在 G 中的解，而这个方程在 G 中只有一个解，就是 a^{-1}。所以 $a'=a^{-1} \in H$。 □

答案 3.9

1. 今天是星期日，2^{100} 天以后是星期几？

一周有 7 天，根据费马小定理，$2^{7-1} \equiv 1 \bmod 7$。所以：

$$\begin{aligned} 2^{100} = 2^{16 \times 6+4} &\equiv 1 \times 2^4 \bmod 7 \\ &\equiv 16 \bmod 7 \\ &\equiv 2 \bmod 7 \end{aligned}$$

所以是星期二。

2. 任给两个串（字符串或者列表），如何通过编程判断它们可以连成相同的项链？

任给两个长度相同的串 S_1，S_2，我们可以把 S_1 复制一份接在自己后面，然后检查 S_2 是否是 S_1S_1 的子串。如果是，那么它们可以连成相同的项链。

$$\text{eqiv}(S_1, S_2) = S_2 \subset (S_1 \mathbin{+\!\!+} S_1)$$

3. 编程实现埃拉托斯特尼筛法。

从 2 开始对于所有的自然数，取出下一个作为素数，然后去掉所有它的倍数，并递归进行这一操作。如下面的 Haskell 例子程序：

```
primes=sieve [2..] where
    sieve (x: xs) =x : sieve [y | y <-xs, y 'mod' x>0]
```

下面分别是 Python 和 Java 的例子程序：

```
def odds ():
    i=3
    while True:
        yield i
        i=i+2

class prime_ filter (object):
    def __init__ (self, p):
        self. p=p
        self. curr=p

    def __call__ (self, x):
        while x>self. curr:
            self. curr +=self. p
        return self. curr ! =x

def sieve ():
    yield 2
    iter=odds ()
    while True:
        p=next (iter)
        yield p
        iter=filter (prime_ filter (p), iter)

list (islice (sieve (), 100) )
```

```
public class Prime {
    private static LongPredicate sieves=x->true; //initialize sieve as id
    public final static long [] PRIMES=LongStream
        . iterate (2, i->i+1)
        . filter (i->sieves. test (i) )
        . peek (i->sieves=sieves. and (v->v % i ! =0) ) //update, chain the sieve
        . limit (100)              //take first 100
        . toArray ();
}
```

4. 利用埃拉托斯特尼筛法的思想，编程产生 2 到 100 内正整数的欧拉 ϕ 函数表。

我们一边用埃拉托斯特尼筛法产生 n 以内的素数，一边用每个新找到的素数更新一个欧拉 ϕ 函数表。这个函数表被全部初始化为 1。对于每个素数 p，其对应的 $\phi(p)=p\left(1-\frac{1}{p}\right)=p-1$，我们需要把所有 p 的倍数都乘以这个值。但仅仅这样还不够，这是因为 $\phi(p^2)=p^2\left(1-\frac{1}{p}\right)=p\phi(p)$。所以我们接下来要把所有 p^2 倍数的欧拉函数值都乘以 p，重复这一步骤，再把所有 p^3 倍数的欧拉函数值乘以 p。继续持续这一过程，直到我们发现 p^m 超过 n。下面是利用这一思想的解法：

```
1: function EULER-TOTIENT(n)
2:     φ← {1, 1, …, 1}                                   ▷1到 n
3:     P ← {2, 3, …, n}                                  ▷素数筛法序列
4:     while P≠∅ do
5:         p ← P[0]
6:         P ← {x | x∈P[1…], x mod p≠0}
7:         p′← p
8:         repeat
9:             for i ← from p′ to n step p′ do
10:                if p′=p then
11:                    φ[i] ← φ[i] ×(p-1)
12:                else
13:                    φ[i] ← φ[i] × p
14:            p′ ← p′ × p
15:        until p′>n
16:    return φ
```

5. 根据欧拉定理，n 次本原单位根有多少个？

$\phi(n)$，如果 n 是素数，则除了 1 以外的所有单位根都是本原单位根。

6. 编程实现模乘的幂运算，并实现费马素数检测。

我们的思路是参考快速幂的思路，实现模乘的幂运算。

$$x^y=\begin{cases}x^{\lfloor y/2\rfloor} & y \text{ 是偶数} \\ x\cdot x^{\lfloor y/2\rfloor} & y \text{ 是奇数}\end{cases}$$

只要在此基础上，将乘法改为模乘即可：

```
1: function MOD-EXP(x, y, n)
2:     if y=0 then
3:         return 1
4:     z ←MOD-EXP(x, ⌊y/2⌋, n}
5:     if y 是偶数 then
6:         return z² mod n
7:     else
8:         return x · z² mod n
```

然后我们利用费马小定理，选取若干“证人”，进行素数检测：

```
1: function PRIMALITY(n)
2:     随机选择 k 个正整数 a_1, a_2, …, a_k<n
3:     if a_i^{n-1} ≡ 1 mod n,对于全部 i=1, 2, …, k then
4:         return 素数
5:     else
6:         return 合数
```

答案 3.10

1. 证明本节的定理，在一个没有零因子的环里，两个消去律成立。

证明：假定环 R 没有零因子。因为：

$$ab = ac \Rightarrow (b - c) = 0$$

在此假定之下

$$a \neq 0,\ ab = ac \Rightarrow b - c = 0 \Rightarrow b = c$$

同样可证

$$a \neq 0,\ ba = ca \Rightarrow b = c$$

这样 R 里两个消去律都成立。反过来，假定环 R 里第一个消去律成立。因为

$$ab = 0 \Rightarrow ab = a0$$

在此假定之下

$$a \neq 0,\ ab = 0 \Rightarrow b = 0$$

这就是说，R 没有零因子。第二个消去律成立的时候，同样可证。 □

2. 证明所有形如 $a+b\sqrt{2}$，其中 a，b 是整数的实数对于普通加法和乘法构成一个整环。

证明：我们依次验证三点：

① 乘法交换律成立

$$\begin{aligned}(a + b\sqrt{2})(c + d\sqrt{2}) &= ac + 2bd + (ad + bc)\sqrt{2} \\ &= (c + d\sqrt{2})(a + b\sqrt{2})\end{aligned}$$

② 有乘法单位元 1

$$1(a + b\sqrt{2}) = (a + b\sqrt{2})1 = a + b\sqrt{2}$$

③没有零因子

$$(a + b\sqrt{2})(c + d\sqrt{2}) = 0 \Rightarrow a = b = 0 \text{ 或 } c = d = 0$$ □

答案 3.11

1. 证明 $Q[a, b] = Q[a][b]$，其中 $Q[a, b]$ 是所有由 a，b 组成的表达式，如 $2ab$，$a+a^2b$ 等。

证明之前，我们先举个例子：

$$Q[\sqrt{2}, \sqrt{3}] = \{a + b\sqrt{2} + c\sqrt{3} + d\sqrt{6}, \text{其中 } a, b, c, d \in Q\}$$

$$\begin{aligned} Q[\sqrt{2}][\sqrt{3}] &= \{a + b\sqrt{3}, \text{其中 } a, b \in Q[\sqrt{2}]\} \\ &= \{a' + b'\sqrt{2} + (c + d\sqrt{2})\sqrt{3}, \text{其中 } a', b', c, d \in Q\} \\ &= \{a' + (b' + d)\sqrt{2} + c\sqrt{3} + d\sqrt{6}, \text{其中 } a', b', c, d \in Q\} \end{aligned}$$

证明：

$$Q[a][b] = \{x_0 + x_1 b + x_2 b^2 + \cdots + x_n b^n, \text{其中 } x_i \in Q[a]\}$$

n 是使得存在多项式 $p(b) = 0$ 的最小整数。现在我们把 x_i 替换成域 $Q[a]$ 的表达式

$$\begin{aligned} Q[a][b] = \{ & y_{0,0} + y_{0,1} a + y_{0,2} a^2 + \cdots + y_{0,m} a^m + \\ & (y_{1,0} + y_{1,1} a + y_{1,2} a^2 + \cdots + y_{1,m} a^m) b + \\ & \cdots \\ & + (y_{n,0} + y_{n,1} a + y_{n,2} a^2 + \cdots + y_{n,m} a^m) b^n \} \end{aligned}$$

其中，$y_{i,j} \in Q$，整数 m 是使得存在多项式 $p(a) = 0$ 的最小整数。

不失一般性，我们可以认为 $m<n$（否则，我们只需令 $m' = \min(m, n)$，$n' = \max(m, n)$），可以进一步整理成：

$$\begin{aligned} Q[a][b] = \{ & y_{0,0} + y_{0,1} a + y_{1,0} b + y_{0,2} a^2 + y_{1,1} ab + y_{2,0} b^2 + \cdots \\ & + y_{0,m} a^m + y_{1,m-1} a^{m-1} b + \cdots + y_{m,0} b^m + \\ & y_{1,m} a^m b + y_{2,m-1} a^{m-1} b^2 + \cdots + y_{m,1} b^{m+1} + \cdots \\ & + y_{n,m} a^m b^n \} \end{aligned}$$

可以看到，这的确是由 a，b 组成的所有表达式构成的域。 □

答案 3.12

1. 推导式（3.9）给出的拉格朗日预解式和原方程系数间的关系。提示：考虑 $(L+R)(L+\omega R)(L+\omega^2 R)$

展开 $(L+R)(L+\omega R)(L+\omega^2 R)$，并利用 $1+\omega+\omega^2=0$，可以得到：

$$(L + R)(L + \omega R)(L + \omega^2 R) = L^3 + R^3$$

利用 L，R 表示的三个根 r_1，r_2，r_3 的关系，有：

$$\begin{cases} L + R &= 3r_3 \\ L + \omega R &= 3\omega^2 r_2 \\ L + \omega^2 R &= 3\omega r_1 \end{cases}$$

代入上式，并利用 $\omega^3=1$ 得：

$$\begin{aligned} L^3 + R^3 &= 27 r_1 r_2 r_3 && \text{代入 } r_1, r_2, r_3 \\ &= -27q && \text{韦达定理} \end{aligned}$$

接下来求 LR：

$$\begin{aligned} LR &= (r_1 + \omega r_2 + \omega^2 r_3)(r_1 + \omega^2 r_2 + \omega r_3) && L, R \text{ 的定义} \\ &= (r_1{}^2 + r_2{}^2 + r_3{}^2) + (\omega + \omega^2)(r_1r_2 + r_2r_3 + r_1r_3) && \text{展开} \\ &= (r_1{}^2 + r_2{}^2 + r_3{}^2) - (r_1r_2 + r_2r_3 + r_1r_3) && 1 + \omega + \omega^2 = 0 \\ &= -2p - p && \text{牛顿笔记} \\ &= -3p \end{aligned}$$

因此 $L^3R^3=-27p^3$。

2. 验证方程 $x^3-x^2-2x+2=0$ 的伽罗瓦群是｛（1），（23）｝。提示：验证“已知则不变，不变则已知”。

我们不用验证单位元（1），只需验证（23）。本节中给出了这个方程的三个根 1，$\pm\sqrt{2}$，它可以分解为（x-1）（x^2-2）= 0。根据扩域一节的结论，由这 3 个根组成有理式具有形式 $r=a+b\sqrt{2}$。如果 r 已知，则 $b=0$。即 $r\in Q$［±1，±2］，可以由方程的系数组成。而方程的系数是基本对称多项式。所有对称多项式在置换（23）时不变。

反之，置换（23）相当于交换$\pm\sqrt{2}$，它反转 $a+b\sqrt{2}$ 中$\sqrt{2}$的正负号。如果不变，则 $a+b\sqrt{2}=a-b\sqrt{2}$，因此 $b=0$。有理数 a 是已知的。

答案 3.13

1. 试证明：对于有理数系数的任何多项式 $p(x)$，若 E/Q 是扩域，f 是 E 上的 Q-自同构，则有 $f(p(x))=p(f(x))$。

证明：由 f 是自同构的定义，我们有：

$$f(x+y)=f(x)+f(y),\ f(ax)=f(a)f(x),\ f(1/x)=1/f(x)$$

并且由于 f 是 Q-自同构，我们有：

$$f(x)=x,\ \forall\ x\in Q$$

令 $p(x)=a_0+a_1x+\cdots+a_nx^n$，其中 $a_i\in Q$。我们有：

$$\begin{aligned} &f(p(x)) \\ =&f(a_0+a_1x+\cdots+a_nx^n) \end{aligned}$$

$$= f(a_0) + f(a_1 x) + \cdots + f(a_n x^n) \qquad f(x+y) = f(x) + f(y)$$
$$= f(a_0) + f(a_1)f(x) + f(a_2)f(x)^2 + \cdots + f(a_n)f(x)^n \qquad f(ax) = f(a)f(x)$$
$$= a_0 + a_1 f(x) + a_2 f(x)^2 + \cdots + a_n f(x)^n \qquad f(x) = x, \ \forall\ x \in Q$$
$$= p(f(x))$$

□

2. 考虑复数，多项式 $p(x) = x^4-1$ 的分裂域是什么？它的 Q-自同构中有哪些变换？

注意到 x^4-1 有四个根 ± 1，$\pm i$，也就是 $p(x) = (x+1)(x-1)(x+i)(x-i)$。但是 $p(x)$ 的分裂域不是复数域 C，它太大了。事实上它的分裂域是 $Q[i]$。

这个 Q-自同构中有两个变换，分别是 $f(a+bi) = a-bi$ 和恒等变换 $g(x) = x$。

3. 尝试写出二次方程 $x^2-bx+c=0$ 的伽罗瓦群。

我们知道二次方程的两个根是

$$x_1, x_2 = \frac{b \pm \sqrt{b^2-4c}}{2}$$

这里有三种情况：第一种是存在某个有理数，使得 $b^2-4c=r^2$。此时方程有两个有理根（包括重根的情况）；第二种是不存在这样的有理数，方程在有理数域上不可解，但存在实数解；第三种是判别式小于零，方程在实数域上不可解，但存在复数解。我们分别分析一下这三种情况下的伽罗瓦群。

第一种情况，方程有两个有理根 $\frac{b \pm r}{2}$，其伽罗瓦群只有一个元素，就是恒等变换自同构 $f(x) = x$。

第二种情况，方程有两个无理根 $\frac{b \pm \sqrt{d}}{2}$，其伽罗瓦群有两个元素，一个是自同构 $f(p+q\sqrt{d}) = p-q\sqrt{d}$，其中 p，q 是有理数；另一个是恒等变换。

第三种情况，方程有两个复根 $\frac{b \pm i\sqrt{d}}{2}$，其伽罗瓦群也有两个元素，一个是自同构 $f(p+qi) = p-qi$，其中 p，q 是实数；另一个是恒等变换。

事实上，第二、三种情况的伽罗瓦群在其分裂域上是同构的。我们注意到 $f(f(x)) = x$，所以它同构于只有两个元素 0，1 的模 2 加群，也同构于循环群 C_2 或 $\mathbf{Z}/2\mathbf{Z}$。其中 $\mathbf{Z}/2\mathbf{Z}$ 这个符号表示整数加群 $\mathbf{Z}$ 和其偶数子群 $2\mathbf{Z}$ 的商群。

4. 证明，如果 p 是素数，则方程 x^p-1 的伽罗瓦群是 $p-1$ 阶的循环群 C_{p-1}。

方程 x^p-1 的 p 个根就是在复平面单位圆上的 p 个点 $1, \omega, \omega^2, \cdots, \omega^{p-1}$，它们可以表示为 $e^{2\pi k i/p}$。其分裂域是 $Q[\omega]$。

我们考虑伽罗瓦群 Gal $(Q[\omega]/Q)$ 中的任意一个元素，自同构 f。根据自同构的性质，有：

$$f(\omega)^k = f(\omega^k) = 1 \Leftrightarrow \omega^k = 1$$

所以，$f(\omega)$ 也是某个 p 次单位根（方程 $x^p-1=0$ 的某个根㊀）。我们记：

$$f(\omega)=h_i(\omega)=\omega^i$$

如果 $f(\omega)$ 是第 i 个单位根，我们就将其命名为 h_i，其中 $1\leqslant i\leqslant p-1$。（为什么 i 不能等于 0?）这样，我们可以构造一个从伽罗瓦群到循环群 C_{p-1} 的一一映射：

$$\mathrm{Gal}(Q[\omega]/Q)\xrightarrow{\sigma}C_{p-1}:\sigma(h_i)=i$$

其中伽罗瓦群中有 $p-1$ 个自同构 $\{h_1, h_2, \cdots, h_{p-1}\}$，和循环群 C_{p-1} 的阶相同。

接下来我们证明这是一个群同构。

$$(h_i\cdot h_j)(\omega)=h_i(h_j(\omega))=h_i(\omega^j)=\omega^{ji}=\omega^{ij}$$

这样

$$\sigma(h_i\cdot h_j)=ij=\sigma(h_i)\cdot\sigma(h_j)$$

并且 $h_1(\omega)$ 是这个循环的伽罗瓦群的生成元。

这里有两个容易混淆的群。第一个是整数模 n 加法群。它是一个循环群，包括元素 $\{0, 1, 2, \cdots, n-1\}$ 这些模 n 剩余类，共 n 个元素。通常记作 $\mathbf{Z}/n\mathbf{Z}$。这个群和方程 $x^n-1=0$ 的 n 个根组成的群同构，群元素是 n 次单位根 $\{1=\zeta_n^0, \zeta_n^1, \zeta_n^2, \cdots, \zeta_n^{n-1}\}$，群运算是乘法。

另一个是整数模 n 乘法群，它的元素不是 0 到 $n-1$ 的所有剩余类，而是其中所有和 n 互素的元素，群运算是模乘。记为 $(\mathbf{Z}/n\mathbf{Z})^{\times}$。这个群中的元素个数是欧拉总计函数 $\phi(n)$，当 n 是素数 p 的时候，恰好是 $\{1, 2, \cdots, p-1\}$ 这 $p-1$ 个元素。但是模 n 乘法群并不总是循环群。幸运的是 n 是素数的时候它是循环的。一个有趣事实是 $(\mathbf{Z}/p\mathbf{Z})^{\times}$和加群 $\mathbf{Z}/(p-1)\mathbf{Z}$ 同构。

本题说明：在有理数域扩域上的伽罗瓦群，如果它是由 n 次单位根生成的，则这个群和整数模 n 乘法群 $(\mathbf{Z}/n\mathbf{Z})^{\times}$同构。读者不妨用三次方程来验证一下。

$x^3-1=0$ 的 3 个根是 $\{1, \dfrac{-1\pm i\sqrt{3}}{2}\}$。伽罗瓦群包含两个自同构，一个是 $f(x)=x$，它相当于 $h_1(\omega)=\omega^1$。另一个是 $g(a+bi)=a-bi$，相当于 $h_2(\omega)=\omega^2$。h_2 的效果是把三个根的顺序从 1, 2, 3 变为 1, 3, 2。即

$$1\mapsto 1^2=1$$
$$\omega\mapsto\omega^2$$
$$\omega^2\mapsto(\omega^2)^2=\omega^3\omega=\omega$$

㊀ 如果 p 不是素数，而是任意大于 1 的整数 n，第 m 个 n 次单位根的 k 次幂可以表示为 $\zeta_m^k=e^{2\pi mki/n}$。可能存在某个 $k<n$，使得 $\zeta_m^k=1$，只要 mk 是 n 的倍数即可。但如果 n 是素数 p，则 k 不可能小于 p，而一定是 p 的整数倍。

5. 若α是方程x^3+x^2-4x+1的根，验证$2-2\alpha-\alpha^2$也是方程的根。方程在有理数域上的伽罗瓦群是什么？

令$f(x)=x^3+x^2-4x+1$，有$f(\alpha)=0$。不难验证$f(2-2\alpha-2\alpha^2)=0$。其次令$g(\alpha)=2-2\alpha-2\alpha^2$，我们验证：

$$\begin{aligned} g^2(\alpha) &= g(2-2\alpha-2\alpha^2) \\ &= \alpha^3+\alpha-3 \qquad f(\alpha)=0 \\ g^3(\alpha) &= g(\alpha^3+\alpha-3) \\ &= \alpha \qquad f(\alpha)=0 \end{aligned}$$

因此$G=\{e, g, g^2\}$是一个三阶循环群C_3。

答案 3. 14

1. 考虑五次方程$x^5-1=0$，它是根式可解的。它的伽罗瓦群和可解群列是什么？

我们知道方程的根是复平面单位元上的5个点：$\{1, \zeta, \zeta^2, \zeta^3, \zeta^4\}$。其中$\zeta=e^{2\pi i/5}=\frac{\sqrt{5}-1+i\sqrt{10+2\sqrt{5}}}{4}$。在有理数域上的伽罗瓦群是一个4阶循环群$G(Q[\zeta]/Q)=C_4$，同构于模5乘法群：$(\mathbf{Z}/5\mathbf{Z})^{\times}=\{1, 2, 3, 4\}_5$。它没有中间扩域，分裂域为$Q[\zeta]$。在分裂域上的伽罗瓦群是$\{e\}$。

显然$\{e\}$是C_4的正规子群。并且其商群$C_4/\{1\}$仍是循环群，在前面习题中我们证明了循环群一定是阿贝尔群。因此方程是根式可解的。群列：

$$C_4 \rhd \{e\}$$

2. 证明：当$n\geqslant 5$时，设S_n的子群G含有所有的3循环，形如(abc)，N是G的一个正规子群，商群G/N是阿贝尔群。则N也含有所有的三循环。

由于商群G/N是阿贝尔群，对于任意$g_1, g_2\in G$，有$g_1N\cdot g_2N=g_1g_2N=g_2g_1N$。所以$g_1^{-1}g_2^{-1}g_1g_2N=N$，即$g_1^{-1}g_2^{-1}g_1g_2\in N$。

因为$n\geqslant 5$，至少有5个数字，对于任意三循环(abc)，取另外两个不同的数字d, f，构造$g_1=(dba)$，$g_2=(afc)\in G$。有：

$$g_1^{-1}g_2^{-1}g_1g_2=(abd)(cfa)(dba)(afc)=(abc)\in N$$

因此N也含有所有的三循环。 □

答案 4. 1

1. 证明恒等箭头是唯一的。

假设存在另一恒等箭头id'_A，从A指向自己：$A\xrightarrow{\mathrm{id}'_A}A$。

考虑从A到B的任意箭头：$A\xrightarrow{f}B$，根据恒等箭头的性质有：$f\circ\mathrm{id}_A=f$。现在我们用A

替换 B，用 id'_A 替换 f，有：

$$\mathrm{id}'_A \circ \mathrm{id}_A = \mathrm{id}'_A$$

同理，对于任何从 B 到 A 的箭头，$B \xrightarrow{g} A$，根据恒等箭头的性质有：$\mathrm{id}'_A \circ\ g = g$。现在用 A 替换 B，用 id_A 替换 g，有：

$$\mathrm{id}'_A \circ \mathrm{id}_A = \mathrm{id}_A$$

综合这两个结果我们有 $\mathrm{id}_A = \mathrm{id}'_A$。所以恒等箭头是唯一的。

2. 验证幺半群（S，$\cup$，$\varnothing$）（群元素是集合，二元运算是集合的并，单位元是空集）和（N, +, 0）（群元素是自然数，二元运算是加法，单位元是零）都是只含有一个对象的范畴。

这里的核心思想是：任何幺半群都可以看作是只有一个对象的范畴。而理解上的难点是：范畴中的对象到底是什么？事实上，这个对象是什么无所谓，它不必是幺半群本身、不必是任何给定的集合、甚至不必包含任何元素。为此我们将这个对象的具体意义去掉，而符号化为★。

我们先看集合的并幺半群。任何集合，作为幺半群的元素 $s \in S$ 都可以用来定义一个箭头：

$$\star \xrightarrow{s} \star$$

注意，这里没有任何（幺半群本身的）内部结构。而箭头的组合，恰恰就是集合的并。

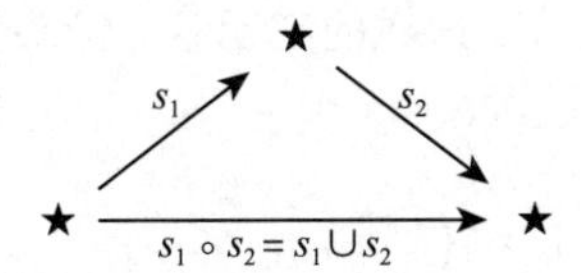

由于集合的并是可结合的，所以这些箭头是可结合的。空集合是这一幺半群的单位元，它定义了恒等箭头。由于空集并任何集合等于这个集合本身，这就满足了恒等箭头的性质。这样我们看到集合的并幺半群的确构成了一个只有一个对象的范畴。

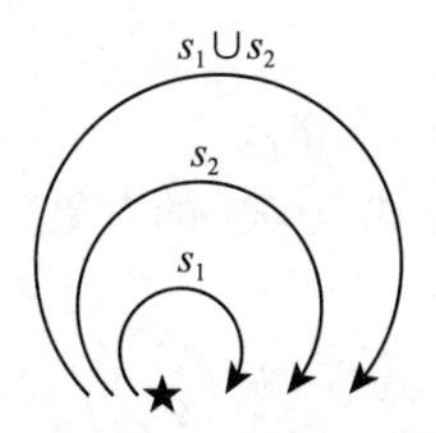

接下来我们看自然数加法幺半群。任何自然数 n，都可以用来定义一个箭头：

$$\star \xrightarrow{n} \star$$

箭头的组合是自然数的加法。由于加法是可结合的，所以箭头的组合是可结合的。自然数 0 定义了恒等箭头，这是因为 0 加上任何自然数等于这个自然数本身。这样我们看到自然数的加法幺半群的确构成了一个范畴。

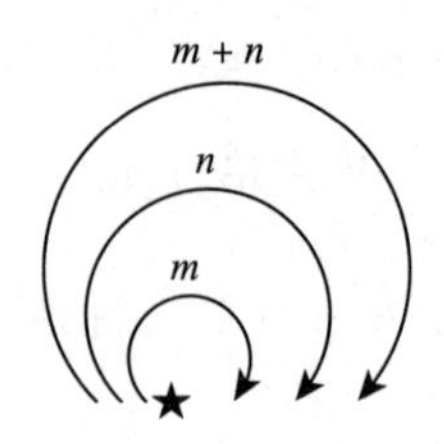

3. 第 1 章中我们介绍了自然数的皮亚诺公理，并且介绍了和皮亚诺算术同构的其他结构，例如链表等。这些完全可以用范畴来解释。这一结论是德国数学家戴德金发现的，尽管当时还没有范畴论。我们今天将这一范畴命名为皮亚诺范畴 **Pno**。范畴中的对象为（A, f, z），其中 A 为元素的集合，对于自然数来说这个集合是全体自然数 N；$f: A \to A$ 是后继函数，对于自然数来说，就是 succ；$z \in A$ 是起始元素，对于自然数来说是 0。任给两个皮亚诺对象（A, f, z）和（B, g, c），现在定义从 A 到 B 的态射

$$A \xrightarrow{\phi} B$$

它满足

$$\phi \circ f = g \circ \phi \quad 且 \quad \phi(z) = c$$

试验证 **Pno** 的确是一个范畴。

皮亚诺范畴中的对象是（A, f, z）这样的三元组。箭头为保持三元组结构的映射 ϕ。箭头的组合，就是函数的组合：

$$A \xrightarrow{\phi} B \xrightarrow{\psi} C$$

$$A \xrightarrow{\psi \circ \phi} C$$

由于函数的组合是可结合的，故箭头也是可结合的。接下来我们验证恒等箭头：

$$A \xrightarrow{\mathrm{id}_A} A$$

它满足 $\mathrm{id}_A(z) = z$，并且 $\mathrm{id}_A \circ f = f \circ \mathrm{id}_A$。

显然三元组（$\boldsymbol{N}$, succ, 0）是皮亚诺范畴中的对象。并且有趣的是，对于任何皮亚诺范畴的对象（A, f, z）都存在唯一的箭头：

$$(\boldsymbol{N}, \mathrm{succ}, 0) \xrightarrow{\sigma} (A, f, z)$$

其中：

$$\sigma(n) = f^n(z)$$

答案 4.2

1. 请使用叠加操作 foldr 来定义列表函子的箭头映射。

本质上就是用 foldr 定义列表的逐一映射：

$$\text{fmap}\ f = \text{foldr}\ f\ \text{Nil}$$

2. 证明可能函子和列表函子的组合 **Maybe** ∘ **List** 与 **List** ∘ **Maybe** 仍然是函子。

我们只证明 **Maybe** ∘ **List** 仍然是函子。另一证明与此类似。任何对象 A 被映射为 **Maybe**（**List** A）。对于箭头，我们先看恒等箭头的情况：

$$\begin{array}{lll}
(\mathbf{Maybe} \circ \mathbf{List})\ \text{id} & = \mathbf{Maybe}(\mathbf{List}\ \text{id}) & \text{函子的组合} \\
& = \mathbf{Maybe}\ \text{id} & \text{列表函子的恒等箭头} \\
& = \text{id} & \text{可能函子的恒等箭头}
\end{array}$$

然后是箭头组合：

$$\begin{array}{ll}
(\mathbf{Maybe} \circ \mathbf{List})\ (f \circ g) & \\
= \mathbf{Maybe}\ (\mathbf{List}\ (f \circ g)) & \text{函子的组合} \\
= \mathbf{Maybe}\ ((\mathbf{List}\ f) \circ (\mathbf{List}\ g)) & \text{列表函子的箭头组合性质} \\
= (\mathbf{Maybe}\ (\mathbf{List}\ f)) \circ (\mathbf{Maybe}\ (\mathbf{List}\ g)) & \text{可能函子的箭头组合性质} \\
= ((\mathbf{Maybe} \circ \mathbf{List})\ f) \circ ((\mathbf{Maybe} \circ \mathbf{List})\ g) & \text{函子的组合}
\end{array}$$

3. 证明任意函子的组合 **G** ∘ **F** 仍然是函子。

仿照前一题，我们分别证明函子的组合满足恒等箭头，和箭头组合的性质即可。首先是恒等箭头性质：

$$\begin{array}{lll}
(\mathbf{G} \circ \mathbf{F})\ \text{id} & = \mathbf{G}\ (\mathbf{F}\ \text{id}) & \text{函子的组合} \\
& = \mathbf{G}\ \text{id} & \text{函子 } \mathbf{F} \text{ 的恒等箭头} \\
& = \text{id} & \text{函子 } \mathbf{G} \text{ 的恒等箭头}
\end{array}$$

然后是箭头组合：

$$\begin{array}{lll}
(\mathbf{G} \circ \mathbf{F})\ (\phi \circ \psi) & = \mathbf{G}(\mathbf{F}\ (\phi \circ \psi)) & \text{函子的组合} \\
& = \mathbf{G}((\mathbf{F}\ \phi) \circ (\mathbf{F}\ \psi)) & \text{函子 } \mathbf{F} \text{ 的箭头组合性质} \\
& = (\mathbf{G}(\mathbf{F}\ \phi)) \circ (\mathbf{G}\ (\mathbf{F}\ \psi)) & \text{函子 } \mathbf{G} \text{ 的箭头组合性质} \\
& = ((\mathbf{G} \circ \mathbf{F})\ \phi) \circ ((\mathbf{G} \circ \mathbf{F})\ \psi) & \text{函子的组合}
\end{array}$$

4. 思考一个预序集范畴上的函子的例子。

预序集范畴上的函子是一个单调映射。

5. 回顾第 2 章中介绍的二叉树，请定义一个二叉树函子。

考虑集合全函数范畴上的对象 A，二叉树函子将其映射为

```
data Tree A = Empty | Branch (Tree A) A (Tree A)
```

对于箭头 $A \xrightarrow{f} B$，二叉树函子将其映射为

$$\begin{array}{l}
\text{fmap}\ f\ \text{Empty} = \text{Empty} \\
\text{fmap}\ f\ (\text{Branch}\ l\ x\ r) = \text{Branch}\ (\text{fmap}\ f\ l)\ (f\ x)\ (\text{fmap}\ f\ r)
\end{array}$$

或者利用第 2 章定义的 mapt：

$$\text{fmap} = \text{mapt}$$

答案 4.3

1. 考虑偏序集（poset）中的两个对象，它们的积是什么？和是什么？

我们说一个偏序集本身就是一个范畴，每个元素都是一个对象，任何两个对象间最多有一个箭头（如果有序关系，则存在箭头）。对于偏序集中的两个元素（对象）a 和 b，如果它们都有指向上下游的箭头，则

交运算 meet $a \wedge b$　　　　并运算 join $a \vee b$

是这一对对象的

积　　　　和

其中交运算是两个对象的最小上界，而并运算是两个对象的最大下界。由于最小上界和最大下界并不一定存在，所以偏序集中任何两个对象的积与和也并不一定存在。

2. 证明和的吸收率，并验证和函子的组合性质。

和的吸收率是：

$$[p, q] \circ (f + g) = [p \circ f, q \circ g]$$

证明：

$$\begin{array}{lll}
& [p, q] \circ (f + g) & \\
= & [p, q] \circ [\text{left} \circ f, \text{right} \circ g] & + \text{ 的定义} \\
= & [[p, q] \circ (\text{left} \circ f), [p, q] \circ (\text{right} \circ g)] & \text{和的融合律} \\
= & [[p, q] \circ \text{left} \circ f, [p, q] \circ \text{right} \circ g] & \text{结合性} \\
= & [p \circ f, q \circ g] & \text{和的消去律} \quad \square
\end{array}$$

和函子的组合性质：

$$(f + g) \circ (f' + g') = f \circ f' + g \circ g'$$

证明： 令 $p = \text{left} \circ f$，$q = \text{right} \circ g$

$$\begin{array}{lll}
& (f + g) \circ (f' + g') & \\
= & [\text{left} \circ f, \text{right} \circ g] \circ (f' + g') & + \text{ 的定义} \\
= & [p, q] \circ (f' + g') & \text{用 } p, q \text{ 代换} \\
= & [p \circ f', q \circ g'] & \text{和的吸收律} \\
= & [\text{left} \circ f \circ f', \text{right} \circ g \circ g'] & \text{把 } p, q \text{ 代回} \\
= & [\text{left} \circ (f \circ f'), \text{right} \circ (g \circ g')] & \text{结合律} \\
= & f \circ f' + g \circ g' & \text{反向用 + 的定义} \quad \square
\end{array}$$

答案4.4

1. 证明swap满足自然变换的条件 $(g\times f)\circ \text{swap} = \text{swap}\circ (f\times g)$

对于 $A \xrightarrow{f} C$ 和 $B \xrightarrow{g} D$，我们要证明下面的范畴图可交换。

$$
\begin{array}{ccc}
(A,B) & \xrightarrow{\text{swap } A,B} & (B,A) \\
{\scriptstyle f\times g}\downarrow & & \downarrow{\scriptstyle g\times f=\text{swap } f\times g} \\
(D,C) & \xrightarrow[\text{swap } C,D]{} & (D,C)
\end{array}
$$

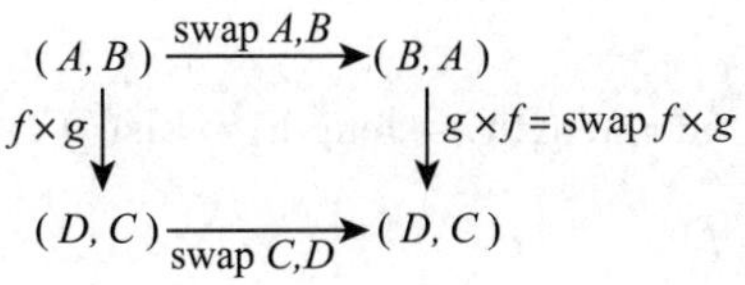

证明：

$$
\begin{array}{ll}
((g\times f)\circ \text{swap})\ (A,B) & \\
=(g\times f)\ (\text{swap}\ (A,B)) & \text{组合的定义} \\
=(g\times f)\circ (B,A) & \text{swap 的定义} \\
=(g\ B, f\ A) & \text{箭头的积} \\
=(D,C) & \text{箭头 } g,f \text{ 的定义} \\
=\text{swap}\ (C,D) & \text{反向用 swap 的定义} \\
=\text{swap}\ (f\ A, g\ B) & \text{反向用 } f,g \text{ 的定义} \\
=\text{swap}\ ((f\times g)\ (A,B)) & \text{箭头的积} \\
=(\text{swap}\circ (f\times g))\ (A,B) & \text{反向用组合的定义}
\end{array}
$$

□

2. 证明多态函数length是一个自然变换，其定义如下：

$$
\begin{array}{l}
\text{length}:[A]\to \text{Int} \\
\text{length}\ [\,] = 0 \\
\text{length}\ (x:xs) = 1 + \text{length}\ xs
\end{array}
$$

对于任何对象 A，它的索引箭头length为：

$$[A] \xrightarrow{\text{length}_A} \mathbf{K}_{\text{Int}}\ A$$

其中 $\mathbf{K}_{\text{Int}}$ 是常函子，它将任何对象映射到Int，所有箭头映射为恒等箭头 id_{int}。对于箭头 $A \xrightarrow{f} B$，我们要证明下面的范畴图可交换。

$$
\begin{array}{ccccc}
A & \quad & [A] & \xrightarrow{\text{length } A} & \mathbf{K}_{\text{Int}}A \\
{\scriptstyle f}\downarrow & & {\scriptstyle \mathbf{List}(f)}\downarrow & & \downarrow{\scriptstyle \mathbf{K}_{\text{Int}}(f)} \\
B & & [B] & \xrightarrow[\text{length } B]{} & \mathbf{K}_{\text{Int}}B
\end{array}
$$

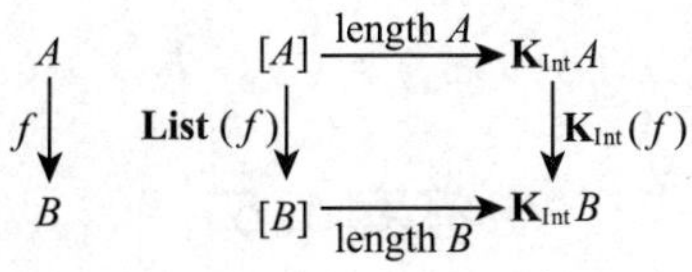

利用常函子的定义，这个范畴图等价于：

$$\begin{array}{ccc} A & [A] \xrightarrow{\text{length } A} & \text{Int} \\ f\downarrow & \textbf{List}(f)\downarrow & \downarrow \text{id} \\ B & [B] \xrightarrow[\text{length } B]{} & \text{Int} \end{array}$$

也就是要证明：

$$\text{id} \circ \text{length}_A = \text{length}_B \circ \textbf{List}(f)$$

即 $\text{length}_A = \text{length}_B \circ$ $\textbf{List}$ (f)

证明．我们用数学归纳法证明。首先是空列表：

$\text{length}_B \circ \textbf{List}(f)\ [\,]$	
$= \text{length}_B[\,]$	列表函子的定义
$= 0$	length 的定义
$= \text{length}_A[\,]$	反向用 length 的定义

然后是归纳假设，设 $\text{length}_B \circ$ $\textbf{List}$ (f) as $=$ length_A as 成立，我们有：

$\text{length}_B \circ \textbf{List}(f)\ (a:as)$	
$= \text{length}_B(f(a) : \textbf{List}(f)\ as)$	列表函子的定义
$= 1 + \text{length}_B(\textbf{List}(f)\ as)$	length 的定义
$= 1 + \text{length}_B \circ \textbf{List}(f)\ as$	箭头组合
$= 1 + \text{length}_A\ as$	归纳假设
$= \text{length}_A(a:as)$	反向用 length 的定义

□

3. 自然变换也可以进行组合，考虑两个自然变换 $\mathbf{F} \xrightarrow{\phi} \mathbf{G}$ 和 $\mathbf{G} \xrightarrow{\psi} \mathbf{H}$，对于任意箭头 $A \xrightarrow{f} B$，试画出自然变换组合 $\psi \circ$ ϕ 的范畴图，并列出可交换性的条件。

$$\begin{array}{ccccc} \mathbf{F}A & \xrightarrow{\phi A} & \mathbf{G}A & \xrightarrow{\psi A} & \mathbf{H}A \\ \mathbf{F}(f)\downarrow & & \mathbf{G}(f)\downarrow & & \downarrow\mathbf{H}(f) \\ \mathbf{F}B & \xrightarrow[\phi B]{} & \mathbf{G}B & \xrightarrow[\psi B]{} & \mathbf{H}B \end{array}$$

可交换的条件为

$$\mathbf{H}(f) \circ (\psi_A \circ \phi_A) = (\psi_B \circ \phi_B) \circ \mathbf{F}\ (f)$$

答案 4.5

1. 在本节的例子中，我们说在一个偏序集中，如果存在最小值（或最大值），则最小值（或最大值）就是起始对象（或终止对象）。考虑全体偏序集构成的范畴 **Poset**，如果存在起始对象，它是什么？如果存在终止对象，它是什么？

对于 **Poset** 范畴，对象是偏序集，箭头是单调映射。对于两个偏序集 P，Q，箭头 $P \xrightarrow{h} Q$ 使得偏序集 P 中任何两个有序元素 $a \leqslant b$，有 $h\ (a) \leqslant h\ (b)$。

这一范畴中的起始对象是空偏序集 $0 = \varnothing$。它到任何其他偏序集有唯一的箭头：

$$\varnothing \longrightarrow P$$

终止对象是只有一个元素的偏序集 $1 = \{\bigstar\}$，偏序关系为 $R = \{(\bigstar, \bigstar)\}$，即 $\bigstar \leqslant \bigstar$。任何偏序集 P 到 1 有唯一的箭头：

$$\begin{gathered} P \longrightarrow \{\bigstar\} \\ p \mapsto \bigstar \end{gathered}$$

2. 在皮亚诺范畴 **Pno** 中，什么样的对象 (A, f, z) 是起始对象？终止对象是什么？

起始对象是 $(\boldsymbol{N}, \mathrm{succ}, 0)$，它到任何其它对象唯一箭头是：

$$(\boldsymbol{N}, \mathrm{succ}, 0) \xrightarrow{\sigma} (A, f, z) : \sigma(n) = f^n(z)$$

终止对象是只有一个元素的对象 $1 = (\{\bigstar\}, \bigstar, id)$。任何皮亚诺范畴的对象 (A, f, z) 到终止对象的唯一箭头是：

$$(A, f, z) \xrightarrow{\sigma} 1 : \sigma(a) = \bigstar$$

答案 4.6

1. 验证 **Exp** 的确是一个范畴，指出 id 箭头和箭头的组合。

我们先看 id 箭头的定义 $h \xrightarrow{\mathrm{id}} h$，它使得下面的范畴图可交换：

$$\begin{array}{ccccc} A & & A \times B & \xrightarrow{h} & C \\ \downarrow \mathrm{id}_A & & \downarrow \mathrm{id}_A \times \mathrm{id}_B & \nearrow h & \\ A & & A \times B & & \end{array}$$

然后是箭头组合：

$h \xrightarrow{i} k$ 和 $k \xrightarrow{j} m$ 的组合是 $j \circ i$ 使得下面的范畴图交换：

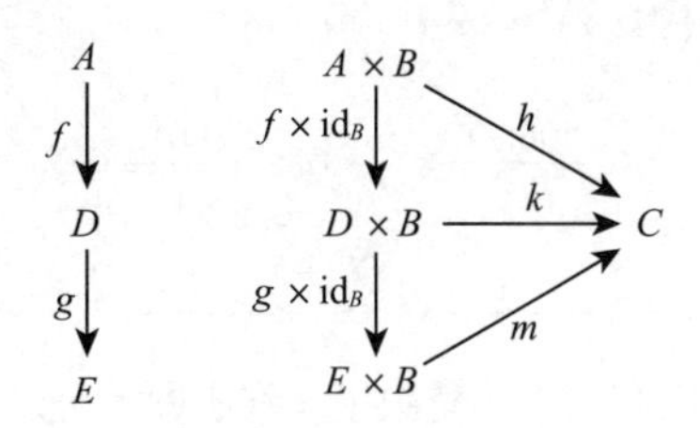

因此对于箭头 $h \xrightarrow{j} k$ 有：$id_k \circ j = j = j \circ id_h$。并且对于三个箭头有结合律。

2. 反射律 curry apply = id 中，id 的下标是什么？请用另一种方法证明它。

id 的下标是二元箭头的类型 $A \times B \to C$。

证明：

$$
\begin{array}{ll}
\quad \text{curry} \circ \text{apply}\ f\ a\ b & \\
= \text{curry}\ (\text{apply}\ f)\ a\ b & \text{组合的定义} \\
= (\text{apply}\ f)\ (a,\ b) & \text{curry 的定义} \\
= f(a,\ b) & \text{apply 的定义} \\
= id_{A \times B \to C}\ f(a,\ b) &
\end{array}
$$

3. 我们称下面的等式 □

$$(\text{curry}\ f) \circ g = \text{curry}(f \circ (g \times \text{id}))$$

为柯里化的融合律。请画出它的范畴图并证明它。

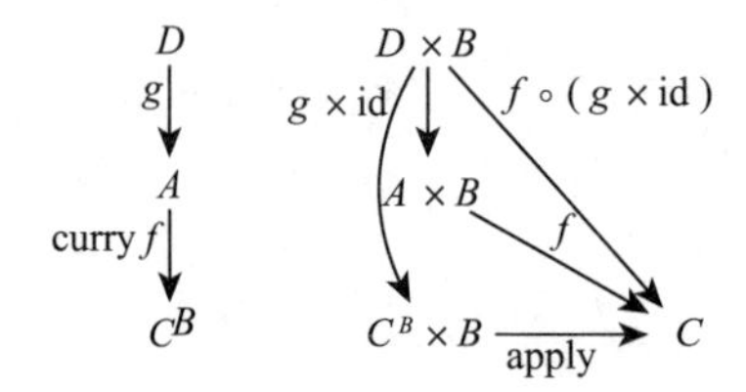

观察图中 $D \times B$，$A \times B$ 和 C 这个三角形。我们知道 $D \times B \to C$ 这个组合箭头为 $f \circ (g \times \text{id})$。

根据幂对象和转换箭头的定义有：

$$\text{apply} \circ (\text{curry}\ f) \circ g = f \circ (g \times \text{id})$$

由 curry 和 apply 的泛性性质有：

$$(\text{curry}\ f) \circ g = \text{curry}\ (f \circ (g \times \text{id}))$$

答案 4.7

1. 画出群的可逆性公理的范畴图。

可逆性公理表示为：$m \circ (\text{id},\ i) = m \circ (i,\ \text{id}) = e$

$$
\begin{array}{ccccc}
G & \xrightarrow{(\text{id},\, i)} & G \times G & \xleftarrow{(i,\, \text{id})} & G \\
\downarrow & & \downarrow m & & \downarrow \\
1 & \xrightarrow{e} & G & \xleftarrow{e} & 1
\end{array}
$$

2. p 是一个素数，使用群的 F-代数，为整数模 p 乘法群（可以参考上一章）定义一个 α 箭头。

根据群的 α 箭头定义：

$$\mathbf{F}A \xrightarrow{\alpha = e + m + i} A$$

定义整数模 p 乘法群如下：

$$\begin{array}{ll} e() = 1 & \text{单位元是 } 1 \\ m(a, b) = ab \bmod p & \text{二元运算是模 } p \text{ 乘法} \\ i(a) = a^{p-2} \bmod p & \text{根据费马小定理 } a^{p-1} \equiv 1 \bmod p \end{array}$$

3. 参考上一章环的定义，定义环的 F-代数。

环上的代数结构由三部分组成：

①携带对象 R，用于携带环上代数结构的集合。

②多项式函子 $\mathbf{F}A = 1 + 1 + A \times A + A \times A + A$。

③箭头 $\mathbf{F}A \xrightarrow{\alpha = z + e + p + m + n} A$，它们分别是加法单位元 z，乘法单位元 e，加法 p，乘法 m，和求反 n。

这样就定义了一个环上的 F-代数（R, α）。例如当携带对象是整数时，算术运算下的环定义为

$$\begin{array}{l} z() = 0 \\ e() = 1 \\ p(a, b) = a + b \\ m(a, b) = ab \\ n(a) = -a \end{array}$$

4. F-代数范畴上的 id 箭头是什么？箭头组合是什么？

从 F-代数（A, α）到其自身的同态映射是 id 箭头。箭头组合是 F-态射的组合。携带对象间的箭头：$A \xrightarrow{f} B \xrightarrow{g} C$ 使得下面的范畴图可交换：

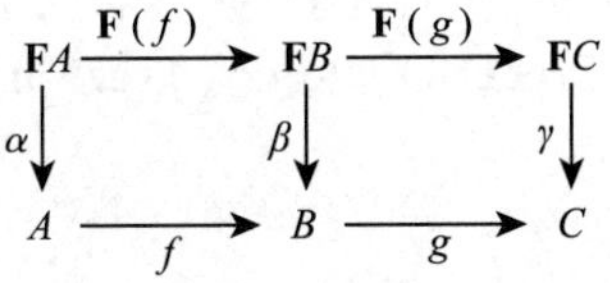

$$\begin{array}{ccccc} \mathbf{F}A & \xrightarrow{\mathbf{F}(f)} & \mathbf{F}B & \xrightarrow{\mathbf{F}(g)} & \mathbf{F}C \\ \alpha\downarrow & & \beta\downarrow & & \gamma\downarrow \\ A & \xrightarrow[f]{} & B & \xrightarrow[g]{} & C \end{array}$$

$$g \circ f \circ \alpha = \gamma \circ \mathbf{F}(g) \circ \mathbf{F}(f) = \gamma \circ \mathbf{F}(g \circ f)$$

答案 4.8

1. 可否把类自然数函子写成如下递归的形式？谈谈你的看法。

```
data NatF A = ZeroF | SuccF (NatF A)
```

不可以。考虑携带对象 A，上述函子 **NatF** 是迭代的，它并不将 A 映射为确定的某个对象。事实上，我们希望把它映射为皮亚诺范畴上的对象（A, f, z）。

2. 我们可以为 **NatF** Int→Int 定义一个 α 箭头，名叫 eval：

$$
\begin{aligned}
&\text{eval} : \mathbf{NatF}\ \text{Int} \to \text{Int} \\
&\text{eval ZeroF} = 0 \\
&\text{eval (SuccF } n) = n + 1
\end{aligned}
$$

如果迭代地将 $A' = \mathbf{NatF}\ A$ 代入 **NatF** 函子 n 次。我们把这样得到的函子记为 $\mathbf{NatF}^n\ A$。试思考能否定义下面的 α 箭头：

$$\text{eval} : \mathbf{NatF}^n\ \text{Int} \to \text{Int}$$

$$
\begin{array}{rl}
\text{eval} : \mathbf{NatF}^n\ \text{Int} \to \text{Int} & \\
\text{eval ZeroF} = 0 & \text{ZeroF 是 } \mathbf{NatF}^n\ \text{Int 的对象} \\
\text{eval (SuccF ZeroF)} = 1 & \text{ZeroF 是 } \mathbf{NatF}^{n-1}\ \text{Int 的对象} \\
\text{eval (SuccF (SuccF ZeroF))} = 2 & \text{ZeroF 是 } \mathbf{NatF}^{n-2}\ \text{Int 的对象} \\
\cdots & \\
\text{eval (SuccF}^{n-1}\text{ ZeroF)} = n - 1 & \text{ZeroF 是 } \mathbf{NatF}\ \text{Int 的对象} \\
\text{eval (SuccF}^{n}\ m) = m + n &
\end{array}
$$

答案 4.9

1. 对二叉树函子 **TreeF** A B，固定 A，利用不动点验证（**Tree** A，[nil，branch]）是初始代数。

令 $B' = \mathbf{TreeF}\ A\ B$，然后不断递归地应用到自己，把此结果称为 **Fix**（**TreeF** A）。

$$
\begin{array}{ll}
\mathbf{Fix}\ (\mathbf{TreeF}\ A) & \\
= \mathbf{TreeF}\ A\ (\mathbf{Fix}\ (\mathbf{TreeF}\ A)) & \text{不动点的定义} \\
= \mathbf{TreeF}\ A\ (\mathbf{TreeF}\ A\ (\cdots)) & \text{递归展开} \\
= \text{NilF} \mid \text{BrF}\ A\ (\mathbf{TreeF}\ A\ (\cdots))\ (\mathbf{TreeF}\ A\ (\cdots)) & \text{二叉树函子的定义} \\
= \text{NilF} \mid \text{BrF}\ A\ (\mathbf{Fix}\ (\mathbf{TreeF}\ A))\ (\mathbf{Fix}\ (\mathbf{TreeF}\ A)) & \text{反向用不动点}
\end{array}
$$

比较 Tree A 的定义：

```
data Tree A = Nil | Br A (Tree A) (Tree A)
```

故而：**Tree** A = **Fix**（**TreeF** A）。初始代数为（**Tree** A，[nil，branch]）。

答案 5.1

1. 验证左侧叠加也可以表示为 foldr：

$$\text{foldl}\ f\ z\ xs = \text{foldr}\ (b\ g\ a \mapsto g\ (f\ a\ b))\ \text{id}\ xs\ z$$

为了方便理解，我们将其改写为：

$$\text{foldl}\ f\ z\ xs = \text{foldr step id}\ xs\ z$$
$$\text{其中：step}\ x\ g\ a = g\ (f\ a\ x)$$

$$\begin{aligned}
&\text{foldl}\ f\ z\ [x_1, x_2, \cdots, x_n] \\
&= (\text{foldr step id}\ [x_1, x_2, \cdots, x_n])\ z \\
&= (\text{step}\ x_1(\text{step}\ x_2(\ \cdots\ (\text{step}\ x_n\ \text{id})))\ \cdots)\ z \\
&= (\text{step}\ x_1(\text{step}\ x_2(\ \cdots\ (a_n \mapsto \text{id}\ (f\ a_n\ x_n))))\ \cdots)\ z \\
&= (\text{step}\ x_1(\text{step}\ x_2(\ \cdots(a_{n-1} \mapsto (a_n \mapsto \text{id}\ (f\ a_n\ x_n))\ (f\ a_{n-1}\ x_{n-1}))))) \cdots)\ z \\
&= (a_1 \mapsto (a_2 \mapsto (\ \cdots\ (a_n \mapsto \text{id}\ (f\ a_n\ x_n))\ (f\ a_{n-1}\ x_{n-1}))\ \cdots\ (f\ a_2\ x_2))\ (f\ a_1\ x_1))\ z \\
&= (a_1 \mapsto (a_2 \mapsto (\ \cdots\ (a_n \mapsto f\ a_n\ x_n)\ (f\ a_{n-1}\ x_{n-1}))\ \cdots\ )\ (f\ a_1\ x_1))\ z \\
&= (a_1 \mapsto (a_2 \mapsto (\cdots\ (a_{n-1} \mapsto f\ (f\ a_{n-1}\ x_{n-1})\ x_n)\ \cdots))\ (f\ a_1\ x_1))\ z \\
&= (a_1 \mapsto f\ (f\ (\cdots(f\ a_1\ x_1)\ x_2)\ \cdots)\ x_n)\ z \\
&= f\ (f\ (\cdots(f\ z\ x_1)\ x_2)\ \cdots)\ x_n
\end{aligned}$$

如果把f改写成$\oplus$，并写成中缀形式，就能看出 foldl 和 foldr 的区别：

$$\text{foldl}\ \oplus\ f\ z = ((\cdots(z \oplus x_1) \oplus x_2)\cdots) \oplus x_n$$

2\. 证明以下列表的构建-叠加形式：

$$\begin{aligned}
&\text{concat}\ xss = \text{build}\ (f\ z \mapsto \text{foldr}\ (xs\ x \mapsto \text{foldr}\ f\ x\ xs)\ z\ xss) \\
&\text{map}\ f\ xs = \text{build}\ (\oplus\ z \mapsto \text{foldr}\ (y\ ys \mapsto (f\ y) \oplus ys)\ z\ xs) \\
&\text{filter}\ p\ xs = \text{build}\ (\oplus\ z \mapsto \text{foldr}\ (x\ xs' \mapsto \begin{cases} x \oplus xs' & p(x) \\ xs' & \text{其他} \end{cases})\ z\ xs) \\
&\text{repeat}\ x = \text{build}\ (\oplus\ z \mapsto \text{let}\ r = x \oplus r\ \text{in}\ r)
\end{aligned}$$

首先是多个列表的连接 concat

证明：

$\text{build}\ (f\ z \mapsto \text{foldr}\ (xs\ x \mapsto \text{foldr}\ f\ x\ xs)\ z\ xss)$	
$= (f\ z \mapsto \text{foldr}\ (xs\ x \mapsto \text{foldr}\ f\ x\ xs)\ z\ xss)\ (:)\ [\ ]$	build 的定义
$= \text{foldr}\ (xs\ x \mapsto \text{foldr}\ (:)\ x\ xs)\ [\ ]\ xss$	β - 归约
$= \text{foldr}\ +\!\!+\ [\ ]\ xss$	两个列表连接的定义
$= \text{concat}\ xss$	多列表连接的定义

接着是逐一映射 map □

证明：

$\text{build}\ (\oplus\ z \mapsto \text{foldr}\ (y\ ys \mapsto (f\ y) \oplus ys)\ z\ xs)$	
$= (\oplus\ z \mapsto \text{foldr}\ (y\ ys \mapsto (f\ y) \oplus ys)\ z\ xs)\ (:)\ [\ ]$	build 的定义
$= \text{foldr}\ (y\ ys \mapsto f(y)\ :\ ys)\ [\ ]\ xs$	β - 归约

$$
\begin{aligned}
&= \text{foldr}\ (x\ ys \mapsto f(x) : ys)\ [\ ]\ xs && \alpha\text{ 变换，改名字} \\
&= \text{map}\ f\ xs && \text{逐一映射的定义} \qquad \square
\end{aligned}
$$

接着是过滤操作 filter

证明：

$$
\begin{aligned}
&\text{build}\ (\oplus\ z \mapsto \text{foldr}\ (x\ xs' \mapsto \begin{cases} x \oplus xs' & p(x) \\ xs' & \text{其他} \end{cases})\ z\ xs) \\
&= (\oplus\ z \mapsto \text{foldr}\ (x\ xs' \mapsto \begin{cases} x \oplus xs' & p(x) \\ xs' & \text{其他} \end{cases})\ z\ xs)\ (:)\ [\ ] && \text{build 的定义} \\
&= \text{foldr}\ (x\ xs' \mapsto \begin{cases} x : xs' & p(x) \\ xs' & \text{其他} \end{cases})\ [\ ]\ xs && \beta - \text{归约} \\
&= \text{filter}\ p\ xs && \text{过滤操作的定义} \qquad \square
\end{aligned}
$$

最后是重复操作 repeat

证明：

$$
\begin{aligned}
&\text{build}\ (\oplus\ z \mapsto \text{let}\ r = x \oplus r\ \text{in}\ r) \\
&= (\oplus\ z \mapsto \text{let}\ r = x \oplus r\ \text{in}\ r)\ (:)\ [\ ] && \text{build 的定义} \\
&= (\text{let}\ r = x : r\ \text{in}\ r) && \beta - \text{归约} \\
&= \text{repeat}\ x && \text{重复操作的定义} \qquad \square
\end{aligned}
$$

3. 化简快速排序算法：

$$
\begin{cases}
\text{qsort}\ [\ ] = [\ ] \\
\text{qsort}\ (x{:}xs) = \text{qsort}\ [a \mid a \in xs,\ a \leqslant x] \mathbin{+\!\!+} [x] \mathbin{+\!\!+} \text{qsort}\ [a \mid a \in xs,\ x < a]
\end{cases}
$$

提示：将 ZF 表达式转换为 filter。

显然这里处理了两遍列表，它们可以合成一次：

$$
\begin{cases}
\text{qsort}\ [\ ] = [\ ] \\
\text{qsort}\ (x{:}xs) = \text{qsort}\ as \mathbin{+\!\!+} [x] \mathbin{+\!\!+} \text{qsort}\ bs
\end{cases}
$$

其中：

$$
(as,\ bs) = \text{foldr}\ h\ ([\ ],\ [\ ])\ xs
$$

$$
h\ y\ (as',\ bs') = \begin{cases} (y{:}as',\ bs') & y \leqslant x \\ (as',\ y{:}bs') & \text{其他} \end{cases}
$$

接下来我们可以把两个列表的连接操作化简：

$$
\begin{aligned}
&\text{qsort}\ as \mathbin{+\!\!+} [x] \mathbin{+\!\!+} \text{qsort}\ bs \\
&= \text{qsort}\ as \mathbin{+\!\!+} (x : \text{qsort}\ bs) \\
&= \text{foldr}\ (:)\ (x : \text{qsort}\ bs)\ (\text{qsort}\ as)
\end{aligned}
$$

4. 利用范畴论验证融合律的类型限制。提示：考虑向下态射的类型。

观察范畴图：

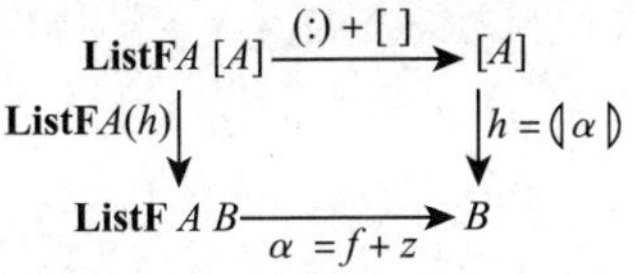

$$
\begin{array}{ccc}
\mathbf{ListF}A\,[A] & \xrightarrow{(:)+[\,]} & [A] \\
\mathbf{ListF}A(h)\downarrow & & \downarrow h = (\!|\alpha|\!) \\
\mathbf{ListF}\,A\,B & \xrightarrow[\alpha\ =f+z]{} & B
\end{array}
$$

向下态射$(\!|\alpha|\!)$被抽象成从 α 构造某种代数结构 $g\ \alpha$。g 接受一个 F-代数的 α 箭头，产生结果 B。α 箭头是 $f: A \to B \to B$ 和 $z: 1 \to B$ 的和。故其类型为

$$g:\ \forall\ A.\ (\forall\ B.\ (A \to B \to B) \to B \to B)$$

构造的定义是 build (g) = g (:) [ ]，它把 g 应用到初始代数的 α 箭头上从而构造出初始代数中的对象，也就是列表 $[A]$。因而：

$$\text{build}:\ \forall\ A.\ (\forall\ B.\ (A \to B \to B) \to B \to B) \to \mathbf{List}\ A$$

答案 5.2

1. 利用融合律化简算式求值的定义。

eval = sum ∘ map (product ∘ (map dec))

```
      eval es
      {函数组合}
    = sum (map (product ∘ (map dec)) es)
      {sum 展开为叠加形式,map 展开为构建形式}
    = foldr (+) 0 (build (⊕ z ↦ foldr (t ts ↦ (f t) ⊕ ts) z es))
      {令 f = product ∘ (map dec),并用融合律}
    = (⊕ z ↦ foldr (t ts ↦ (f t) ⊕ ts) z es) (+) 0
      {β - 归约}
    = foldr (t ts ↦ (f t) + ts) 0 es
```

写成无参数形式就是：

$$\text{eval} = \text{foldr}\ (t\ ts \mapsto (f\ t) + ts)\ 0$$

接下来我们再化简 product ∘ (map dec) 部分

```
      (product ∘ (map dec)) t
      {函数组合}
    = product (map dec t)
      {product 展开为叠加形式,map 展开为构建形式}
    = foldr (×) 1 (build (⊕ z ↦ foldr (d ds ↦ (dec d) ⊕ ds) z t))
      {融合律}
```

$= (\oplus\ z \mapsto \text{foldr}\ (d\ ds \mapsto (\text{dec}\ d) \oplus ds)\ z\ t)\ (\times)\ 1$

{β - 归约}

$= \text{foldr}\ (d\ ds \mapsto (dec\ d) \times ds)\ 1\ t$

{定义 $\text{fork}(f, g)\ x = (f\ x, g\ x)$}

$= \text{foldr}\ ((\times) \circ \text{fork}\ (\text{dec}, \text{id}))\ 1\ t$

接着把这个结果代入之前的f，得到最终化简的结果：

$$\text{eval} = \text{foldr}\ (t\ ts \mapsto (\text{foldr}\ ((\times) \circ \text{fork}\ (\text{dec}, \text{id}))\ 1\ t) + ts)\ 0$$

2. 如何从左侧扩展出所有的算式？

从左向右扩展时，针对每个数字d，有三种选择：

①什么都不插入意味着将数字d直接添加到e_i的最后一个子算式中的最后一个因子的后面。这样由$f_n \mathbin{+\!\!+} [d]$组成一个新的因子。例如e_i是算式1 + 2，数字d是3，将3写在1 + 2的后面而什么符号都不插入，这样就得到新算式1 + 23。

②插入乘号意味着用数字d构成一个因子$[d]$，然后将它添加到e_i中最后一个子算式的后面。这样由$t_m \mathbin{+\!\!+} [[d]]$组成一个新的子算式。具体到1 + 2这个例子，我们把3写在它的后面，然后在2和3之间插入一个乘号，这样就得到新算式1 + 2 × 3。

③插入加号意味着用数字d构成一个子算式$[[d]]$，然后将它添加到e_i的最后面，组成新的算式$e_i \mathbin{+\!\!+} [[[d]]]$。具体到1 + 2这个例子，我们把3写在它的后面，然后在2和3之间插入一个加号，这样就得到新算式1 + 2 + 3。

为了将一个元素加到序列的末尾，我们可以定义一个函数：

$$\text{append}\ x = \text{foldr}\ (:)\ [x]$$

然后我们定义一个函数 onLast (f)，它把f应用到一个序列的最后一个元素上：

$$\text{onLast}(f) = \text{foldr}\ h\ [\ ]$$

$$\text{其中：}\begin{cases} h\ x\ [\ ] = [(f\ x)] \\ h\ x\ xs = x : xs \end{cases}$$

然后，我们就可以实现这3种情况的扩展：

```
add d exp = [((append d) `onLast`) `onLast` exp,
             (append [d]) `onLast` exp,
             (append [[d]]) exp]
```

3. 下面定义可以将算式翻译为字符串：

$$\text{str} = (\text{join}\ \text{“}+\text{”}) \circ (\text{map}\ ((\text{join}\ \text{“}\times\text{”}) \circ (\text{map}\ (\text{show} \circ \text{dec}))))$$

其中 show 可以将数字转换为字符串。函数 join (c, s) 将一组字符串s用c连接起来，例如 join (“#”, [“abc”, “def”]) = “abc#def”。利用融合律化简 str 的定义。

第5章中，我们给出了 join (ws) 的结果，它实际上是用空格分割一组字符串。将空格作为参数，就得到了 join（c，s）的定义：

$$\text{join}\ c = \text{foldr}\ (w\ b \mapsto \text{foldr}\ (:)\ (c{:}b)\ w)\ [\,]$$

观察 str 的定义，它实际上是两重的（join c）。（map f）的形式，即：

$$\text{str} = (\text{join}\ c) \circ (\text{map}\ f)$$
$$\text{其中}: f = (\text{join}\ d) \circ (\text{map}\ g)$$

这里 c = “+”，d = “×”，而 g = show ∘ dec。为此我们只要找出（join c）∘（map f）的简化形式就可以了。

$$
\begin{aligned}
& (\text{join}\ c) \circ (\text{map}\ f)\ es \\
& \{\text{join 展开为叠加,map 展开为构建形式}\} \\
= & \ \textbf{foldr}\ (w\ b \mapsto \text{foldr}\ (:)\ (c{:}b)\ w)\ [\,]\ (\textbf{build}\ (\oplus\ z \mapsto \text{foldr}\ (y\ ys \mapsto (f\ y) \oplus ys)\ z\ es)) \\
& \{\text{融合律}\} \\
= & \ (\oplus\ z \mapsto \text{foldr}\ (y\ ys \mapsto (f\ y) \oplus ys)\ z\ es))\ (w\ b \mapsto \text{foldr}\ (:)\ (c{:}b)\ w)\ [\,] \\
& \{\beta - \text{归约}\} \\
= & \ \text{foldr}\ (y\ ys \mapsto \text{foldr}\ (:)\ (c{:}ys)\ (f\ y))\ [\,]\ es
\end{aligned}
$$

将之前的加号、乘号，以及 show ∘ dec 代入，我们得到结果：

$$
\begin{aligned}
\text{str} = \text{foldr}\ & (x\ xs \mapsto \text{foldr}\ (:)\ (\text{“+”}{:}xs)\ (\\
& \text{foldr}\ (y\ ys \mapsto \text{foldr}\ (:)\ (\text{“×”}{:}ys)\ (\text{show} \circ \text{dec}\ y))\ [\,]))\ [\,]
\end{aligned}
$$

答案 6.1

1. 第 1 章中，我们用叠加操作实现了斐波那契数列，如何用 iterate 定义斐波那契数列潜无穷？

$$F = (fst \circ \text{unzip})\ (\text{iterate}\ ((m,\ n) \mapsto (n,\ m + n))\ (1,\ 1))$$

例如 take 100 F

2. 用叠加操作定义 iterate。

我们考虑潜无穷流 iterate $f\ x$，如果将 f 再次应用到每个元素上，并且在最前面添加一个 x，得到的仍然是这个无穷流。基于这点我们可以定义：

$$\text{iterate}\ f\ x = x : \text{foldr}\ (y\ ys \mapsto (f\ y){:}ys)\ [\,]\ (\text{iterate}\ f\ x)$$

例如：

```
take 10 $ iter (+1) 0
[0, 1, 2, 3, 4, 5, 6, 7, 8, 9]
```

答案 6.2

1. 利用第 4 章中介绍的不动点定义，证明 Stream 是 **StreamF** 的不动点。

令 A' = **StreamF** E A，然后不断递归地应用到自己，把此结果称为 **Fix**（**StreamF** E）

```
Fix(StreamF E) = StreamF E (Fix(StreamF E))     不动点的定义
               = StreamF E (StreamF E (…))      递归展开
               = Stream E (Stream E (…))        替换名称
               = Stream E                       反向用 Stream 的定义
```

故 Stream 是 **StreamF** 的不动点。

2. 试定义反折叠 unfold

在实现时，通常使用 Maybe 来定义出一个结束条件：

```
unfold :: (b -> Maybe (a, b) ) → (b -> [a] )
unfold f b = case f b of
             Just (a, b') → a : unfold f b'
             Nothing → []
```

3. 数论中的算术基本定理说：任何一个大于 1 的整数都可以唯一地表示成若干素数的乘积。有一道编程趣题，要求判断一段文字 T 中，是否包含一个字符串 W 的某种排列。试利用算术基本定理和素数流解决这道题目。

我们的思路是，将每一个不同字符对应到一个素数上去，a 对应 2，b 对应 3，c 对应 5……。这样任意给定一个字符串 W，不管它是否包含重复的字符，我们都可以把它表示为素数的乘积：

$$F = \prod p_c,\ c \in W$$

我们称其为字符串 W 的数论指纹 F。如果 W 是空串，我们规定它的指纹等于 1。根据整数乘法的交换律，我们知道无论 W 怎样排列，其数论指纹都不变，并且根据算术基本定理，这个数论指纹是唯一的。现在我们就得到了一个特别简洁的解法：我们首先计算出 W 的数论指纹 F，然后用一个长度为 $|W|$ 的窗口沿着 T 从左向右滑动。一开始我们需要计算 T 在这个窗口内的数论指纹，并和 F 比较，如果相等就说明 T 包含 W 的某种排列。如果不等我们将这个窗口向右滑动一个字符。此时我们可以非常容易地计算新窗口内的数论指纹：只要把滑出的字符对应的素数除掉，再把滑入的字符对应的素数乘上就可以了。任何时候如果新窗口内的数论指纹等于 F，就说明找到了一个排列。当然为了获得每个不同字符对应的素数，我们还要利用埃拉托斯特尼筛法产生一串素数。下面是一段示例算法：

```
1: function CONTAINS?(W, T)
2:     P ← ana era [2, 3, …]                ▷素数序列
3:     if W = ϕ then
4:         return True
5:     if |T| < |W| then
6:         return False
7:     m ← ∏ P_c, c ∈ W
8:     m' ← ∏ P_c, c ∈ T[1…|W|]
9:     for i ← |W| + 1 to |T| do
10:        if m = m' then
```

```
11:         return True
12:      m' ← m' × P_{T_i} / P_{T_{i-|W|}}
13:   return m = m'
```

答案6.3

1. 我们用图6.16建立了房间和任意旅游团的客人间的一一映射。第i号旅游团的第j号客人应该入住几号房间？第k个房间里住了哪号旅游团的哪位客人？

按照本章约定，从0开始计数。用数偶(i, j)表示第i号旅游团的第j号客人。我们列出前面的几个客人和房间的对应关系

(i, j)	$(0, 0)$	$(0, 1)$	$(1, 0)$	$(2, 0)$	$(1, 1)$	$(0, 2)$	$(0, 3)$	$(1, 2)$	$(2, 1)$	$(3, 0)$	…
k	0	1	2	3	4	5	6	7	8	9	…
$i+j$	0	1	1	2	2	2	3	3	3	3	…

如果同时写下$i+j$的值，我们发现规律是很明显的。共有1个0，2个1，3个2，4个3……这些恰恰是毕达哥拉斯发现的三角形数。记$m = i + j$，对于图中任意格点，它表明在这个点的左下方所有斜线上格点的数目为：$\frac{m(m+1)}{2}$。

在这个点所在的斜线上，如果m是奇数则向左上前进，i增加、j减小；如果是偶数则向右下前进。综合起来，我们得到结果：

$$k = \frac{m(m+1)}{2} + \begin{cases} m - j & m\text{是奇数} \\ j & m\text{是偶数} \end{cases}$$

进一步，我们可以通过$(-1)^m$来简化这个结果：

$$k = \frac{m(m+2) + (-1)^m(2j - m)}{2}$$

2. 希尔伯特旅馆第三天的故事的解法并不唯一，习题2图1是《无需语言的证明》一书的封面。试根据此图给出另一种编号方案。

如习题2图2所示，每次沿着折尺形前进，每个折尺上有奇数个点。

习题2图1 《无需语言的证明》封面局部

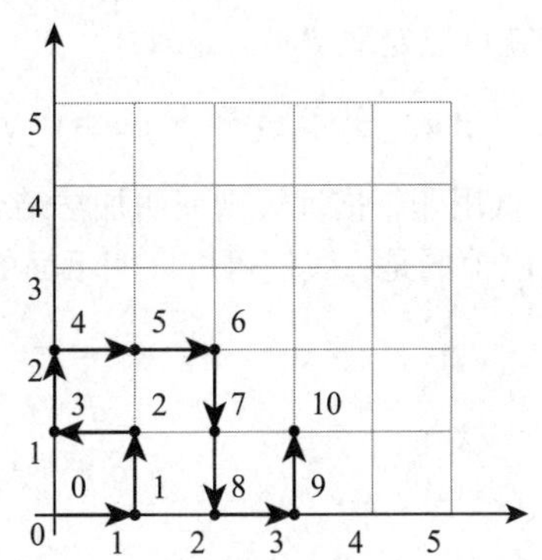

习题2图2 对无穷个无穷的另一种编号方案

答案 6.4

1. 令 $x = 0.9999\cdots$，则 $10x = 9.9999\cdots$，做减法得 $10x - x = 9$，解方程得 $x = 1$。因此得到结论 $1 = 0.9999\cdots$。这一证明正确吗？

正确

答案 6.5

1. 在两个镜子中间点燃一支蜡烛，你看到了什么？这是潜无穷还是实无穷？

这支蜡烛在两个镜面间不断反射，产生无穷多的像。也许我们需要考虑光速是有限的，这样它在物理上仍然是潜无穷。

答案 7.1

1. 我们可以用语言定义数，例如“最大的两位数”定义了 99。定义一个集合，是所有不能用 20 个以内的字描述的数字。考虑这样一个元素：“不能用 20 个以内的字描述的最小数”，它是否属于这个集合？

这是一个罗素悖论，属于或不属于都将导致矛盾。

2. “这个世界上唯一不变的是变化”——这句话是否是罗素悖论？

是罗素悖论。

3. 本章开头苏格拉底的话是否是罗素悖论？

是罗素悖论。

答案 7.2

1. 尝试给出费马大定理的印符串。

我们先要定义出幂运算。

$$\begin{cases} \forall a: e(a,0) = S0 & \text{任何数的 0 次幂为 1} \\ \forall a: \forall b: e(a, Sb) = a \cdot e(a,b) & \text{递归} \end{cases}$$

接着就可以定义费马大定理了：

$$\forall d: \neg \exists a: \exists b: \exists c: \neg (d = 0 \lor d = S0 \lor d = SS0) \rightarrow e(a,d) + e(b,d) = e(c,d)$$

2. 尝试用印符推理规则证明加法结合律。

令人吃惊的是，我们可以证明下面的每一条定理：

$$a + b + 0 = a + (b + 0)$$
$$a + b + S0 = a + (b + S0)$$
$$a + b + SS0 = a + (b + SS0)$$
$$\cdots$$

例如：

$$a + b + 0 = a + b = a + (b + 0)$$

以及：

$$\begin{aligned} a + b + SS0 &= SS(a + b + 0) \\ &= SS(a + b) \\ &= a + SSb \\ &= a + (b + SS0) \end{aligned}$$

但是却没有办法证明：$\forall c: a+b+c=a+(b+c)$。

为此必须引入数学归纳法。

答案 7.3

1. 利用新加入的归纳规则证明 $\forall a: (0+a)=a$

首先是 0 的情况：

$$0 + 0 = 0$$

然后假设 $(0+a)=a$ 成立，我们有：

$$\begin{aligned} (0 + Sa) &= S(0 + a) && \text{公理 ③} \\ &= Sa && \text{归纳假设} \end{aligned}$$

然后利用归纳规则，有：$\forall a: (0+a)=a$

APPENDIX

参考文献

[1] 维基百科. 古代计数系统的历史 [Z/OL]. (2022-07-12) [2022-07-12]. https: //en. wikipedia. org/wiki/History_ of_ ancient_ numeral_ systems.

[2] 克劳森. 数学旅行家：漫游数王国 [M]. 袁向东，袁钧，译. 上海：上海教育出版社，2001.

[3] 维基百科. 古巴比伦数字 [Z/OL]. (2021-11-27) [2022-7-12]. https: //en. wikipedia. org/wiki/Babylonian_ numerals.

[4] 克莱因. 数学：确定性的丧失 [M]. 李宏魁，译. 长沙：湖南科学技术出版社，2007.

[5] 候世达. 哥德尔、埃舍尔、巴赫：集异壁之大成 [M]. 严勇，刘皓明，莫大伟，等译. 北京：商务印书馆，1996.

[6] BIRD R, DE MOOR O. Algebra of Programming [M]. London: Prentice Hall Europe, 1997.

[7] 顾森. 浴缸里的惊叹 [M]. 北京：人民邮电出版社，2014.

[8] 韩雪涛. 数学悖论与三次数学危机 [M]. 北京：人民邮电出版社，2016.

[9] 斯捷潘诺夫，罗斯. 数学与泛型编程：高效编程的奥秘 [M]. 爱飞翔，译. 北京：机械工业出版社，2017.

[10] 克莱因. 古今数学思想：第一册 [M]. 张理京，等译. 上海：上海科学技术出版社，2014.

[11] 欧几里得. 几何原本 [M]. 兰纪正，朱恩宽，译. 南京：译林出版社，2014.

[12] 韩雪涛. 好的数学："下金蛋"的数学问题 [M]. 长沙：湖南科学技术出版社，2009.

[13] 维基百科. 贝祖等式 [Z/OL]. (2022-06-25) [2022-07-12]. https://en. wikipedia. org/wiki/Bézout's_ identity.

[14] 刘新宇. 算法新解 [M]. 北京：人民邮电出版社，2017.

[15] 维基百科. 艾伦·图灵 [Z/OL]. (2022-07-11) [2022-07-12]. https: //en. wikipedia. org/wiki/Alan_ Turing.

[16] 多维克. 计算进化史：改变数学的命运 [M]. 劳佳，译. 北京：人民邮电出版社，2017.

[17] SIMON L, JONES P. The implementation of functional programming language [M]. New York: Prentice Hall, 1987.

[18] 韩雪涛. 好的数学：方程的故事 [M]. 长沙：湖南科学技术出版社，2012.

[19] 维基百科. 伽罗瓦理论 [Z/OL]. (2022-05-24) [2022-07-12]. https: //en. wikipedia. org/wiki/Galois_ theory.

[20] 维基百科. 埃瓦里斯特·伽罗瓦 [Z/OL]. (2022-04-28) [2022-07-12]. https: //en. wikipedia. org/wiki/évariste_ Galois.

[21] 维基百科. 魔方群 [Z/OL]. (2022-01-20) [2022-07-12]. https: //en. wikipedia. org/wiki/Rubik's_ Cube_ group.

[22] 张禾瑞. 近世代数基础 [M]. 北京：高等教育出版社，1978.

[23] ARMSTRONG M A. Groups and symmetry [M]. New York: Springer, 1988.
[24] 维基百科. 约瑟夫·拉格朗日 [Z/OL]. (2022-06-10) [2022-07-12]. https://en.wikipedia.org/wiki/Joseph-Louis_ Lagrange.
[25] 维基百科. 费马小定理的证明 [Z/OL]. (2022-07-01) [2022-07-12]. https://en.wikipedia.org/wiki/Proofs_ of_ Fermat's_ little_ theorem.
[26] 维基百科. 莱昂哈德·欧拉 [Z/OL]. (2022-07-09) [2022-07-12]. https://en.wikipedia.org/wiki/Leonhard_ Euler.
[27] 维基百科. 卡米歇尔数 [Z/OL]. (2022-6-23) [2022-07-12]. https://en.wikipedia.org/wiki/Carmichael_ number.
[28] DSGUPTA S, PAPADIMITRIOU C, VAZIRANI U. 算法概论 [M]. 钱枫, 邹恒明, 译. 注释版. 北京: 机械工业出版社, 2009.
[29] 维基百科. 米勒——拉宾素数检验 [Z/OL]. (2022-6-20) [2022-07-12]. https://en.wikipedia.org/wiki/Miller-Rabin_ primality_ test.
[30] 维基百科. 埃米·诺特 [Z/OL]. (2022-07-09) [2022-07-12]. https://en.wikipedia.org/wiki/Emmy_ Noether.
[31] 章璞. 伽罗瓦理论: 天才的激情 [M]. 北京: 高等教育出版社, 2013.
[32] STILLWELL J. Galois theory for beginners [J]. The American Mathematical Monthly, 101 (1): 2-22.
[33] DAN G. An introduction to Galois theory [Z/OL]. (2022) [2022-07-12]. https://nrich.maths.org/1422.
[34] 阿廷. 代数: 第 2 版 [M]. 英文版. 北京: 机械工业出版社, 2011.
[35] 外尔. 对称 [M]. 冯承天, 陆继宗, 译. 北京: 北京大学出版社, 2018.
[36] 冯承天. 从一元一次方程到伽罗瓦理论 [M]. 2 版. 上海: 华东师范大学出版社, 2019.
[37] 结城浩. 数学女孩 5: 伽罗瓦理论 [M]. 陈冠贵, 译. 北京: 人民邮电出版社, 2021.
[38] 迪厄多内. 当代数学: 为了人类心智的荣耀 [M]. 沈用欢, 译. 上海: 上海教育出版社, 2000.
[39] 哈斯克尔维基. Monad [Z/OL]. (2021-08-01) [2022-07-12]. https://wiki.haskell.org/Monad.
[40] 维基百科. 塞缪尔·艾伦伯格 [Z/OL]. (2022-05-26) [2022-07-12]. https://en.wikipedia.org/wiki/Samuel_ Eilenberg.
[41] 维基百科. 桑德斯·麦克兰恩 [Z/OL]. (2022-06-19) [2022-07-12]. https://en.wikipedia.org/wiki/Saunders_ Mac_ Lane.
[42] SIMMONS H. An introduction to category theory [M]. Cambridge: Cambridge University Press, 2011.
[43] 维基百科. Tony Hoare [Z/OL]. (2022-07-07) [2022-07-12]. https://en.wikipedia.org/wiki/Tony_ Hoare.
[44] PHILIP W. Theorems for free! [C]. Functional Programming Languages and Computer Architecture, Association for Computing Machinery. 1989: 347-359.
[45] MILEWSKI B. Category theory for programmers [Z/OL]. (2014-10-28) [2022-07-12]. https://bartoszmilewski.com/2014/10/28/category-theory-for-programmers-the-preface/.
[46] SMITH P. Category theory - a gentle introduction [Z/OL]. (2018-01-01) [2022-07-12]. http://www.academia.edu/21694792/A_ Gentle_ Introduction_ to_ Category_ Theory_ Jan_ 2018_ version_ .
[47] 维基百科. Exponential object [Z/OL]. (2021-12-12) [2022-07-12]. https://en.wikipedia.org/wiki/Exponential_ object.

[48] MANES，E G，ARBIB M A. Algebraic approaches to program semantics [M]. New York：Springer-Verlag，1986.

[49] LAMBEK J. A fixpoint theorem for complete categories [J]. Mathematische Zeischrift，103，1968：151-161.

[50] 维基图书. Haskell/Foldable [Z/OL].（2022-04-16） [2022-07-12]. https：//en. wikibooks. org/wiki/Haskell/Foldable.

[51] LANE M. Categories for working mathematicians [M]. New York：Springer-Verlag，1998.

[52] GILL A，LAUNCHBURY J，SIMON L，et al. A short cut to deforestation [J]. Functional Programming Languages and Computer Architecture，1993：223-232.

[53] BIRD R. Pearls of functional algorithm design [M]. Cambridge：Cambridge University Press，2010.

[54] HINZE R，HARPER T，DANIEL W H J. Theory and Practice of Fusion [C]. 22nd International Symposium of IFL（Implementation and Application of Functional Languages），2010：19-37.

[55] TAKANO A，MEIJER E. Shortcut deforestation in calculational form [J]. Functional Programming Languages and Computer Architecture，1995：306-313.

[56] KNUTH D. The art of computer programming，volume 4，Fascicle 4：generating all trees [M]. Reading，MA：Addison-Wesley，2006.

[57] 卢米涅，雷. 从无穷开始：科学的困惑与疆界 [M]. 孙展，译. 北京：人民邮电出版社，2018.

[58] 野口哲也. 数学原来可以这样学 [M]. 刘慧，韩丽红，译. 长沙：湖南人民出版社，2014.

[59] 维基百科. Googol [Z/OL].（2022-06-21） [2022-07-12]. https：//en. wikipedia. org/wiki/Googol.

[60] 维基百科. Zeno's paradoxes [Z/OL].（2022-07-06） [2022-07-12]. https：//en. wikipedia. org/wiki/Zeno's_ paradoxes.

[61] 张锦文，王雪生. 连续统假设 [M]. 沈阳：辽宁教育出版社，1988.

[62] 柯朗，罗宾. 什么是数学：对思想和方法的基本研究：第4版 [M]. 左平，张饴慈，译. 上海：复旦大学出版社，2017.

[63] 彭加勒. 科学与假设 [M]. 李醒民，译. 北京：商务印书馆，2006.

[64] GATYS L A，ECKER A S，BETHGE M. A neural algorithm of artistic style [C]. IEEE Conference on Computer Vision and Pattern Recognition（CVPR），2017.

[65] 顾森. 思考的乐趣——Matrix67数学笔记 [M]. 北京：人民邮电出版社，2012.

[66] ABELSON H，SUSSMAN G J，SUSSMAN J. 计算机程序的构造和解释：第2版 [M]. 裘宗燕，译. 北京：机械工业出版社，2004.

[67] 彭加勒. 科学的价值 [M]. 李醒民，译. 北京：商务印书馆，2010.

[68] 瑞德. 希尔伯特：数学界的亚历山大 [M]. 袁向东，李文林，译. 上海：上海科学技术出版社，2018.

[69] 洛克哈特. 度量——一首献给数学的情歌 [M]. 王凌云，译. 北京：人民邮电出版社，2015.